RESI DEN TIAL
LANDSCAPE

国际风格住区
景观典范

孙龙杰　著

江苏凤凰科学技术出版社

图书在版编目（CIP）数据

国际风格住区景观典范 / 孙龙杰著． -- 南京 ：江
苏凤凰科学技术出版社，2014.8
  ISBN 978-7-5537-3568-9

Ⅰ．①国… Ⅱ．①孙… Ⅲ．①居住区－景观设计－作
品集－世界－现代 Ⅳ．① TU984.12

中国版本图书馆CIP 数据核字（2014）第 169622 号

国际风格住区景观典范

著　　　者	孙龙杰	
项 目 策 划	凤凰空间	
责 任 编 辑	刘屹立	

出 版 发 行	凤凰出版传媒股份有限公司
	江苏凤凰科学技术出版社
出版社地址	南京市湖南路1号A楼，邮编：210009
出版社网址	http://www.pspress.cn
总 经 销	天津凤凰空间文化传媒有限公司
总经销网址	http://www.ifengspace.cn
经 　 销	全国新华书店
印 　 刷	北京建宏印刷有限公司

开　　　本	787mm×1 092 mm　1 / 8
印　　　张	61
字　　　数	488 000
版　　　次	2014年8月第1版
印　　　次	2014年8月第1次印刷

标 准 书 号	ISBN 978-7-5537-3568-9
定　　　价	758.00元

图书如有印装质量问题，可随时向销售部调换（电话：022-87893668）。

前　言

目前，随着各行业全球化的推进，大众的审美也趋于多样，独特、异域的住宅景观风格慢慢吸引国人，于是在中国各个城市中开始出现集合多个国家特色的住宅景观。这些新型住区景观主要是将住宅景观设计元素按照一定的法则整合，体现自我特征，并区别于其他设计，在一定程度上改善了过去住宅单一化等缺点，提高了城市住宅景观的品位和品质。从建筑本身来说，不同的风格可以提高整个住宅区的辨别性、知名度，甚至成为某地段的标志性构筑物。住宅景观设计作为一门综合设计艺术，与其他设计一样要不断创新，力求在不同的环境中做出具有鲜明特点的设计。在设计过程中首先要注重住宅景观的功能性和实用性，其次要重注 "人性化"需求，体现"人本性"住宅的建设和设计的根本目的是为人服务，第三，即在环境倍受关注的今天，人们越来越重视居家生活的和谐，渴望远离都市的喧闹，追求亲近自然、回归自然的生活。住宅设计从过去单纯追求室内豪华装修转变为如今讲求人与自然的相互交流，使人们在拥有住宅的同时，又拥有一座公园或一片绿地，尽情享受阳光、空气、绿色、人、自然与建筑构成的和谐的居家环境。运用多元化元素，形成具有地方特色、民族风格、异域风情的空间艺术，把人工与自然、技术与艺术、功能与观赏、时尚与传统有机地结合起来，使身居其中的人们获得不同风格的美好体验。

本书收录的案例包括现代自然风格、现代亚洲风格、现代简约风格、新古典主义、法式风格、中式风格、北美风格、欧式风格、东南亚风格、地中海风格等风格，基本涵盖了目前国内住区景观的诸多风格流派，这些景观集生态之美、艺术之美、文化之美于一体，给人们带来的是从感观到精神层面的多方面享受。

孙龙杰

CONTENTS | 目录

现代自然风格/Natural Style

010 栖之山林、隐于世外的尊贵质感生活
　　——杭州朗诗美丽洲

012 悠悠蜀汉风 淳淳江南情
　　——成都都江堰都市美丽洲

014 休闲旅游高档度假居住区
　　——长城控股东莞长城世家

016 结合建筑，有机地连接绿化休闲空间
　　——东莞中惠金士柏山

020 超越"采菊东篱下"传统定义的新型国际社区
　　——江苏常州金百花园

022 现代自然尊贵主义
　　——深圳天琴湾别墅

027 尊贵的气质 典雅的艺术
　　——北京百合公寓阳光花园

030 现代设计概念营造的国际化和谐生活社区
　　——上海世贸昆山蝶湖湾

034 有机、自然、生态的精美生活空间
　　——济南香江山水家园二期

040 自然与现代的升华
　　——成都时代尊城景观设计

044 自由、自我、和谐、轻松的居住宝地
　　——合肥泰峰地产碧湖云溪别墅区

046 都市中的绿野生活
　　——"金色池塘Golden Pond"大型居住区

052 休闲、阳光、自然的现代景观
　　——珠海格力广场

057 让自然环抱的健康舒适生活环境
　　——沿海集团绿色家园地产南昌丽水佳园

058 流动的音乐，有机景观的探索
　　——长沙创远湘江壹号

061 摩登、时尚、尊贵简美的优雅生活社区
　　——上海融侨兰湖·美域

062 现代、简约、原创的大现代风格社区
　　——武汉泰然玫瑰湾

064 现代居住生活与传统园林空间变化相融合的空间
　　——广州万科沙湾

066 "住在公园里的一个家"
　　——淮安茂华·国际汇

068 用自然演绎高雅的国际高档社区
　　——湖南融汇置业融圣国际

070 创造优美的居住氛围和多层次的景观空间
　　——重庆金科集团石子山花园洋房高尚居住区

072 动感与趣味性十足的休闲空间
　　——金地集团龙华梅陇镇社区

074 "外享天宠之赣江，内揽天成之园林"的高尚住区
　　——南昌联发置业江岸汇景

076 炫动、时尚、充满活力的现代都市社区
　　——无锡保利达江湾城

092 自然野趣的叠水社区
　　——中海半山溪谷

096 有机景观设计的成功探索
　　——成都博瑞优品道

103 高品质生态社区的典范
　　——万科常平万科城三期

104 花园式小空间与公园式大空间的完美融合
　　——东莞金域中央

112 现代、简洁、明快的时尚空间
　　——万科东莞城市高尔夫花园

113 现代景观设计手法造就的岭南景观杰作
　　——深圳中信红树湾

116 自然流动的设计元素塑造的亚洲风
　　——南宁紫金苑二期

123 以自然山水休闲生活为主题的现代人文社区
　　——万科·广州四季花城

124 韵律优美的景观社区
　　——置地西安莱安逸境高档商住区

128 新现代亚洲风格之中国演绎
　　——四川绵阳卓信龙岭高档居住区景观设计

132 "大景观"打造自然和谐、优美宁谧的休闲社区
　　——苏州太湖高尔夫山庄

现代亚洲风格/Asian Style

082 "运动就在家门口"的优良居住区
　　——江西奥林匹克花园景观设计

090 尊贵、灵动、自然、趣味的艺术空间
　　——万科武汉金色家园

现代简约风格/Concise Style

138 自然在设计中升华
——南京中惠 "紫气云谷"

144 唤起对传统园林文化的记忆
——苏州朗诗国际街区景观设计

148 欧洲精致唯美与东南亚自然朴实相融合
——福州金辉伯爵山景观设计

150 稳重质朴大方的精致社区
——南通万濠华府

153 扑面而来的 "翠黛山色"
——北京香山艺墅

154 一个绿意盎然、充满生气的居住社区
——天津万科魅力之城景观设计

156 依附 "海子" 特性空间的景观
——天津万科假日风景景观设计

158 色彩明艳的简洁景观空间
——花语墅

162 韵律感十足的简约空间
——台北冠德远见

164 简约、自然、时尚手法打造的经典景观
——常州彩虹城

166 "天人合一" 的自然生态空间
——五溪御龙湾王宅私家花园景观设计

168 动、静结合的温馨、纯真而又富于生机的景观
——广州南景园吴宅天台花园景观设计

170 "以自然之理，得自然之趣"
——湖景壹号庄园01号王宅别墅

173 典尚简约的景观
——辽宁葫芦岛宏运奥园

174 清新、高雅、大气的现代简约德山水园林
——武汉金地格林小镇三期

178 "跳跃的音符" 与 "流动的旋律"
——深圳上品雅园景观设计

180 流动的、精美的 "海浪" 图案景观
——悉尼151 East Jacques庭院花园

182 后现代主义地景式景观设计
——骞亿上东盛景

新古典主义/Neoclassic

200 "阳光溪，森林海"
——台州刚泰一品

204 简洁大方的线条勾勒的古典景观
——深圳航空城实业桃源居盛景园社区

206 现代半山果岭文化
——深圳高山花园半山豪宅景观设计

211 玄秘、洁净、风格清丽淡雅的古典文化
——贵阳三力地产贝地卢加诺山地豪宅

212 整体规划思路开创的典雅圣地
——深圳圣·莫丽斯

216 香浮深庭，悠然经典
——上海提香别墅

220 清新、自然、富有传统精髓的高档居住社区
——苏州中海御湖熙岸

226 运河边的贵族庄园
——元垄新浪琴湾

228 雍容、典雅、雄浑、浪漫的尚品府邸
——遵化现代城

232 多种异国风情的并蒂绽放
——世茂厦门湖滨首府豪宅社区景观设计

238 现代城市和自然的完美融合的古典景观
——江苏南通中港城

240 怀古的浪漫情怀兼容华贵典雅的时尚景观
——杭州华鸿·汇盛德堡

法式风格/French Style

186 诗意的 "海派园林"
——长沙爵士名邸

188 重现法式风情的中国社区
——武汉丽水佳园大型水岸生活社区景观设计

191 安静的、明亮的开放景观
——湖南岳阳天伦城

192 尊贵的奢华，浪漫的情调，典雅的景观艺术
——天津国耀上河城

194 法兰西咏叹调的华彩乐章
——广西荣和集团南宁山水绿城大型社区

196 传统内敛与高贵精致相融合的法式景观
——启东凯旋华府

242 多种多样古典花园的汇聚
——台北宏盛帝宝

244 "从空中看的庭院"
——上海北外滩白金府邸

245 清净温馨的居家环境
——杭州复地连城国际花园

246 非正式的城市广场
——河北沧州天成郡府凤凰广场的景观设计

248 尊贵而不失亲切的新贵公园宅邸
——天润·福熙大道一期环境景观设计

251 以简约古典的语言，达到世外桃源的居住境界
——南澳凯旋湾花园景观方案设计

252 古典、精致；休闲、浪漫的新古典主义
——珠光御景设计

256 生态自然、优雅尊贵的休闲景观
——恒大·广州御景半岛

258 "低调的奢华"
——昆山中冶昆庭

260 打造 "阡陌交通，鸡犬相闻" 的桃园胜景
——合肥融侨观邸

262 光与影交织的高雅社区
——苏州融侨城

264 现代自然手法打造的古典诗意居住空间
——西安融侨·曲江观邸

中式风格/Chinese Style

268 "出则繁华，入则宁静"的稀有隐墅生活
　　——上海明泉·璞院

272 精致、高雅、从容的学府人文生活社区
　　——南京融侨学府世家景观设计

273 一处都市桃源新天地
　　——湖南·中隆国际·御玺

274 东西方文明的完美融合
　　——成都蓝光集团雍景湾别墅区景观设计

278 天地合、风水会、藏风聚气之宝地
　　——成都蓝光集团紫檀山高尚别墅区

282 "居中有院、院中有庭"
　　——江苏常州金新地产青山湾花园

284 "动感时代、舒适宁静的生活"
　　——南京滨江一号公寓

288 "出则闹市，入则幽居"的绝佳的居住格局
　　——万科·广州万科城·明

290 视觉的游戏
　　——唐山风华时代

292 营造现代山水画
　　——江西婺源婺里景观设计

295 "国学大宅"
　　——锦州太和西郡

296 "新水乡"式的高标准住区
　　——杭州万科南都西溪蝶园

298 叠加与重生
　　——武汉万科润园

302 "禅意中国"
　　——北京招商嘉铭·珑原景观设计

304 山水情怀的雅居
　　——万科·幸福汇景观环境设计

306 静街、深巷、馨院、花溪、山水园
　　——北京泰禾"运河岸上的院子"景观设计

308 外方内圆的玉琢空间
　　——上海城市经典玉墅

309 绘画、音乐、雕塑不同艺术创作融合的景观
　　——沈阳万科四季花城

310 "利万物不争，藏文脉于繁华"
　　——成都合院

312 "一轴、一带、三点、十组团"的经典景观设计
　　——腾冲·水墨中国

314 古朴、典雅、现代的中式住宅社区
　　——水慕清华景观设计

316 营造江南园林居家氛围
　　——武汉北大鸿城

北美风格/North-American Style

322 天赋美景
　　——成都蓝光集团香瑞湖花园高尚居住区

326 古典韵味浓厚的北美住区
　　——山东烟台南山集团星海湾时尚社区

327 现代化、艺术化居住环境
　　——南昌香溢花城

328 良好的形态、优雅的布局、美感的表现
　　——江苏南京中元地产东郊小镇大型高尚居住区

330 "夏威夷式休闲度假住宅"
　　——台北水莲山庄

332 纯美的自然与悠闲的生活打造新的北美风情社区
　　——保利垄上

334 再现北美风情的高尔夫别墅社区
　　——成都观岭国际社区

338 "漫步密歇根湖畔的香草风情"
　　——北京旭辉御府

342 一个北京城里纯粹的北美社区
　　——北京沿海赛洛城景观设计

346 恬静悠然、宜神舒畅的意大利台地园
　　——重庆融侨城1A

348 完美展现加勒比风情
　　——上海金地布鲁斯郡

350 全方位感受浓郁的地中海风情
　　——连云港西湾锦城概念设计

358 宁静、自然、质朴的西班牙园林景观
　　——济南蓝石大溪地

364 打造纯正的乡村西班牙居住氛围
　　——北京·万通·天竺新新家园设计

365 营造浓郁西班牙风情的别墅区
　　——上海奉贤招商海湾

366 打造典雅舒适的西班牙式坡地经典花园
　　——大连阳光海岸

368 东方土地上展现的异域风情
　　——佳兆业长沙水岸新都

370 重现南加州小镇生活
　　——佛山万科兰乔圣菲高尚居住区景观设计

欧式风格/European Style

东南亚风格/Southeast-Asian Style

地中海风格/Mediterranean Style

412 感悟香堤雅境神秘魅力的泰式设计
　　——万科深圳金域蓝湾三期

414 以现代设计手法恢复自然的现代生活休闲社区
　　——南京世茂外滩滨江新城

420 感受热情浪漫的新加坡风情设计
　　——江西丰城丰邑中央景观设计

424 个性独特、质朴高尚的山庄式环境景观
　　——广州东宇山庄

428 打造神秘自然、灵动精致的新泰式园林景观
　　——佛山滨海御庭景观设计

430 "池水碧透，碧草葱葱"的"家"
　　——成都高地景观设计

433 一步一景，博物开朗，化实为虚，享受从无到有的景观文化之旅
　　——福州融侨观邸二期景观设计

434 月上枝头花皎洁 满城桂香人流连
　　——安徽合肥桂花城

436 现代城市中心的泰式桃花源
　　——正荣福州润城高档居住区景观设计

376 高雅、尊贵、精致的"宫廷格调"
　　——沈阳中海·寰宇天下

380 与天然的美景紧密相融合的生态社区
　　——杭州大华西溪风情

382 江南丝竹流水 芜湖秀景雅趣
　　——芜湖艺江南

384 北欧印象景观设计
　　——西安高科·绿水东城

386 简约的北欧风情社区
　　——重庆中冶北麓

390 人与空间共存的高品质生态景观
　　——北京润泽庄园别墅区景观设计

395 同阳光和花瓣共舞
　　——临平桂花城

396 别具一格的欧洲风味
　　——华润重庆二十四城大型社区

398 尊贵、典雅、浪漫的欧洲别墅社区
　　——置信·香颐丽都

402 尊贵、大气的欧式风情景观空间
　　——沭阳欧洲城

404 洋溢着绅士风度的英伦小镇
　　——无锡奥林匹克花园景观设计

408 英式风情再现的自明性生活空间
　　——上海奉贤绿地南桥新苑

438 现代中的幽雅
　　——万科厦门金域蓝湾景观设计

442 彰显国际休闲度假港独特的魅力
　　——创维集团鸿洲地产海南三亚时代海岸

444 营造泰式禅意，感受高贵殿堂式洗礼
　　——抚顺万科金域蓝湾

448 点、线、面对立而又和谐统一的社区
　　——海南航空集团恒实地产海阔天空景观设计

450 具有温暖人文感受的东南亚地域景观
　　——武汉华润凤凰城景观设计

452 感受到生命成长与季节变化带来的自然之美
　　——福建郦景阳光花园设计

460 "动"与"静"、"开"与"合"的园中园
　　——武汉金地国际花园景观设计

462 以科学来演绎人居，以艺术来升华生活
　　——金地格林上院

464 "禀赋阳光的灵感，纯粹休闲的栖居"
　　——万科佛山伦教沁园项目

465 附录

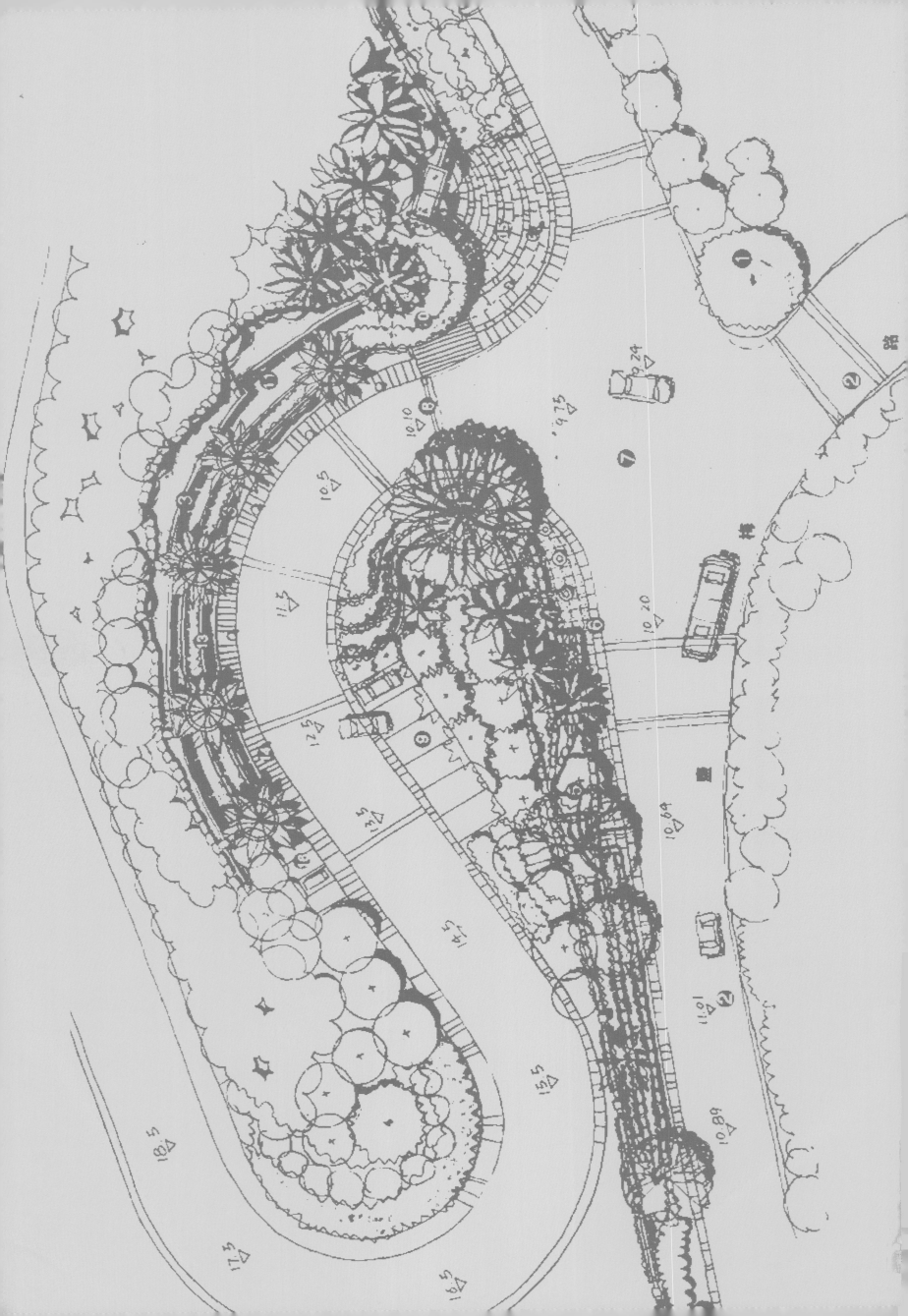

现代自然风格
Natural Style

风格特征：现代主义的硬景塑造形式与景观的自然化处理相结合，线条流畅，注重为地形空间和成型软景配合，材料上多运用自然石材，木头等。

一般元素：通过现代的手法组织景观元素，运用硬质景观（如铺装、构筑物、雕塑小品等）结合故事情景，营造视觉焦点，运用自然的草坡、绿化，结合丰富的空间组织，凸显现代住区景观与自然生态的完美结合。

特　　点：现代主义在平面与单体塑造上达到极致，设计上强调形式的简洁大方；自然主义倡导生态、原始至上的原则，崇尚对环境、人文、历史的尊重和传承。

"现代自然主义"将是现代与自然的完美结合，是对任何一种风格更高的超越。运用现代主义的手法，融入传统历史、文化、地域风情，揉入自然主义的现代地域风情景观设计应该是：景观设计上强调形式的简洁、建筑与环境空间的和谐、空间的概念和节奏；景观的艺术性和功能性完美结合，共同书写独具地域风情的现代自然主义新乐章。

四种典型设计手法

自然式的设计

与传统的规则式设计相对应，通过植物群落设计和地形起伏处理，从形式上表现自然，立足于将自然引入城市的人工环境。为了将自然引入城市，同时受中国自然观、自然山水园的影响，机械自然观正慢慢地向有机自然观过度，人和自然的对抗关系也慢慢地转化为和谐相处、协调发展的双优关系，英国自然风景园开始形成并很快盛行。但它只是改变了人们对园林形式的审美品味，并未改变景园设计的艺术本位观。正如唐宁所述，设计自然风景园就是"在自然界中选择最美的景观片段加以取舍，去除所不美的因素"。真正从生态的高度将自然引入城市的当推奥姆斯特德。他对自然风景园极为推崇。受其影响，从19世纪末开始，自然式设计的研究向两方面深入：其一为依附城市的自然脉络——水系和山体，通过开放空间系统的设计将自然引入城市。继波士顿公园系统之后，芝加哥、克利夫兰、达拉斯等地的城市景观系统也陆续建立起来。其二为建立自然景观分类系统作为自然式设计的形式参照系。

乡土化设计

考虑当地整体环境和地域文化所给予的启示，因地制宜地结合当地气候、地形地貌进行设计，充分使用当地材料和植物，尽可能保护和利用地方性物种，保护场地和谐的环境特征与生物多样性。地理、气候环境和自然资源等条件往往使聚居的人群产生共同的生活方式，形成特有的风俗和文化，也会有共同喜闻乐见的艺术形式。民族的历史、文化愈深厚、发达，景观的民族形式也愈加浓烈，其造型、色调、韵律、艺术内容等特点也更突出。各种景观的民族形式与本民族群众的思想感情有着千丝万缕的联系。

近年来在日本，"里山"一词频频出现。所谓"里山"，是指村落周围的山林及其环境的总称。实际上，里山是相对于深山而言的农村景观。可以说，里山所处的是一种人文环境，在这样的环境里既有池塘，农田，又有人们平素生活过程中离不开的里山林。在日本，发挥里山的环境效用，已经成为人们的共识。发动广大市民阶层来参与一些力所能及的作业活动，以达到维持和经营里山的目的，并以"里山产业"的形式固定下来，已成为今后努力的目标。

在我国传统的乡土自然环境受到了前所未有的开发冲击。人们在享受舒适方便的生活条件的同时，也在承受着这种"破坏性建设"所带来的不良后果。因此，重新审视乡土自然的价值，显得尤为重要。乡土自然作为一种风土与文化传承的场所而存在。特别是在中国这样一个具有几千年农耕文明的国度里，乡土自然所附着的风土色彩和蕴含的文化氛围，是任何城市环境都无法替代的。在现实世界里，乡土自然与当地居民已经形成了一种契合关系，除为当地居民提供正常的生计场所之外，还附带一种可以称之为小生计的产物。就是说，经济上的考虑并不多，玩耍的色彩则很重。当地居民置身于乡土自然中，切身感受到自然循环的力量、四季的变化以及自身存在的价值。同时，乡土自然所固有的闲适性，也成为现代城市人人生情趣和文化感性的一种源泉。城市人可以利用闲暇时间，到乡土自然中来寻找乐趣，充实自己。乡土自然作为一种次生自然，其生态学上的价值也不可忽视。长期以来，乡土自然的形成与人们的生产、生活紧密地结合在一起，并得以维持下来。这在生态学上属于一种良性的干扰过程。放弃对乡土自然的适当管理，终止这种干扰过程，有可能导致乡土自然本身在生物多样性上出现危机——经年累月已经适应了乡土自然环境的一些物种，诸如许多伴人植物或昆虫，有可能从此消失或灭绝。

保护性设计

对区域的生态因子和生态关系进行科学的研究分析，通过合理设计减少对自然的干预与破坏，以保护现状良好的生态系统。形式自然的设计并不一定具有生态的科学性。保护性设计的积极意义在于它率先将生态学研究与景观设计紧紧联系到一起，并建立起科学的设计伦理观：人类是自然的有机组成部分，其生存离不开自然；必须限制人类对自然的伤害行为，并担负起维护自然环境的责任。早在19世纪末，詹逊受生态学家考利斯的影响，积极倡议对中西部自然景观进行保护。此后保护性设计主要往两个方向发展。其一是以合理利用土地为目的的景观生态规划方法。其二是先由生态专家分析环境问题并提出可行的对策，然后设计者就此展开构想的定点设计方法。由于同样的问题可以有不同的解决方法和艺术表现形式，这类研究具有灵活多样的特点。如同样为了增加地下水回灌，纳纳尔在对曼普渥的两个旧街区进行改造时采用了大面积的砂土地种植乡土植物，而温克和格雷戈则在其位于丹佛的办公楼花园内设计了一整套暴露的雨水处理系统，将雨水收集、存储、净化后用于绿化灌溉。

恢复性设计

通过人工设计和恢复措施，在受干扰的生态系统的基础上，恢复或重新建立一个具有自我维持能力的健康的生态系统（包括自然生态系统、人工生态系统和半自然半人工生态系统），没有毒物和其它有害物质的明显干扰，同时，已重建和恢复的生态系统，在合理的人为调控下，为自然和人类社会、经济服务，实现资源的可持续利用。生态恢复设计的对象非常广泛，包括水生生态系统（如湖泊、河流、湿地、海湾等）和陆地生态系统（如废弃的工业区、矿区、水土流失地、荒漠化、盐渍化、退化的土地等）。

栖之山林、隐于世外的尊贵质感生活
——杭州朗诗美丽洲

项目位置：浙江 杭州
景观设计：EADG泛亚国际

绝佳的创意是创造一种独特的构筑物，奇特的空间，还是绚丽的装饰？

抑或是深思熟虑地思考我们的环境变化，维系与呵护我们的生存环境，智慧地缝合人与自然的关系？我们选择了后者。

该项目场地本身有着非常好的自然山地资源和丰富的文化基底。在现场踏勘时，设计师就被现场良好的生态环境所打动，甲方、建筑师、当地政府和景观设计团队达成一致，尽量减小对场地对周围环境的影响，尊崇自然、随和地去规划。作为我们团队与大自然对话的一次尝试，设计师始终站在洞察者的角度耐心地处理建筑与场地大环境的关系，而非主观地去创造环境。与建筑师合作，营造依山而居理念，设计过程中，细心地处理并且缓和人居与山体之间的高差，在最大程度上保留和调整自然先天资源，营造了社区生

活氛围的四种状态：

栖居——栖之山林；

隐居——隐于世外；

雅居——尊贵的质感生活；

乐居——简单时尚的现代生活方式。

此外设计初期，植被设计师对周围种植品种做了很多调研，把很多树种记录下来，做了备选，做植物施工图时用进去，然后和当地设计师去沟通现场种植，使绿化从整体绿化视觉上做到与周边环境充分融合，阶段性的成果取得了业主极大的认可。

在青山隐隐，林木峭拔的大背景下的价值，决非仅仅体现在建筑本身的简洁现代的设计语言上，更在于别墅从有限建筑空间向无限自然、无限生活意趣的延伸。

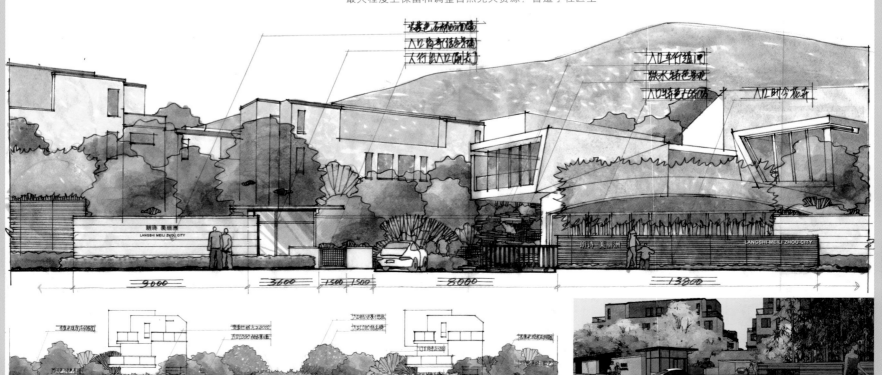

悠悠蜀汉风 淳淳江南情
一成都都江堰都市美丽洲

项目位置：四川 成都

景观设计：上海北半秋景观设计咨询有限公司

委托单位：四川钱江银通房地产开发有限公司

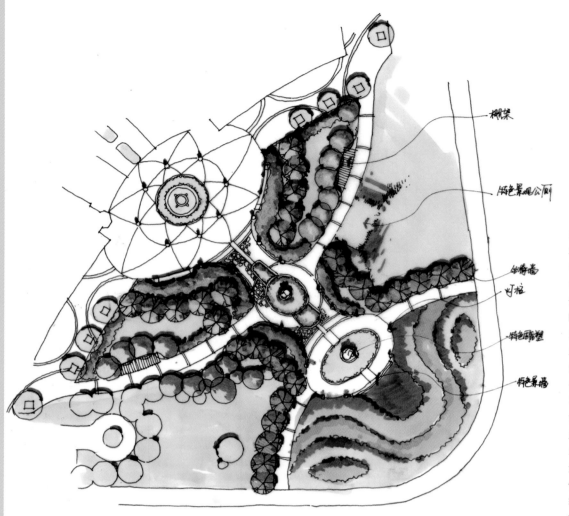

"家"是温暖的源泉，是安定的象征。忙碌的现代生活让人们对家的定义更深重，更加渴求。小亚细亚都市·美丽风景园的景观设计不仅可以体现家的温馨，更是享受家的一个过程。轻松明快的景观设计，柔和美意的社区环境，打造都江堰社区生活的典范。

景观概念

随着生活水平的提高，人们对生活意义本身提出了更高要求，作为都市人群，生活在紧张的工作压力下，"温馨、健康、轻松"成为他们对生活的理解和渴望，本小区的景观概念确立于此。

景观主题

在"温馨、健康、轻松"这个大概念下，景观设计将结合规划与建筑，细化若干主题。

首先，主题与舒适的环境密不可分，健康的生活很容易让人想起阳光、草坪、林荫、欢快的人群；温馨的生活让人联想到湖水、莕荡、季花；轻松的生活就是沐浴阳光、品味新鲜与水中嬉戏的激情。同时每个组团不同的景观主题，给业主带来变化惊奇之味，体会生活的多姿多彩。景观设计将"温馨、健康、轻松"转化为各种景观元素，如场地、构筑物、铺装、雕塑等等，使得居民在社区及自家门前有所观、有所用、有所感受。

景观总体结构分析

本小区将现有底井之水引入园中，蜿蜒贯行于园区中将每一个主题衔接起来，配合葱郁的地区性植物形成"水绕青城"之势。水系与道路或交叉或并行，使得园区内步步有景，寸寸有形。

1.主入口

阔气的硬地铺装广场运用色彩模拟设计手法展现川北人的豪气，中心的跳跃水景增添了柔和之意。深入园区步行道路以高大乔木守礼，水韵配合其中。进入园区便可看到作为主景观起始的原井。

2.水系

原井周边拟以"青山翠柏"与特色景亭相映衬，三处木栈道跨越水面，意境深远，古韵悠然，应和天府文化底蕴。

沿水系西进，行经原井与水系衔接特色观景广场，赏水中浮生水景。水系西向延伸分支两

处环中心广场。广场北侧以下沉式水景为景意所在，创造近水之机，景池的配景棚架育满爬藤，夏季，席坐于棚下"品凉意，观景季"，轻松写意。广场南侧则是特色的景墙与个性的雕塑集合，营造现代健康的生活境地。

水系汇集于风车水景区，作为主景观的收尾它给人们带来无尽的暇思与想象。

3.植物

绿化以当地适宜植被为主，可以先用速生树种在前期形成密集型绿化种植，而后再进行间苗和细致的装饰修整。整体绿化种植以乔木种植为骨架，灌木草坪为辅，局部点缀各色时花，力求做到整体与细节相结合，创造宜人的软质景观。

4.生态环保

本小区的水景保护采用现代的中水回用处理技术，保证水系的整洁、清澈。并且此项技术还可以使得小整体用水排水系统得到良好的循环，是营造生态生活环境的重要体现。

休闲旅游高档度假居住区
——长城控股东莞长城世家

项目位置：广东 东莞
景观设计：SED新西林景观国际

项目位于东莞松山湖科技产业园"中心区"，景观条件优越，整个地块呈类椭圆形，三分而立，高低错落的地形，为创造丰富的空间形态提供了有利条件。设计根据本案特点以澳洲风情为蓝本，采用现代自然风格的设计手法，从建立和谐的人地关系入手，以澳洲的悉尼、堪培拉、墨尔本三城特色来诠释项目三地块，最北面是现代悉尼景观组团，入口及泳池部分是以"大洋洲的花园"为名的堪培拉景观组团，最南面是温馨且悠闲的墨尔本景观组团，充分体现澳洲舒适宜人的主题精髓，景观与场所活动有机地结合，营造一个休闲旅游度假的酒店式景观住宅小区。

1 主入口大榕樹
2 旱噴廣場
3 商業臨時停車位
4 主入口水景區
5 主入口無障礙通道
6 樹陣廣場
7 組團出入口（設刷卡門）
8 綠化活動區（蘭山桉林形成視野屏障，增加景觀層次）
9 景觀區域（海德花園）
10 特色水景區（達令景池）
11 采光井
12 小區行車管轄喉
13 長行通風口（采用側邊通風采光）
14 主入口對景綠化區（袋鼠樹林）
15 通往泳池的無障礙通道
16 在會所頂板處自然形成種植區
17 會所頂平臺觀景區
18 景觀遮陽板
19 會所前休息平臺
20 樹陣（形成泳池封閉性景觀）
21 兒童泳池
22 水吧
23 泳池管轄喉
24 格里芬泳池
25 管理用房專用道路
26 張拉膜體現商業氣氛
27 商業行車出入口
28 皇冠草場
29 皇冠廣場
30 二期組團水景（庫克小屋）
31 木制平臺（觀水景）
32 景觀節點（消防回車場）
33 架空層景觀（內設兒童活動場地）
34 組團地面停車
35 荔枝公園
36 私家花園
37 通往荔枝公園的組團小路
38 地下車庫出入口
39 小區入戶路
40 商業步行街
41 菲茲洛伊花園
42 道路（大洋路）
43 市政人行道路

荔枝公園

達令景池
蘭山桉樹
金合歡廣場
袋鼠森林
格里芬泳池
皇家草坪
皇冠廣場
庫克小屋
大洋路
樹熊森林
麗愛圖塔
菲茲洛伊花園

商業34#

沁　園　路

结合建筑，有机地连接绿化休闲空间
——东莞中惠金士柏山

项目位置：广东 东莞
景观设计：奥雅设计集团
委托单位：中惠集团（东莞）

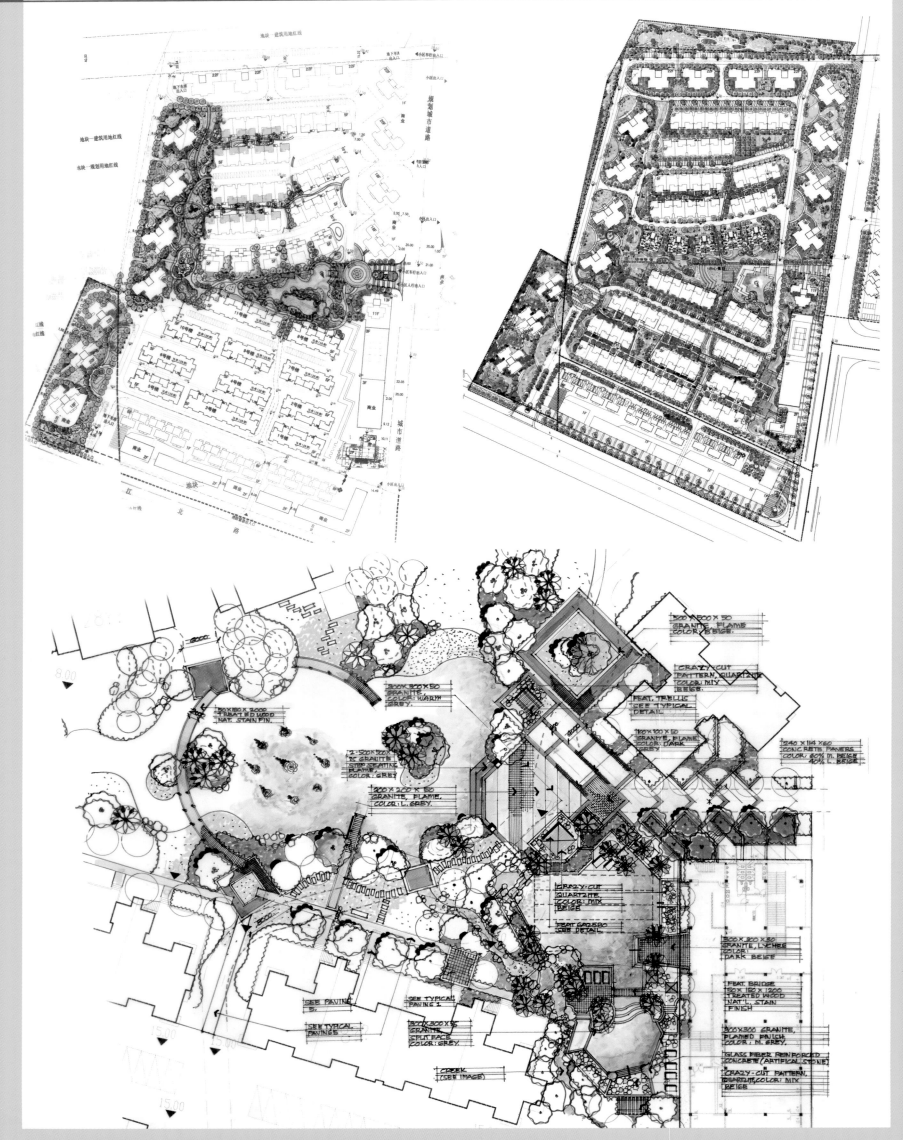

SPECIAL LIGHTING 特色灯柱

PALM COURT 棕榈树阵

PARKING 停车场

FEAT. BOLLARD 矮柱

TREE COURT 树阵

TREE PIT W/ SEATING 树池和坐凳

PALM TREE W/ SEATNALL UNDER 棕榈树和坐凳

特色灯柱和铺装条 FEATURE LIGHTING & BANNERS

BENCH 长凳

SEAT WALL 坐墙

TREE COURT & DRY FOUNTAIN 树阵和旱喷泉

PARKING 停车场

LANDMARK STRUCTURE 地标性构筑物

DRY FOUNTAIN 旱喷泉

商业街方案一

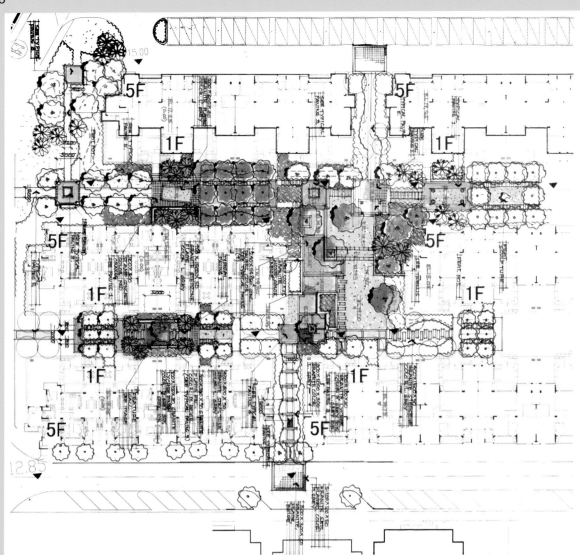

该项目位于东莞市黄江镇中心城区北部，距黄江城区中心商务圈及镇政府所在地均在2 000米之内，依托周边环境，项目力求打造为该区域的高品质住宅。设计以"休闲、阳光、自然"为理念，意在营造质朴浪漫，优雅亲切的景观氛围。

景观设计中有三大布局：中心轴线、多层花庭美墅和高层景观中心轴线景观：以大面积的湖体为整个小区的核心区域，同时将泳池设计成湖体的一部分，使湖体、泳池与会所一侧的溪流连成一体，塑造出张弛有度而又怡人的社区水公园。切合了中国古语"仁者乐山，智者乐水"的文人意境，象征着智慧的水在这里成为业主亲近自然的最佳元素。

多层花庭美墅景观：以小院围合景观为主，注重植物设计，尤其是开花植物色彩的搭配，通过精心的配植，塑造出温馨舒适的生活氛围。材料选择上则注重乡土材料的运用，尊重地域情感，整个景观让人感觉到家的温馨。

高层景观：通过高大乔木减少高层建筑给人的压迫感，近人尺度的中层植物则拉近了人与自然的距离。此区域构图简洁大方，注重整体效果，设计中充分考虑到高层住户向下俯瞰时的景观效果，体现了对人们细腻的关怀。

在整体景观中，设计始终坚持以人为本，同时注重自然生态，利用现有环境资源进行合理规划，对原有树木、地形等自然元素加以保护，充分挖掘并使用地方性材料，创造出有特色的生态人居环境，使该项目成为崇尚自然，充满人文关怀的新式住宅社区景观的代表。

超越"采菊东篱下"传统定义的新型国际社区
——江苏常州金百花园

项目位置：江苏 常州
景观设计：SED新西林景观国际

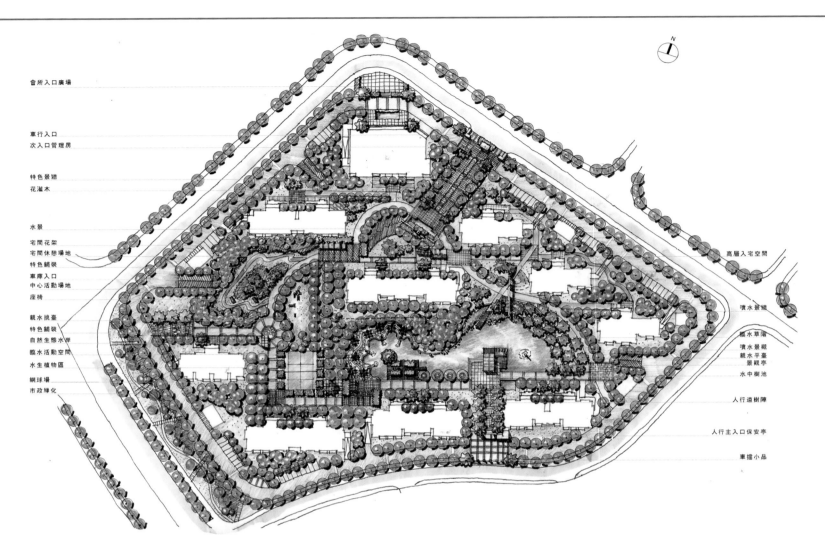

會所入口廣場

車行入口
次入口管理房

特色景牆
花灌木

水景
宅間花架
宅間休憩場地
特色鋪裝
車庫入口
中心活動場地
座椅

親水挑臺
特色鋪裝
自然生態水岸
戲水活動空間
水生植物區
網球場
市政綠化

高層入宅空間

濱水景觀
臨水草灘
濱水景觀
親水平臺
景觀亭
水中樹池

人行道樹陣

人行主入口保安亭

車擋小品

该项目位于常州常澄路与飞龙东路交汇处，是新老城区连接枢纽，设计以现代简约手法，实现一种超越"采菊东篱下"传统的生态形式的新型生态小区，以更灵活、更丰富的元素和方式使居者在尽情享受现代物质和多元文化的前提下，形成"天人合一"的人和环境和谐共处的态势，基于既充满东方哲学和智能，又与现代人文精神相融合的指导思想，使小区体现出鲜明时代特色和地方特色，处处彰显一种时尚高品味生活。

现代自然尊贵主义
——深圳天琴湾别墅

项目位置：广东 深圳

景观设计：SED新西林景观国际

- SNACK HOUSE —— 茶室
- FRUIT GARDEN —— 奇异果园
- FEATURE ENTRY —— 特色入口
- WOODEN FOOT-BRIDGE —— 木质天桥
- VIEW DECK —— 凭澜观海
- SCULPTURE PARK —— 雕塑公园
- STORY OF THE SEA —— 海的故事
- DRY CREEK —— 嘉漪细流
- HELIPORT —— 直升机场
- RECEPTION —— 活动广场
- MINI WATERFALL —— 瀑布水景
- WIND WHISPER —— 和风沐日
- FEATURE PAVING FOR CLUBHOUSE —— 會所特色铺装
- TEA FLAVOUR IN THE WIND —— 臨風品茗
- FOUR SEASONS PROSPERITY —— 四季的暢想
- THE SOUND OF CREEK —— 山語澗
- VIEW DECK —— 凭澜观海

- FUN VALLEY —— 西勒諸斯谷
- FUN PATH —— 曲徑拾趣
- FOREST SEA —— 森海聽濤
- COLOURFUL GARDEN —— 千色林
- FUNFAIR PARK —— 嘉年華公園
- KIDS PLAYING GROUND —— 兒童遊樂天地
- WOODEN TRELLIS —— 木廊通道
- FEATURE ENTRY —— 特色入口
- WATER ENTRY —— 入口特色水景
- PARK AT TURN-AROUND —— 轉角雕塑公園
- LAKE VIEW POINT —— 臨漪拾景
- LYRA LAKE —— 七弦湖
- AMPHITHEATRE —— 水岸廣場
- STAR VIEW POINT —— 奧羅拉觀星臺
- WATER SCAPE —— 疊水水景
- FOOT PATH —— 驛道拂香
- RHYTHEM LAWN —— 叠韵草阶
- VIEW DECK —— 休閒觀景臺

- 水體
- 園區道路
- 綠化植被

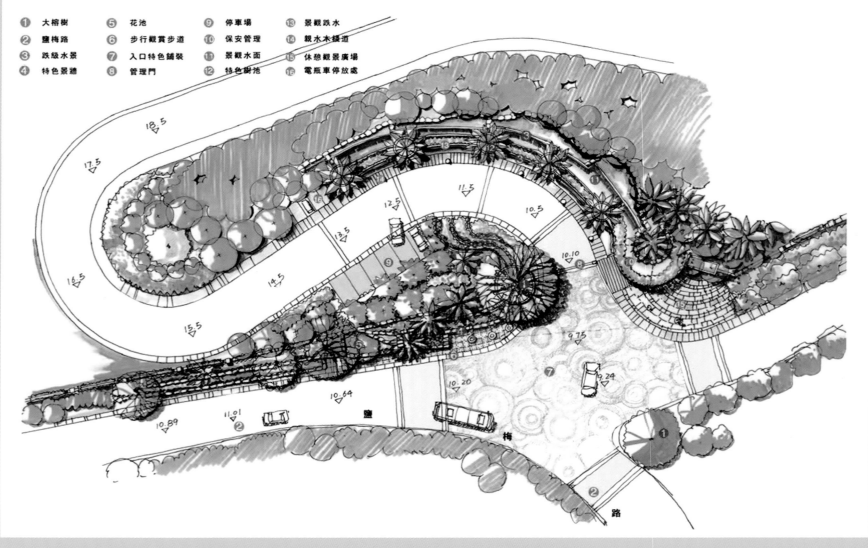

- ① 大榕树
- ② 鹽梅路
- ③ 跌级水景
- ④ 特色景牆
- ⑤ 花池
- ⑥ 步行观赏步道
- ⑦ 入口特色铺装
- ⑧ 管理門
- ⑨ 停车场
- ⑩ 保安管理
- ⑪ 景观水面
- ⑫ 特色树池
- ⑬ 景观跌水
- ⑭ 親水木棧道
- ⑮ 休憩观景广场
- ⑯ 電瓶車停放處

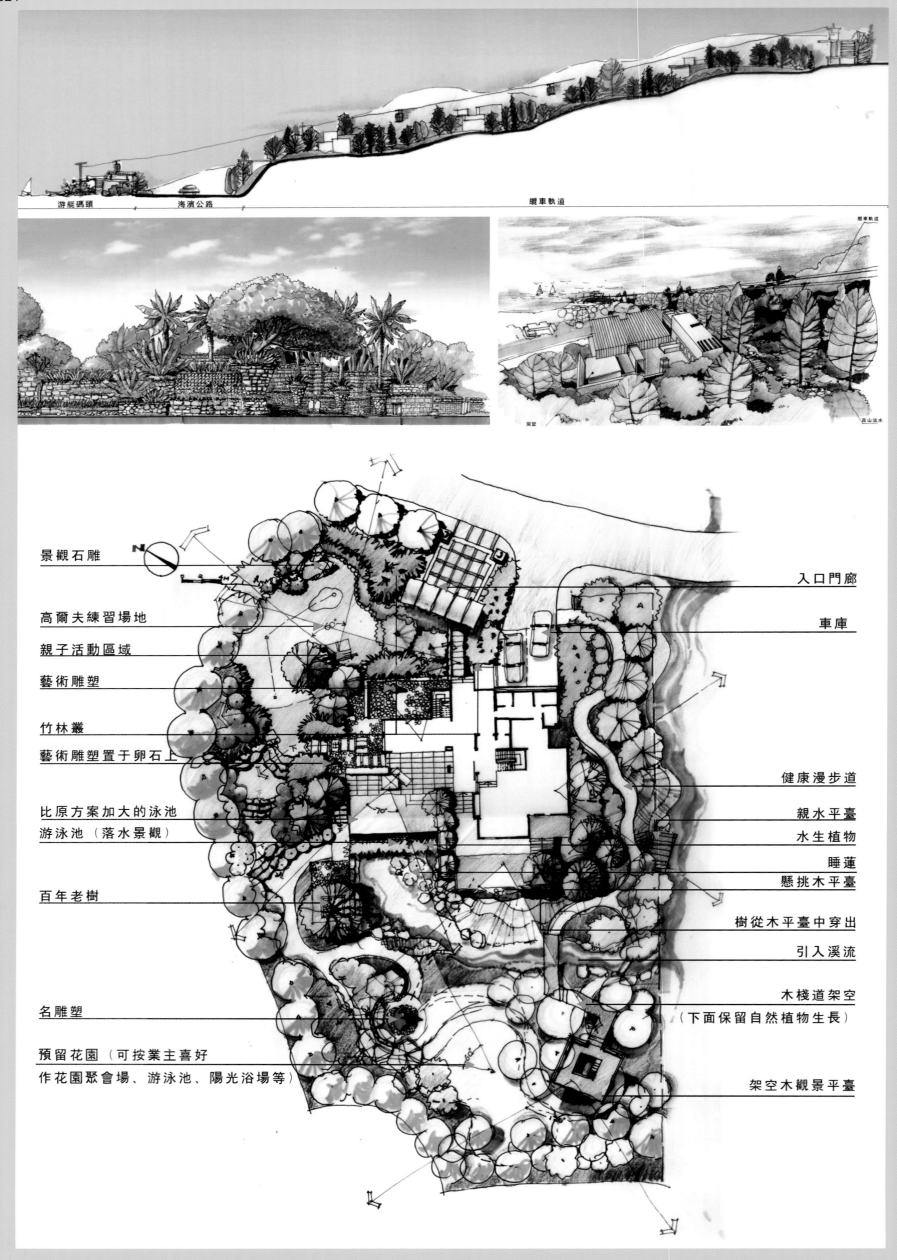

游艇碼頭　　海濱公路　　　　　　　　　　纜車軌道

景觀石雕

高爾夫練習場地

親子活動區域

藝術雕塑

竹林叢

藝術雕塑置于卵石上

比原方案加大的泳池

游泳池（落水景觀）

百年老樹

名雕塑

預留花園（可按業主喜好

作花園聚會場、游泳池、陽光浴場等）

入口門廊

車庫

健康漫步道

親水平臺

水生植物

睡蓮

懸挑木平臺

樹從木平臺中穿出

引入溪流

木棧道架空

（下面保留自然植物生長）

架空木觀景平臺

该项目位于深圳市东部黄金海岸大梅沙和小梅沙之间的崎头岭半岛上，占地约30万平方米，项目三面环海，一、二期为69套海岸公馆，三期为48套独栋别墅。48套独栋别墅均为业主"量身定制"，户型面积从350～1 000平方米不等。三期占地面积约25万平方米，容积率仅为0.099，其中绿化覆盖率达87%以上，并拥有约7万平方米的原生态森林。

项目融合了包括美国SWA事务所等六、七家世界顶级设计团队的智慧，并由拥有"世界管家"美誉的第一太平戴维斯担纲物业管理顾问，为业主提供个性化管家式服务，并含有国内首家私人停机坪，其投资价值之大在国内极为罕见。

该项目拥有无敌海景和独一无二的至尊配套。超级会所、私家直升机停机坪、国际游艇码头、观景缆车、五星级涉外酒店，将成为业主"皇家专属自然保护区"的原始森林，将建设成为南中国首席半岛别墅，成为中国国内顶级别墅的重要代表。

该项目别墅风格：

要与自然环境整体协调，远观感觉不到人工痕迹；

环境多元化，有一定的分区效果；

强调艺术性（独特性、收藏性）；

纯山、海、天的私家感受；

多感官的感受。

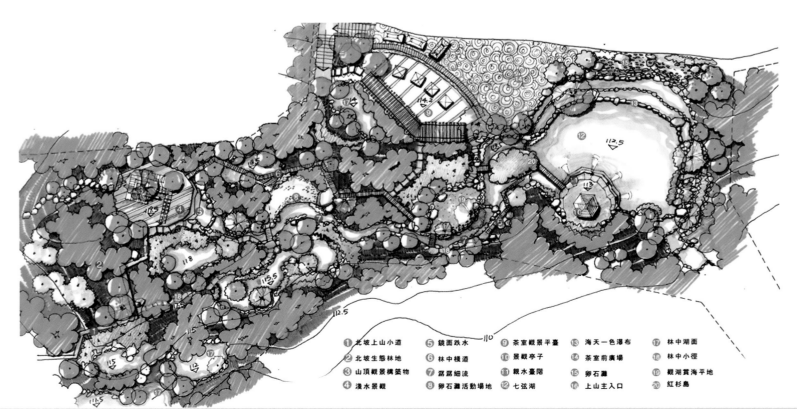

①北坡上山小道　⑤镜面跃水　⑨茶室观景平台　⑬海天一色瀑布　⑰林中湖面
②北坡生态林地　⑥林中栈道　⑩景观亭子　⑭茶室前广场　⑱林中小径
③山顶观景构筑物　⑦潺潺细流　⑪亲水台阶　⑮卵石滩　⑲观湖眺海平地
④浅水景观　⑧卵石滩活动场地　⑫七弦湖　⑯上山主入口　⑳红杉岛

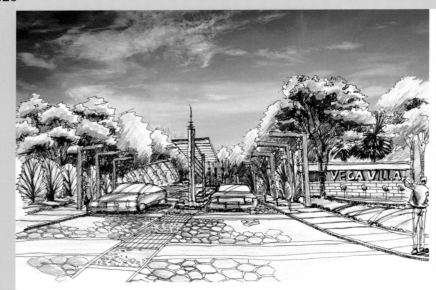

48套别墅，每套都别具一格，拥有自己的独自领地，有它自成一体艺术气质，与周围环境恰如其分地融合，没有人工雕琢之感。

档次：现代自然尊贵主义

"海景"是项目最大景观资源优势，通过资源的稀缺性突出该别墅项目产品的差异性和唯一性。景观设计充分体现天琴湾项目的市场定位，以"演绎贵族心灵，享受自在人生"为主题，创造一个景观环境自然和谐，建筑空间独具特色，社区氛围高贵典雅，生活品质调高尚的海滨高级别墅区，既要表现出项目的尊贵感，提升客户身份，又要满足客户对自由的追求，对海的向往。

让住在这里的业主"看到的只有山、水、天；听到的只有海涛、风声、鸟鸣；闻到的只是山间的花香和空气中负离子的味道"，可以"隐居山林，享受海湾生活"，运用自然元素配合现代设施来营造一个独特的休闲居住环境，让人足不出户也可以享受迈阿密的天空、那不勒斯的海岸、墨尔本的海岸公路、夏威夷的度假天堂……

尊贵的气质 典雅的艺术
——北京百合公寓阳光花园

项目位置：北京

景观设计：上海北半秋景观设计咨询有限公司

委托单位：北京阳光绿城房地产开发有限公司

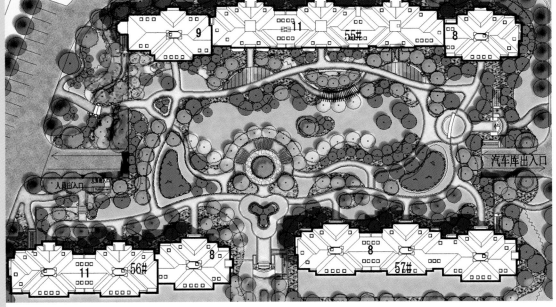

"有良田、美池、桑竹"之处，已经成为现代人追求的一种时尚生活。城市生活的压力及环境的污染，让人们越来越对"自然、古朴"的生活环境充满了向往，阳光花园的景观设计正是以此为设计基本点，打造自然大气、脱俗飘逸、能实现人们所需另类生存空间追求的现代居住环境。

该项目在整体上，以软景与硬景有机配合；丰富的植物配置相互映衬；合理的运用软景设计，充分展现花园"自然、古朴"的居住特色，硬景的精巧构思体现了花园的磅礴气势，使得花园的建筑与景观产生和谐美感。

北入口作为园区的主入口是小区的重要景观带，从而成为设计的主要体现之处。入口的设计打破传统设计的局限与模式，以一条具有透视效应的斜向景观轴线与弧线形的景观引道构成。景观轴线从视觉效果上让远景形成"猝近"之感，使楼盘、远景以动态感觉入目，给业主大气的迫近之势。

景观轴线引领一条曲折的水系，给小区的休闲区增添了恬静之意，舒展的草场，狭仄的溪形让流水时而湍急、时而缓慢，造成"脉动"之感。休闲区将以四季树种进行铺种，让业主们在同一时期内既观赏到不同季节植物的形态又强烈地感受生物旺盛生命力。"柳丝长、桃花艳"的春意；"江花火、瑟水碧"的夏烈；"枫叶红，唱晚亭"的秋浓；"梅弄雪，争寒惬"的冬情，在这里与家人共享自然风光的魅力。宜人优美的世外景色不仅提高商业价值，同时提高小区观赏性，增添阳光花园综合价值。

弧线形景观引路与娱乐区形成一个"S"形的景观带，与景观轴线相交汇，平添了设计上的曲线柔和美。通过景观引路，穿越具有独特灯光夜视效果的商业街，便是娱乐泳池区。利用地势的高差设计极具特色的叠水水景，与泳池相连接形成无边界水域，在视觉上增大泳池的水域，同时带来了欣赏情趣。

老北京人喜欢和乐、活络的生活习惯，在园区居住组团中设计不同特色的邻里公园，促进邻里的情感沟通，增加园区的生活气氛。在园区的东西两侧设有网球场、篮球场、足球场等运动空间，让疲劳的身躯在运动场里得到舒解。设计还考虑现代人生活中不可缺少的"伙伴"——宠物，将园区的角落设计成为宠物嬉戏的场所，这正是此园区设计的独到之处。

该项目总体上"以人为本"，以人的感受打造自然、返璞归真的生活环境，让"阳光花园"在同一地域内成为经典的、适合居住的自然形态的生活园区。

现代设计概念营造的国际化和谐生活社区
——上海世贸昆山蝶湖湾

项目位置：江苏 昆山
景观设计：奥雅设计集团
委托单位：昆山华鼎置业有限公司

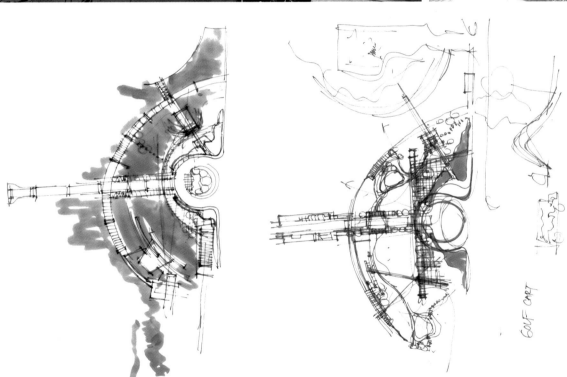
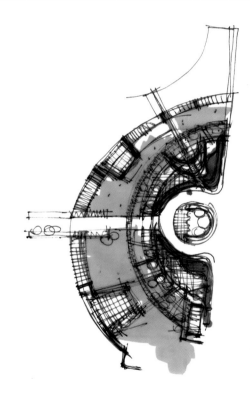

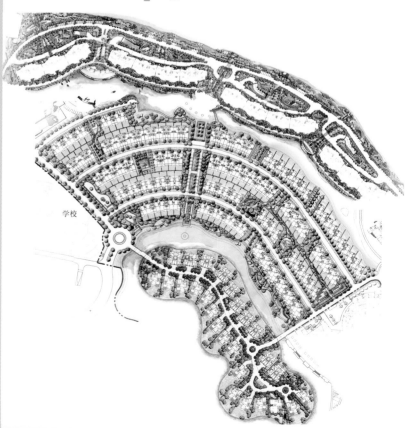

蝶湖湾是上海世茂集团在昆山市投资建设的一个大型国际化社区，因其位于中心、面积10万平方米的蝴蝶形生态湖而得名。该项目包括住宅、会所、酒店等多种类型，全方位突显出多功能社区的概念。作为国际化社区，蝶湖湾体现了广泛的适用性，符合国际范围内人的心理需要和行为模式。

在该项目的设计过程中，奥雅设计集团采用新的、生态的、环保的、可持续发展的设计概念，从自然界中汲取设计元素，运用现代设计规划手法，将文化、历史、自然、时尚融于景观设计中，力求塑造满足不同层次人生活和休闲的国际化和谐生活社区。我们根据生态、环保的原则整理绿化系统、水系统、道路系统，把人对于环境的影响降到最低，减少对环境的索取和危害，用自然方式节约能源的同时，景观元素也成了功能元素，降低了环境对住宅区的影响。目前，蝶湖湾项目已入选联合国"国际生态安全示范社区"。

深入分析整个区域的空间层次和属性，有针对性地创造简洁大气、激动人心的公共空间景观以及充满游憩体验与发现乐趣的私密化空间，对交通系统深入分析和整合，对各种类型的道路进行分类和有针对性的处理，让它们体现各自的性格，形成鲜明的景观特征。按照生态、现代的要求设计整个住区，采用生态方式处理水系统、种植水生植物，采用自循环降低对环境的危害，采用雨水收集系统消化住区自身的雨水量，并在初级处理后将其用于景观补水和景观灌溉。

有机、自然、生态的精美生活空间
——济南香江山水家园二期

项目位置：山东 济南

景观设计：奥雅设计集团

委托单位：济南香江置业有限公司

LEGEND
1. VIEWING DECK
2. SUN DIAL COURT
3. OUTDOOR MUSEUM
4. WATER FEATURE
5. PRIVATE YARD
6. FEATURE TRELLIS
7. FEATURE SCULPTURE 01
8. FEATURE SCULPTURE 02
9. FEATURE SCULPTURE 03

1. 观景平台
2. 阳光草坪
3. 室外博物馆
4. 特色水景
5. 私人小院
6. 特色花架
7. 特色雕塑01
8. 特色雕塑02
9. 特色雕塑03

LEGEND
1. CHILDREN PLAY AREA
2. SITTING AREA
3. OUTDOOR MUSEUM
4. WATER FEATURE
5. PRIVATE YARD
6. SCULPTURE PLAZA

1. 儿童活动区域
2. 可坐空间
3. 室外博物馆
4. 特色水景
5. 私家庭院
6. 雕塑广场

LEGEND
1. SCULPTURE COURTYARD
2. VIEW DECK
3. FEATURE TRELLIS W/SITTING
4. SEATWALL

1. 雕塑庭院
2. 观景平台
3. 特色花架结合坐凳
4. 坐墙

PLANTER BOX 种植池

SHORT WALL 矮墙

SEATTING 坐凳

LANDSCAPE FRAMES 景观廊架

SAFE BARS 安全扶手

LANDSCAPE STEEL/GLASS STRUCTURE 特色景观花架

SEATTING BAR 坐凳

GRASS LANDFORM 草坡

SEATTING 坐凳

木平台 TIMBER DECK

休闲平台 LEISURE PLATFORM

矮墙小径 PATH WITH SHOT WALL

种植 PLANTTING

铺地 PAVING

种植 PLANTTING

WATER SPROUT 景观跌水
100MM.THK. GRANITE COPING, COLOR : BLACK 100厚黑色花岗岩压顶
20MM.THK. GRANITE FLAMED FINISH, COLOR : BLACK 20厚火烧面黑色花岗岩
WATER JET 景观喷泉

SECTION 剖面图

20MM.THK.GRANITE POLISHED FINISH, COLOR : DARK GREY 20厚光面深灰色花岗岩
5MM.THK.STAINLESS STEEL MANUFACTURE FIXING 5厚不锈钢装饰面板
20MM.THK.NATURAL STONE FINISH, COLOR : MIXED BROWN 20厚棕色自然石饰面

50MM THK GRANITE FLAMED FIN COLOUR:BLACK 50厚火烧面黑色花岗岩
40MM THK NATURE STONE COLOUR:YELLOW 40厚自然黄色石块
20MM THK GRANITE FLAMED FIN MIXED COLOUR 20厚火烧面杂色花岗岩

1. WATER FEATURE 水景
2. FEATURE SEAT 02 特色坐墙 02

该项目景观遵循有机、现代的设计主题，采用自然的手法，创造出城市中心的亲水景观。在景观设计的同时，充分考虑住户的功能需求，体现出现代的形式，最大程度地契合了建筑的风格。作为亲水社区，邻水是其显著特征之一。设计为居住者提供了广阔的水景视线。以尽端式枝状道路为构架，各向呈几何状分布，中间增加开阔的公共绿地和社区内部的开放空间。为提升环境的品质，增强观赏性，设计师增加部分水景以配合公共绿地，使每栋住户能够欣赏极佳的户外景观。在公共空间结合花架景亭等形式为人们提供休憩设施，供住户在休闲之余小憩片刻。

主要景观面位于高差达4.5米的两层平台上，平台不设车行道路，仅有供消防使用的隐形消防通道。AB层平面入口处，鲜明的雕塑具有提示入口的作用，同时自由的种植与现代的铺装形式相结合，既可满足住户的通行要求，又最大限度地实现了绿化效果。通过蜿蜒的架空层道路，进入AB层的主要景观节点，以水景为中心，结合周围的坐墙等，形成舒适的集会交流空间。经过入户的道路，绕至北侧的公共空间，较之南面的空间，这里更加宁静安详。在宁静的水景旁远眺江景，顿时感觉神清气爽！

通过入口的大台阶进入另一个平台，笔直与蜿蜒的道路互相交错，与种植相结合形成宜人的景观空间。东侧因有消防通道需求，设计坡道与市

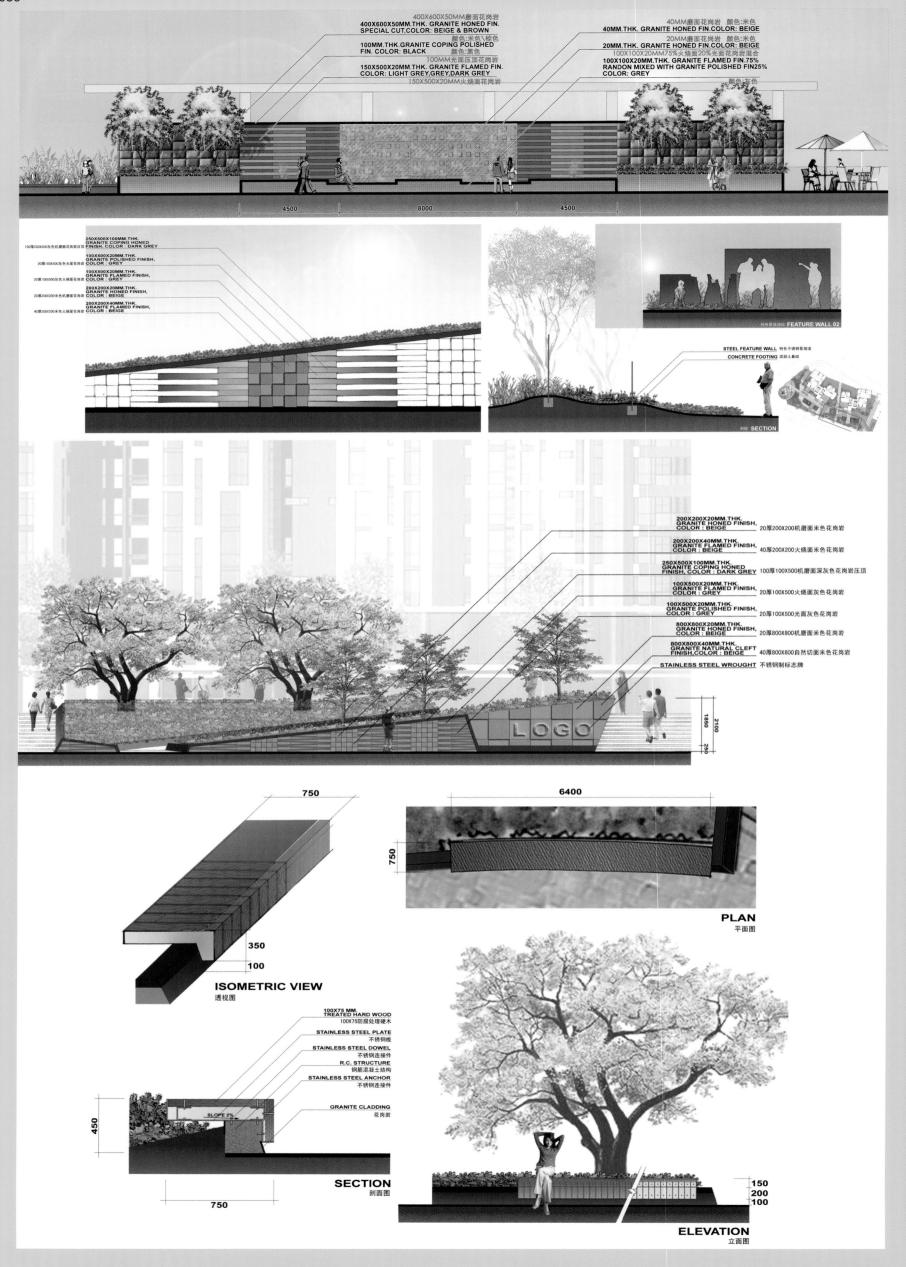

400X600X50MM磨面花岗岩
400X600X50MM.THK. GRANITE HONED FIN.
SPECIAL CUT,COLOR: BEIGE & BROWN
颜色:米色\棕色
100MM.THK.GRANITE COPING POLISHED
FIN. COLOR: BLACK
颜色:黑色
100MM光面压顶花岗岩
150X500X20MM.THK. GRANITE FLAMED FIN.
COLOR: LIGHT GREY,GREY,DARK GREY
150X500X20MM火烧面花岗岩

40MM磨面花岗岩 颜色:米色
40MM.THK. GRANITE HONED FIN.COLOR: BEIGE
20MM磨面花岗岩 颜色:米色
20MM.THK. GRANITE HONED FIN.COLOR: BEIGE
100X100X20MM75%火烧面20%光面花岗岩混合
100X100X20MM.THK. GRANITE FLAMED FIN.75%
RANDON MIXED WITH GRANITE POLISHED FIN25%
COLOR: GREY
颜色:米色

4500   8000   4500

250X500X100MM.THK.
GRANITE COPING HONED
FINISH, COLOR : DARK GREY
100厚250X500灰色机磨面花岗岩压顶
100X500X20MM.THK.
GRANITE POLISHED FINISH,
COLOR : GREY
20厚100X500灰色光面花岗岩
100X500X20MM.THK.
GRANITE FLAMED FINISH,
COLOR : GREY
20厚100X500灰色火烧面花岗岩
200X200X20MM.THK.
GRANITE HONED FINISH,
COLOR : BEIGE
20厚200X200米色机磨面花岗岩
200X200X40MM.THK.
GRANITE FLAMED FINISH,
COLOR : BEIGE
40厚200X200米色火烧面花岗岩

特色景观墙02 FEATURE WALL 02

STEEL FEATURE WALL 特色不锈钢景观墙
CONCRETE FOOTING 混凝土基础

剖面 SECTION

200X200X20MM.THK.
GRANITE HONED FINISH,
COLOR : BEIGE
20厚200X200机磨面米色花岗岩
200X200X40MM.THK.
GRANITE FLAMED FINISH,
COLOR : BEIGE
40厚200X200火烧面米色花岗岩
250X500X100MM.THK.
GRANITE COPING HONED
FINISH, COLOR : DARK GREY
100厚100X500机磨面深灰色花岗岩压顶
100X500X20MM.THK.
GRANITE FLAMED FINISH,
COLOR : GREY
20厚100X500火烧面灰色花岗岩
100X500X20MM.THK.
GRANITE POLISHED FINISH,
COLOR : GREY
20厚100X500光面灰色花岗岩
800X800X20MM.THK.
GRANITE HONED FINISH,
COLOR : BEIGE
20厚800X800机磨面米色花岗岩
800X800X40MM.THK.
GRANITE NATURAL CLEFT
FINISH,COLOR : BEIGE
40厚800X800自然切面米色花岗岩
STAINLESS STEEL WROUGHT 不锈钢制标志牌

LOGO

2100
1850
250

750

6400

750

350
100

ISOMETRIC VIEW
透视图

PLAN
平面图

100X75 MM.
TREATED HARD WOOD
100X75防腐处理硬木
STAINLESS STEEL PLATE
不锈钢板
STAINLESS STEEL DOWEL
不锈钢连接件
R.C. STRUCTURE
钢筋混凝土结构
STAINLESS STEEL ANCHOR
不锈钢连接件
GRANITE CLADDING
花岗岩

SLOPE 2%

450

750

SECTION
剖面图

150
200
100

ELEVATION
立面图

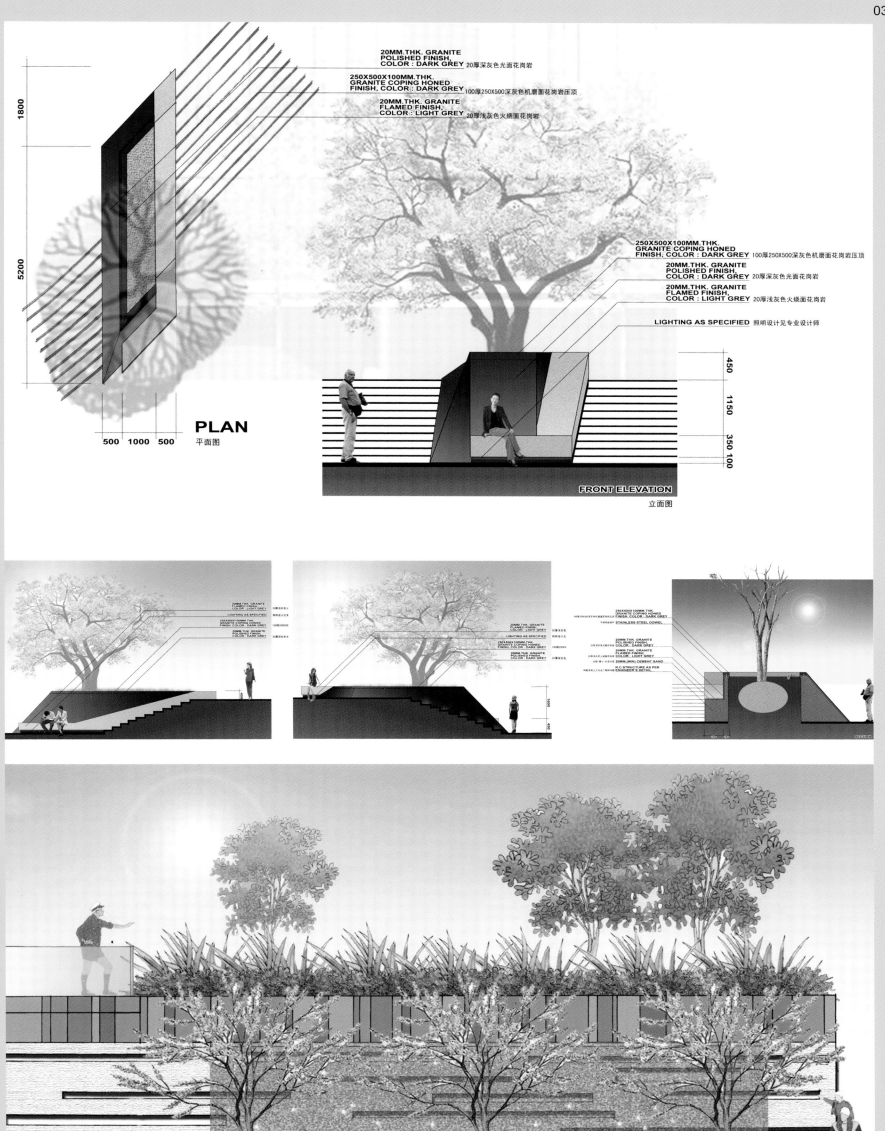

20MM.THK. GRANITE
POLISHED FINISH,
COLOR : DARK GREY 20厚深灰色光面花岗岩

250X500X100MM.THK.
GRANITE COPING HONED
FINISH, COLOR : DARK GREY 100厚250X500深灰色机磨面花岗岩压顶

20MM.THK. GRANITE
FLAMED FINISH,
COLOR : LIGHT GREY 20厚浅灰色火烧面花岗岩

250X500X100MM.THK.
GRANITE COPING HONED
FINISH, COLOR : DARK GREY 100厚250X500深灰色机磨面花岗岩压顶

20MM.THK. GRANITE
POLISHED FINISH,
COLOR : DARK GREY 20厚深灰色光面花岗岩

20MM.THK. GRANITE
FLAMED FINISH,
COLOR : LIGHT GREY 20厚浅灰色火烧面花岗岩

LIGHTING AS SPECIFIED 照明设计见专业设计师

PLAN 平面图

FRONT ELEVATION 立面图

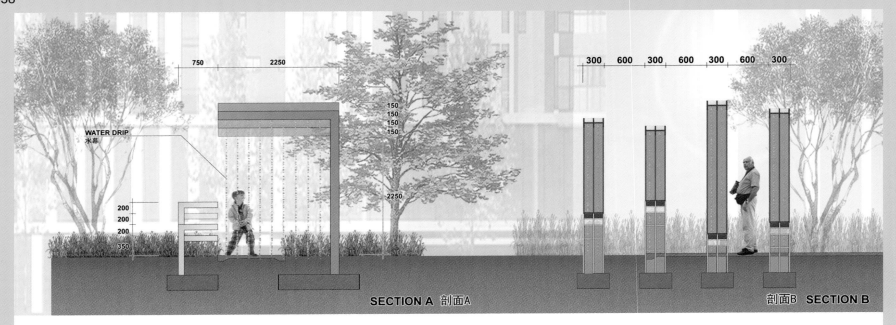

WATER DRIP
水幕

750 2250

300 600 300 600 300 600 300

150
150
150
150

2250

200
200
200
350

SECTION A 剖面A

剖面B SECTION B

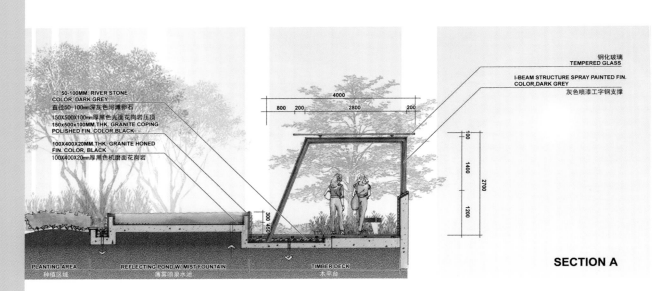

Ø 50-100MM. RIVER STONE
COLOR, DARK GREY
直径50-100mm深灰色河滩卵石
150X500X100mm 厚黑色光面花岗岩压顶
150x500x100mm.THK. GRANITE COPING
POLISHED FIN. COLOR,BLACK
100X400X20MM.THK. GRANITE HONED
FIN. COLOR, BLACK
100X400X20mm厚黑色机面磨面花岗岩

钢化玻璃
TEMPERED GLASS

I-BEAM STRUCTURE SPRAY PAINTED FIN.
COLOR, DARK GREY
灰色喷漆工字钢支撑

4000
800 200 2800 200

100

1400

2700

1200

300 450

PLANTING AREA
种植区域

REFLECTING POND W/ MIST FOUNTAIN
薄雾喷泉水池

TIMBER DECK
木平台

SECTION A

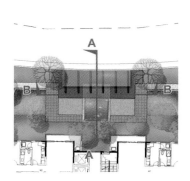

KEY PLAN

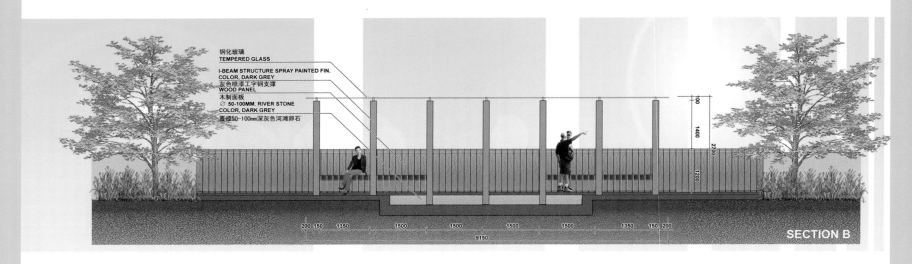

钢化玻璃
TEMPERED GLASS
I-BEAM STRUCTURE SPRAY PAINTED FIN.
COLOR, DARK GREY
灰色喷漆工字钢支撑
WOOD PANEL
木制面板
Ø 50-100MM. RIVER STONE
COLOR, DARK GREY
直径50-100mm深灰色河滩卵石

100

1400

2700

1200

200 150 1350 1500 1500 1500 1500 1350 150 200

9150

SECTION B

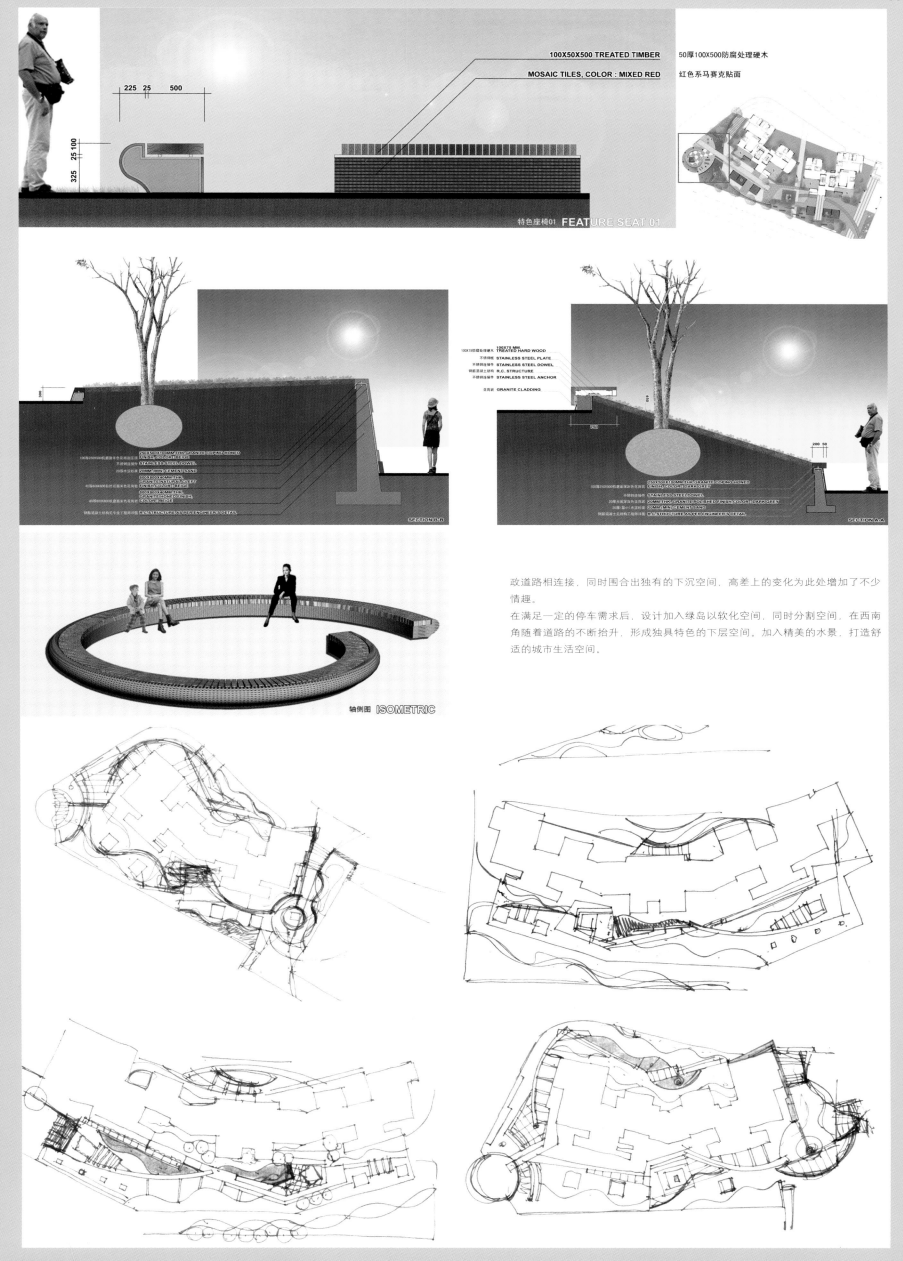

100X50X500 TREATED TIMBER   50厚100X500防腐处理硬木

MOSAIC TILES, COLOR : MIXED RED   红色系马赛克贴面

225 25 500

325 25 100

特色座椅01 FEATURE SEAT 01

100X75 MM.
TREATED HARD WOOD
STAINLESS STEEL PLATE
STAINLESS STEEL DOWEL
R.C. STRUCTURE
STAINLESS STEEL ANCHOR
GRANITE CLADDING

SECTION B-B

SECTION A-A

轴侧图 ISOMETRIC

政道路相连接，同时围合出独有的下沉空间，高差上的变化为此处增加了不少情趣。

在满足一定的停车需求后，设计加入绿岛以软化空间，同时分割空间，在西南角随着道路的不断抬升，形成独具特色的下层空间。加入精美的水景，打造舒适的城市生活空间。

自然与现代的升华
——成都时代尊城景观设计

项目位置：四川 成都
景观设计：SED新西林景观国际
设 计 师：黄剑锋 李文婷
委托单位：四川大自然实业开发有限公司

商業街
疏林踏青
休闲绿吧
特色树陣
架空层活动空间
停車場
活力运动場
林中漫道
地下車庫入口
概景平臺
瀕江密林
散步道
陽光草坡
休息木平臺
地下車庫
人行出入口
概景木平臺
灌木種植區
陽光草坡
瀕空景觀
親水活動空間
高开草階
景觀樹陣
特色花坡

草嗅廣場
景觀鋪石
特色鋪裝
景觀石牆
入口廣場
青青草道
宅間活動空間
青雲亭
加日廣場
中軸水景區
地下車庫人行出入口
林下運動走廊
隱形回車場
地下停車庫
水中汀步
晶天臺
鏡面流水
凝空雕塑
荷香池
觀景木棧道
中軸景觀通道
生態植物區
假日廣場
親子樂園
景觀石牆
會所廣場
鏡面涤水景觀
特色景牆
會所游泳池
會泳池更衣室
會所
特色景牆
波波密休閑廣場
飛架跌水
特色景牆
休閑綠臺

成都——一个在天府之国眷顾下，充满着悠然和谐生活氛围的城市。人们崇尚自然，有强烈融于自然的欲望。同时，这座有着深厚历史文化传统的城市，又渴望着现代春风徐徐吹入。在这个大背景下，成都时代尊城将自然主义与现代艺术的设计手法并行，塑造了一条既现代又自然的景观风景线。

设计理念：
时代尊城项目位于成都城西光华片区东坡大道，占地170余亩。成都城西为高档楼盘聚集区，要在众多的精品楼盘中脱颖而出，必须从设计中有所突破。小区周边环境自然条件优越，三面环水，呈半岛状，紧邻多个公园如：西郊艺术公园、海斯凯体育公园、天鹅湖公园。在设计中充分考虑对河景的利用，总体布局上突出南北朝向，利用"借景"将河岸景色引入其中，让各自然元素充分融入景观中，并结合现代设计手法，即现代自然风格，对景观品质进行整体提升。

设计构思：
1.中轴景观 从建立和谐的人地关系入手，强调生命土地的完整性和地域景观的真实性，运用绿地优先，水景穿插的物质空间规划方法，来建立自然而现代的景观形态。中轴景

观利用该地块狭长的特点，以水景为主线贯穿，营造一个地势起伏跌宕的溪谷，把现代和自然休闲融为一体，并由此向西侧渗透至各组团。中轴景观分南北两个区，北区遍植密林，形成高处树阵，低处流溪的景观。林间人行道蜿蜒连绵，人行其中如行画中。高大的密林为多种户外集体活动提供了优质空间，也为人们更多的交流提供可能。如果说北区的设计体现自然灵动，那么南区的设计则现代时尚。南区是以跌水汀步、木质休闲平台、栈道围合而成。在中轴景观的中心区域有两面特色景墙。这是一个高潮景观区，现代与自然在这里形成过渡，而通过景墙的人行通道，使人们随意穿梭于现代与自然之中。

2.会所 会所东侧的景观道巧妙运用了材质及植物强调了道路的引导性和延展性。道路尽头是一个连接广场空间与生活区的中转空间。连接生活区的一侧以有花灌木的折形楼梯出现保证了两个区域空间特性的独立。也有利的防止了广场活动对居住生活的干扰。这一中转空间与广场连接的部分则是通过以花灌木种植槽分割的阶梯及坡道连接满足不同人群的活动需要。铺装以面积不同的三种材料互相穿插组合，在延伸到会所景墙内后，利用草地与低矮灌木替换其中两种面积较大的材质，完成了空间接续任务的同时增强了会所内庭院的可观赏性，加强了会所内外空间的呼应。会所特色景墙北侧铺装则将景墙墙面洞孔在地面上以小品的形式反映出来，强化了会所的个性特

征并将其与环境景观更好地融合。会所西侧利用原有地势加以改造开辟了多个层面的景观跌水面。会所泳池集观赏性与娱乐性一身，并设有深水与浅水两个水池以满足各年龄段的需要。泳池南侧是几个形式自然的跌级水面为方便亲水观赏在一侧设有漫步道，结合周遍的地势与植物营造移步异境的景观效果。水景西侧的表演空间设于开敞绿地之中，在这里因为有纯人工的雕饰而充满勃勃生机，不失野趣，青草、绿树，花卉在大自然中生长没有分明的界限。这里既是居民的休息散步场所也是集体活动时的露天表演舞台。

3.入口广场 入口广场用"包豪斯"式的简洁构图，强调现代感的几何构图方式。运用自然石材与工业感很强的钢制构架，筑成石柱。既完成了点、线、面的完美架构，也是自然与现代的有力升华。

4.滨水公园 在整个小区的南侧是一个滨水公园。此滨水公园沿河岸线呈自然曲线造型，柔和雅致。对自然水系统和湿地系统尽量保持，尊重生命土地的完整性和地域景观的真实性。为了使人们能尽享河滨景色，充分利用地形有机组合各种休闲设施，并沿河设计观景跑步道。为人们户外活动提供物质保障，也使人与人之间有更多的交流沟通的机会。

5.植物 整个小区的植栽以创造健康生态环境为总的原则，以总体景观设计意念为主导，将植物或主客与建筑，小品充分协调，体现整体的统一。并根据植物自身的特性合理配置植物群落，创造人与自然和谐共存的生态居住环境。植物的花开叶落展现季节变换之美，一草一木，一枯一荣都是生活的诠释和写意

（1）高大的乔木。密植乔木，形成树阵。夏季树荫给人们提供了一个舒适的室外空间。

（2）各种花灌木杜鹃、鸢尾、萱草等，冷绿色的树叶与紫色、玫瑰红、黄色等多种颜色的花朵交融在一起，呈现斑斓耀眼的效果，也映衬了小区自然丰富的色彩表情。具有动感的绿色草坪、黄杨篱与色彩绚烂的植物搭配生长，形成一个和谐搭配的空间。

（3）亲水性植物芦苇、菖蒲，水生美人蕉、海芋、再力花、千屈菜等搭配，形成自然水生景观。

自由、自我、和谐、轻松的居住宝地
——合肥泰峰地产碧湖云溪别墅区

项目位置：安徽 合肥
景观设计：SED新西林景观国际
委托单位：合肥泰峰地产

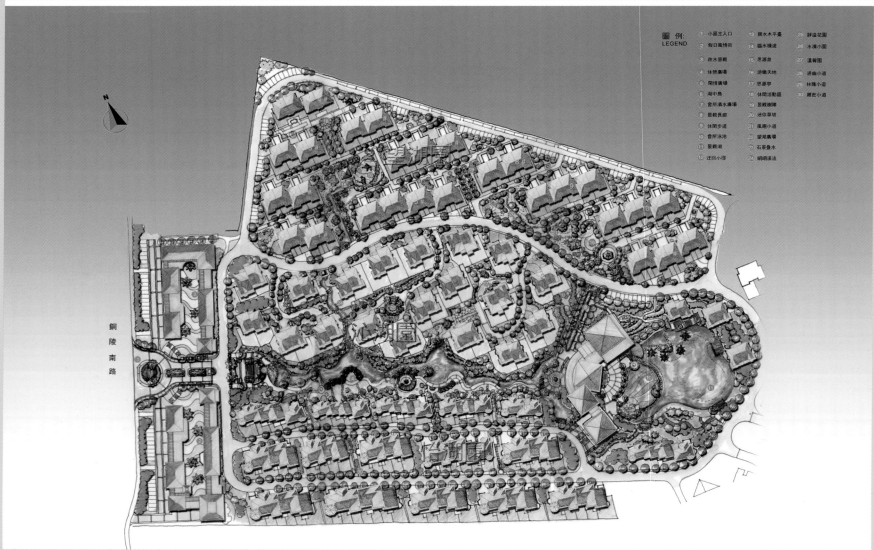

圖　例：
LEGEND

① 小區主入口
② 假日風情街
③ 涉水景觀
④ 休憩廣場
⑤ 閒情廣場
⑥ 湖中島
⑦ 會所戲水廣場
⑧ 景觀長廊
⑨ 休閒步道
⑩ 會所泳池
⑪ 景觀湖
⑫ 迂迴小徑

⑬ 親水木平臺
⑭ 臨水棧道
⑮ 思源泉
⑯ 游樂天地
⑰ 思源亭
⑱ 休閒活動區
⑲ 冠蓋樹蔭障
⑳ 迷你草坪
㉑ 風趣小道
㉒ 望湖廣場
㉓ 石景疊水
㉔ 絹瑪溪流

㉕ 靜溢花園
㉖ 水濱小圃
㉗ 溫馨圖
㉘ 通幽小道
㉙ 林蔭小道
㉚ 靜密小道

銅陵南路

该项目位于合肥市东南迎风区，总用地约420亩，北依太湖东路，南临二环路，与新建市中心大道马鞍山路仅数百米，距四牌楼仅5公里路程，是紧邻市中心的城市内别墅园区。碧湖云溪地形起伏有致，基地内有绵长的自然溪流和两个碧水湖泊。园区规划以独家庭院的高尚联排别墅为主，兼有临湖临溪的独立、双联别墅和双叠别墅，建筑高度在二至四层，容积率仅0.67，是合肥市区罕见的"三高三低"——高绿化、高配套、高智能和低容积率、低层、低密度和城市软环境别墅社区，以自由、自我的生活模式实现现代人对居住的定义，设计师以铺地、草坪、原木、溪水为景观设计的基本元素；以景观层次、人们的行为习惯、居住者的生理及心理需求为出发点，将生活还原到其本来就应有的和谐与轻松。

都市中的绿野生活
——"金色池塘Golden Pond"大型居住区

项目位置：安徽 合肥
景观设计：SED新西林景观国际
设 计 师：黄剑锋
规划及建筑设计：深圳大学建筑设计院
委托单位：合肥英泰地产

"金色池塘Golden Pond"大型居住区项目占地30公顷。它位于合肥市西郊，东沿西二环路，南临樊洼路，整个基地紧依清溪森林公园和植物园，是距市中心最近的、最具自然气息的风景区住宅。

自然、人文、协调

一个成功的景观设计，应当具有文化和自然地域肌理，并能使景观在自然、文化环境中有机地发展。因此统筹安排如何将道路、排水、资源和自然保护、野生动物栖息、社会交往空间以及建筑位置等进行有效的控制协调十分重要。

金色池塘社区的地块原为一片芦苇丛生、水鸟出入的原生缓坡湿地，地形呈北高南低之势；由于靠近董铺水库的水源涵养地，地块上树木丛生，植物资源非常丰富；地块原有多个原生池塘，其中最大的一个面积达到

10000平方米左右。因此，水景资源是地块的另一大特色。地形之起伏，水面之动静，草木之野趣，共同形成了此地块得天独厚的自然条件。设计师在充分结合项目原有地块条件的基础上，摒弃了当前流行的人工造景和单纯的欧美庭院或中国古典的空间布局和设计手法，而是对地形环境加以重新解释，挖掘其特色，充分发挥地形地貌起伏的特点，改造、保留了此地块原有的水塘、树林、坡地和谷地。

整个小区的景观设计围绕着池塘这个主题展开，设计师在对地块原有的池塘进行改造整理后，基于"水曲因岸，水隔因堤"这一中国传统园林自然理水的思想，在"金色池塘"与"生态湖"之间置以石堤、水岛和小木桥，既分隔了水面，又使景观具有了开合与收敛的对比效果；同时又用小溪将它们连

为一体，以自然式水景为主，整齐式水景为辅构成了金色池塘特有的大型池塘水系景观。

作为空间引导的另一脉络园路，设计师则将其分为主要道路、次要道路、步行道和景观小径。主要道路贯穿整个小区，形成了全区的骨架，同时接通主要入口及主景。既有消防、行车等功能作用，又有观景、漫步的休闲作用。而次要道路则是各个分区的内部骨架，通过步行道和景观小径与附近的景点相互联系。

以此作为主线，设计师从整体上把握了整个空间布局；基于中国传统园林设计思想，中西造园手法结合运用；营造出集东西方园林造景文化于一体，生态人文景观相呼应的自然人居环境。从而"以自然之理，得自然之趣"。

中西结合，传统现代并行

金色池塘的设计中，既大量运用了中国的传统造园手法，例如：利用基地天然的高低起伏，在地势的设计上或取势成坡，或堆土成台，充分保留了自然地景；应用"水曲因岸，水隔因堤"的自然理水手法；将景观小径的设计以自然园林的道路为主，有明有暗，往复曲折，明者踏园径，暗者穿林木，半明半暗则步曲廊，"浮香绕曲岸，圆影覆华池"，虚虚实实，方方皆景，处处是境，从而创造出变化丰富的景观空间，等等。

另一方面，设计师也巧妙运用西方现代的造园手法，例如：设计中依地形走势在居住组团里设置了下沉广场，周边引入配置了儿童游戏场、休息回廊，作为小区居民的活动和休闲空间；沿金色池塘的周边，设计师以原色和棕色的硬木方搭建了亲水木质平台；在主入口与小区组团中适量地运用了西式风格的喷泉和雕塑；草坪上点缀了一系列具有现代生活品位的景观小品和休闲用具，结合池畔的亲水步道和观水平台，等等。这些设计既满足了居住者的功能需求，又给小区注入一丝现代人居的惬意与风情。

材料、技术和创新

在材料的应用上，不论是永久性的材料（石头、土壤、水等），还是动态而富于变化的植物，我们都充分考虑了其特性和优势。例如：利用植物具有的降温、增湿、减风、吸尘、降噪、调节空气和保持水土等作用，同时，植物的多样性又使景观设计有了更为丰富的造景手法。我们在设计中保留了原有地块上生活的大片芦苇，取它的天然野趣；并在水边种植了耐湿的柳树。两种植物的生态要求相近，富于诗意。每到春秋，一个是"千丝万絮惹春风"，一个是"狂随红叶舞秋声"，自古就是引起诗意的美景。小区中，我们还适度地保留了一些古树孤植，它们具有优美的姿态、舒展的枝条，或挺拔、或端庄，也给人以无限的诗情画意。又比如：小区的铺装材料主要有混凝土砖、天然花岗岩、洗米石、鹅卵石、陶砖等等，色彩多样，设计中穿插使用，形成了一种韵律美和节奏美。

金色池塘的一大特色就是其独特的水体景观，因而设计中的水体处理是非常重要的一个环节。设计之初我们就充分考虑了水体生态系统的建立和维护，在此基础上进行水景规划。充分利用地块原有的池塘及自然坡度，使景观具有有机发展的基础；将总水量的25％设计为循环水，使水体保持流动鲜活；采用先进的生态水体处理技术，模拟自然生态环境，达到水体自净的效果。

休闲、阳光、自然的现代景观
——珠海格力广场

项目位置：广东 珠海
景观设计：奥雅设计集团
委托单位：珠海格力房地产有限公司

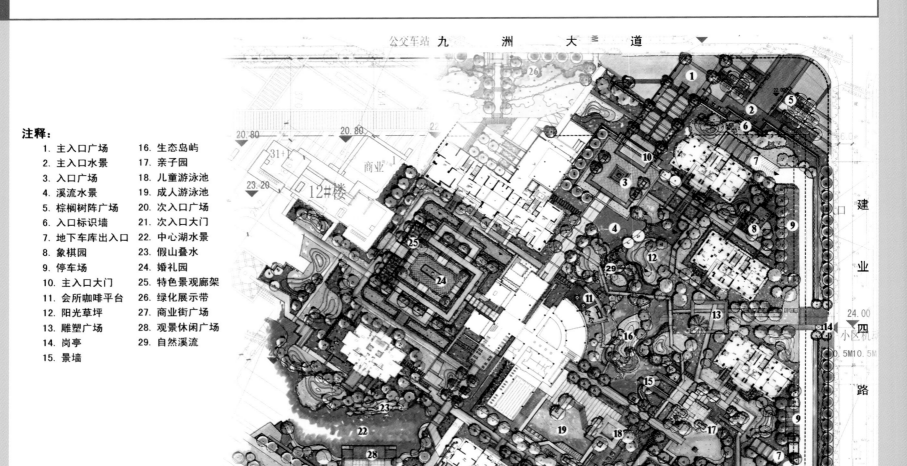

注释：

1. 主入口广场
2. 主入口水景
3. 入口广场
4. 溪流水景
5. 棕榈树阵广场
6. 入口标识墙
7. 地下车库出入口
8. 象棋园
9. 停车场
10. 主入口大门
11. 会所咖啡平台
12. 阳光草坪
13. 雕塑广场
14. 岗亭
15. 景墙
16. 生态岛屿
17. 亲子园
18. 儿童游泳池
19. 成人游泳池
20. 次入口广场
21. 次入口大门
22. 中心湖水景
23. 假山叠水
24. 婚礼园
25. 特色景观廊架
26. 绿化展示带
27. 商业街广场
28. 观景休闲广场
29. 自然溪流

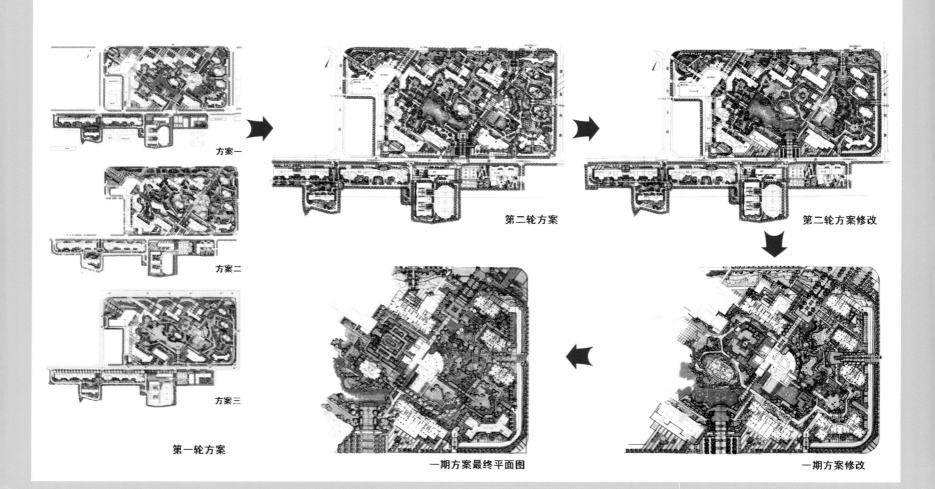

方案一

方案二

方案三

第一轮方案

第二轮方案

第二轮方案修改

一期方案最终平面图

一期方案修改

该项目位于珠海市香洲区与拱北区之间，地理位置优越，环境优美，交通便利。设计师充分利用现有环境资源，合理规划，挖掘当地材料，使用乡土树种，创造富有特色的住宅小区；坚持以人为本的设计原则，为居民提供舒适的生活环境，方便的生活设施和便捷的交通系统；注重生态，在小区景观整体规划设计中，对原有树木、地形等自然元素加以保护，创造适合人们居住的生态环境；创造优美的城市空间环境，使小区成为城市的景观，为城市的活力注入新的元素。

整体的建筑规划设计是以简洁现代的风格为主，色彩明快的建筑立面为城市增添了一道亮丽的风景线。故景观设计遵循整体的规划思想，以"休闲、阳光、自然"为设计的出发点，营造质朴而浪漫，优雅而亲切的景观氛围，享受景观生活。以现代、简约的人本主义风格为设计方向，与建筑特征充分结合。奥雅公司对于该方案的构思借鉴了过去所完成的成功项目，对场地加以创造性利用，虽然现状地势比较平坦，但仍然可以通过局部场地的降低和抬高来丰富纵向上的变化，增加空间上的趣味性，同时丘陵状的缓坡草坪高低起伏，加上自然曲线的漫步小径，使人身在其中感到非常轻松、舒适和自然。

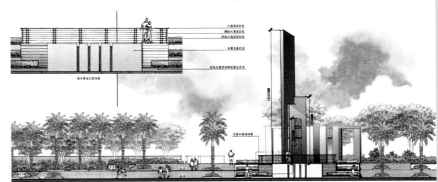

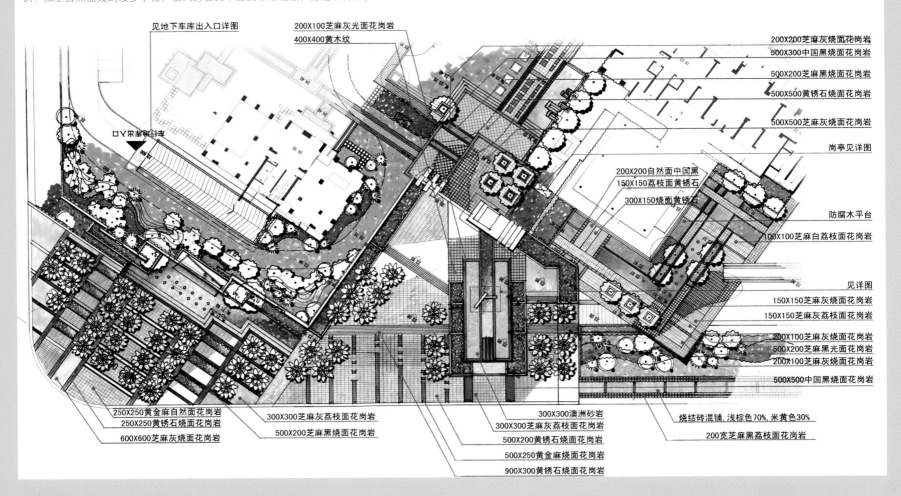

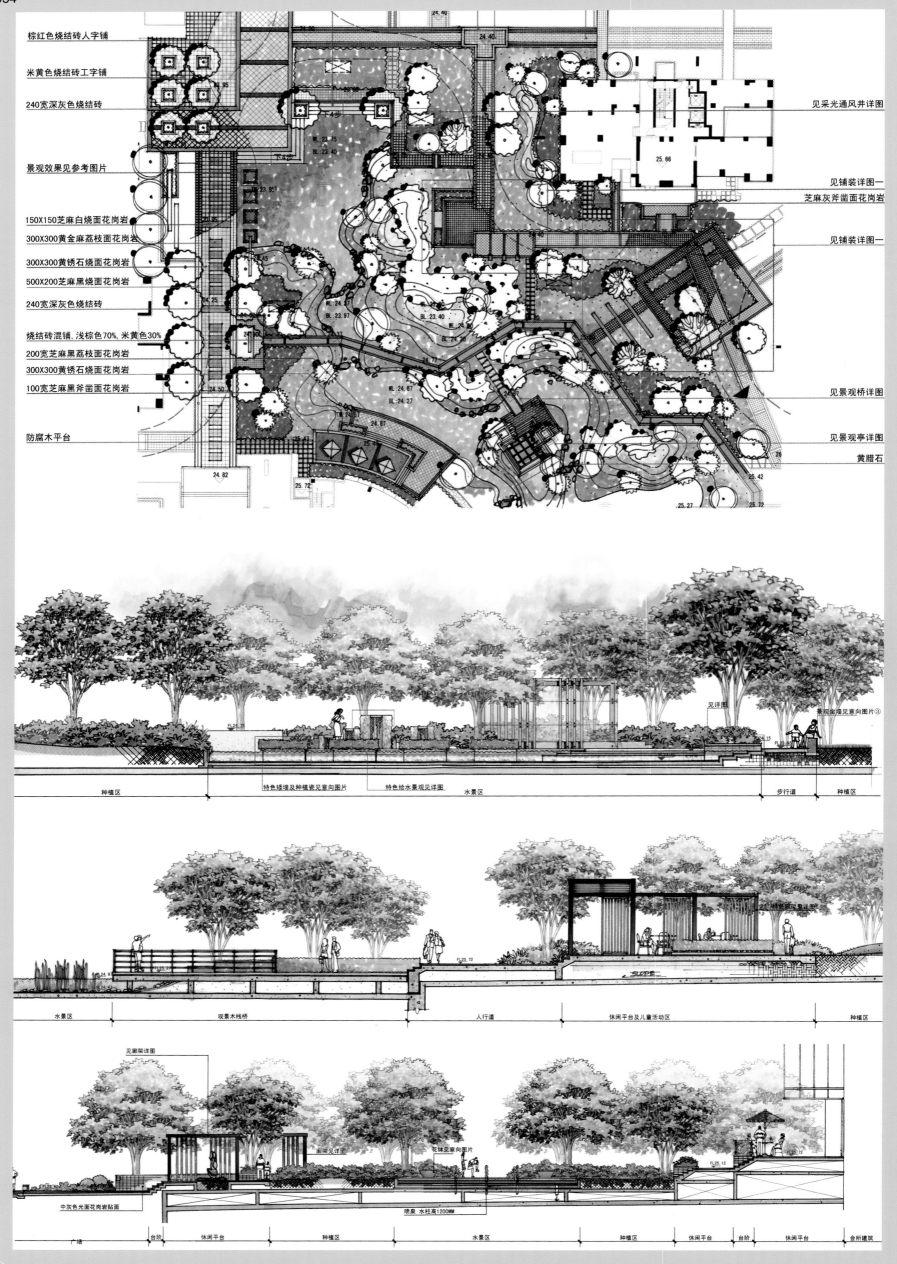

棕红色烧结砖人字铺

米黄色烧结砖工字铺

240宽深灰色烧结砖

景观效果见参考图片

150X150芝麻白烧面花岗岩
300X300黄金麻荔枝面花岗岩
300X300黄锈石烧面花岗岩
500X200芝麻黑面花岗岩
240宽深灰色烧结砖

烧结砖混铺, 浅棕色70%, 米黄色30%
200宽芝麻黑荔枝面花岗岩
300X300黄锈石烧面花岗岩
100宽芝麻黑斧凿面花岗岩

防腐木平台

见采光通风井详图

见铺装详图一
芝麻灰斧凿面花岗岩

见铺装详图一

见景观桥详图

见景观亭详图
黄腊石

见详图
景观坐凳见意向图片③

种植区　特色矮墙及种植瓷见意向图片　特色给水景观见详图　水景区　步行道　种植区

水景区　观景木栈桥　人行道　休闲平台及儿童活动区　种植区

见围架详图

面层见详图　花钵见意向图片

中灰色光面花岗岩贴面　喷泉 水柱高1200MM

广场　台阶　休闲平台　种植区　水景区　种植区　休闲平台　台阶　休闲平台　会所建筑

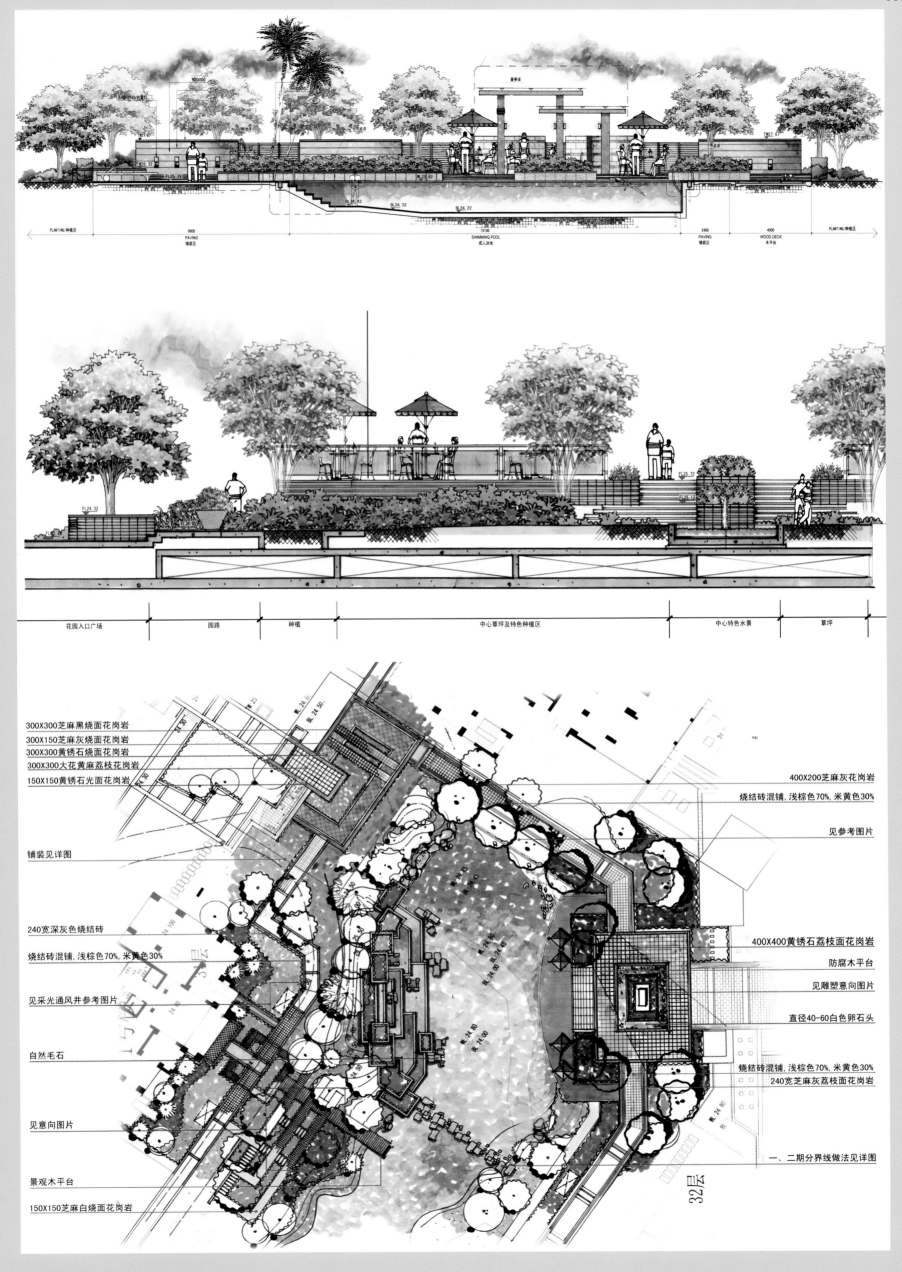

PLANTING/种植区　　PAVING 铺装区　　SWIMMING POOL 成人泳池　　PAVING 铺装区　　WOOD DECK 木平台　　PLANTING/种植区

花园入口广场　　围路　　种植　　中心草坪及特色种植区　　中心特色水景　　草坪

300X300芝麻黑烧面花岗岩
300X150芝麻灰烧面花岗岩
300X300黄锈石烧面花岗岩
300X300大花黄锈石荔枝花岗岩
150X150黄锈石光面花岗岩

铺装见详图

240宽深灰色烧结砖

烧结砖混铺,浅棕色70%,米黄色30%

见采光通风井参考图片

自然毛石

见意向图片

景观木平台

150X150芝麻白烧面花岗岩

400X200芝麻灰花岗岩

烧结砖混铺,浅棕色70%,米黄色30%

见参考图片

400X400黄锈石荔枝面花岗岩

防腐木平台

见雕塑意向图片

直径40-60白色卵石头

烧结砖混铺,浅棕色70%,米黄色30%

240宽芝麻灰荔枝面花岗岩

一、二期分界线做法见详图

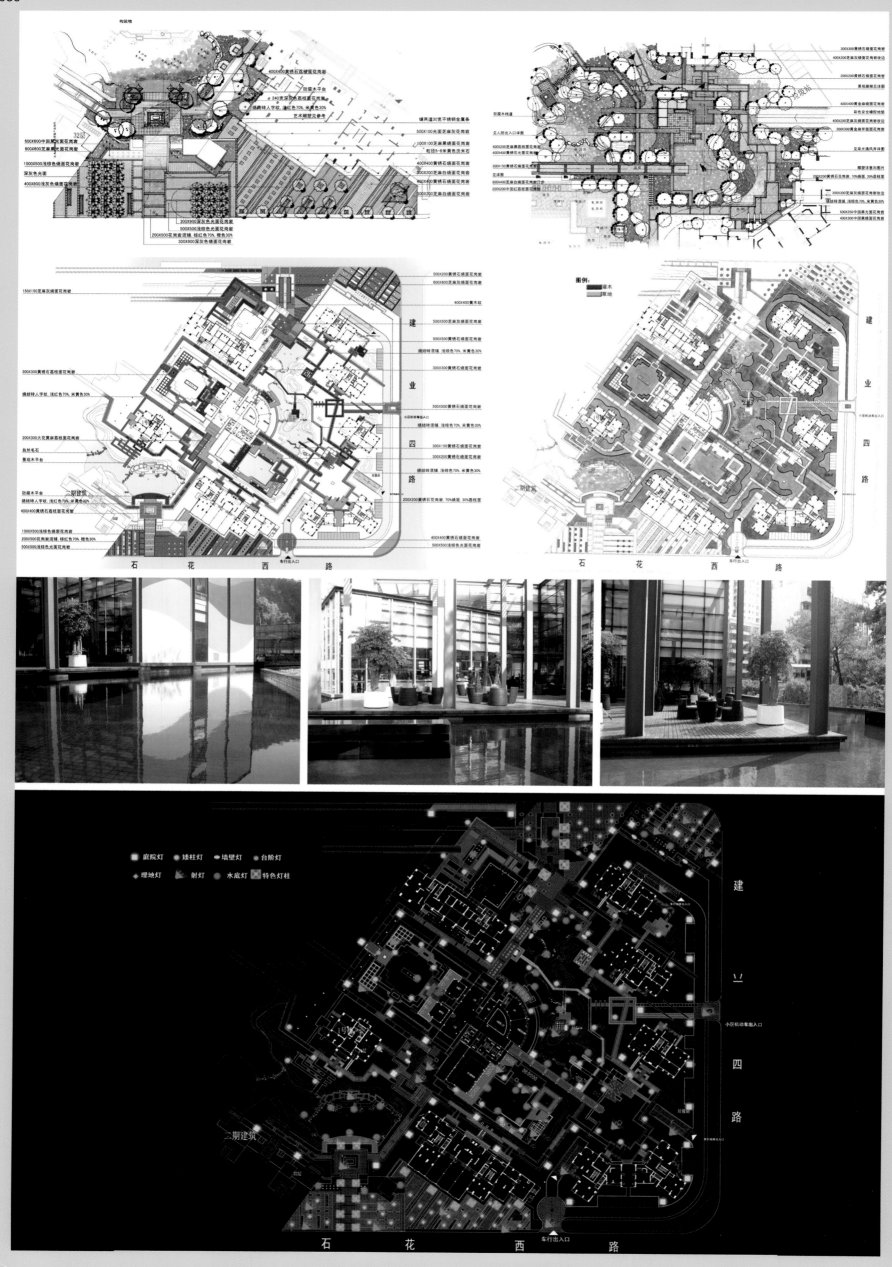

让自然环抱的健康舒适生活环境
——沿海集团绿色家园地产南昌丽水佳园

项目位置：江西 南昌
景观设计：SED新西林景观国际
委托单位：沿海集团绿色家园地产

公共景观轴节点效果图

该项目位于南昌市长棱外商投资轻工业区内，地处南昌新市中心区附近，南面可远眺号称小庐山的梅岭风景区，总占地18万平方米，总建筑面积25万平方米。整体规划上遵循均好性设计原则，充分尊重自然的原生地貌，不只以人为本，更以自然为本，三条坡地景观轴线、"几"字形大绿洲与"S"形交通交错融合，将清风、丽阳、幽水、情石等纯粹的自然元素与2万平方米的大型生态公园有机结合，营造充满自然气息、健康舒适的生活环境；同时利用高差地形设计半开敞院落，让自然环抱住宅，三条坡地景观线起伏跌宕，充分体现坡地建筑环境特色，人造景观与自然景观有机结合，浑然一体，增添社区景观园林的立体空间层次感，小区围合而不闭，五合一式功能(保安、小卖、会客室、信报箱、卫生间)的组团入口，形成业主邻里和睦的交流空间。

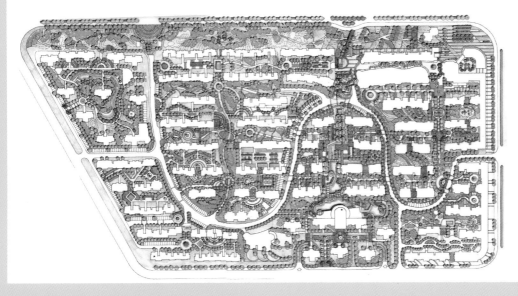

流动的音乐，有机景观的探索
——长沙创远湘江壹号

项目位置：湖南 长沙
景观设计：奥雅设计集团
委托单位：湖南创远投资集团有限公司

在该项目中，景观设计配合周边的自然山势与环境，强调建筑与环境的结合，使建筑与自然山体和谐相融。选用自然的、有机的材质，通过绿化的衔接，把功能融入自然空间，成功打造出一个与自然相结合、"水""绿"交融的高尚住宅区。从大环境出发，贯彻生态原则，保护原始地形，努力回归自然。

设计同时还强调人性尺度，在人的活动范围内，无论是公共空间还是私人空间都有美学渗透，有利于住户在社区的优美环境中拉近彼此距离，进行充分的交流。景观设计上，不追求奢华喧闹的环境，而是赋予环境文化内涵，营造宁静、和谐、生态、自然的社区环境。深入挖掘当地历史文化，将真、善、美元素提炼出来，结合公共空间和场地的需求，通过雕塑、石刻的命名等方式突出精神内核，传达出人们对幸福美好生活的需求。

项目以"假日"为核心主题，立足打造一座成为前所未有的"滨江假日生活城"。

商务会所：该区域实现了自然生长的极佳状态，建筑与景观和谐统一，漂浮感十足的地形，植物形态与平湖有机地交织在一起，给人以自然洒脱之感，沿湖步道蜿蜒曲折，融入园林之中。

山体公园：根据景观功能需要和文化上的诉求，对山体公园进行各景观节点的系统性命名，如幸福泉、鹅羊渡江等，共同演绎着健康、幸福、运动的生活场景。

叠加、双拼、独栋别墅：考虑业主生活中每个细节对景观的需求，通过特定的景观小品和丰富的植物，以其虚实对比、柔和的色彩、质朴的材料和考究的比例尺度，使建筑与景观贴近自然的脉动，释放永恒的生命。

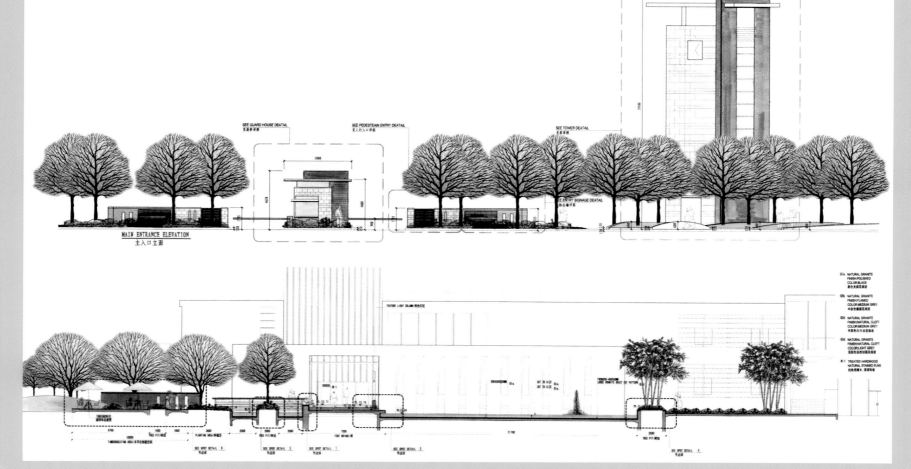

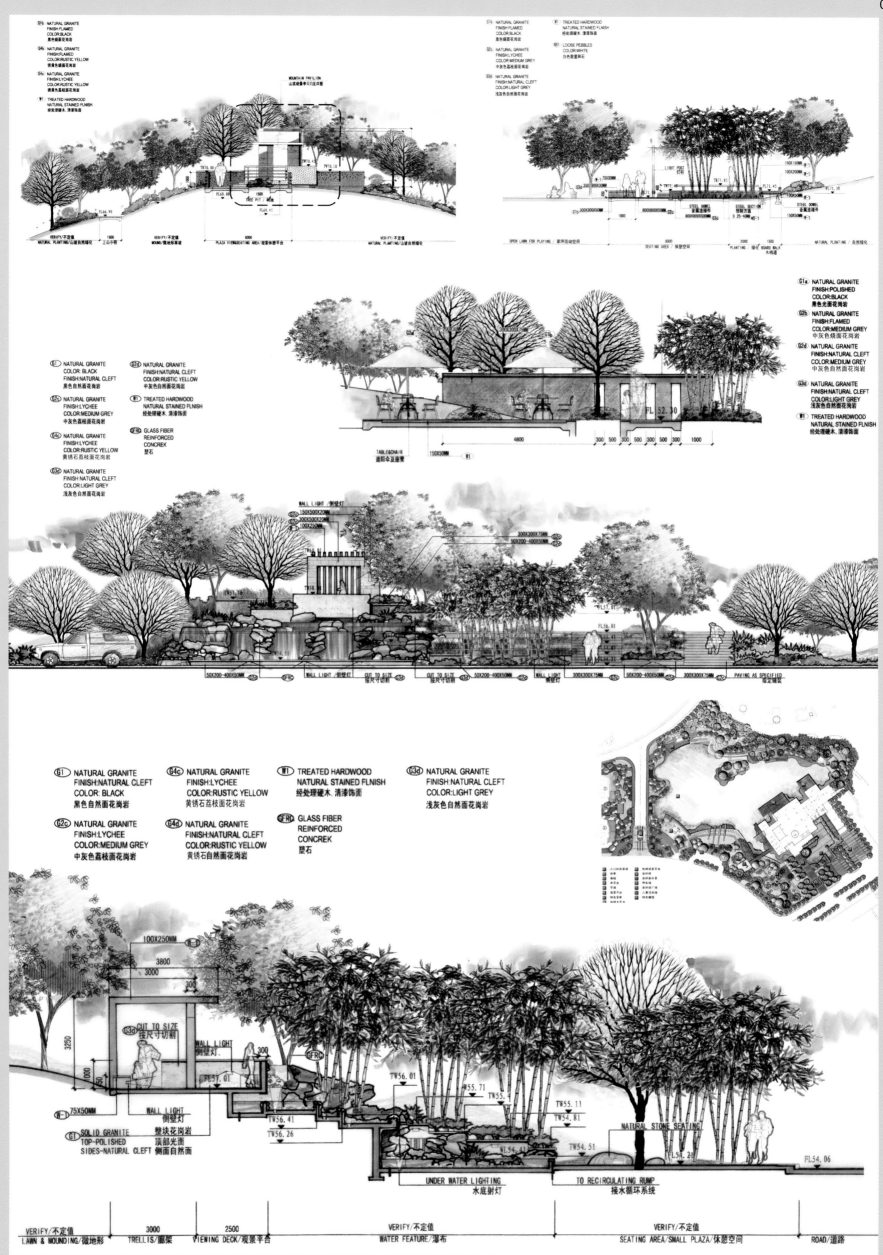

G1b NATURAL GRANITE
FINISH:FLAMED
COLOR:BLACK
黑色烧面花岗岩

G2b NATURAL GRANITE
FINISH:FLAMED
COLOR:MEDIUM GREY
中灰色烧面花岗岩

G2c NATURAL GRANITE
FINISH:LYCHEE
COLOR:MEDIUM GREY
中灰色荔枝面花岗岩

G3b NATURAL GRANITE
FINISH:FLAMED
COLOR:LIGHT GREY
浅灰色烧面花岗岩

G4c NATURAL GRANITE
FINISH:LYCHEE
COLOR:RUSTIC YELLOW
锈黄色荔枝面花岗岩

G2d NATURAL GRANITE
FINISH:NATURAL CLEFT
COLOR:MEDIUM GREY
中灰色自然面花岗岩

W1 TREATED HARDWOOD
NATURAL STAINED FLNISH
经处理硬木, 清漆饰面

① GARDEN SOIL
400厚营养土与粘土结合层
② WELL COMPACTED SOIL
素土夯实
③ POND LINER
10厚防水毯
④ REINFORCED CONCRETE
STRUCTURE
砼结构
⑤ Φ300-1000BOULDER
Φ300-1000自然石
⑥ Φ150-250NATURE STONE
Φ150-250自然卵石
W-1 TREATED HARDWOOD
NATURAL STAINED FLNISH
经处理硬木, 清漆饰面

NATURAL PLANTING RAMP
自然绿化坡

VERIFY   PATH GO UP / 上山小径   NATURAL PLANTING / 自然绿化

1500   VERIFY   LANDING STEPS / 上山台阶

VERIFY   RELAXATION DECK / 休憩平台

NATURAL PLANTING & STEPS
自然绿化 & 上山台阶

摩登、时尚、尊贵简美的优雅生活社区
——上海融侨兰湖·美域

项目位置：上海

景观设计：上海地尔景观设计有限公司

项目概况

该项目位于上海宝山区罗店老镇，东至集贤路（规划中），南至月罗公路，西濒荻泾河，北临育顺路，在西面步行十分钟有50米宽的大道沪太路。本地块处美兰湖版块，风景优雅，气候怡人，地理位置优越。

用地性质为居住用地，项目规划用地面积53 263.3平方米，控制容积率不大于1.3，绿地率不小于35%，集中绿地率不小于10%，建筑密度不大于30%，建筑高度小于20米，本项目以多层洋房为主。

设计理念

ART DECO艺术　无可抵挡的装饰美

ART DECO景观　无处不在的奢华美

该项目的建筑是ART DECO风格的建筑群，它既有新古典建筑的简美优雅，又有"度假村"式的休闲轻松。为迎合项目本身高端形象，并与ART DECO风格建筑气质相匹配，象征贵族语言的ART DECO理所当然地成为了上海罗店项目的选择。ART DECO风格，整体上从平面和空间方面入手，突出精致的景观空间，将绿化、水体及景观小品有机结合。同时利用虚实空间变化提升景观品质，达到公共空间与私密空间的界定。在各个场地的处理上，通过具有ART DECO风格的装饰性几何图案、明亮的色彩对比，现代感强烈的装饰性小品，烘托艺术氛围达到整体景观意境及风格塑造的和谐统一。ART DECO风格的应用，隐喻了上海这座现代都市及其飞速发展的经济和生活热情，呼应和张扬了ART DECO的精神和个性，摩登、时尚、激进、丰沛、勇往直前……蕴含着现代意识和自由精神在人的心灵空间里植入了现代主义自由勃发的激情。

总体布局

1. 总体交通

采用人车分离的布局，从月罗公路主入口进入小区，车辆直接进入地下车库，行人可以由入口广场继续步行进入小区，在集贤路的小区次入口采用同样的方式组织车流和人流。

2. 景观空间

将西北的荻泾河、月罗公路20米的绿化隔离带、集贤路的10米绿化带作为小区的外围景观资源，利用中央景观带串联主入口与次入口，并连接各组团空间，产生景观的渗透效果。

局部景观

1. 主入口广场

建筑风格借鉴西方新古典主义手法，立面追求比例的严谨和细节的精准，沉稳优雅，为了呈现完美的建筑立面，景观上采用静谧、低矮的大面积水景，配合欧式柱墩的海螺，点、线、面阵列感的有机融合，营造出大气、高贵的入口空间。

整齐的树阵植物使用了银杏，其色彩为建筑更添尊贵感。

2. 中央景观带

采用功能分区形式，既有老年人的健身广场设施，也有儿童的娱乐空间；既有私密性较强的交谈场所，也有开放性的集会区域；促进社交活动，体验空间变化，达到全龄化景观效果，实现景观视线通透性与景观空间开放性的最终目的，将中央景观带的功能最大化，延伸至每个区域，营造和谐生活环境。

3. 次入口广场

次入口紧挨地下车库出入口、开关站，与多个入户园路相接，圆形广场的设计有效地解决了这些问题。门卫的设计灵感来源于建筑，截取建筑的装饰线条，配合水景、LOGO墙等，构成具有ART DECO风格的小区次入口。

4. 宅间景观节点

利用车库采光井，设计成景观廊架，聚集人流，周边绿地自然的堆坡，层次丰富的绿化，色香具备，有疏有密，是一处舒适、生态的休闲场所。

5. 组团景观

组团景观以绿化为主，行道树选用落叶树种，如：银杏、榉树等，夏日遮挡阳光，秋季树木的叶色变化又为小区增添一道美丽的风景。

五、种植设计

别致的场地设计更需要独具匠心的植物配置。这里的种植生动活泼而具有季节变化的感染力：大量的乔灌木丰富和软化了硬质空间，树种以上海乡土树种为主，春花、夏叶、秋实、冬干，这是一种动态的均衡构图，使建筑与周围的环境更为协调，同时也满足人们来此放松、愉悦心情的需要。

现代、简约、原创的大现代风格社区
——武汉泰然玫瑰湾

项目信息：湖北 武汉
景观设计：奥雅设计集团
委托单位：武汉市泰然房地产开发有限公司

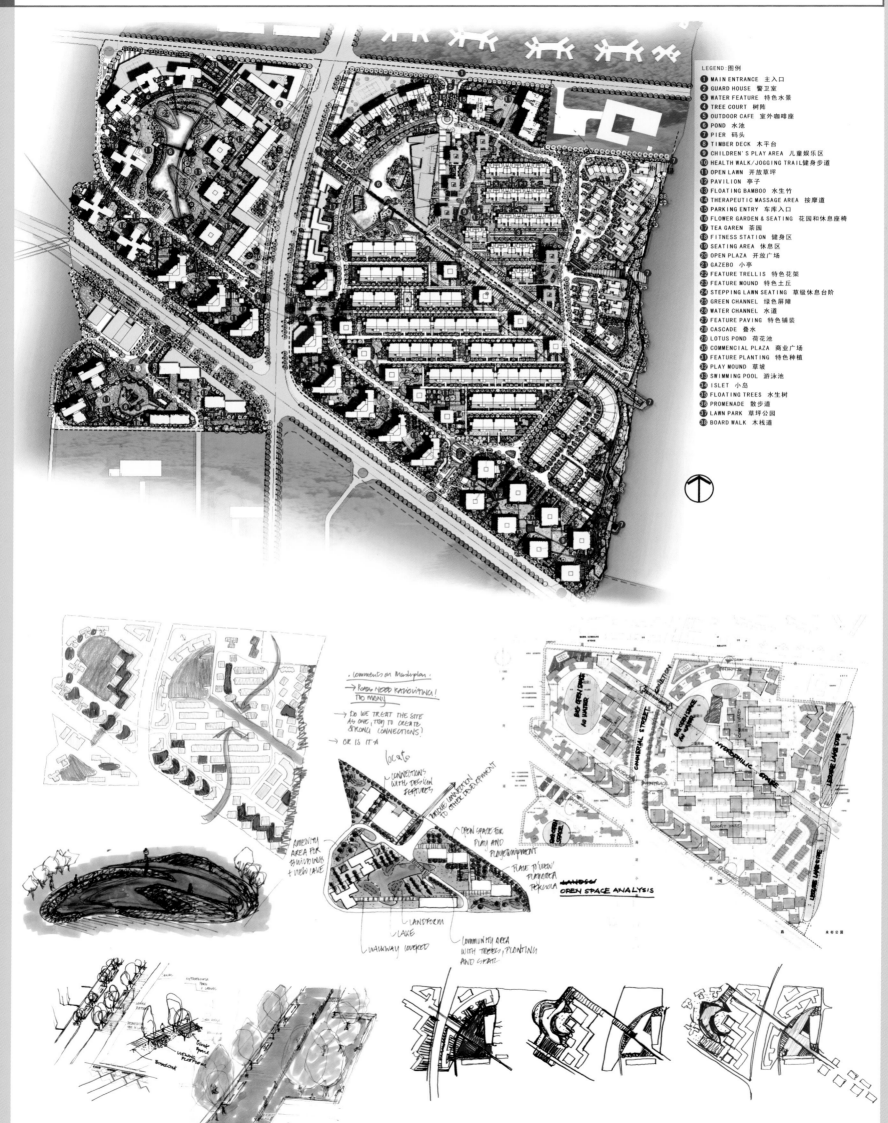

LEGEND：图例

1. MAIN ENTRANCE 主入口
2. GUARD HOUSE 警卫室
3. WATER FEATURE 特色水景
4. TREE COURT 树阵
5. OUTDOOR CAFE 室外咖啡座
6. POND 水池
7. PIER 码头
8. TIMBER DECK 木平台
9. CHILDREN'S PLAY AREA 儿童娱乐区
10. HEALTH WALK/JOGGING TRAIL 健身步道
11. OPEN LAWN 开放草坪
12. PAVILION 亭子
13. FLOATING BAMBOO 水生竹
14. THERAPEUTIC MASSAGE AREA 按摩道
15. PARKING ENTRY 车库入口
16. FLOWER GARDEN & SEATING 花园和休息座椅
17. TEA GAREN 茶园
18. FITNESS STATION 健身区
19. SEATING AREA 休息区
20. OPEN PLAZA 开放广场
21. GAZEBO 小亭
22. FEATURE TRELLIS 特色花架
23. FEATURE MOUND 特色土丘
24. STEPPING LAWN SEATING 草级休息台阶
25. GREEN CHANNEL 绿色屏障
26. WATER CHANNEL 水道
27. FEATURE PAVING 特色铺装
28. CASCADE 叠水
29. LOTUS POND 荷花池
30. COMMECIAL PLAZA 商业广场
31. FEATURE PLANTING 特色种植
32. PLAY MOUND 草坡
33. SWIMMING POOL 游泳池
34. ISLET 小岛
35. FLOATING TREES 水生树
36. PROMENADE 散步道
37. LAWN PARK 草坪公园
38. BOARD WALK 木栈道

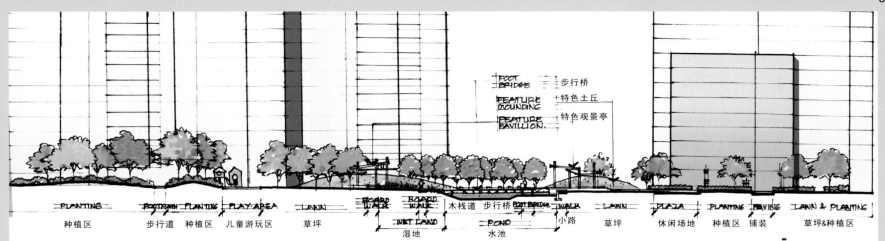

| FOOT BRIDGE 步行桥 |
| FEATURE MOUNDING 特色土丘 |
| FEATURE PAVILLION 特色观景亭 |

| PLANTING | FOOTPATH | PLANTING | PLAY AREA | LAWN | BOARD WALK | BOARD WALK | 木栈道 步行桥 | FOOT BRIDGE | WALK | LAWN | PLAZA | PLANTING | PAVING | LAWN & PLANTING |
| 种植区 | 步行道 | 种植区 | 儿童游玩区 | 草坪 | WET LAND 湿地 | | POND 水池 | | 小路 | 草坪 | 休闲场地 | 种植区 | 铺装 | 草坪&种植区 |

该项目是一项难得的以"追求现代景观的原创与品质"为初衷的优秀作品。奥雅充分考虑到了景观设计的差异性，对不同的景观进行定位，形成了"大现代风格社区"的整体景观风格。项目尊重并最大化地利用现有场地景观资源，充分挖掘地段地域情感，用现代、简约、原创的景观设计手法将景观的功能与艺术进行完美结合。

该项目规划已经有很强的肌理，景观空间布局也因此而呈现不同的律动，景观轴线强烈而清晰，节点空间分布合理。其中最主要是解决滨湖景观区、景观水轴、会所景观中心区、花园洋房景观、项目二期高层景观组团中心，这几个重点景观相互交融而成为整个"大现代风格社区"的根本体现。

滨湖景观区：设置一条观湖的步径，通过不同的水生植物形态和岸边植物群落围合，提供不同的滨湖景观体验，利用沿湖建筑与湖体之间的落差来减少公共景观带对沿湖住户的影响。

景观水轴：设计亲水休憩平台，特色跌水等，加之两排大树的种植，打造一条纯粹意义上的景观水轴。

会所景观：利用会所前面的水体，以现代景观元素营造一个人工的水体空间体验，与滨湖自然生态的水体形成截然不同的空间感受。

花园洋房景观：在场地空间中挖掘出儿童活动、观景、休憩等基本活动空间，通过室外家具、植物的配置来渲染住区气氛。

高层景观组团：结合大面积的景观水体与自然的地形处理，以体现"公园社区"的精髓。西边即将建造的"芦湾湖"公园为组团提供了良好的景观资源，内外景观空间的交融成为该组团极大的卖点。

现代居住生活与传统园林空间变化相融合的空间
——广州万科沙湾

项目位置：广东 广州
景观设计：奥雅设计集团
委托单位：广州市万科房地产有限公司

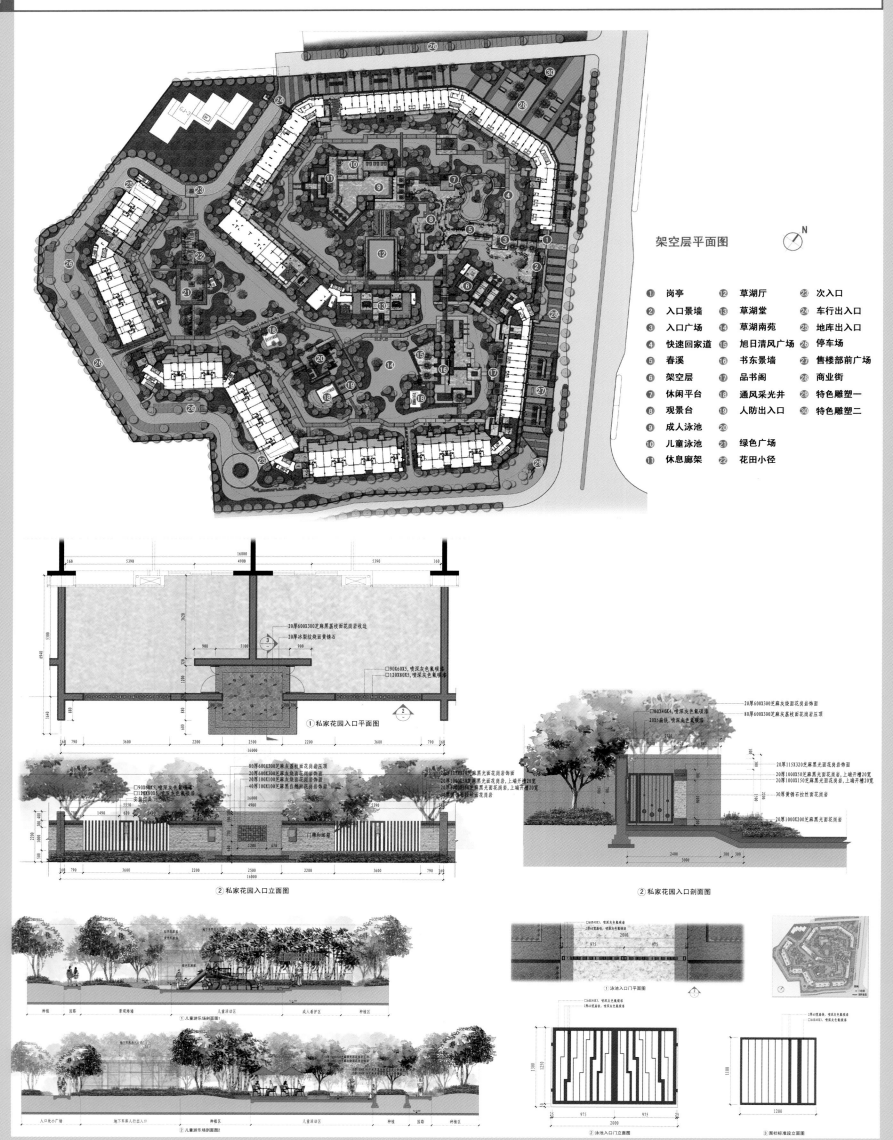

架空层平面图

① 岗亭　⑫ 草湖厅　㉓ 次入口
② 入口景墙　⑬ 草湖堂　㉔ 车行出入口
③ 入口广场　⑭ 草湖南苑　㉕ 地库出入口
④ 快速回家道　⑮ 旭日清风广场　㉖ 停车场
⑤ 春溪　⑯ 书东景墙　㉗ 售楼部前广场
⑥ 架空层　⑰ 品书阁　㉘ 商业街
⑦ 休闲平台　⑱ 通风采光井　㉙ 特色雕塑一
⑧ 观景台　⑲ 人防出入口　㉚ 特色雕塑二
⑨ 成人泳池　⑳ 绿色广场
⑩ 儿童泳池　㉑ 绿色广场
⑪ 休息廊架　㉒ 花田小径

① 私家花园入口平面图

② 私家花园入口立面图

② 私家花园入口剖面图

① 儿童游乐场剖面图1

② 儿童游乐场剖面图2

① 泳池入口门平面图

② 泳池入口门立面图

③ 围栏标准纵立面图

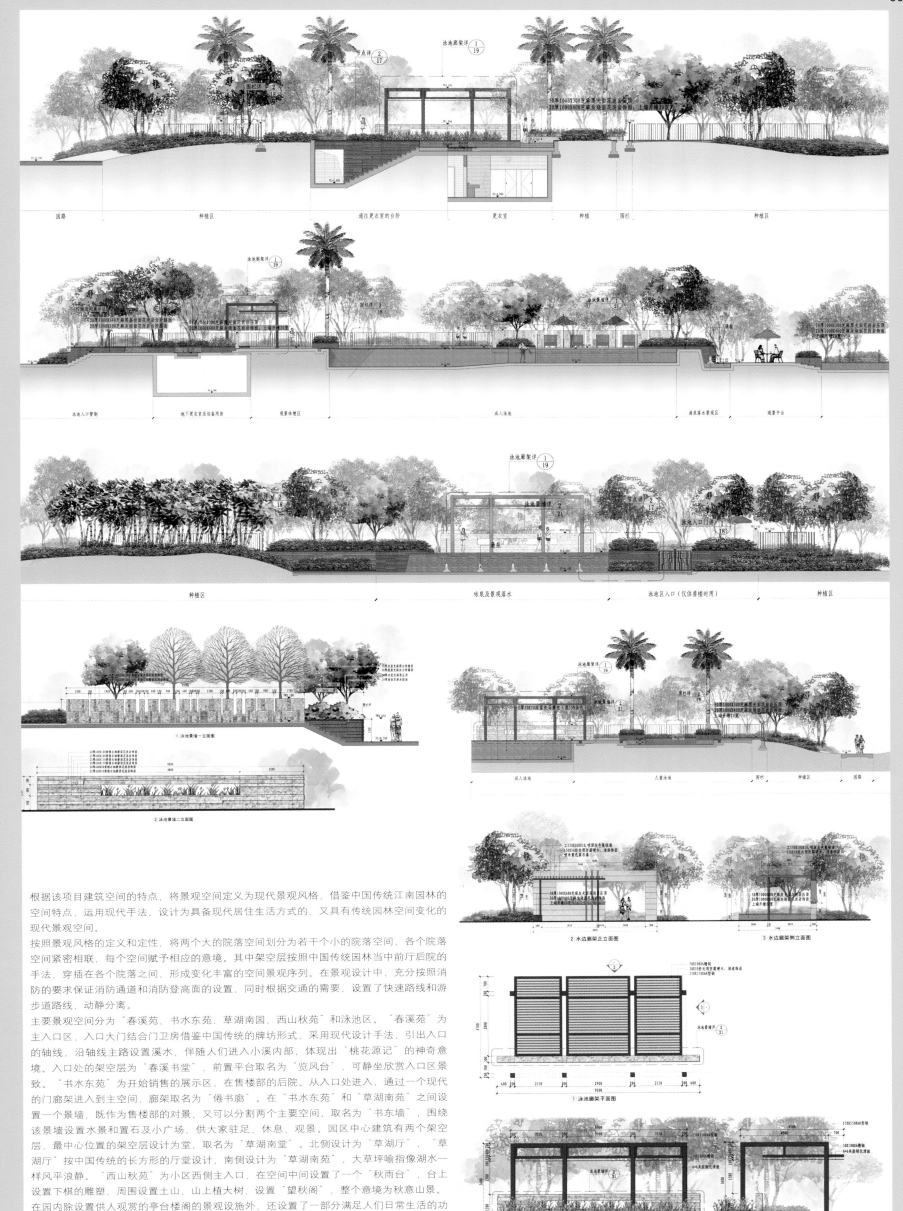

根据该项目建筑空间的特点，将景观空间定义为现代景观风格，借鉴中国传统江南园林的空间特点，运用现代手法，设计为具备现代居住生活方式的、又具有传统园林空间变化的现代景观空间。

按照景观风格的定义和定性，将两个大的院落空间划分为若干个小的院落空间，各个院落空间紧密相联，每个空间赋予相应的意境。其中架空层按照中国传统园林当中前厅后院的手法，穿插在各个院落之间，形成变化丰富的空间景观序列。在景观设计中，充分按照消防的要求保证消防通道和消防登高面的设置，同时根据交通的需要，设置了快速路线和游步道路线，动静分离。

主要景观空间分为"春溪苑、书水东苑、草湖南园、西山秋苑"和泳池区。"春溪苑"为主入口区，入口大门结合门卫房借鉴中国传统的牌坊形式，采用现代设计手法，引出入口的轴线，沿轴线主路设置溪水，伴随人们进入小溪内部，体现出"桃花源记"的神奇意境。入口处的架空层为"春溪书堂"，前置平台取名为"览风台"，可静坐欣赏入口区景致。"书水东苑"为开始销售的展示区，在售楼部的后院。从入口处进入，通过一个现代的门廊架进入到主空间，廊架取名为"倦书廊"。在"书水东苑"和"草湖南苑"之间设置一个景墙，既作为售楼部的对景，又可以分割两个主要空间，取名为"书东墙"，围绕该景墙设置水景和置石及小广场，供大家驻足、休息、观景。园区中心建筑有两个架空层，最中心位置的架空层设计为堂，取名为"草湖南堂"。北侧设计为"草湖厅"，"草湖厅"按中国传统的长方形的厅堂设计，南侧设计为"草湖南苑"，大草坪喻指像湖水一样风平浪静。"西山秋苑"为小区西侧主入口，在空间中间设置了一个"秋雨台"，台上设置下棋的雕塑，周围设置土山，山上植大树，设置"望秋阁"，整个意境为秋意山景。在园内除设置供人观赏的亭台楼阁的景观设施外，还设置了一部分满足人们日常生活的功能设施，在"草湖南堂"侧堂设置健身器材，在泛会所区设置了一个独立的泳池区，服务用房采用半地下室的形式，合理利用空间。

"住在公园里的一个家"
——淮安茂华·国际汇

项目位置：江苏 淮安

景观设计：EADG泛亚国际

该项目景观设计根据原有规划理念以"一滴水泛起的涟漪"展开，分期设计中，对场地做了更进一步分析，最大的楼间距为150米，因此，在原有景观设计框架中增加"住在公园里的一个家"的概念，将整体住宅环境定位为自然公园式景观，设计手法现代，采用弧形的线条分割处渐渐退晕的景观层次，大气简洁又不乏丰富多彩的植物品种，充分利用植物来表现出四季的变化感，营造小区内部公园化氛围，希望每个停留点都有一个观赏景点，增加空间的变化，绿化树林及地形营造，打造一个曲径通幽的感觉。

用自然演绎高雅的国际高档社区
——湖南融汇置业融圣国际

项目位置：湖南 长沙
景观设计：SED新西林景观国际

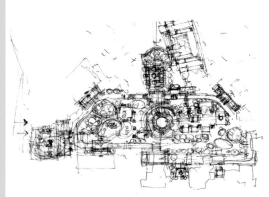
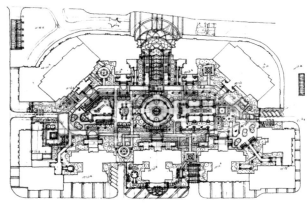
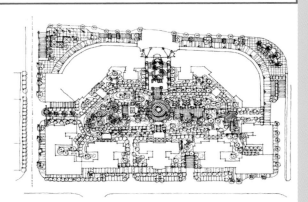

该项目位于长沙中心板块东南角，隶属城市核心地带，周边为成片城市成熟生活区，占地约53亩，容积率5.3，总建筑面积约23万平方米。地块形状规则，基本呈矩形，区内与商业街高差2米，其他地势基本平坦。良好的自然环境以及先天的有利条件，使融圣国际具备了建成为长沙市市区目前最高档的住宅区的可能。

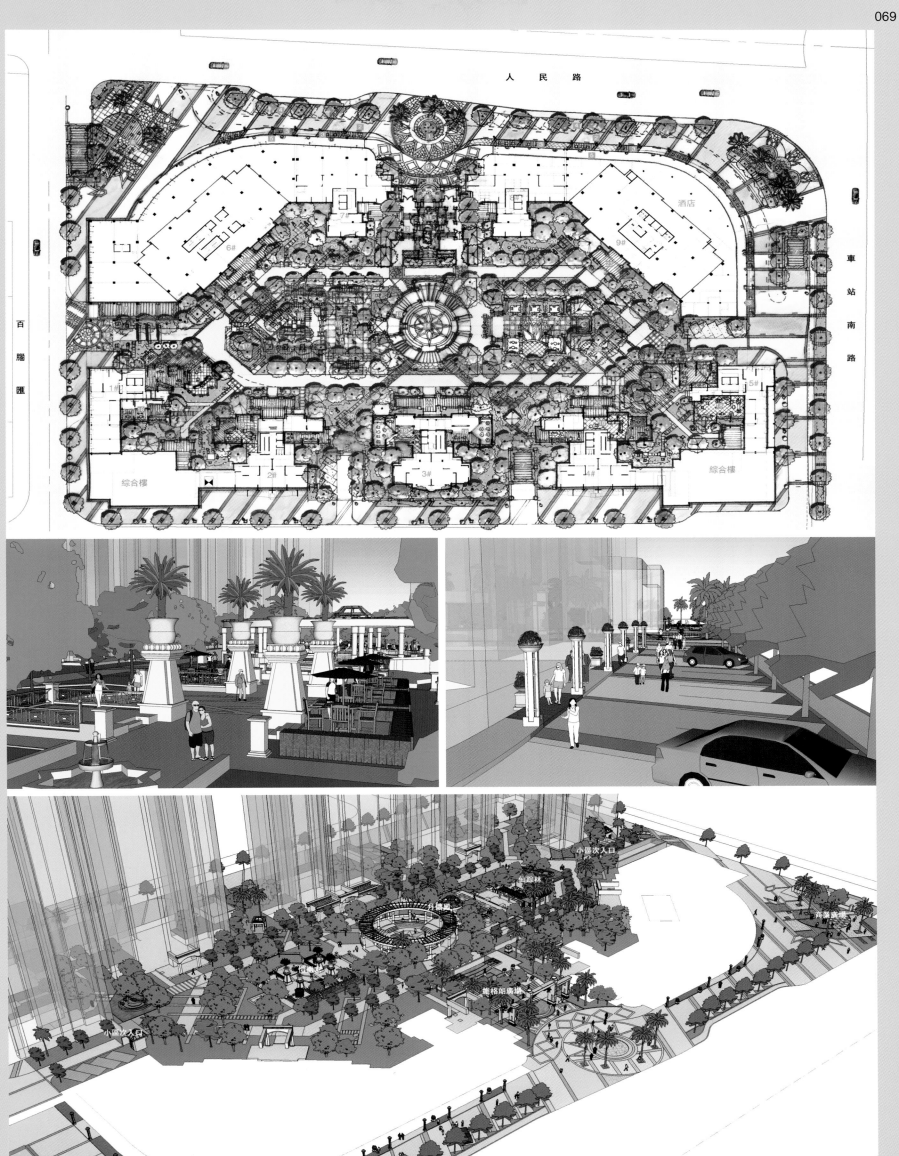

人民路

百腦匯

車站南路

酒店

6#

7#

9#

5#

1#

2#

3#

4#

綜合樓

綜合樓

小區次入口

仙蹤林

丹攝星

雄格朗廣場

商業廣場

小區次入口

酒店前廣場

创造优美的居住氛围和多层次的景观空间
——重庆金科集团石子山花园洋房高尚居住区

项目位置：重庆
景观设计：SED新西林景观国际

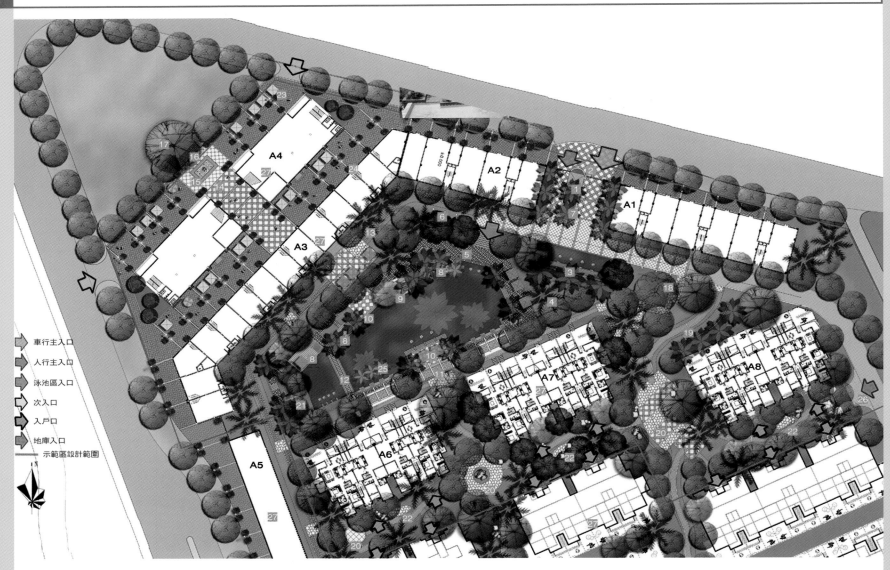

车行主入口
人行主入口
泳池區入口
次入口
入戶口
地庫入口
示範區設計範圍

1 特色保安亭	7 特色樹池	13 結合消防道的園路	19 結合消防道的組團園路
2 主入口特色鋪裝	8 泳池木平臺	14 商業街特色鋪裝	20 組團活動節點
3 入口水景	9 按摩池	15 商業街特色水景	21 泳池滑梯
4 迭級種植	10 休閒平臺	16 景觀木平臺	22 健康島
5 特色廊架	11 景觀構築物	17 景觀大樹	23 特色遮陽傘
6 景觀小品	12 水中汀步	18 特色景牆	24 特色可移動花箱
			25 水中樹池
			26 地庫入口
			27 建築

该项目位于重庆江北区和北部新区交界处大竹林片区，总用地面积约14万平方米，总体规划定位中高档住宅小区，注重景观风格的创新意识，要求景观风格能体现出和建筑相协搭配的现代简洁感，以人为本，力图创造一个舒适、健康、便捷、高尚的花园景观式生活社区，创造更优美的居住氛围和多层次的景观空间。整个住区景观由中央景观轴线展开，中心集中绿化景观带同时渗透至各洋房和高层区，给人以亲切、自然、宜人的心理享受。除此以外，每一个人性尺度空间的细部景观都要因地制宜，统一设计，努力创造自然景观与人文景观相结合的现代住区。

动感与趣味性十足的休闲空间
——金地集团龙华梅陇镇社区

项目位置：广东 深圳

景观设计：SED新西林景观国际

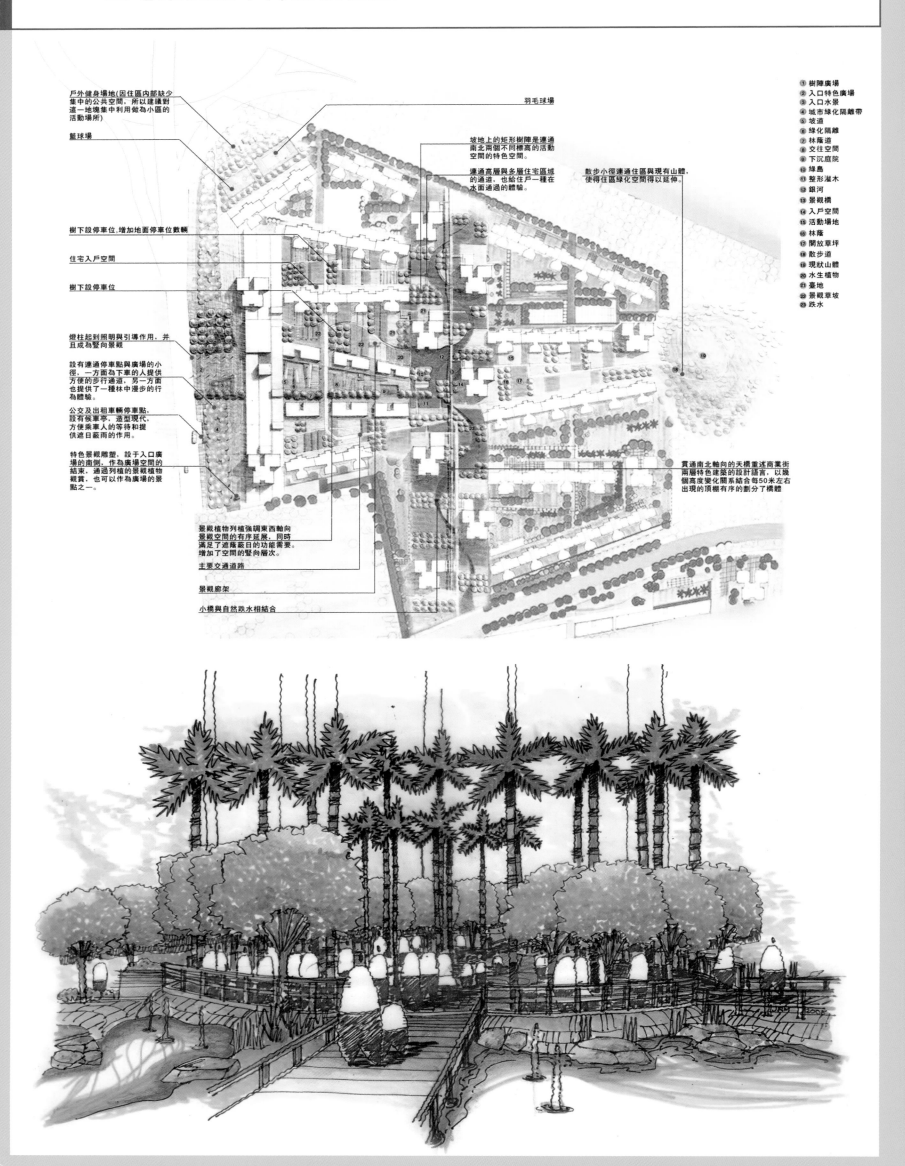

戶外健身場地(因住區內部缺少集中的公共空間，所以建議對這一地塊集中利用做為小區的活動場所)

籃球場

坡地上的矩形樹陣是連通南北兩個不同標高的活動空間的特色空間。

連通高層與多層住宅區域的通道，也給住戶一種在水面通過的體驗。

羽毛球場

散步小徑連通住區與現有山體，使得住區綠化空間得以延續。

樹下設停車位，增加地面停車位數輛

住宅入戶空間

樹下設停車位

燈柱起到照明與引導作用，並且成為豎向景觀

設有連通停車點與廣場的小徑，一方面為下車的人提供方便的步行通道，另一方面也提供了一種林中漫步的行為體驗。

公交及出租車輛停車點，設有候車亭，造型現代，方便乘車人的等待和提供遮日蔽雨的作用。

特色景觀雕塑，設于入口廣場的南側，作為廣場空間的結束，通過列植的景觀植物觀賞，也可以作為廣場的景點之一。

景觀植物列植強調東西軸向景觀空間的有序延展，同時滿足了遮蔭蔽日的功能需要。增加了空間的豎向層次。

主要交通道路

景觀廊架

小橋與自然跌水相結合

貫通南北軸向的天橋重述商業街兩層特色建築的設計語言，以幾個高度變化關系結合每50米左右出現的頂棚有序的劃分了樓體

① 樹陣廣場
② 入口特色廣場
③ 入口水景
④ 城市綠化隔離帶
⑤ 坡道
⑥ 綠化隔離
⑦ 林蔭道
⑧ 交往空間
⑨ 下沉庭院
⑩ 綠島
⑪ 整形灌木
⑫ 銀河
⑬ 景觀橋
⑭ 入戶空間
⑮ 活動場地
⑯ 林蔭
⑰ 開放草坪
⑱ 散步道
⑲ 現狀山體
⑳ 水生植物
㉑ 臺地
㉒ 景觀草坡
㉓ 跌水

该项目位于深圳市宝安区龙华镇梅龙大道与布龙公路交汇处，紧邻龙华二线拓展区。地块由一块占地约12.7万平方米的不规则形用地和一块占地约14 470平方米的三角形用地组成，其间横穿一条市政道路，地势较周边高出约6~8米，场地内已有一定坡度。景观设计强调模数在景观元素中的重要性。多层住宅组团相互呼应将高层住宅区域包围其中，以立体式的开放草坪与陈列植物交错围合的活动空间为特色，其开敞性的空间特色与高层相对紧密围合的空间形成反差、对比，更好地强调两个区域的特性。'S'形水带穿梭于高层建筑群落间，水体与建筑，紧密与疏离的关系，增加这一区域设计的景观层次。入口与沿街商业空间在建筑层次上富有动感与趣味性，景观与建筑的有机结合使人们的购物休闲活动充满乐趣。

住區入口透視效果

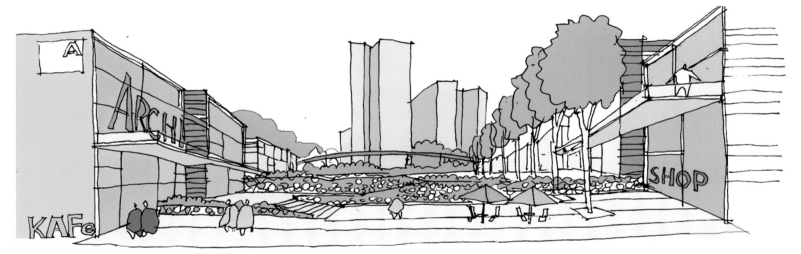

商業內街透視效果

绿色住區透視效果

透視效果圖

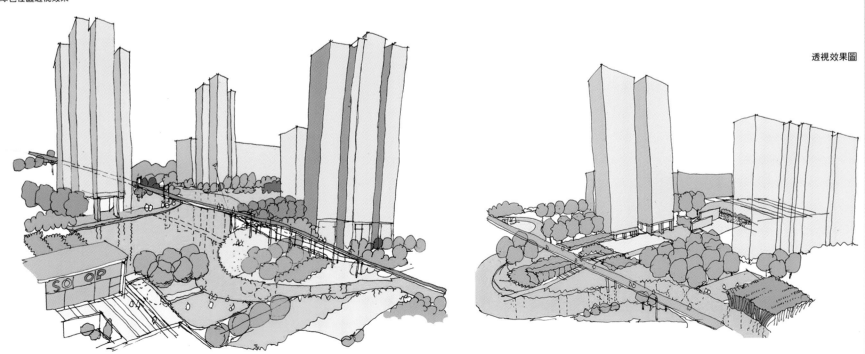

"外享天宠之赣江，内揽天成之园林" 的高尚住区
——南昌联发置业江岸汇景

项目位置：江西 南昌
景观设计：SED新西林景观国际

该项目东临赣江，北接南昌大桥，西临红谷南大道并可通往红谷滩主干道丰和大道，占地约212亩，总建筑面积约36万平方米，绿化率高达50%以上，是红谷滩中心区进入中央生活区红角洲的第一站。小区外享天宠之赣江，内揽天成之园林。园林景观重点打造以水景为主题的各种景观节点，园林设计主动创造地形高差，形成自然错落的坡地，大部分单元底层架空，3 500平方米中央湖区的周边楼宇架空甚至达到6米，更有40到110米楼间距，为住户提供更宽阔的视野和休闲空间。

炫动、时尚、充满活力的现代都市社区
——无锡保利达江湾城

项目位置：江苏 无锡
景观设计：EADG泛亚国际

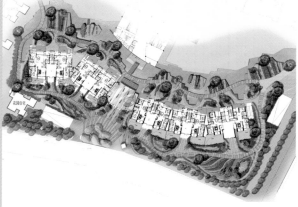

该项目景观设计的主旨是创建一个动态和充满活力的环境，促进健康城市生活和工作游戏互动共存的现代都市时尚氛围。一条车行道贯穿整个基地，将整个基地一分为二。北部为居住区，南部则为综合商业体。

居住区的景观设计基于现代园林设计的原则，会所坐落在中央绿岛，同时有活动空间，水景、户外运动区、休闲区以及草坪围绕着。以绿岛为中心的景观，再经过周边高层住宅总体围合，为人们提供了一个集居住休闲娱乐为一体的健康空间，一个能让人们尽情感受自然的城市绿肺。

南部是商业体的核心。精力充沛，充满能量的城市空间环境缔造出一个动态的核心。

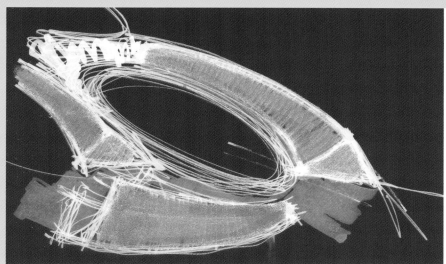

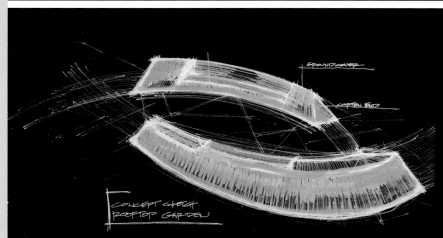

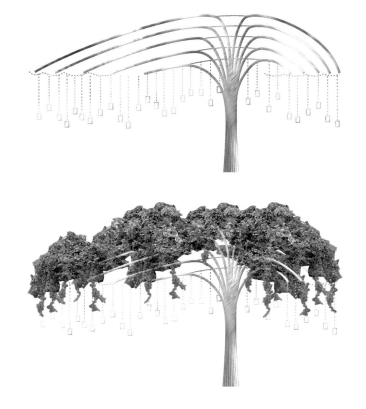

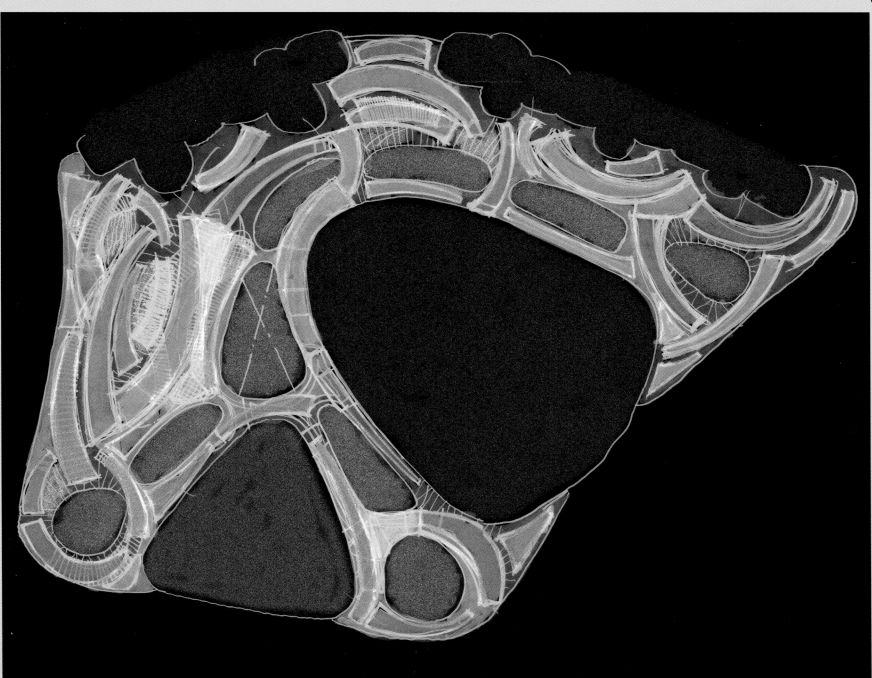

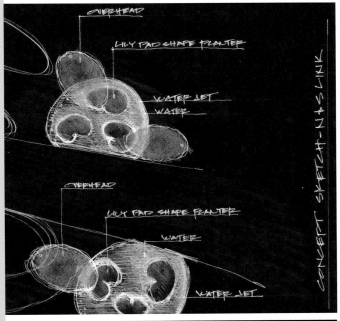

OVERHEAD
LILY PAD SHAPE PLANTER
WATER JET
WATER

OVERHEAD
LILY PAD SHAPE PLANTER
WATER
WATER JET

CONCEPT SKETCH-NBS-LINK

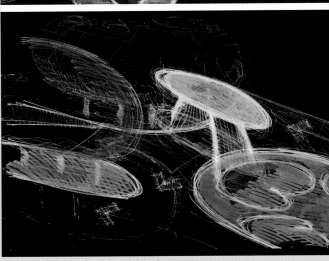

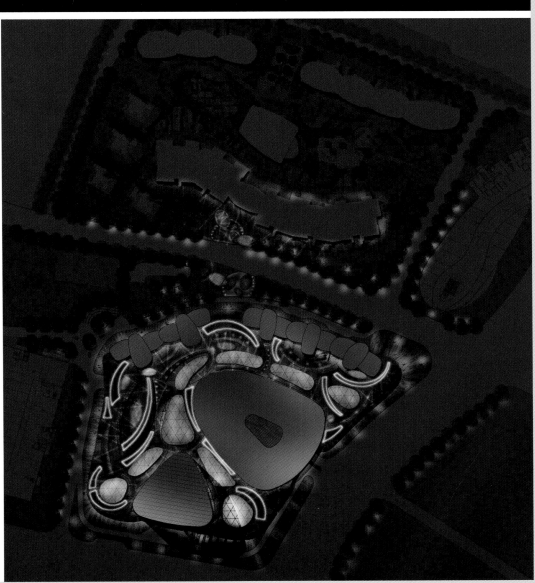

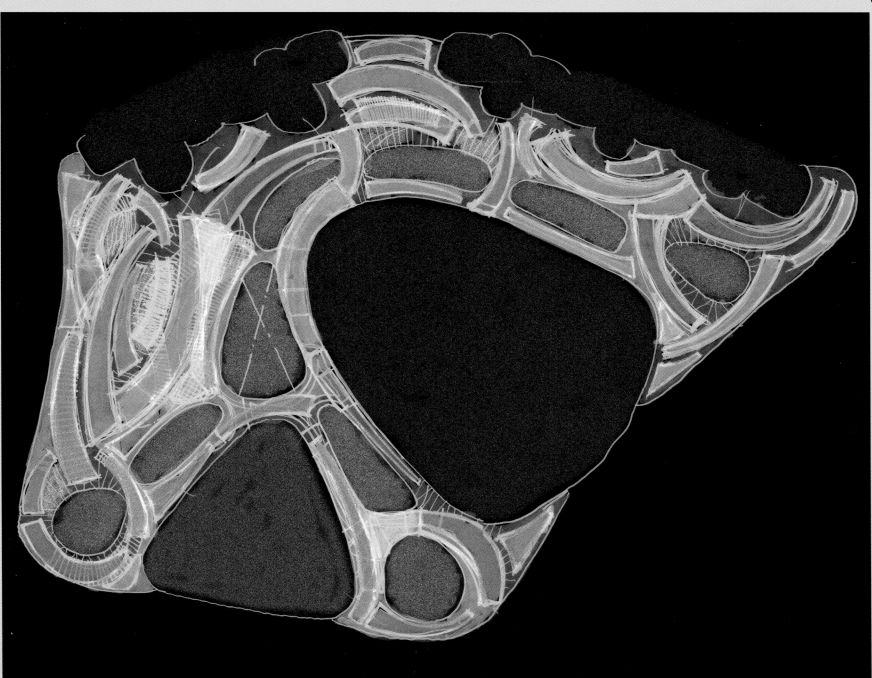

现代亚洲风格
Asian Style

风格特征：现代亚洲风格是建立在现代感基础上的，符合亚洲人的文化认同与审美取向。也合乎亚洲人对空间感受与领悟的景观设计风格。主张以具有浓厚地域特色的传统文化为根基，融入西方文化。把亚洲元素植入现代景观语系，将传统意境和现代风格对称运用，用现代设计来隐喻中国的传统。在关注现代生活舒适性的同时，让亚洲传统文化得以传承和发扬。

现代主义的硬景塑造形式与亚洲的造园理水相结合，或者是用亚洲传统园林形式进行现代手法的演绎，在保留其传统神韵的同时结合当地文化元素进行大胆创新，呈现一种新的亚洲风格，多见于日本、东南亚等亚洲地区的新式园林项目，适用于现代风格定位并趋向于地方性风格化特征的项目。

一般元素：以简约独特的线条打造园林型空间，让道路线、水岸线、植物林缘线以及整体景观的天际线形成景观空间的骨架，使景观平面呈现出流水般多姿的体态与变化，丰富视觉效果。

特　点：现代亚洲风格把个性化的建筑风格及现代、独特、精致的景观面貌彰显高品质景观，走差异化高端路线，也是在国内景观风格的独有全新尝试。新，在这里可以理解为现代，也就是说，是建立在现代感基础上的。亚洲，是指地域性，即符合中国人——亚洲人的文化认同与审美取向，以及对空间的感受与领悟。建立在东南亚园林景观空间结构上的具有中国人认同感的现代景观品质设计的呈现，高品质的打造。用公式来概括则为：东南亚园林的丰富空间+中国人认同的现代感（硬景）+酒店式的高品质感。现代亚洲主义风格更具文脉性、文化性；从技术层面上看，更加注重追求传统文化和现代技术的融合；从设计理念上看，现代亚洲主义风格在追求外在美的同时，更注重人性化的设计，使现代设计与文化表现形式完美结合，达到和谐统一。

新亚洲风格是一种混搭风格，不仅仅和印度、泰国、印尼等国家相联，还融合东方文化里那种说不清道不明一切神秘感元素，也就是逐渐发展至今的"新亚洲"风格。以浓郁的亚洲区域文化为支撑，日式崇尚极简、东南亚风情万种的浓烈色彩氛围、中式雍容而内敛，在色泽上保持自然材质的原色调，大多为褐色、核桃色等深色系，在视觉上给人以质朴的气息；古典与时尚兼容、艺术与高尚完美纳入，充分挖掘人类对居家环境的身心

需求。它彰显了个性化的建筑风格及现代、独特、精致的景观面貌，走差异化高端路线，这也是国内景观风格的独有全新尝试。在这种风格之下，景观小品更多地融入了现代简约手法，将亚洲文化凝结成象征意味浓郁的系列符号。追求的是简约主义，并不是对传统亚洲风格的简单拼接，而是在解析传统亚洲精髓和现代主义景观的基础上，提炼出符合当代审美需求的高贵、优雅以及与心灵的融合。以简约独特的线条打造线型空间，让道路线、水岸线、植物林缘线以及整体景观的天际线形成景观空间的骨架，使景观平面呈现出流水般多姿的体态与变化，丰富视觉效果。现代主义的硬景塑造形式与亚洲的造园理水相结合，或者对亚洲传统形式进行现代手法的演绎，在保留其传统神韵的同时，结合当地文化元素进行大胆创新，比较有代表的手法就是运用木制的材料，格栅、中庭、对景等处理手法。

新亚洲风格设计的启示：

启示一：风水，关于"风和水"的一门科学，是指一种通过调整文化景观的特征将负面影响最小化，并通过有利的形式组合将优势最大化的技巧。它源于对地表事物的"气"的形态和空间的表象分析。风水关注的是如何给"天下万物"，给景观中所造之物带来吉利。风水追求的是建造自然与社会环境之间的联系。从国土到城市再到住宅，各个尺度上的形态是宇宙信仰的表达，附着于风水谋求吉利的做法。而风水师，即福地的占卜者，是指那些有天赋的人，能发现风水宝地中特定地形特征的动态力量，以及它们与天体之间的关联。景观和建筑环境之间的联系（在亚洲文化中，这对于在世的人和已故的人同等重要），是被精心设计出来的。风水中宇宙力量的象征意义不仅仅是仪式上的，也形成了对任何一个地点的地形特征的精准理解。

关于亚洲景观和规划实践的神圣和独特性的众多传说都与风水密切相依，例如备受标榜的城市与水的姻缘。关于城市建造的传说、神的干预和充满传奇色彩的君王传说，都是这个地区的城市遗产的根基。除了因地形而排列规则的轴，许多风水"规则"都是符合逻辑常识的，如：靠近河流上游定居（这里给人们带来干净的水源、丰富的矿物、海鲜以及由交通和交流连接带来的繁荣）；（通过山丘和树木）抵御呼啸的北风和邪神；地基朝南或建于高地（以获得足够的阳光和空气，并能抵

御洪水）。风水学说与水利工程、洪水控制的联系，导致了更大范围的关于景观的社会政治组成的讨论。

说到风水在当代的重要性，它并不是一种值得复制的方法或是系统。在历史上的特定时期和特定背景下，风水是宇宙学的一个重要方面，它与（儒家所谓的）人的等级层次，以及人与整个世界的关系是紧密联系的。尽管象征主义和神秘主义的风水是以文化为媒介的，我们仍可以从其关于自然干预的普遍联系逻辑中有所获益：城市与景观的联系，物质空间的现实与象征领域的联系，以及社会文化与更加实际的（经济的）逻辑之间的联系。

启示二：水利文明，水利文明指的是需要大量集中的水文调控工作的社会"存在的理由"，这些理由转而也在政治力量和领导权力上反映出来。在20世纪50年代，"城市革命"之风兴起的背景下，法兰克福学派的历史学家和汉学家卡尔　魏特夫提到古典经济学家"不同程度地认识到：高度的东方农业文明和他们的城乡状况遵循着一种与西方截然相反的发展模式"。对于魏特夫来说，亚洲鼓吹的城乡统筹，是一种基于自然力量，以及与水利工程和调控相关的生产的中央集权的特殊社会形态。综合的"水利文明"系统需要大量的劳力，不仅是为了创造生产性的水利工程（用于农业灌溉和排水）和防御的水利工程（用于治理洪水），也为了提供饮用水和交通渠道。挖坑、掘泥和筑坝导致了严重的地平面变化。亚洲城市控水的历史地理提示了高度发达的乡村和城市（土地）系统，这些从物质层面和象征层面上与当时的科技水平、宗教信仰、社会文化情况和权力机构关联的系统都与水密切相关。有人认为在一些地区许多大尺度土地系统主要是具有宗教功能，而非农业方面的。

水利文明的观念，抛开它与政治的关联来讲，对当今世界来说，拥有极其宝贵的意义和启示。由于水被标榜成这个世纪的"石油"（因为其宝贵和有限，并且被视作引发未来战争的核心），对水利网络和定居点有意识的设计和布置变得越来越重要。魏特夫关于"水利文明"的假设表明人类与自然、汇水区和定居点的关系将会再一次地成为需要我们去理解、诠释和设计的一系列基础关系。

"运动就在家门口"的优良居住区
——江西奥林匹克花园景观设计

项目位置：江西 南昌
景观设计：奥雅设计集团
委托单位：江西奥林匹克花园置业有限公司

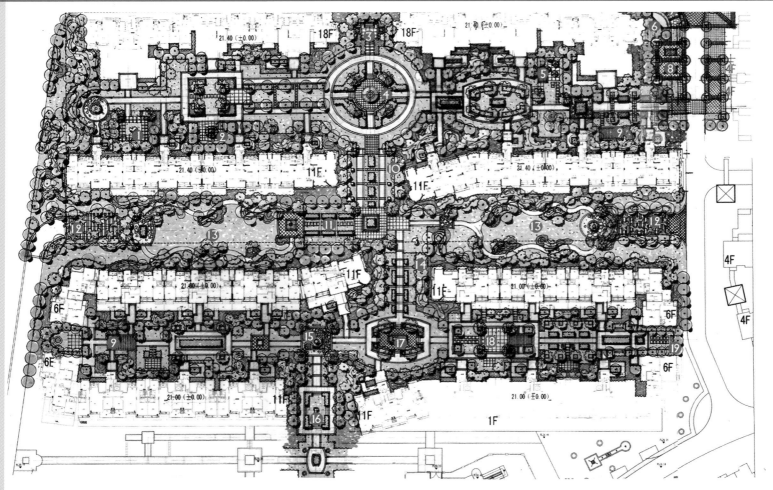

图例：
1 雕塑庭院
2 休闲庭院
3 水景庭院
4 特色凉亭
5 休息平台
6 入口标志墙
7 水景广场
8 树阵广场
9 休息木平台
10 景观灯柱
11 特色花径
12 车库出入口
13 阳光草坪
14 特色花钵
15 特色水景
16 下沉草坪
17 休闲广场
18 儿童活动场地
19 特色景墙

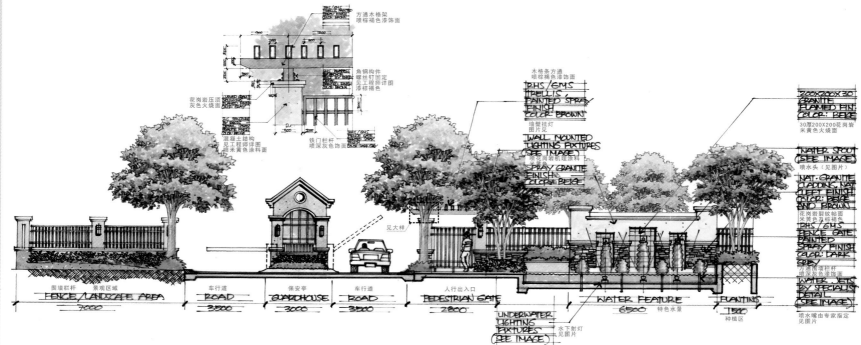

该项目坚持奥林匹克文化与景观相结合的原则，充分体现出奥林匹克运动主题与生态相结合的特色。设计师利用项目的自然条件，挖掘其内在潜力，形成可持续发展的空间，力求打造以人为本、科学运动与生态景观相结合的优良居住区。

在"运动就在家门口"的奥林匹克花园主题概念基础上进行提升，强化园林环境与运动概念的结合，让运动设施融合到园林环境之中。社区级车行主干道定名为奥林匹克运动之路，将奥林匹克28个体育大项目进行展示，倡导健康向上的体育精神。中轴人行主干道定名为奥林匹克星光大道，将奥林匹克史上最具代表意义的人物和故事进行展现，倡导奥林匹克精神及文化内涵。

设计师选取举办过奥林匹克的分散于四大洲的美丽城市，将项目分为四个组团：雅典奥运村、悉尼奥运村、洛杉矶奥运村和北京奥运村，形成主题性的花园式组团空间。各组团中必须都有儿童活动的体育设施，同时各组团应设置不同体育运动设施，形成组团体育运动特色，运动内容应以群众广泛参与的内容为主。本项目园林绿化不强化大水面，除奥体中心后的景观泳池及中央绿地水景，其他环境中水景仅做点缀，使园林环境产生丰富性和灵动感。

WATER FEATURE PLAN
特色水景(一)平面图

DECORATIVE TORCH DETAIL ELEV/SECTION
装饰火炬立/剖图

ELEVATION/SECTION
特色水景(一)立面图

FEAT. OLYMPIC RING DETAIL
特色奥林匹克环详图

特色水景(一)剖面图
DETAILED SECTION

设计雕塑   设计意图

ENTRY PAVING	LAKE SIDE VIEWING PLAZA	WATER FEATURE	TIMBER DECK
入口铺装	湖边观景广场	特色水景	木平台

LANDSCAPE SECTION - 01

VIEWING PLAZA STEPS SEATING POND AREA PART OF LANDSCAPE
观景广场 坐阶 池塘区域 部分景观

ROAD VIEWING DECK STEP SEATING POND PATH OPEN LAWN
道路 观景平台 坐阶 池塘 小路 开放草坪

景观剖面图图七
LANDSCAPE SECTION-07

景观剖面图图八
LANDSCAPE SECTION-08

特色花钵
DECORATIVE
POT
SEE IMAGE

马赛克
MOSAIC
ACCENT
TILE
SEE IMAGE

米黄色涂料喷涂
SPRAY GRANITE
PAINTED
COLOR: BEIGE

混合米黄色棕色
自然裂面花岗岩拼贴
WALL GRANITE
FIN. COLOR:
MIXED BEIGE/
BROWN

特色水景参详图
WATER
FEATURE
SEE DETAILS

米黄色涂料喷涂
PRE-CAST CONC
MOULDINGS
PAINTED SPRAY
SPRAY GRANITE

立面图
ELEVATION
SIGNAGE WALL

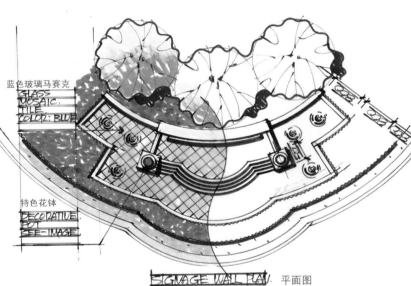

蓝色玻璃马赛克
GLASS
MOSAIC
TILE
COLOR: BLUE

特色花钵
DECORATIVE
POT
SEE IMAGE

SIGNAGE WALL PLAN 平面图

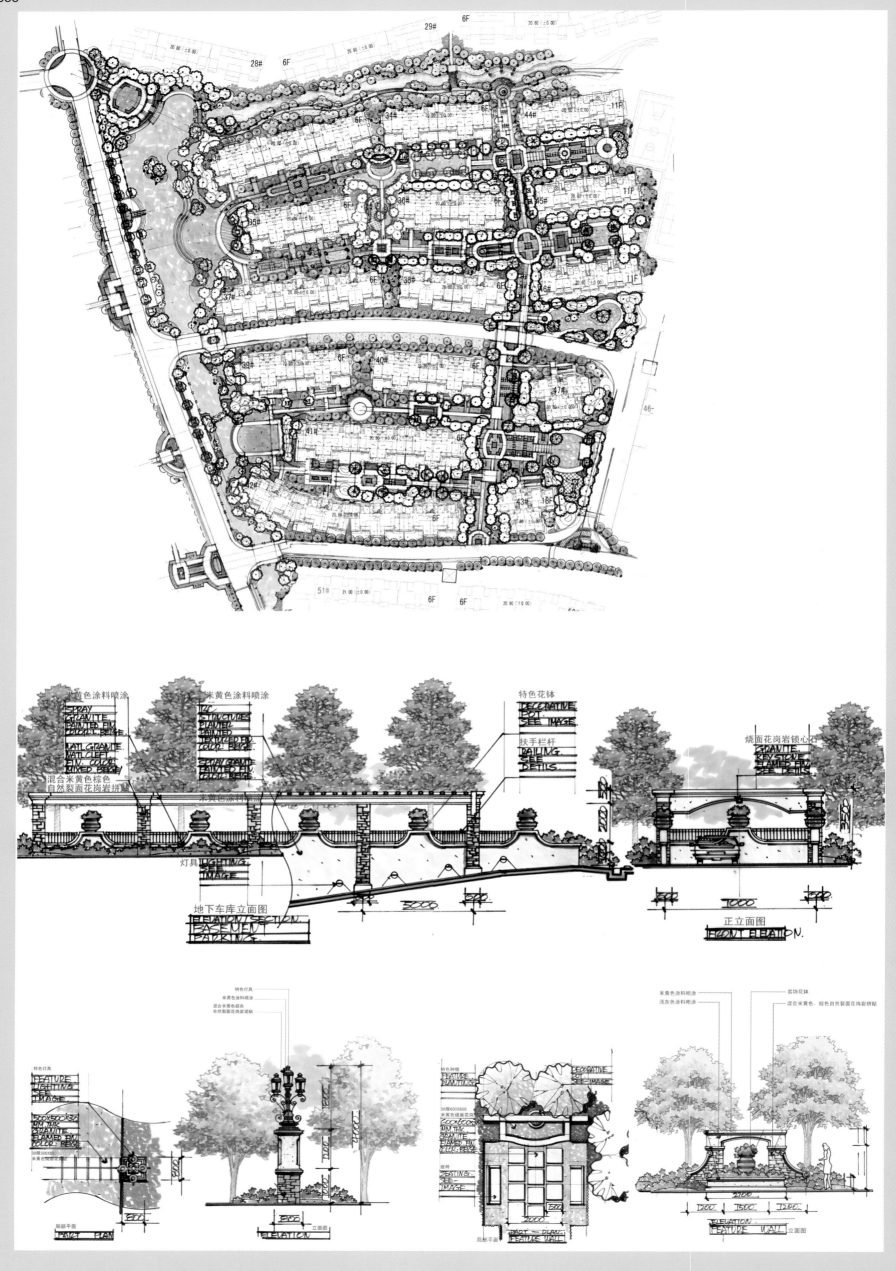

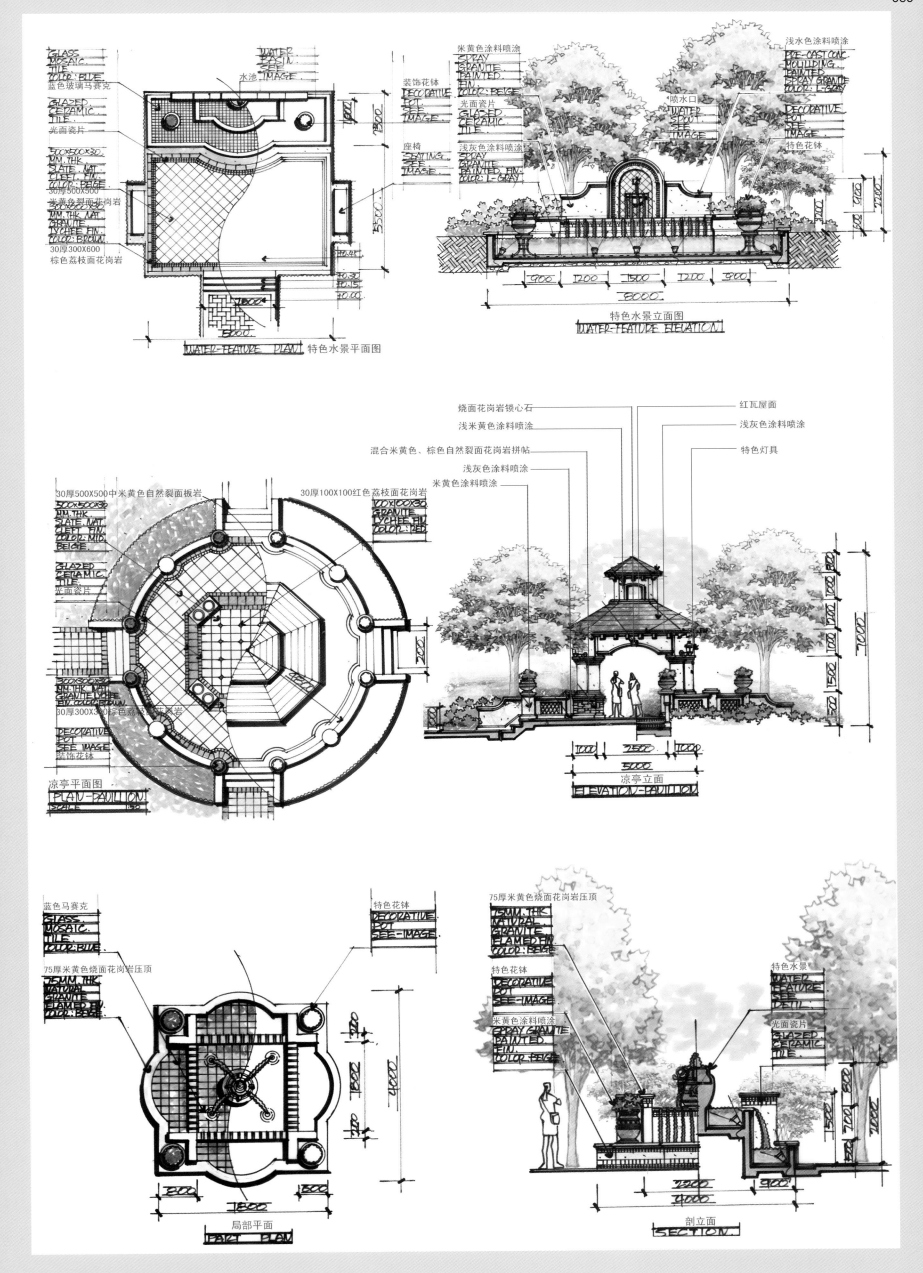

GLASS
MOSAIC
TILE.
COLOR: BLUE.
蓝色玻璃马赛克

GLAZED
CERAMIC.
TILE.
光面瓷片

500X500X30.
MM. THK.
SLATE. NAT.
CLEFT. FIN.
COLOR: BEIGE
30厚500X500

30厚300X600棕色荔枝面花岗岩
棕色荔枝面花岗岩

WATER BASIN.
SEE.
IMAGE.
水池

装饰花钵
DECORATIVE
POT.
SEE.
IMAGE.

光面瓷片
GLAZED.
CERAMIC.
TILE.

座椅
SEATING.
SEE.
IMAGE.

WATER-FEATURE PLAN. 特色水景平面图

米黄色涂料喷涂
SPRAY
GRANITE.
PAINTED.
FIN.
COLOR: BEIGE.

浅灰色涂料喷涂
SPRAY
GRANITE.
PAINTED. FIN.
COLOR: L-GRAY.

喷水口
WATER.
SPOUT.
SEE.
IMAGE.

浅水色涂料喷涂
PRE-CAST CONC.
MOULDING.
PAINTED.
SPRAY GRANITE.
COLOR: L-GRAY.

特色花钵
DECORATIVE
POT.
SEE.
IMAGE.

900 | 1200 | 1500 | 1200 | 900
3000

特色水景立面图
WATER-FEATURE ELEVATION.

30厚500X500中米黄色自然裂面板岩
300X500X30.
MM. THK.
SLATE. NAT.
CLEFT. FIN.
COLOR: MID.
BEIGE.

GLAZED
CERAMIC.
TILE.
光面瓷片

300X300X30.
MM. THK.
GRANITE. LYCHEE.
FIN. COLOR: BROWN.
30厚300X300棕色荔枝面花岗岩

DECORATIVE.
POT.
SEE. IMAGE.
装饰花钵

30厚100X100红色荔枝面花岗岩
100X100X30.
GRANITE.
LYCHEE. FIN.
COLOR: RED.

烧面花岗岩锁心石
浅米黄色涂料喷涂
混合米黄色、棕色自然裂面花岗岩拼帖
浅灰色涂料喷涂
米黄色涂料喷涂

红瓦屋面
浅灰色涂料喷涂
特色灯具

凉亭平面图
PLAN-PAVILLION.
SCALE

1000 | 2500 | 1000
5000
凉亭立面
ELEVATION-PAVILLION.

蓝色马赛克
GLASS.
MOSAIC.
TILE.
COLOR: BLUE.

75厚米黄色烧面花岗岩压顶
75MM. THK.
NATURAL.
GRANITE.
FLAMED. FIN.
COLOR: BEIGE.

特色花钵
DECORATIVE.
POT.
SEE-IMAGE.

1800 | 1800
1800
局部平面
PART PLAN.

75MM. THK.
NATURAL.
GRANITE.
FLAMED. FIN.
COLOR: BEIGE.
75厚米黄色烧面花岗岩压顶

特色花钵
DECORATIVE.
POT.
SEE-IMAGE.

米黄色涂料喷涂
SPRAY GRANITE.
PAINTED.
FIN.
COLOR: BEIGE.

特色水景
WATER.
FEATURE.
SEE.
IMAGE.

光面瓷片
GLAZED.
CERAMIC.
TILE.

剖立面
SECTION.

尊贵、灵动、自然、趣味的艺术空间
——万科武汉金色家园

项目位置：湖北 武汉

景观设计：SED新西林景观国际

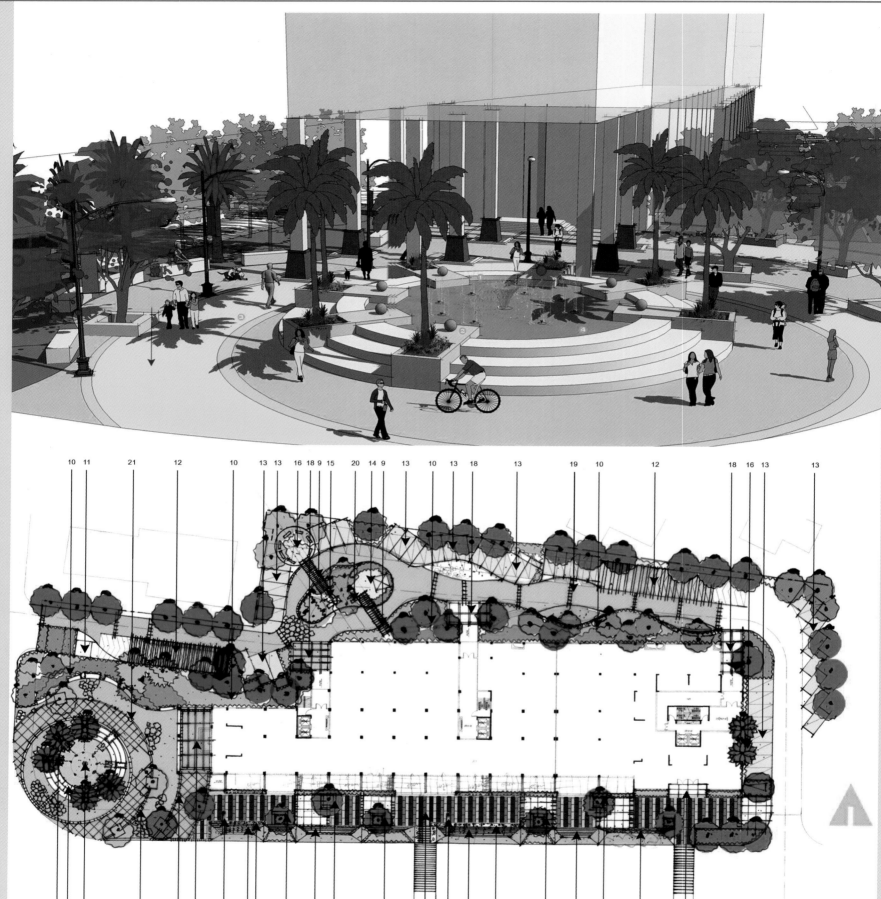

该项目位于江汉区京汉大道与前进5路交汇处，占地面积约2.4万平方米。设计沿袭万科城市住宅户型设计、城市泛会所、城市共生的精髓，以现代主义建筑构思和审美品位，追求建筑的质感，追求空间尺度的精细，延续万科城市住宅对公共空间的执著：最柔软最平和的元素，凝练舒逸的公共空间、构建泰式风格园林。2400平方米架空层香堤雅境整体搬到距离地面十余米的城市空间中，亦如泰国南部的世外桃源，为城市生活注入奢华品质；同时通过室外、半室外灰度空间的穿插配合，营造尊贵、灵动、自然、趣味的休闲空间和交通空间，在实践中不断把建筑的技能和艺术提高，创造美轮美奂的建筑艺术作品。

1.Feature trellis   1. 景观廊架
2. Tree box   2. 树　池
3.Near water deck   3. 亲水平台
4.Play ground for kids   4. 儿童活动场地
5.Entertainmen area   5. 休闲区域

1. Planting area
2. Body exercise equipment
3. Feature pergola
4. Feature pot
5. Near water deck

1. 种植区
2. 健身设施
3. 特色景观架
4. 特色花钵
5. 亲水平台

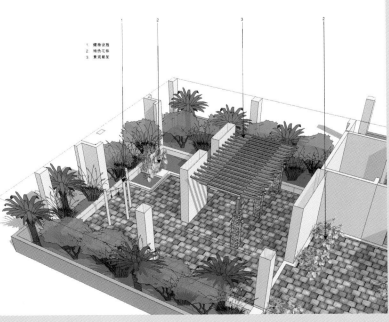

1. 健身设施
2. 特色花钵
3. 景观廊架

自然野趣的叠水社区
——中海半山溪谷

项目位置：广东 深圳
景观设计：奥雅设计集团
委托单位：深圳中海地产有限公司

高杆灯

矮柱灯

水下灯

侧壁灯

| 种植区 | 市政道路 | 种植区 | 建筑物（17#楼） | 种植区 | 停车位 | 小区主路 | 地下停车场 | 建筑物（9#楼） | 停车位 | 小区主路 | 种植区 | 市政道路 |

A-A剖面图（方案一）

排水管

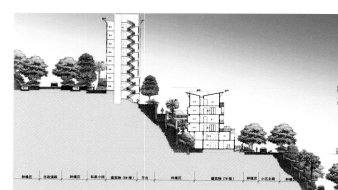

A-A剖面图（方案二）

| 种植区 | 小区主路 | 停车位 | 种植区 | 小区园路 | 种植区 | 建筑物（20#/21#/22#楼） | 种植区 | 休息平台 | 种植区 | 市政道路 | 种植区 |

A-A剖面图

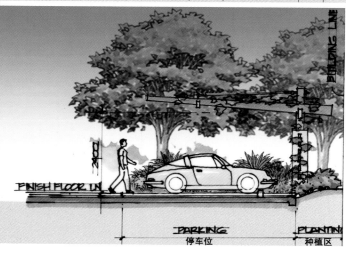

停车位　种植区

B-B剖面图

该项目位于盐田港西南片区，背靠梧桐山，面向盐田港，呈西北高东南低的走势。项目充分利用地形的高差，总体建筑布局依山就势，奥雅在进行景观设计中，最大限度地保留原有景观，利用叠落的水系组织了沿水系而下的登山道，在体验近身的山水景观的同时面向大海，这一灵活的布局不仅形成了一系列十分丰富的院落，形成了多界面，多层次的复合空间效果，而且还使社区的环境质量得到大幅度的提升。

设计在项目建筑沿山溪布置，景观视野良好的基础之上，保留了基地北侧的一条山溪，并且在溪流与建筑之间适当设计私家小院，使这一狭窄空间得到有效利用。同时，对基地中间的一座小山和两个水塘进行了改造利用，使之形成整个社区的景观中心，并将两个水塘

通过溪流叠水的方式联系起来，尤其在两个水塘形成轴线的尽头，设计了一个大型瀑布，既解决了高差问题，也形成了整个景观轴线的视觉焦点。主要建筑围绕这个山水中心布置，水系也顺着山势层层跌落，最后延伸到会所主入口处，从而使建筑和自然环境景观达到了完美的融合。

结合项目优良的自然条件和现代的建筑风格，奥雅在景观设计风格上将其定义为自然、生态、现代的风格，尽最大努力尊重自然的肌理，运用有机的构图形式，使用天然的材料，使整个景观成为山地的有机组成部分，从而使得整个居住环境都体现出浓郁的山野情趣，爆发出自然的生机。

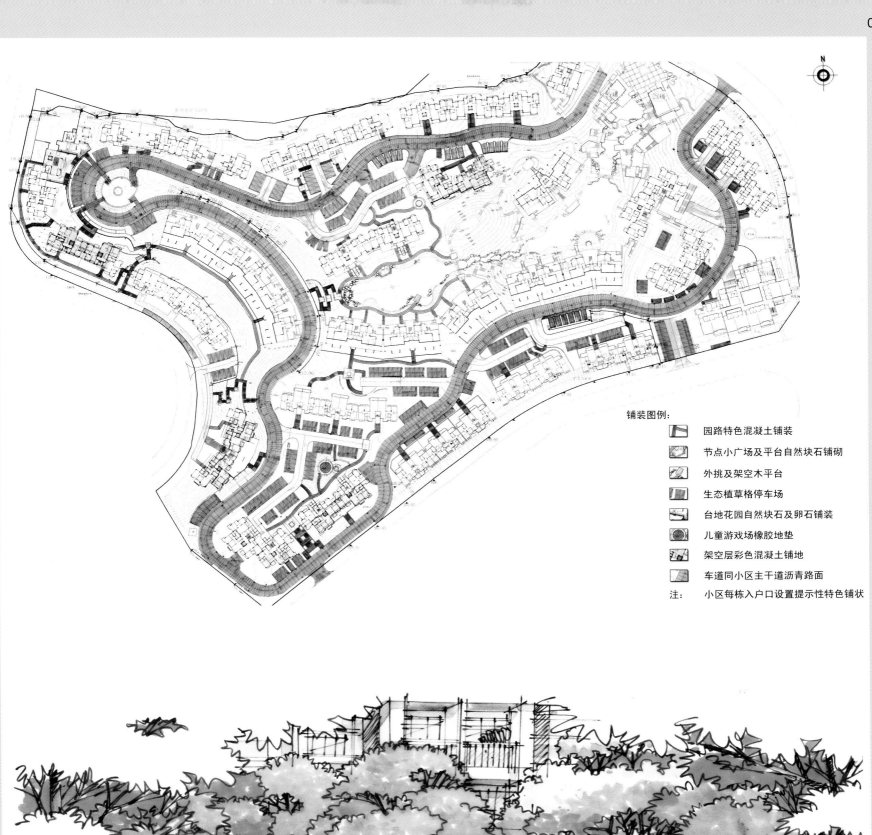

铺装图例:

园路特色混凝土铺装

节点小广场及平台自然块石铺砌

外挑及架空木平台

生态植草格停车场

台地花园自然块石及卵石铺装

儿童游戏场橡胶地垫

架空层彩色混凝土铺地

车道同小区主干道沥青路面

注: 小区每栋入户口设置提示性特色铺状

有机景观设计的成功探索
——成都博瑞优品道

项目位置：四川 成都
景观设计：奥雅设计集团
委托单位：成都博瑞房地产有限公司

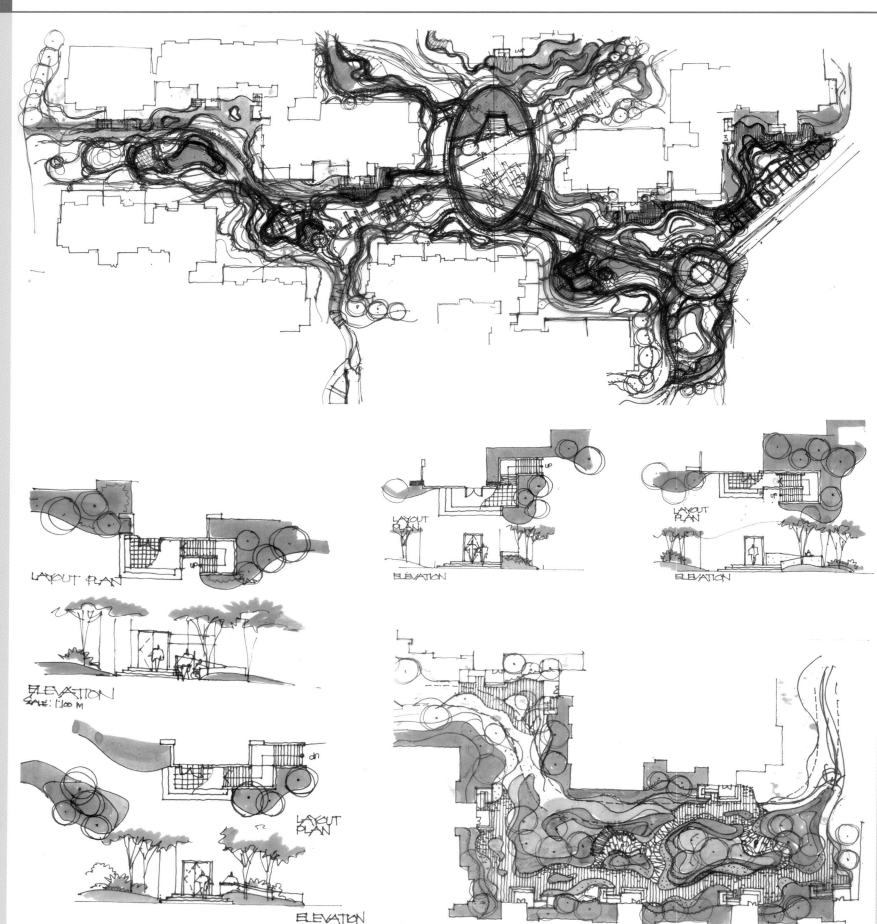

该项目是奥雅公司在有机景观设计领域的一个成功探索。

自然是灵性之源，具备可持续性、健康、环保和多样性的特征；像有机体一样，从种子内部发育直到开花结果；存在于"现时连续"和"不断创新"之中，跟随各种自然的力量并且富有灵活性和适应性；满足社会的各种需要；强调"此时此地"和独一无二；并像年轻人那样拥有朝气，欢乐和惊喜，能够表达音乐韵律和舞蹈的力量。

现代的设计不一定是直线条的，自由形式的设计越来越受到关注。在成都优品道的设计中，道路，地形，植物以及水景都像行云流水一样在建筑之中穿行，很好地解决了高密度住宅空间局促的感觉，空间被赋予了灵性。

本项目是新城市主义主张的美景生活蓝图。奥雅设计师提出"更成熟、更有机、更自然、更时尚"的设计理念，符合现代人追求回归自然和时尚生活的愿望，其中设计的核心是恢

复代表四川乃至中国的绝美之景"九寨沟"。配合规划和建筑，优品道成为了新城市主义生活的力作。更成熟——在能够周到，合理地呵护居住者的前提下，提升"能效比、舒适度、延展性"等综合体系的社会价值，萃取周边楼盘的成功经验，打造更加成熟的社区景观和都市氛围；更有机——参照生命生长的规律和历史发展的思考方式，强调功能的相互融合，将复杂的城市生活通过严谨科学的设计手法来控制，创造符合深层次心理需求和令人喜爱的各类空间；更自然——关注居住环境的生态共生，同时给业主更多的绿意和轻松的感受，在城市生活中引入自然，体验结合自然景观的现代商业集群，体验"充满阳光、绿意、水"的浪漫、舒适的"逛街行动"；更时尚——提供符合、引领现代品质生活潮流的平台，营造休闲都市的时尚文化。

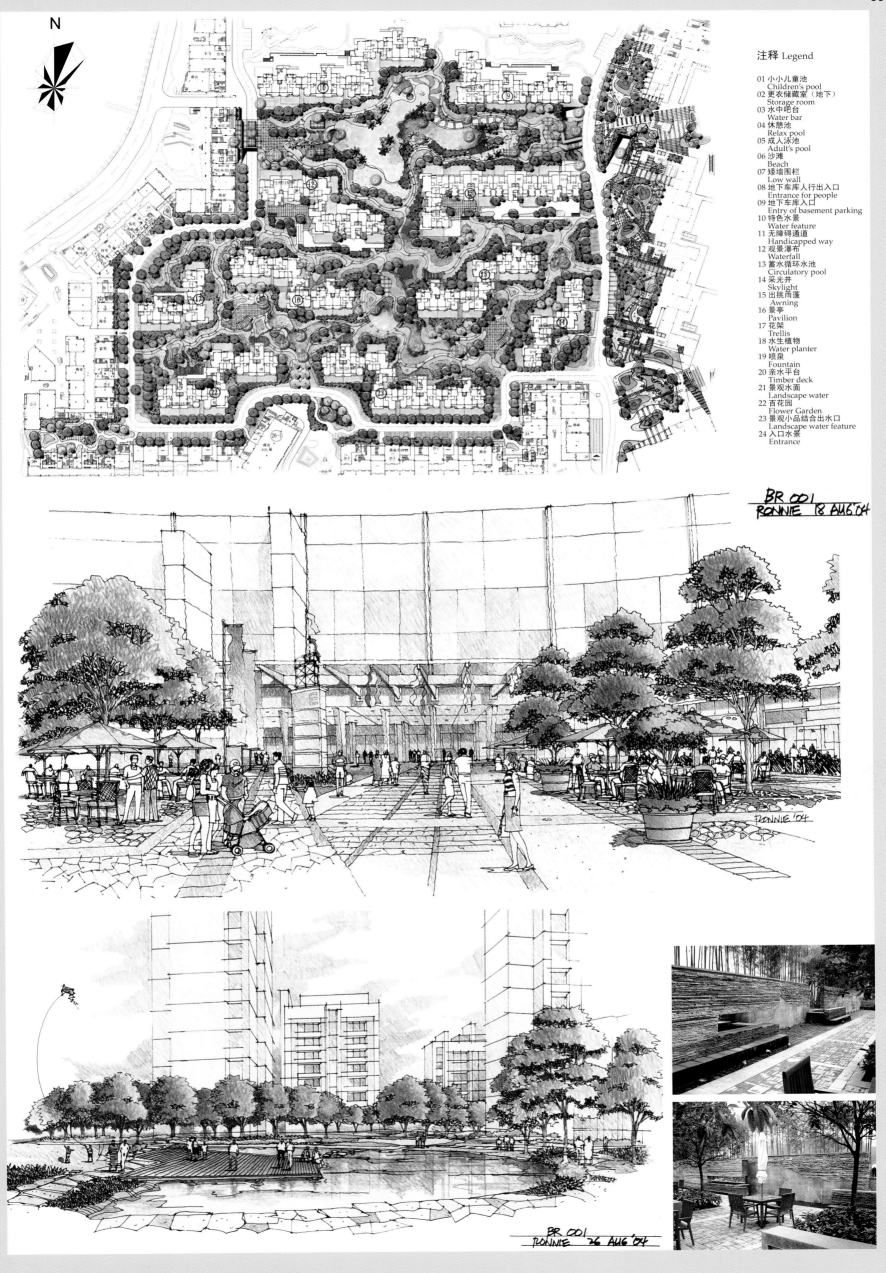

N

注释 Legend

01 小小儿童池
　　Children's pool
02 更衣储藏室（地下）
　　Storage room
03 水中吧台
　　Water bar
04 休憩池
　　Relax pool
05 成人泳池
　　Adult's pool
06 沙滩
　　Beach
07 矮墙围栏
　　Low wall
08 地下车库人行出入口
　　Entrance for people
09 地下车库入口
　　Entry of basement parking
10 特色水景
　　Water feature
11 无障碍通道
　　Handicapped way
12 观景瀑布
　　Waterfall
13 蓄水循环水池
　　Circulatory pool
14 采光井
　　Skylight
15 出挑雨蓬
　　Awning
16 景亭
　　Pavilion
17 花架
　　Trellis
18 水生植物
　　Water planter
19 喷泉
　　Fountain
20 亲水平台
　　Timber deck
21 景观水面
　　Landscape water
22 百花园
　　Flower Garden
23 景观小品结合出水口
　　Landscape water feature
24 入口水系
　　Entrance

BR 001
RONNIE 18 AUG '04

RONNIE '04

BR 001
RONNIE 26 AUG '04

散置天然花岗岩方石堆
混合荔枝面和自然面
颜色：米色

NATURAL
GRANITE @
RANDOM
ASHLAR
PATTERN
COMBINATION
LYCHEE &
NAT. CLEFT
COLOR: M.BEIGE

FL 513.90

主水景
MAIN WATER
CASCADE (WATER
FALLS EFFECT)
1500 DROP

TOW 511.80

FL 510.30

特色景观灯柱
见意向图片
BOLLARD
LIGHTING
(SEE IMAGE)

NAT. GRANITE

2500

3000

ELEVATION
SCALE 1:100 MTS.

立面图

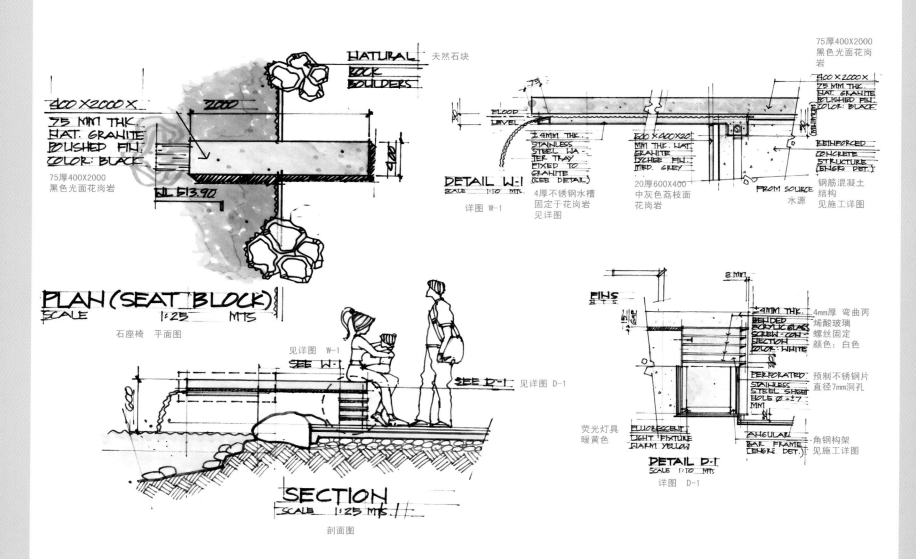

NATURAL
ROCK
BOULDERS

天然石块

400 X 2000 X
75 MM THK.
NAT. GRANITE
POLISHED FIN.
COLOR: BLACK.

2000

75厚400X2000
黑色光面花岗岩

FL 513.90

PLAN (SEAT BLOCK)
SCALE 1:25 MTS

石座椅 平面图

75厚400X2000
黑色光面花岗岩

FLOOD
LEVEL

4MM THK.
STAINLESS
STEEL WA-
TER TRAY
FIXED TO
GRANITE
(SEE DETAIL)

400 X 400 X20
MM THK. NAT.
GRANITE
LYCHEE FIN.
MED. GREY

20厚600X400
中灰色荔枝面
花岗岩

DETAIL W-1
SCALE 1:10 MTS.

4厚不锈钢水槽
固定于花岗岩
见详图

400 X 2000 X
75 MM THK.
NAT. GRANITE
POLISHED FIN.
COLOR: BLACK.

REINFORCED
CONCRETE
STRUCTURE
(ENGR. DET.)

FROM SOURCE
水源

钢筋混凝土
结构
见施工详图

详图 W-1

见详图 W-1
SEE W-1

SEE D-1
见详图 D-1

SECTION
SCALE 1:25 MTS.

剖面图

FINS
MTS.

2 MM

4MM THK.
BENDED
ACRYLIC GLASS
SCREW-CON-
NECTION
COLOR: WHITE

4mm厚 弯曲丙
烯酸玻璃
螺丝固定
颜色：白色

PERFORATED
STAINLESS
STEEL SHEET
HOLE Ø ±7
MM

预制不锈钢片
直径7mm洞孔

荧光灯具
暖黄色
FLUORESCENT
LIGHT FIXTURE
WARM YELLOW

ANGULAR
BAR FRAME
(ENGR. DET.)

角钢构架
见施工详图

DETAIL D-1
SCALE 1:10 MTS.

详图 D-1

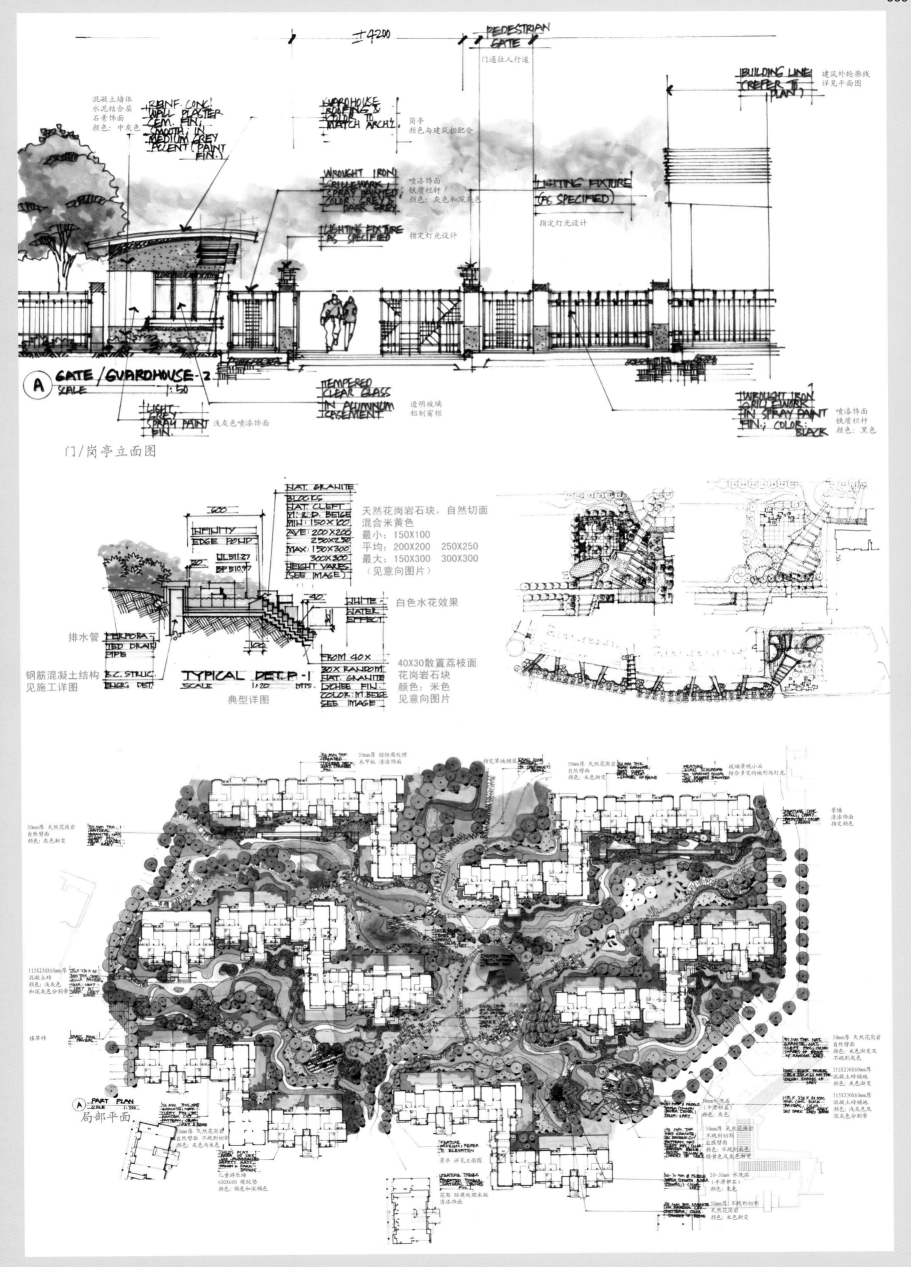

±4200

PEDESTRIAN GATE
门通往往人行道

BUILDING LINE (REFER TO PLAN)
建筑外轮廓线
详见平面图

混凝土墙体
水泥结合层
石膏饰面
颜色：中灰色

REINF. CONC. WALL W/PLASTER CEM. FIN. SMOOTH IN MEDIUM GREY ACCENT PAINT FIN.

GUARDHOUSE ROOFING COLOR TO MATCH ARCH'T.
岗亭
颜色与建筑相配合

WROUGHT IRON GRILLEWORK SPRAY PAINTED COLOR: DARK GREY
喷漆饰面
铁质栏杆
颜色：灰色和深灰色

LIGHTING FIXTURE (AS SPECIFIED)
指定灯光设计

LIGHTING FIXTURE AS SPECIFIED
指定灯光设计

A GATE/GUARDHOUSE-2
SCALE 1:50

LIGHT GREY SPRAY PAINT FIN.
浅灰色喷漆饰面

TEMPERED CLEAR GLASS IN ALUMINUM CASEMENT
透明玻璃
铝制窗框

WROUGHT IRON GRIDWORK FIN SPRAY PAINT FIN.; COLOR: BLACK
喷漆饰面
铁质栏杆
颜色：黑色

门/岗亭立面图

NAT. GRANITE BLOCKS NAT. CLEFT M: R.D. BEIGE MIN: 150X100 AVE: 200X200 250X250 MAX: 150X300 300X300 HEIGHT VARIES (SEE IMAGE)
天然花岗岩石块，自然切面
混合米黄色
最小：150X100
平均：200X200 250X250
最大：150X300 300X300
（见意向图片）

INFINITY EDGE POND
WL 311.27
BP 310.97

WHITE WATER EFFECT
白色水花效果

排水管
PERFORATED DRAIN PIPE

钢筋混凝土结构
见施工详图
R.C. STRUC. REFER DET.

TYPICAL DET. P-1
SCALE 1:20 MTS.

FROM 40X 30X RANDOM NAT. GRANITE LYCHEE FIN. COLOR: M. BEIGE SEE IMAGE
40X30散置荔枝面
花岗岩石块
颜色：米色
见意向图片

典型详图

50mm厚 天然花岗岩
自然饰面
颜色：灰色渐变

115X230X60mm厚
混凝土砖
颜色：浅灰色
和深灰色分割带

A PART PLAN
SCALE
局部平面

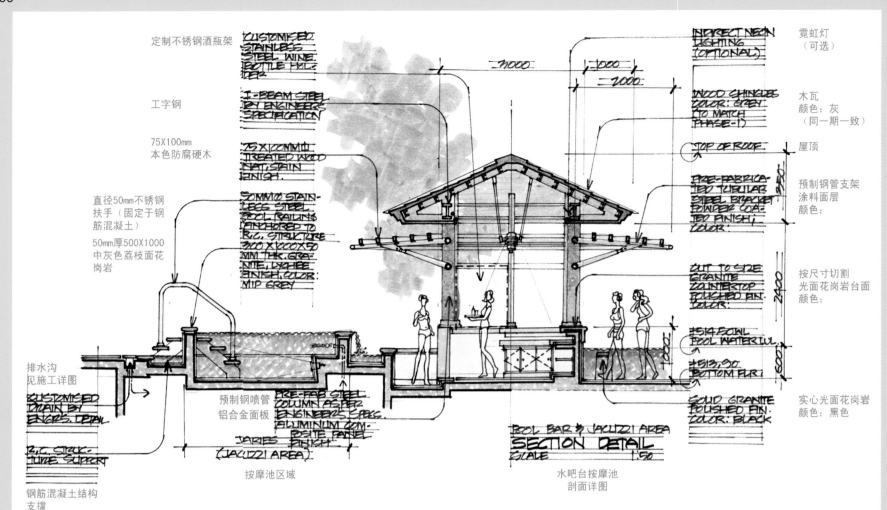

定制不锈钢酒瓶架 CUSTOMISED STAINLESS STEEL WINE BOTTLE HOLDER

工字钢 I-BEAM STEEL BY ENGINEER'S SPECIFICATION

75X100mm 本色防腐硬木 75 X 100mm TREATED WOOD NAT. STAIN FINISH.

直径50mm不锈钢扶手（固定于钢筋混凝土） 50mmØ STAINLESS STEEL POOL RAILING (ANCHORED TO R.C. STRUCTURE)

50mm厚500X1000 中灰色荔枝面花岗岩 300 X 1000 X 50 MM THK. GRANITE, LYCHEE FINISH. COLOR: MID GREY

排水沟 见施工详图 CUSTOMISED DRAIN BY ENGRS. DETAIL

R.C. STRUCTURE SUPPORT

钢筋混凝土结构 支撑

按摩池区域 PRE-FAB STEEL COLUMN AS PER ENGINEER'S SPECS. ALUMINUM COMPOSITE PANEL FINISH. (JACUZZI AREA)

预制钢喷管 铝合金面板

INDIRECT NEON LIGHTING (OPTIONAL) 霓虹灯（可选）

WOOD SHINGLES COLOR: GREY (TO MATCH PHASE-1) 木瓦 颜色：灰（同一期一致）

TOP OF ROOF 屋顶

PRE-FABRICATED TUBULAR STEEL BRACKET POWDER COATED FINISH. COLOR: 预制钢管支架 涂料面层 颜色：

CUT TO SIZE GRANITE COUNTERTOP POLISHED FIN. COLOR: 按尺寸切割 光面花岗岩台面 颜色：

#514.50WL POOL WATER LVL

#513.90 BOTTOM FLR.

SOLID GRANITE POLISHED FIN. COLOR: BLACK 实心光面花岗岩 颜色：黑色

POOL BAR & JACUZZI AREA
SECTION DETAIL
SCALE 1:50

水吧台按摩池 剖面详图

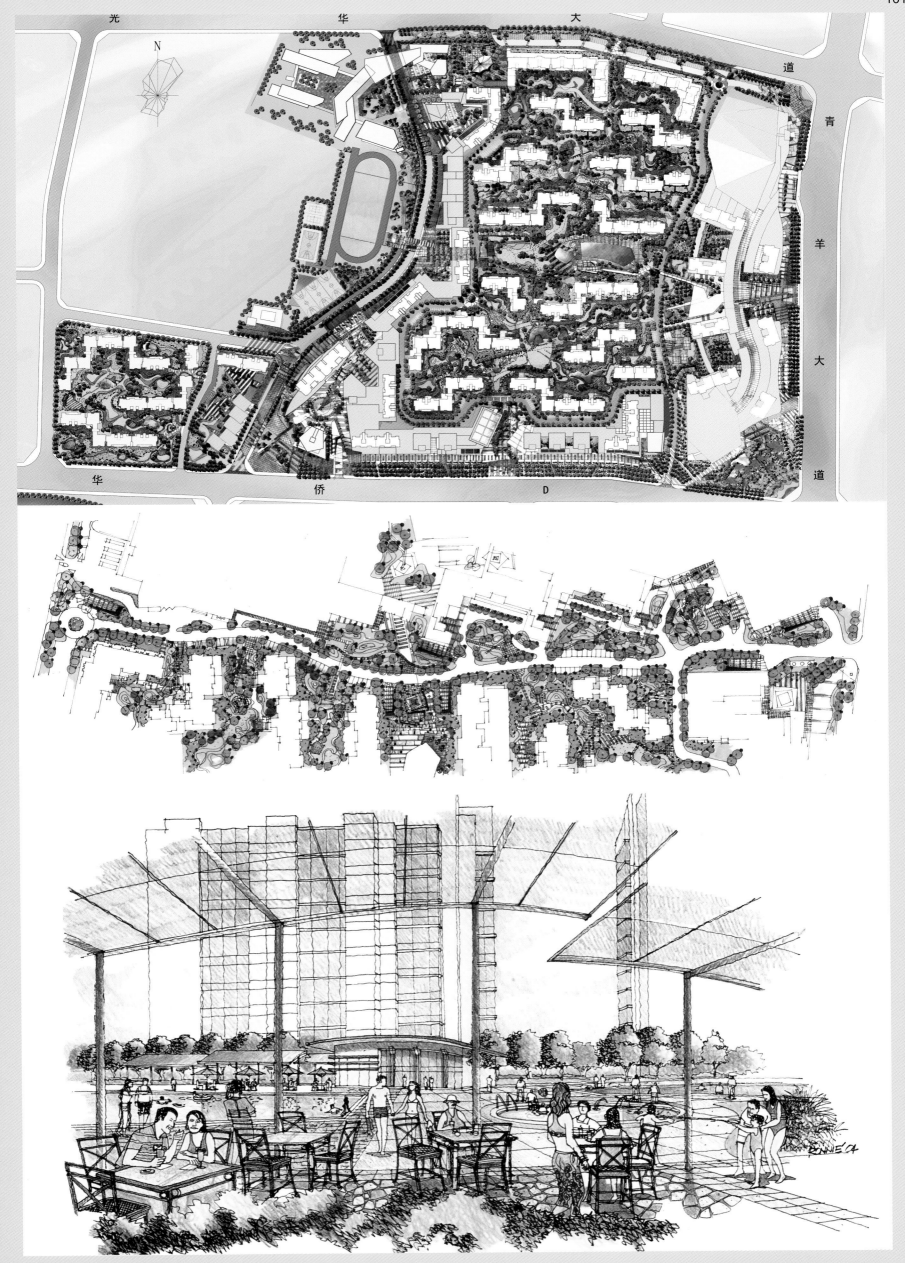

光 华 大 道

青 羊 大 道

华 侨 D 道

高品质生态社区的典范
——万科常平万科城三期

项目位置：广东 东莞
景观设计：SED新西林景观国际

该项目位于东莞市常平镇常黄公路桥沥管理区，总占地990亩，是目前万科在东莞占地面积最大的项目，产品及规划参考深圳万科城的西班牙建筑风格，以万科专利的联排别墅和多层情景洋房构成一个低密度、高品质、新颖独特的超大型社区，在以前万科专利产品的基础上进行更多改进，首层产品拥有大面积私家花园，顶层产品拥有广阔的视野空间，整栋建筑外立面具有和谐豪华的西班牙式建筑特色。在户型设计上，充分考虑住家特殊需要，在保证私密性的同时，拥有最大面积的景观面，前后通透、通风良好、功能分区完善，充分满足高阶层人士的生活需要。

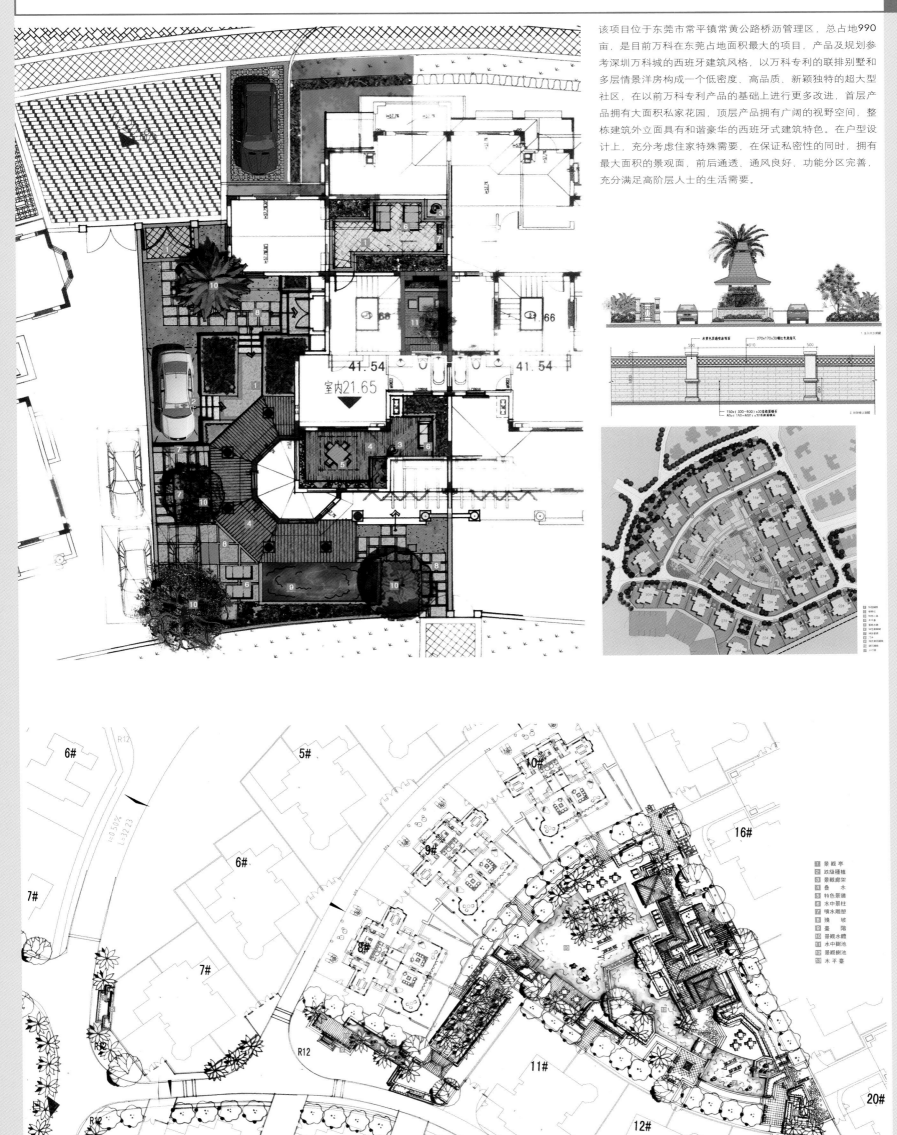

花园式小空间与公园式大空间的完美融合
——东莞金域中央

项目位置：广东 东莞
景观设计：奥雅设计集团
委托单位：东莞金众房地产有限公司

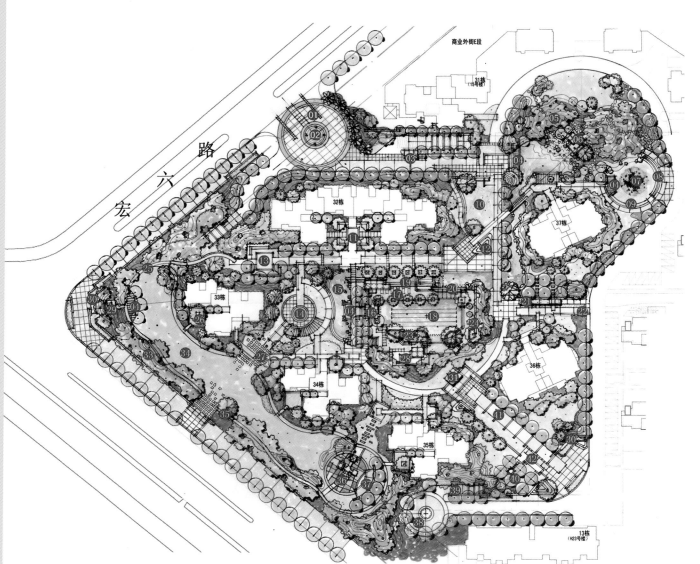

注释

01. 主入口	22. 次入口
02. 特色种植	23. 喷泉
03. 岗亭	24. 休息区
04. 木平台	25. 散步道
05. 自然园	26. 节点平台
06. 景亭	27. 嵌草石汀
07. 现有保留树	28. 更衣室
08. 台阶	29. 特色景亭
09. 坡道	30. 标志墙
10. 开放空坪	31. 景亭
11. 入户花园	32. 木平台
12. 艺术地形	33. 绿化带
13. 交通节点平台	34. 开放式带状公园
14. 铺装平台	35. 特色树
15. 水池	36. 儿童游乐区
16. 景亭	37. 花架
17. 躺椅	38. 花钵
18. 成人泳池	39. 地下车库入口
19. 特色景墙	40. 树阵广场
20. 水景墙	41. 特色铺装
21. 入口花架	42. 岗亭

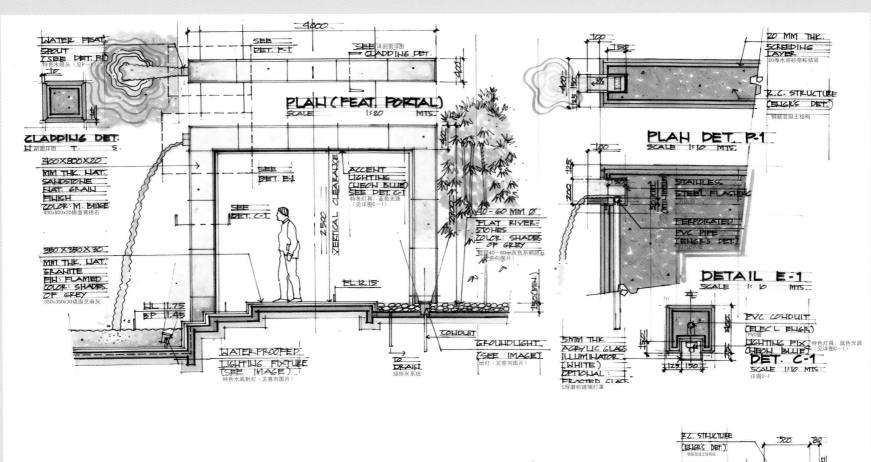

PLAN (FEAT. PORTAL)
SCALE 1:20 MTS.

PLAN DET. P-1
SCALE 1:10 MTS.

CLADDING DET.

WATER FEAT. SPOUT (SEE DET. P.2)
特色水喷头 (见P-1)

SEE DET. P-1

SEE CLADDING DET.

20 MM THK. SCREEDING LAYER
20厚水泥砂浆粘结层

R.C. STRUCTURE (ENGR'S DET.)
钢筋混凝土结构

400×800×20 MM THK. NAT. SANDSTONE NAT. GRAIN FINISH COLOR: M. BEIGE
400×800×20绕面黄锈石

350×350×30 MM THK. NAT. GRANITE FIN: FLAMED COLOR: SHADES OF GREY
350×350×30绕面芝麻灰

SEE DET. E-1

SEE DET. C-1

ACCENT LIGHTING (NEON BLUE) SEE DET. C-1
特色灯具，蓝色光源 (见详图C-1)

STAINLESS STEEL FLASHING

PERFORATED PVC PIPE (ENGR'S DET.)

DETAIL E-1
SCALE 1:10 MTS.

VERTICAL CLEARANCE

40-60 MM Ø FLAT RIVER STONES COLOR: SHADES OF GREY
选择40-60mm灰色系鹅卵石 (见意向图片)

FL. 12.15

HL. 11.75
BP. 11.45

WATER-PROOFED LIGHTING FIXTURE (SEE IMAGE)
特色水底射灯 (见意向图片)

CONDUIT

GROUNDLIGHT (SEE IMAGE)
地灯 (见意向图片)

TO DRAIN
接排水系统

5 MM THK. ACRYLIC GLASS ILLUMINATOR (WHITE) OPTIONAL FROSTED GLASS
5厚磨砂玻璃灯罩

PVC CONDUIT (ELEC'L ENGR)

LIGHTING FIX. (NEON BLUE)
特色灯具，蓝色光源 (见详图C-1)

DET. C-1
SCALE 1:10 MTS.
详图C-1

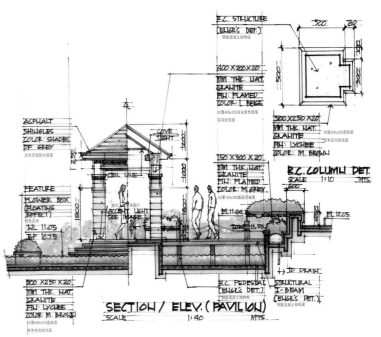

R.C. STRUCTURE (ENGR'S DET.)
钢筋混凝土结构柱

ASPHALT SHINGLES COLOR: SHADES OF GREY
灰色系青瓦屋面

400×200×20 MM THK. NAT. GRANITE FIN: FLAMED COLOR: L. BEIGE
20厚400×200浅米黄色烧面

COVE LIGHT

150×300×20 MM THK. NAT. GRANITE FIN: LYCHEE COLOR: M. BROWN
20厚150×300荔枝面

R.C. COLUMN DET.
SCALE 1:10 MTS.

CEIL. LINE

FEATURE FLOWER BOX (FLOATING EFFECT)
特色花池落水墙面

ACCENT LIGHT SEE IMAGE
特色灯具

HL. 11.05
BP. 10.75

TOP OF EL. 11.55

FL. 12.05

300×250×20 MM THK. NAT. GRANITE FIN: LYCHEE COLOR: M. BROWN
特色花池荔枝面装饰面

R.C. PEDESTAL (ENGR'S DET.)
钢筋混凝土基础

STRUCTURAL I-BEAM (ENGR'S DET.)
钢筋混凝土结构梁

SECTION / ELEV. (PAVILION)
SCALE 1:40 MTS.

01 特色花架
02 25-30厚橡胶软垫
03 儿童游戏池
04 特色入口大门（见意向图片）
05 300x300x30烧面黄锈石/100x100x30烧面芝麻黑收边
06 现状古榕
07 400x800x30烧面黄锈石浅/400x800x30烧面黄锈石深/三排浅一排深
08 特色坐灯（见详图）
09 30厚荔枝面碎拼
10 潜水池/生活雕塑
11 木栈台，150x（1800-2000）x50防腐硬木/上布置坐墙及灯具（见大样）
12 特色水池（见典型树池大样）
13 水广场，400x800x30烧面黄锈石/300x400x30荔枝面芝麻黑收边
14 特色景亭（详构筑物详图02）
15 特色景观桥（见大样图）
16 特色水景墙（详构筑物详图04）
17 30厚黄锈石混拼
18 100x100x30烧面黄锈石/100x100x30烧面芝麻黑收边
19 特色水景墙（详构筑物详图05）
20 特色花架（详构筑物详图07）

在总体规划与构思中，奥雅从建筑与规划的现有空间出发，进行了现代景观的探索，运用绿色的、尺度化的空间来营造氛围。金域中央的建筑风格较为现代，景观设计从风格上得以互补，结合高层建筑与多层建筑的不同，采用了花园式的小空间与公园式的大空间，自然式的、现代化的设计，让建筑更显尊贵与大气，也让生活空间更加人性化、更加温馨。生态自然的软景设计，大小尺度空间的合理运用让金域中央的建筑景观与自然景观相得益彰。

在原先的基础之上，我们的改造设计以自然生态为主题，并将其作为项目二至五期的追求。在一期改造中，我们运用现代的、自然的设计手法使景观与建筑相得益彰。在二三期的景观规划中，我们在自然设计的基础之上，将风格定位为风情的、自然的、人文的地中海式社区，以"街区+小镇"的形式为格局，打造生活化、情景化的庭院空间。四五期则以"街区+公园"的形式，打造轻松、自然的立体生态公园空间。水体设计以多层次、多形态的亲水环境联系着重要的景观空间；植物设计结合硬景界定空间形态，同时根据植物本身的属性为特定的场所赋予了优雅的空间氛围。五期延续整体的设计风格，根据场地形成中心开放式空间，以公园式社区为切入点，围绕中心庭院形成不同的功能区，强调公共性可参与空间的设计，营造尊贵、简约、现代、自然的社区公园景观。水体设计是片区景观的灵魂，结合中心泳池的设计，组织多层次的水景空间；而植物设计则以营造自然氛围为主，空间开合有致，结合不同的功能区，形成不同的景观效果。

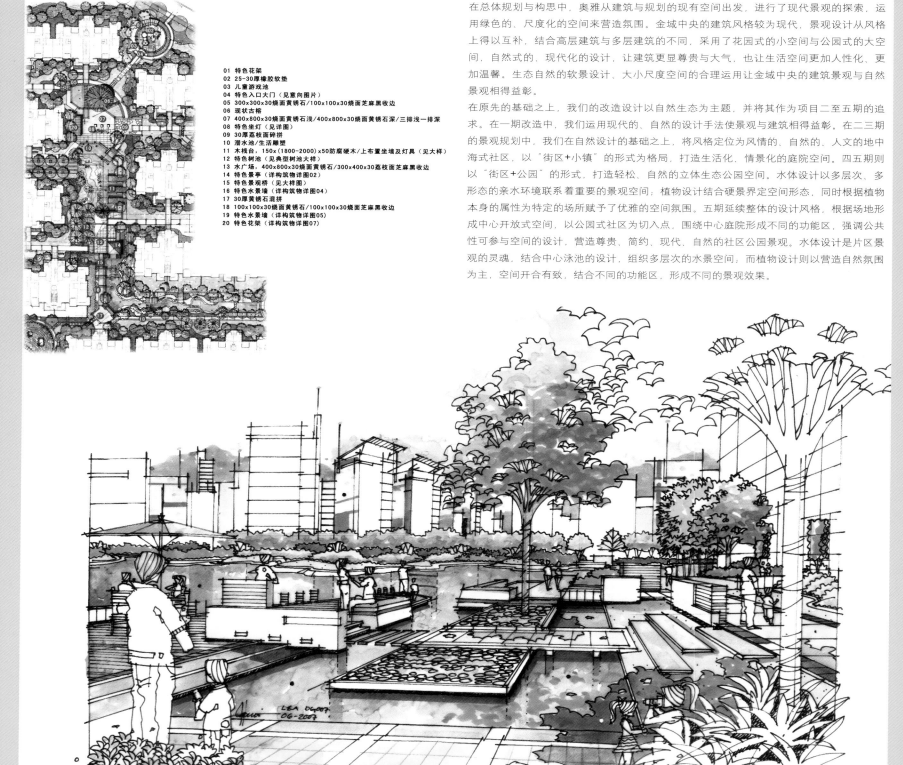

DETAIL W-1
SCALE 1:4 MTS

LONGITUDINAL SECTION
SCALE 1:50 MTS.

STEP EDGE DET.
SCALE 1:10 MTS.

PLAN (FEAT. TRELLIS)
SCALE 1:40 MTS.

COLUMN DET.
SCALE 1:5 MTS.

CLADDING DET.
SCALE 1:4 MTS.

ELEVATION
SCALE 1:40 MTS.

SIDE ELEVATION
SCALE 1:40 MTS.

1　400x400x 30荔枝面芝麻灰/100x100x30烧面芝麻黑收边
2　特色矮墙（见详图）
3　特色水景及喷泉（见详图）
4　小区典型围栏
5　400x800x50/400x1200x50机切面芝麻黑汀步石
6　1000x500x30烧面黄锈石
7　竹园，粒径40-50灰色系卵石
8　特色遮荫廊（见详图）
9　400x800x30荔枝面芝麻灰/100宽植草带
10　特色雕塑，置于采光井上（见意向图片及大样）
11　30厚荔枝面黄锈石碎拼/100x100x30烧面芝麻黑收边
12　特色树阵广场，400x400x30荔枝面黄锈石/100x100x30烧面芝麻黑收边
13　特色景墙（见大样图）
14　300x600x30烧面黄锈石/100x100x30烧面芝麻黑收边
15　100x100x30烧面黄锈石/100x100x30烧面芝麻黑收边
16　儿童游戏器械
17　特色花架（详构筑物详图06）
18　特色景亭（详构筑物详图01）

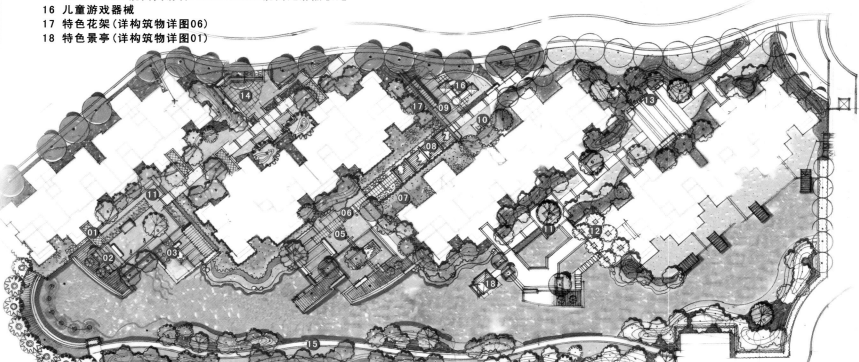

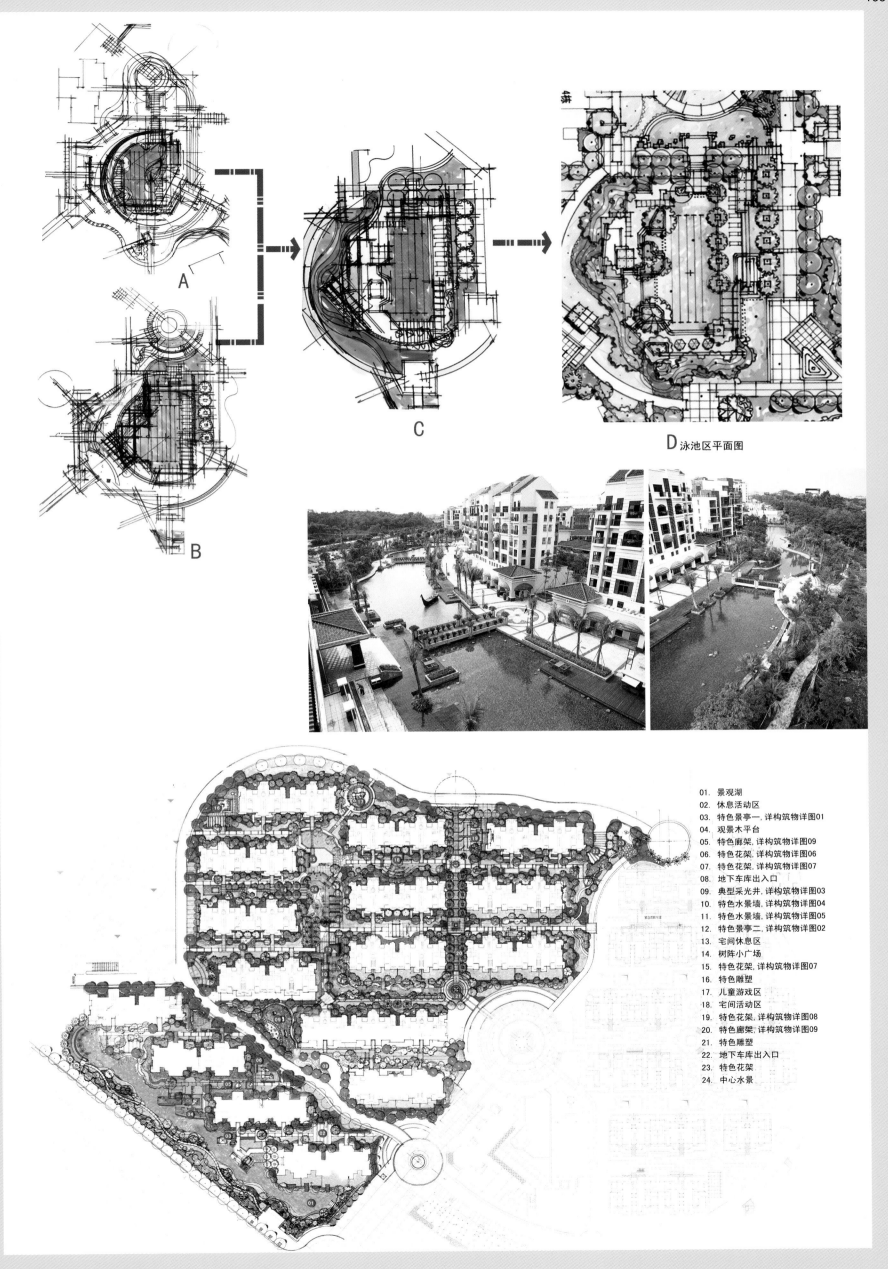

A

B

C

D 泳池区平面图

01. 景观湖
02. 休息活动区
03. 特色景亭一, 详构筑物详图01
04. 观景木平台
05. 特色廊架, 详构筑物详图09
06. 特色花架, 详构筑物详图06
07. 特色花架, 详构筑物详图07
08. 地下车库出入口
09. 典型采光井, 详构筑物详图03
10. 特色水景墙, 详构筑物详图04
11. 特色水景墙, 详构筑物详图05
12. 特色景亭二, 详构筑物详图02
13. 宅间休息区
14. 树阵小广场
15. 特色花架, 详构筑物详图07
16. 特色雕塑
17. 儿童游戏区
18. 宅间活动区
19. 特色花架, 详构筑物详图08
20. 特色廊架, 详构筑物详图09
21. 特色雕塑
22. 地下车库出入口
23. 特色花架
24. 中心水景

现代、简洁、明快的时尚空间
——万科东莞城市高尔夫花园

项目位置：广东 东莞
景观设计：SED新西林景观国际

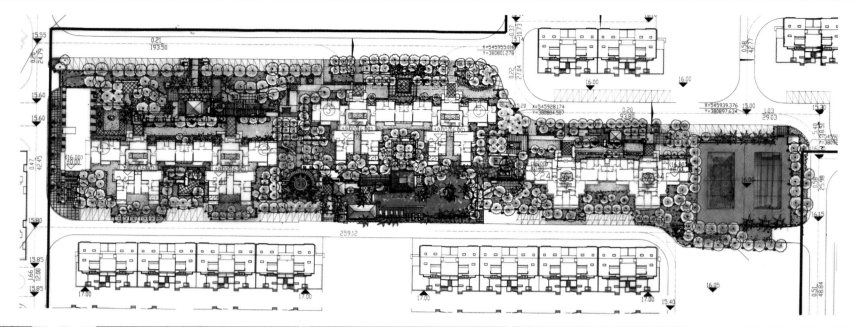

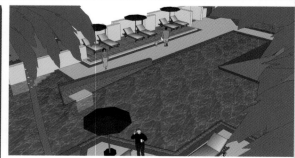

该项目位于新城松山湖，同沙生态区与城区的衔接位置，总占地面积27.5万平方米，容积率仅1.5，以简洁、干净、明快为基本原则，在强调平面功能的同时，尽量避免过多的装饰，外立面直线条与体块的灵活运用，突出"现代、简洁、富有品质感"，营造高雅、有品位小区内部环境，具有纯粹的时代和地方特色。

现代景观设计手法造就的岭南景观杰作
——深圳中信红树湾

项目位置：广东 深圳
景观设计：奥雅设计集团
委托单位：深圳红树湾房地产发展有限公司

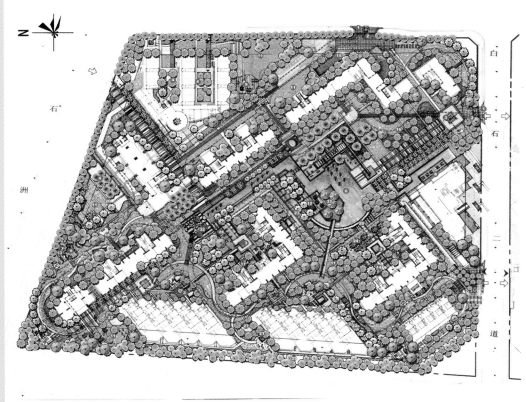

1 MAIN ENTRANCE
  主入口
2 GUARD HOUSE
  警卫室
3 WATER FEATURE
  特色水景
4 TREE COURT
  树阵
5 OUTDOOR CAFE
  室外咖啡座
6 POND
  水池
7 STEEL&GLASS DECK
  玻璃平台
8 TIMBER DECK
  木平台
9 CHILDREN' SPLAY AREA
  儿童娱乐区
10 HEALTH WALK/JOGGING TRAIL
  健身步道
11 OPEN LAWN
  开放草坪
12 PAVICION
  亭子
13 BAMBOO GARDEN
  竹园
14 THERAPUTIC MASSAGE AREA
  按摩道
15 PARKING ENTRY
  车库入口
16 FLOWER GARDEN &SEATING
  花园和休息座椅
17 TEA GARDEN
  茶园
18 FITNESS STATION
  健身区
19 SEATING AREA
  休息区
20 OPEN PLAZA
  开放庭院
21 GAZEBO
  小亭
22 FEAT TRELLIS
  特色花架
23 FEAT COLONNADE
  特色廊柱
24 STEPPING LAWN SEATING
  草级休息台阶
25 GREEN BUFFER
  绿篱屏障
26 WATER CHANNEL
  水道
27 VENT
  底下室通风口
28 CASCADE
  叠水
29 LOTUS POND
  荷花池
30 FEAT LIGHTING
  特色灯具
31 WOOD DECK
  木平台
32 STONE GARDEN
  石趣园

该项目拥有清晰而分明的规划是现代的景观设计手法运用的源泉，景观依此极富肌理地生长。奥雅让社区拥有大尺度的园林体验，恢复和挖掘"红树湾"本身名称中代表的良好生态环境意义，在社区内设置人工湖，在湖边抽象再现了红树生长、鸟类栖息所需要的湿地。沿南北两边长达300米的景观轴线，颇具形态的长绿树种形成了绿色走廊，空间自然地得到了延伸和统一。

整个园区延续自然淡雅的空间感受，追求高品位的审美意趣，坚持清晰明朗的软景设计，将大树、灌木、地形等各要素分层次组合，使各部位都能表达自身纯粹的美感。同时关注林下层次的设计，迎合岭南地区气候对植物群落的影响。

通过对这10万平方米的现代岭南风格园林进行改造和提升，奥雅让空间的规划更为合理，整体品质更加符合产品的定位。

自然流动的设计元素塑造的亚洲风
——南宁紫金苑二期

项目位置：广西 南宁
景观设计：深圳市东大景观设计有限公司
设 计 师：杨沂
委托单位：福建信地投资开发有限公司

① 凤凰亭
② 林荫小桥
③ 出水口（置石）
④ 亲水节点
⑤ 阶梯平台
⑥ 置石小景
⑦ 跃动小溪）
⑧ 绿景小院
⑨ 汀步
⑩ 林荫绿景
⑪ 游园步道
⑫ 主题院落

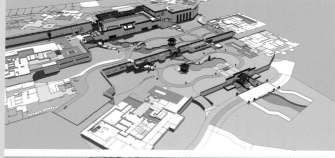

该项目位于南宁市凤翔路16号，用地东至盘龙路，西至凤翔路，北至市政路，南至凤翔中学。属于南宁市规划新城区，基地周边配套齐全。周边环境优美，交通网络发达，地块具有得天独厚的地理优势。本设计主要以"自然+水+文化"做文章，利用现状的地势，塑造多层景观场所，体现自然之美；贯通一期景观的水系，使其贯穿为统一整体，因水而活，再赋予其现代时尚的中国禅风，让文化的气息触动心灵，在这一设计主线的引导下，设计师用自然流动的设计元素，从三个层次来塑造中国园林小景观的恬静雅致，呼应主题。强调不同高差空间的立面处理，塑造小空间大高差内的多个活动场所，演绎低造价建筑能够做到的高品质景观。

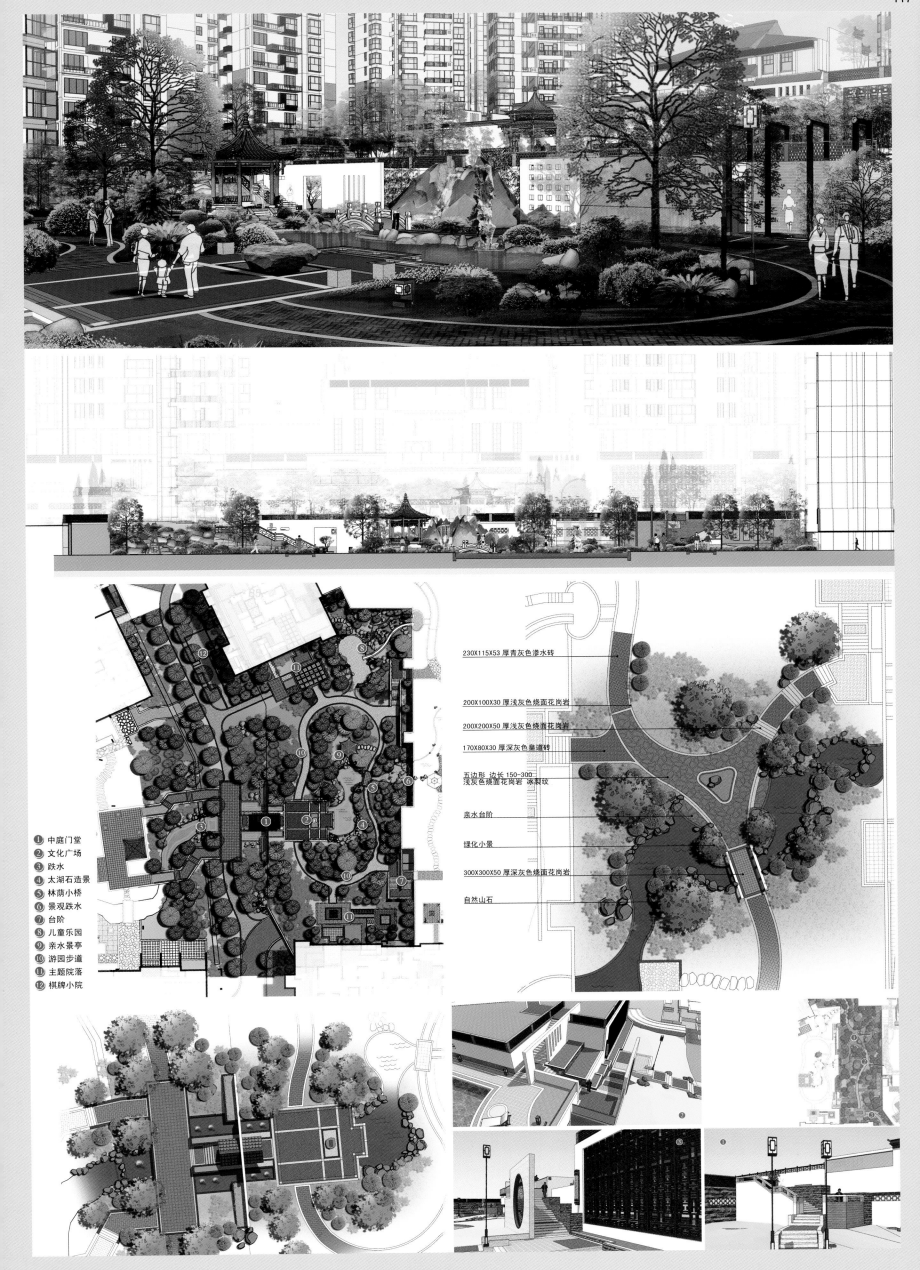

① 中庭门堂
② 文化广场
③ 跌水
④ 太湖石造景
⑤ 林荫小桥
⑥ 景观跌水
⑦ 台阶
⑧ 儿童乐园
⑨ 亲水景亭
⑩ 游园步道
⑪ 主题院落
⑫ 棋牌小院

230X115X53 厚青灰色渗水砖

200X100X30 厚浅灰色烧面花岗岩

200X200X50 厚浅灰色烧面花岗岩

170X80X30 厚深灰色曇道砖

五边形 边长 150-300
浅灰色烧面花岗岩 冰裂纹

亲水台阶

绿化小景

300X300X50 厚深灰色烧面花岗岩

自然山石

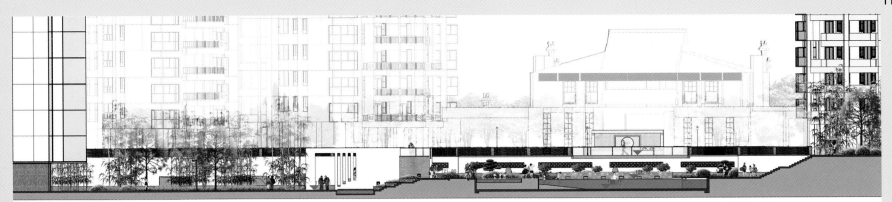

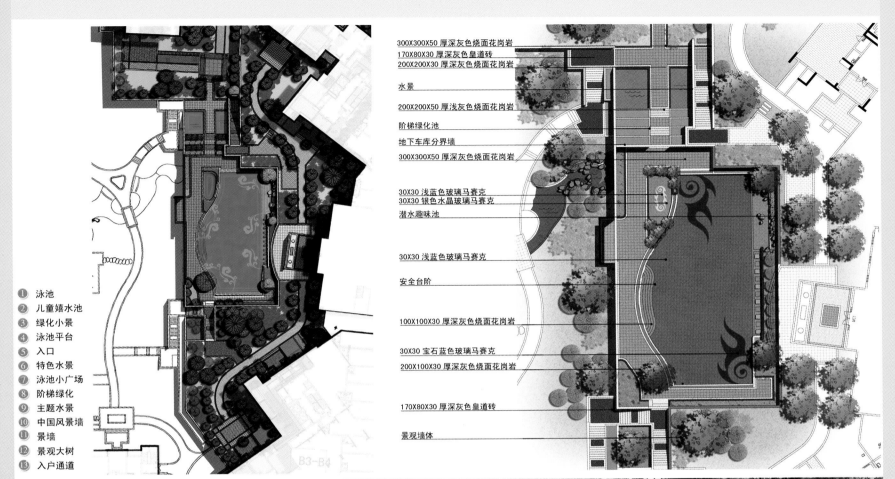

① 泳池
② 儿童嬉水池
③ 绿化小景
④ 泳池平台
⑤ 入口
⑥ 特色水景
⑦ 泳池小广场
⑧ 阶梯绿化
⑨ 主题水景
⑩ 中国风景墙
⑪ 景墙
⑫ 景观大树
⑬ 入户通道

300X300X50 厚深灰色烧面花岗岩
170X80X30 厚深灰色皇道砖
200X200X30 厚深灰色烧面花岗岩

水景

200X200X50 厚浅灰色烧面花岗岩

阶梯绿化池

地下车库分界墙

300X300X50 厚深灰色烧面花岗岩

30X30 浅蓝色玻璃马赛克
30X30 银色水晶玻璃马赛克

潜水趣味池

30X30 浅蓝色玻璃马赛克

安全台阶

100X100X30 厚深灰色烧面花岗岩

30X30 宝石蓝色玻璃马赛克

200X100X30 厚深灰色烧面花岗岩

170X80X30 厚深灰色皇道砖

景观墙体

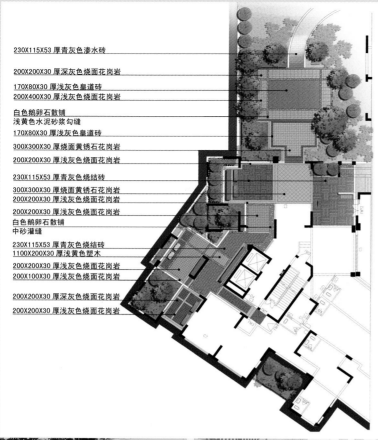

230X115X53 厚青灰色渗水砖

200X200X30 厚深灰色烧面花岗岩

170X80X30 厚浅灰色皇道砖
200X400X30 厚浅灰色烧面花岗岩

白色鹅卵石散铺
浅黄色水泥砂浆勾缝
170X80X30 厚浅灰色烧面花岗岩

300X300X30 厚烧面黄锈石花岗岩

200X200X30 厚浅灰色烧面花岗岩

230X115X53 厚青灰色烧结砖

300X300X30 厚烧面黄锈石花岗岩
200X200X30 厚浅灰色烧面花岗岩

白色鹅卵石散铺
中砂灌缝
230X115X53 厚青灰色烧结砖
1100X200X30 厚浅黄色塑木

200X200X30 厚浅灰色烧面花岗岩
200X100X30 厚浅灰色烧面花岗岩

200X200X30 厚深灰色烧面花岗岩
200X200X30 厚浅灰色烧面花岗岩

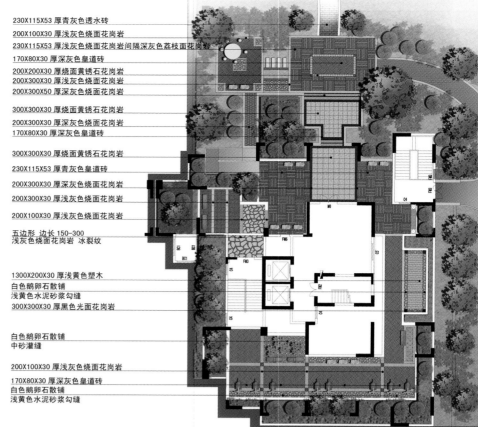

230X115X53 厚青灰色透水砖
200X100X30 厚浅灰色烧面花岗岩
230X115X53 厚浅灰色烧面花岗岩间隔深灰色荔枝面花岗岩
170X80X30 厚深锈面皇道砖
200X200X30 厚烧面黄锈石花岗岩
200X300X30 厚浅灰色烧面花岗岩
200X300X50 厚深灰色烧面花岗岩

300X300X30 厚烧面黄锈石花岗岩
200X300X30 厚深灰色烧面花岗岩
170X80X30 厚深灰色皇道砖

300X300X30 厚烧面黄锈石花岗岩

230X115X53 厚青灰色皇道砖

200X300X30 厚深灰色烧面花岗岩

200X300X30 厚浅灰色烧面花岗岩

200X100X30 厚浅灰色烧面花岗岩

五边形 边长 150-300
浅灰色烧面花岗岩 冰裂纹

1300X200X30 厚浅黄色塑木
白色鹅卵石散铺
浅黄色水泥砂浆勾缝
300X300X30 厚黑色光面花岗岩

白色鹅卵石散铺
中砂灌缝
200X100X30 厚浅灰色烧面花岗岩

170X80X30 厚深灰色皇道砖
白色鹅卵石散铺
浅黄色水泥砂浆勾缝

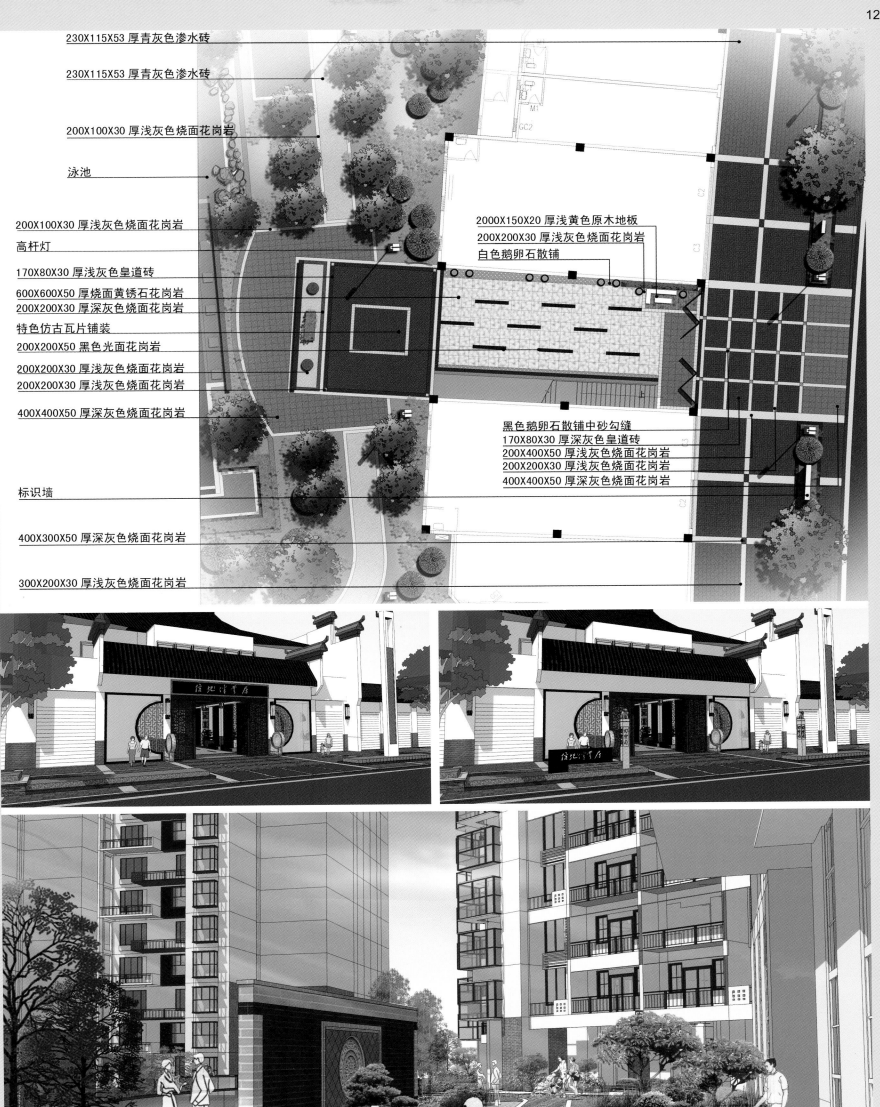

230X115X53 厚青灰色渗水砖

230X115X53 厚青灰色渗水砖

200X100X30 厚浅灰色烧面花岗岩

泳池

200X100X30 厚浅灰色烧面花岗岩

高杆灯

170X80X30 厚浅灰色皇道砖

600X600X50 厚烧面黄锈石花岗岩

200X200X30 厚深灰色烧面花岗岩

特色仿古瓦片铺装

200X200X50 黑色光面花岗岩

200X200X30 厚浅灰色烧面花岗岩

200X200X30 厚浅灰色烧面花岗岩

400X400X50 厚深灰色烧面花岗岩

标识墙

400X300X50 厚深灰色烧面花岗岩

300X200X30 厚浅灰色烧面花岗岩

2000X150X20 厚浅黄色原木地板

200X200X30 厚浅灰色烧面花岗岩

白色鹅卵石散铺

黑色鹅卵石散铺中砂勾缝

170X80X30 厚深灰色皇道砖

200X400X50 厚浅灰色烧面花岗岩

200X200X30 厚浅灰色烧面花岗岩

400X400X50 厚深灰色烧面花岗岩

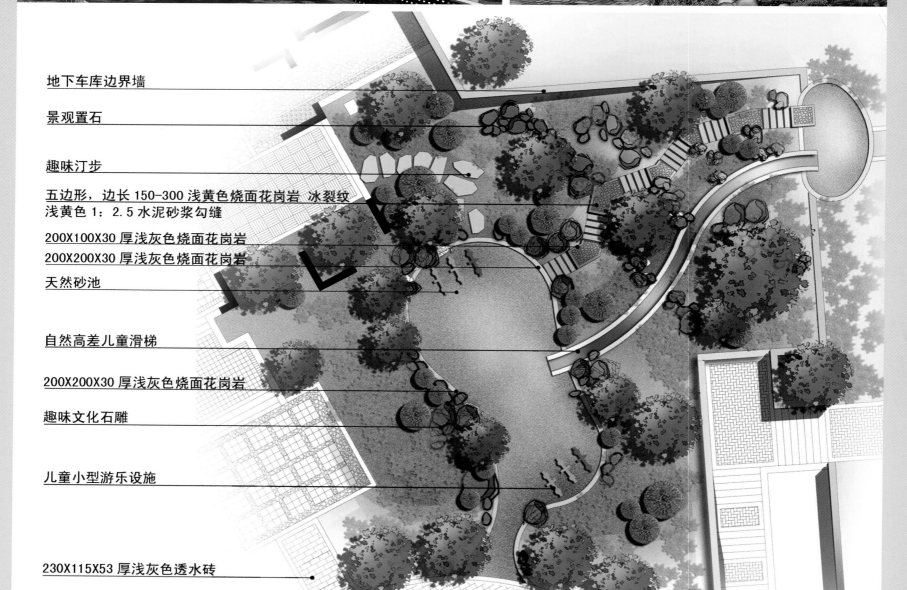

地下车库边界墙

景观置石

趣味汀步

五边形，边长 150-300 浅黄色烧面花岗岩 冰裂纹
浅黄色 1：2.5 水泥砂浆勾缝

200X100X30 厚浅灰色烧面花岗岩

200X200X30 厚浅灰色烧面花岗岩

天然砂池

自然高差儿童滑梯

200X200X30 厚浅灰色烧面花岗岩

趣味文化石雕

儿童小型游乐设施

230X115X53 厚浅灰色透水砖

以自然山水休闲生活为主题的现代人文社区
——万科·广州四季花城

项目位置：广东 广州
景观设计：GVL国际怡境景观设计有限公司
委托单位：万科房地产有限公司

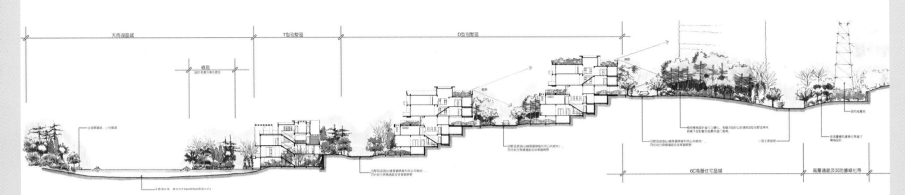

该项目位于广州市西郊的广佛都市圈核心区的金沙洲，该项目规划总建筑面积约50万平方米，有着原生态资源"三湖六山"贯穿其中。本着"找到最适宜人居住的地方，创造最高品质的居住环境"的宗旨，在"New Town"概念的整体定位下，结合组团原有的自然地形特点和简约的建筑风格，营造"以自然山水休闲生活为主题的现代简约人文社区"的主题景观，使人们充分感受到社区的文化氛围和生活的美好。

韵律优美的景观社区
——置地西安莱安逸境高档商住区

项目位置：陕西 西安
景观设计：普梵思洛（亚洲）景观规划设计事务所

商业街　　　　　叠级水景　　　绿化　　岗亭　　入口广场　　特色水景

该项目总用地3.4万平方米，总建筑面积约15万平方米，其中规划商业面积3万平方米，位于西安市高新技术产业开发区，毗邻传统文化教育聚集的南城区，北靠南二环绕城高速，西临唐延路景观大道，临近规划快速轨道五号线新桃园站和高新四路站，项目位置连通传统土门商圈与高新商圈的黄金口岸，成为众多商业企业战略布局的重要目标。建筑设计由国际级设计院中建国际主创，兼有内庭绿化与唐城墙遗址主题公园、牡丹园三大景观优势，规划布局立足发挥地段优势和环境优势，依据市场需求和城市发展的方向，采用围合

布局、多元产品的发展方向，在充分挖掘商业价值的同时，为业主创造一个便利、舒适、幽雅的高档社区。景观设计定位现代简约的设计风格，以精炼的景观元素、韵律优美的景观流线、抽象构成的艺术形态，彰显高端的生活品质，运用小中见大的方式，有限的用地中营造无限的空间意境，强调景观的参与性，可行、可驻、可游，提倡节能环保，注重生态铺地材料和太阳能灯的使用。

新现代亚洲风格之中国演绎
——四川绵阳卓信龙岭高档居住区景观设计

项目位置：四川 绵阳
景观设计：普梵思洛（亚洲）景观规划设计事务所
委托单位：绵阳市卓信实业有限公司

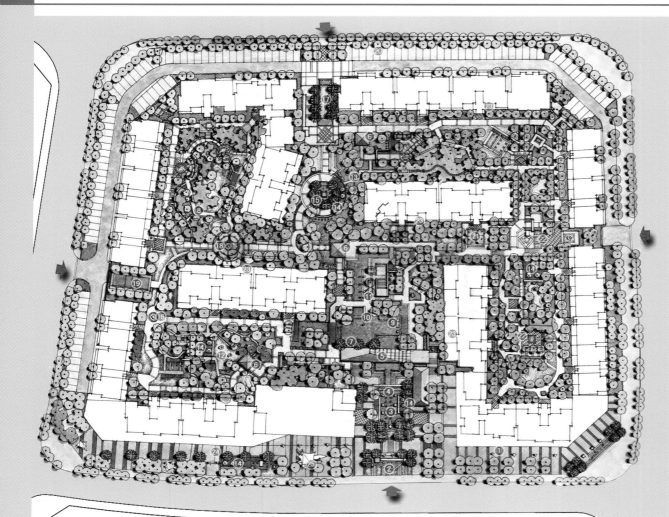

① 商业街景观灯柱
② 入口特色水景
③ 中心水景特色涌泉
④ 景观跌水
⑤ 中心景观构筑物
⑥ 特色景观亭
⑦ 景观树池
⑧ 林荫小径
⑨ 水中特色小品
⑩ 喷水景墙
⑪ 特色喷水雕塑
⑫ 特色小品
⑬ 小桥流水
⑭ 亲水木平台
⑮ 中轴景观对景雕塑
⑯ 情景雕塑
⑰ 入口特色种植
⑱ 节点小水景
⑲ 羽毛球运动场
⑳ 生态停车位
㉑ 宅间特色种植
㉒ 宅间特色铺地
㉓ 住户后庭院
㉔ 商业街景观铺地
㉕ 商业街特色雕塑

➡ 主要车行出入口
➡ 主要人行出入口

北

该项目位于四川绵阳涪城区科创园园艺新城，紧邻120亩人工湖，毗邻西山公园，拥有开阔的视野，良好的空气质量，媲美国际一线人居的地理价值。政府着力打造的160公顷园艺新城东临西山、南接高新区、北依500亩原生林带，安静、优雅、生态的环境造就了区域的绝佳居住价值。项目总用地30925平方米，原规划定位为园艺片区第一个全小高层精品人居社区，地震后以675个日夜的精雕细琢，89套设计方案的智慧选择，建筑设计方案由小高层改为花园洋房，规划8层及12层阔景电梯洋房，创新Town House，空中别墅、花园洋房成为园艺新城高尚社区的点睛之笔。整体景观内外相融，和谐相生，小区以南北向中轴景观为主线，在景观轴线中以"水"为灵魂，增加了灵动；中庭主景观大气优雅，溪流、水面、瀑布、泊岸、喷泉以及亭台楼阁，小品景观和大量的林木花卉草皮的运用，更显小区的品质高雅，首创立体绿地健康住宅，创新亚洲SPA主题园林，融合园艺片区的独特自然人文优势，兼顾典雅与时尚，缔造优雅从容的生活境界。小区内采用完全人车分流，拥有1600平方米的社区文化广场和5000平方米社区文化商业中心。

设计理念
景观属新现代亚洲风格：新，在此可以理解为现代。也就是建立在现代感基础上的；亚洲，是指地域性，即符合中国人—亚洲人的文化认同与审美取向以及对空间的感受与领悟。SPA，指温泉、疗养、度假，进一步引申为星级酒店的景观品质。本案概念设计综述概括为一句话：建立在东南亚园林景观空间结构上的具有中国人认同感的现代酒店式景观高品质设计的呈现，用公式表示就是：东南亚园林的丰富空间+中国人认同的现代感（硬景）+酒店式的高品质感。新现代亚洲风格风格在国外案例较多，但在国内应用本项目还属首例，所以要求我们要充分考虑如何与中国国情及项目现状很好地结合起来，能做到有所突破。

设计手法
为把新（现代）亚洲风格体现得更加到位和完美，我们在景观设计时，综合考虑运用多种设计手法，具体如下：
1、主次与重点：出于功能和造价上的综合考虑，整体景观设计时讲求主次分明，重点突出的原则。从园林景观的整体结构看，主入口与主要节点地方，我们将重点进行打造；其他位置我们将以植物造景为主，使功能、造价尽量达到合理的控制。
2、藏与露：古书云："藏是为了更好的露"。中国园林设计中

不论规模大小，都极力避免开门见山，一览无余的景象，总把最精彩的部分遮挡起来，使其忽隐忽现，若有若无。许多园林进入园门后常常以照壁，假山为屏障以阻隔视线，使人不能一眼看到全园的景色。还有，在许多园林建筑中会大多遮挡次要部分，这样虽不能一览无余，但景和意却异常深远。中心水景处植物遮挡后，景观若隐若现，给人以想一探究竟的感觉。

3. 空间的对比

景观设计中，以空间对比的手法运用很多。具有明显差异的两个比邻空间安排在一起，借两者的对比作用而突出各自的空间特点。例如大小二个空间相连，当由小空间进入大空间时，由于小空间的对比衬托，将会使大空间给人以更大的幻觉。本案中，我们运用空间对比的例子也处处可见。

4. 渗透与层次

"庭院深深，深几许"所描绘的是对庭院意境的感受。我们通过对空间的分割及联系关系处理来实现，如入口处镂空的景墙内渗透出园区内部的景观，让人看到更深远的景观层次，令人神往。

5. 空间序列及节奏

空间序列组织是关系到园区整体结构和布局的全局性

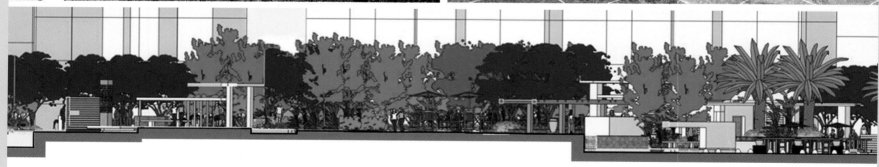

问题。通过断的线（观赏路线）把孤立的点（景）连接成片，进而把若干线组织成完整的序列。另外，通过有节奏的控制重点区域的打造，使空间序列张弛有度，收放自如。

场景化的空间

在综合运用不同设计手法的同时，注重景观设计场景化的空间营造，充分体现新现代亚洲风格精髓。

1、商业街：卓信龙岭林荫大道商业街是高端住宅区社区商业和区域商业组成的复合型商业街。它西接辰兴商业走廊，东联华润中央公园（商业综合体），6 000平方米核心商业集成，结合文化内涵，烘托商业氛围，来往的行人相互邂逅。街角的艺术构架与灵动的水体构成行人积极参与的广场一角，小孩更是场景中不可缺少的一道风景，嬉戏、追逐、欢笑。

2、主入口：现代感的金属文字在灿烂的阳光下闪闪发光，行人的视线随即被吸引而至。远远的，我们便能看见logo景墙后那素雅、现代、而又带着中国文化精髓的构筑物和景墙，鲜艳的花丛穿插其中，令人神往。当步行渐近之时，欢快的水声引来我们心灵的激动，从暖色的陶罐喷出的水带化作万千花瓣，洒落在波光粼粼的水面上，水底穿梭的金鱼也跳上来嬉戏，与抖动的景墙倒影融合成一幅充满幻想的写意画。

3、中心景观：通过入口的墙洞，我们可以看到内部若隐若现的园区景观。园区的水面与入口跌水连成一片，汀步也排成一线，飞在水面。视线随着水系延伸到园区内部，蜿蜒曲折，偶见一景亭点缀其中，热恋的情人凑膝而坐，甚是温馨。沿路鲜艳的花朵，点缀的小品，构成我们回家路上另一趣味的场景。

4、宅间：在考虑均好性的基础上，我们在每个宅前庭院设可参与的功能场地以及可观赏的景观，儿童的沙池，老人的休闲场地，年轻人可参与的健身场地以及放松的树林草地，为户主提供最优越的人居环境。

项目愿景

绵阳虽然是三线城市，但人们对于高品质住宅的需求是一样的，需要享受在一线城市所应有的楼盘景观品质。"卓信龙岭"投资方和景观设计单位希望能共同为住户创造更高品质的景观环境，创造更多享受他们居家生活的机会，让人们身居其中与家人和朋友共享快乐时光。所以项目强调的意义不只是楼盘，而是一种享受休闲、享受品质的生活方式，一种让住户引以为豪、尽情享受生活的全新社区。

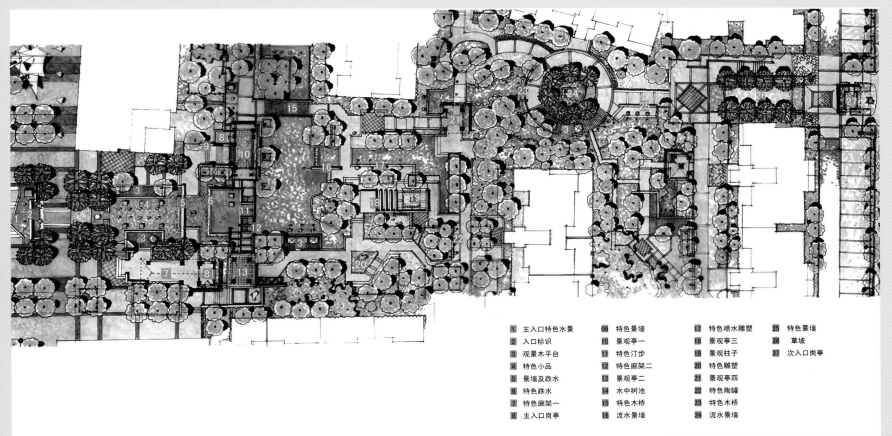

1 主入口特色水景	09 特色景墙	17 特色喷水雕塑	25 特色景墙
2 入口标识	10 景观亭一	18 景观亭三	26 草坡
3 观景木平台	11 特色汀步	19 景观柱子	27 次入口岗亭
4 特色小品	12 特色廊架二	20 特色雕塑	
5 景墙及跌水	13 景观亭二	21 景观亭四	
6 特色跌水	14 水中树池	22 特色陶罐	
7 特色廊架一	15 特色木桥	23 特色木桥	
8 主入口岗亭	16 流水景墙	24 流水景墙	

"大景观"打造自然和谐、优美宁谧的休闲社区
——苏州太湖高尔夫山庄

项目位置：江苏 苏州
景观设计：ECOLAND易兰
规划及建筑设计：奥兰 archland
委托单位：苏州太湖中腾房地产发展有限公司

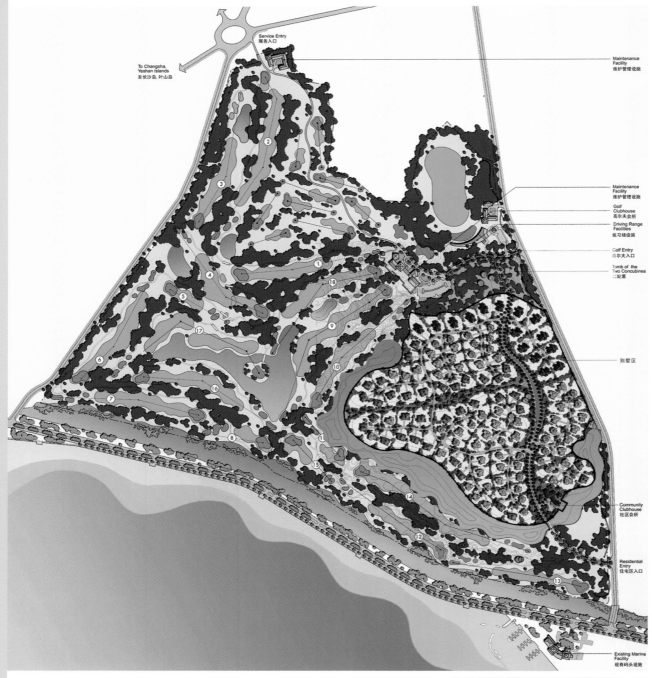

该项目位于苏州市西部太湖国家旅游度假区内，包含全国排名前五位的18洞高尔夫球场、会所及独栋别墅。ECOLAND易兰及奥兰archland秉承多年的高尔夫度假项目的成功经验，运用"大景观"设计理念打造质朴、自然的"休闲社区"，体现出整个区域的和谐、优美、宁谧。

设计团队提倡的自然不留痕迹的设计手法，将自然地形和高尔夫球场以及太湖实地景观相结合，在规划中突出"山水共生"特色，将环境、建筑和景观完美协调，在场地内充分实现景观与高尔夫的交融共生，利用对地形、地貌、水系的营造，追求更加灵活、人性化的布局，确保私密性、可达性。

建筑设计采用具有苏州文化地域特色的"新亚洲"风格，以苏州地区特色的传统文化为根基，融入现代西方文化精神。在功能上进行改良，同时更加适合现代人的生活方式。设计中运用错层加复式的空间组织，挑高的共享大厅，给人通透仰视感，错层、上跃、下沉空间界定出不同使用功能；建筑视线通透，层次感丰富，空间富于流动性；步出式地下室结合小区水系及下沉庭院形成亲水景观。一层私家院落景观，建筑外廊，室内空间层层递进，空间

可分可合，感受私密休闲的生活气氛。二层空中露台绿化景观，远眺小区高尔夫景观及自然风景。多层次景观立体交叉，相互借景，互为依托。

景观设计表现出时空序列，从起点高潮（东入口空间）→承继→中间高潮（轻松活跃的社区主路）→延续→终点高潮（通往高尔夫球场的景观走廊）。序列中的高潮点也是景观节点及景观界面，景观元素相对集中于此，在设计上重点加以强化，以使整体序列的关系更加明确，由此增强景观的可认知度。

现代简约风格
Concise Style

风格特征：现代简约风格是在现代主义的基础上简约化处理，更突出现代主义中少即是多的理论，以硬景为主，多用树阵点缀其中，形成人流活动空间，突出交接节点的局部处理，对施工工艺要求高。该风格景观大胆地利用色彩进行对比，主要通过引用新的装饰材料，加入简单抽象的元素，景观的构图灵活简单，色彩对比强烈，以突出新鲜和时尚的超前感。

一般元素：景观元素主要是现代构成主义风格，景观中的构造形式简约，材料一般都是经过精心选择的高品质材料。以简单的点、线、面为基本构图元素，以抽象雕塑品、艺术花盆、石块、鹅卵石、木板、竹子、不锈钢为一般的造型元素，取材上更趋于不拘一格。

特　点：简洁和实用是现代简约风格的基本特点。简约的设计手法就是要求用简要概括的手法，突出景观的本质特征，减少不必要的装饰和拖泥带水的表达方式。主要突出在以下方面：一、设计方法的简约，要求对场地认真研究，以最小的改变取得最大的成效；二、表现手法的简约，要求简明和概括，以最少的景物表现最主要的景观特征；三、设计目标的简约，要求充分了解并顺应场地的文脉、肌理、特性，尽量减少对原有景观的人为干扰。正如老子说的：无为而无不为。实际上并没有一是无是处的空间，它同样在演变，同样拥有某种吸引力。最低劣的空间在某种程度上也可能具有一些积极的方面。不要轻易去改变空间，而应充分认识并展示空间的个性特征。

现代简约风格的发展：现代简约主义源于20世纪初期的西方现代主义，是80年代中期在对复古风潮的叛逆和极简美学的基础上发展起来的，90年代初期，开始融入环境设计领域。欧洲现代主义建筑大师Mies Vander Rohe的名言"Less is more"被认为是最能代表简约主义的核心思想。简约主义的特色是将设计的色彩、照明、原材料简化到最少的程度，但对色彩、材料的质感要求却很高。"简约而不简单……"这句人们都很熟悉的广告语基本表达了简约主义的全部内涵。在环境设计方面，简约不是简单的堆砌和随意的摆放，而是在设计上更强调功能，强调结构和形式的完整。简约主义的风格要求设计者有丰富的设计经验和文化素养，需要反复推敲、认真思考、删繁就简，以色彩的高度凝练和造型的极度简

洁，在满足功能需求的前提下，将空间布置得精致合理，少而不空。

现代简约风格的内容：

1.简约风格首先体现在不同材质的应用上。空间环境设计是靠线、面分割组合形成的，而这些线和面都是由不同材料组成的。不同的材质会营造不同的装饰效果，体现不一样的设计思想。如木材给人的感觉是朴实的，但同样的木质，不同的表面处理，又会产生不同的视觉效果：粗糙的木纹使人感到古老、朴实、粗犷，平滑的木纹使人感到高雅、精细、简明。在不同的空间中运用不同的材质或者运用不同色彩、肌理的同一材质使其达到和谐统一，这样才能在简约主义的风各种展现出材质丰富的美感。其次，简约设计也要充分体现人性化与个性化，以满足人们的需求为设计的首要任务。个性化在设计中的体现是多方面的。不同职业、年龄、社会地位、文化水平的人对生活的需求也不同，从而导致对室外空间使用功能要求的多样化，进而使空间环境体现出不同于他人的个性化特点。

2.简约风格设计思想：一、把创造舒适优美的居住环境作为目标，提倡适度消费思想，倡导节约型的生活方式，把装饰消费维持在资源和环境的承受能力范围之内，体现生态文化观、价值观。二、强调自然生态美，欣赏质朴、简洁而不刻意雕琢，同时在遵循生态规律前提下，运用科技手段加工改造自然，创造人工生态美，将绿色景观与自然融合起来。三、对常规能源与不可再生资源节约使用和回收利用，对可再生资源尽量低消耗使用，争取最大限度循环利用各种资源。

3.设计时的注意点：一、因地制宜，在景观设计中，因地制宜应是适地适树、适景适树最重要的立地条件。选择适生树种和乡土树种，要做到宜树则树、宜花则花、宜草则草，充分反映出地方特色，只有这样才能做到最经济、最节约，也能使植物发挥出最大的生态效益及最佳的绿化美化效果，起到事半功倍的功效。二、是人性化的功能设计。简约主义认为任何复杂的设计，没有实用价值的特殊部件及任何装饰都会增加其造价的，强调形式应更多地服务于功能。三、是材质多样化。环境设计与材质选择上，应注意生态环境的多样性，减少人工化的设计与不利于生态的材料，边缘尽可能呈现复杂有机的形状，以曲线代替直线，增加多样统一性。木材是花架主

要的基本材质，简约主义的绿化小品中，新的材质也经常被运用，如铝、碳纤维、塑料、高密度玻璃等，为环境设计中的构筑物增添了各种可能性，如防水、耐刮、轻量、透光。

现代简约风格设计精神：1.以人为本：以人为本是空间环境设计的根本出发点，旨在满足人们在生活、工作和心理等各方面的需求以提高人们的生活水准、增进人生的意义。以人为本的设计理念要求设计者把更多的目光从空间环境设计本身转移到空间使用者——人的身上。设计者不但要考虑空间环境的使用功能，还要考虑使用者的心理和生理需求。因此，在进行环境设计时不但要合理配置构筑物，注意色调的总体效果，妥善解决、道路、照明等问题，还要考虑人们的活动规律，并处理好各种空间关系、空间尺寸、空间比例等，使空间环境整体布局合理化，面积分配科学化，生活居住舒适化。 空间环境设计不再仅仅是对于使用功能的设计，它正迅速地向审美功能、文化功能靠拢。在当今信息时代，人与人之间的关系日渐冷漠和疏远，因此人们不仅需要一个舒适方便、功能齐全的生活空间，更渴望远离工业社会的冷漠、呆板，得到身心的放松和自我实现。于是空间环境设计便承载了对人类的精神和心灵予以慰藉的重任。现代简约主义要求设计应以人为尺度达到协调人与空间环境关系的和谐，充分满足人们对于安全、舒适、个性化的需求。

2.树立简洁、自然的设计观：随着人与自然、人与生存空间的矛盾日益突出，回归自然已成为一种社会风尚，许多人开始寄希望于通过设计来改善人类自身的生态平衡，空间环境设计越来越受到人们的欢迎。同时，绿色生态设计所倡导的适度消费理念及节约型生活方式也为简洁设计奠定了基础。简洁设计要求设计者在考虑功能合理的前提下，追求设计思想的精炼及构图的完美，形成自然、简洁的设计风格，减少多余的装饰。因此，如何以最少的装饰材料达到最完美的装饰效果就成为设计师追求的目标。自然风格和简洁设计在空间环境设计中越来越受到重视。

自然在设计中升华
——南京中惠"紫气云谷"

项目位置：江苏 南京

景观设计：奥雅设计集团

委托单位：中惠（南京）房地产开发有限公司

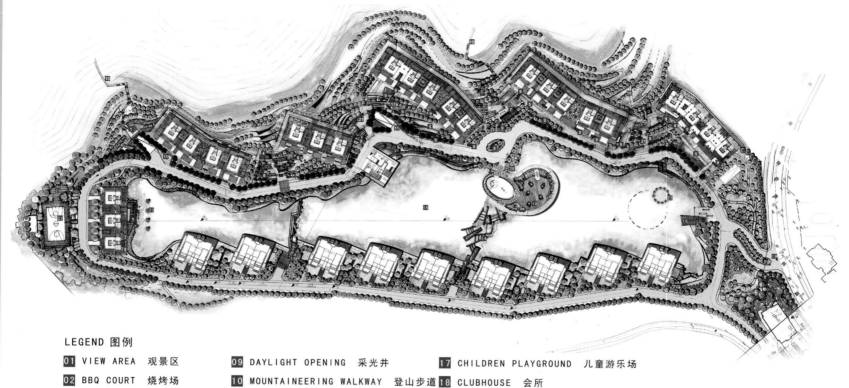

LEGEND 图例

01 VIEW AREA 观景区	09 DAYLIGHT OPENING 采光井	17 CHILDREN PLAYGROUND 儿童游乐场
02 BBQ COURT 烧烤场	10 MOUNTAINEERING WALKWAY 登山步道	18 CLUBHOUSE 会所
03 TREE PIT PLAZA 树阵广场	11 BASEMENT ENTRANICE 车库出入口	19 MAIN ENTRANCE 主入口
04 PAVILION 景亭	12 LAKE-SIDE PLATFORM 亲水平台	20 TIMBER BOARDWALK 木栈道
05 OPEN LANW 开放草坪	13 FITNESS AREA 健身区	21 TERRACE GARDEN 台地园
06 SCULPTURE GARDEN 雕塑园	14 FEATURE WATER FALLING 特色瀑布	22 BASKETBALL PLAYGROUND 篮球场	25 EXERCISE PLAZA 运动广场
07 FEATURE TRELLIS 特色花架	15 WALL FEATURE 特色景墙	23 FEATURE FOUNTAIN 特色喷泉	26 LAND ART 大地艺术
08 RELAX GARDEN 休憩园	16 LAKE 湖体	24 OLD PEOPLE PLAYGROUND 棋牌园	27 MOVABLE FOUNTAIN 移动式涌泉
			28 CONCEALED FOUNTAIN 暗泉

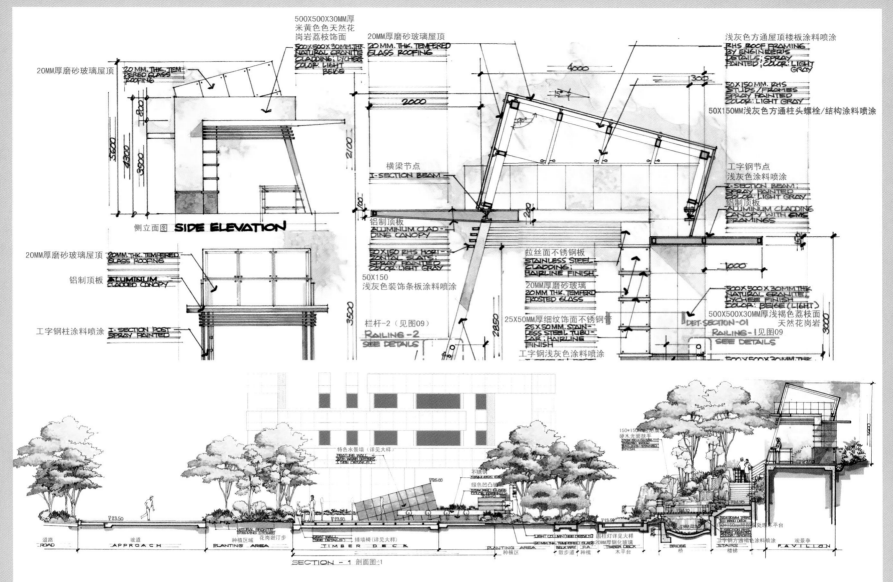

该项目位于南京市江宁区将军山风景区，紧邻建设中的大型高尚社区——翠屏国际城，项目由中心湖、小高层住宅、花园洋房、小区会所共同组成。本方案具备得天独厚的天然山水地理环境，奥雅在设计初始阶段对地段进行了深入的分析，对项目中两大景观重点——水、山有了具体明晰的设想。规划中通过创意设计成就出三级叠水瀑布景观，充分考虑建筑与山体景观的交融，创造性地把景观引入到建筑内部，自然与建筑如同共融在一片山体之间。在充分保证山体稳定性及护坡经济性的同时，对坡地进行种植造景，从而形成特色的坡地山体景观。不论建筑还是景观，设计都力图将风情水岸生活模式融于本方案中，在建筑与环境的自然共生中，体现东方"天人合一"的境界，缔造人与自然和谐共生的人居

环境，从而创造出南京最具个性的湖滨山水豪宅。
本案的景观设计以优越的自然空间为基础，配合周边山体的肌理，结合现代简约风格的风格，明确动静分区，使居住空间尤显舒适开放，达到景观空间与自然、建筑的协调，完美展现绿色建筑设计理念。自然始终是设计的源泉，设计师们在充分考察周边环境的基础上，了解并顺应场地的特性，使景区整体线状与周边山体及其植被相一致，实现山体、水体、植物、建筑物的完美统一。流水声、鸟鸣声、柔和的阳光、满眼的绿意，这一切都给我们带来异常丰富的感受，让我们可以尽情享受自然的意趣。从远处俯视的角度来看，整个景区仿佛是一幅充满诗意的山水画，让人沉醉。

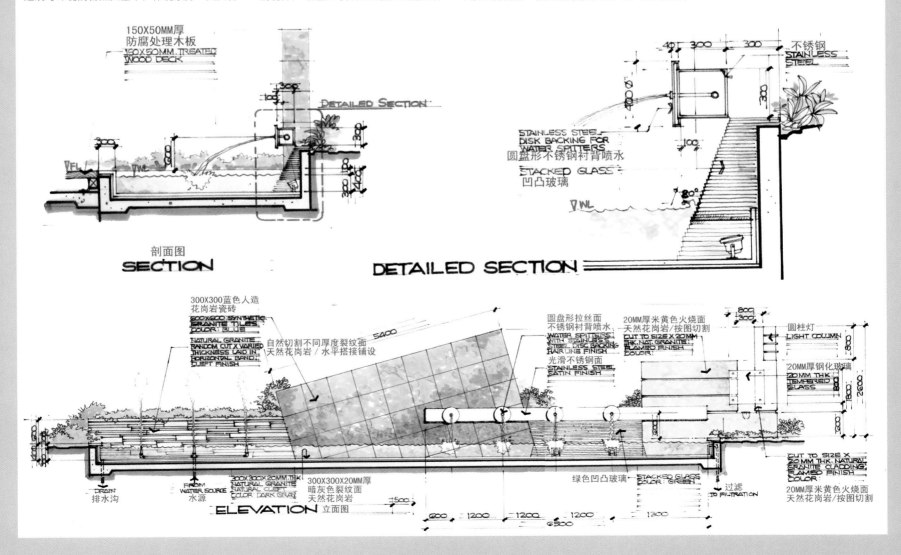

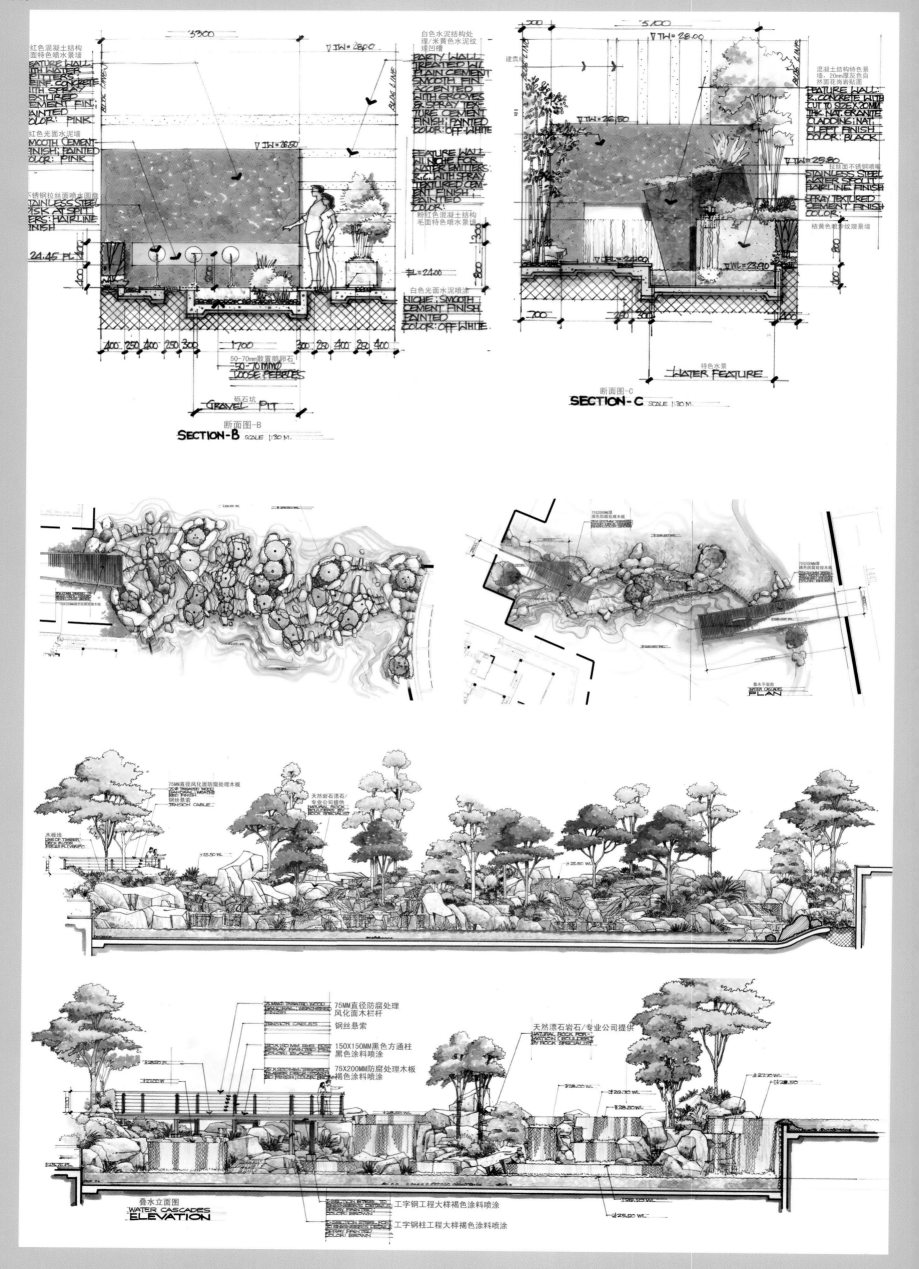

红色混凝土结构面特色喷水景墙
FEATURE WALL WITH WATER FEATURE R.C. CONCRETE WITH SPRAY TEXTURED CEMENT FINISH: PAINTED COLOR: PINK

红色光面水泥墙
SMOOTH CEMENT FINISH: PAINTED COLOR: PINK

不锈钢拉丝面喷水圆盘
STAINLESS STEEL DISK AT SPITTERS: HAIRLINE FINISH

24.45 PLN

白色水泥结构处理
米黄色水泥纹理凹槽
PARTY WALL TREATED WL PLAIN CEMENT SMOOTH FIN: ACCENTED WITH GROOVES & SPRAY TEXTURE CEMENT FINISH: PAINTED COLOR: OFF-WHITE

FEATURE WALL: NICHE FOR WATER EMITTERS R.C. WITH SPRAY CEMENT FINISH PAINTED COLOR:

粉红色混凝土结构毛面特色喷水景墙

白色光面水泥喷涂
NICHE: SMOOTH CEMENT FINISH PAINTED COLOR: OFF WHITE

▽TW = 28.00
▽TW = 26.50
FL = 24.00

50-70mm散置鹅卵石
50-70 MMØ LOOSE PEBBLES

砾石坑
GRAVEL PIT

断面图-B
SECTION-B SCALE 1:30 M.

混凝土结构特色景墙: 20mm厚灰色自然面花岗岩贴面
FEATURE WALL: R.CONCRETE WITH CUT TO SIZE X 20MM THK. NAT. GRANITE CLADDING: NAT. CLEFT FINISH COLOR: BLACK

拉丝面不锈钢喷嘴
STAINLESS STEEL WATER SPRAY HAIRLINE FINISH

SPRAY TEXTURED CEMENT FINISH COLOR:

桔黄色喷涂纹理景墙

▽TW = 28.00
▽TW = 26.80
▽TW = 25.80
▽FL = 24.00
▽WL = 23.90

特色水景
WATER FEATURE

断面图-C
SECTION-C SCALE 1:30 M.

WATER CASCADES PLAN

75MM直径风化面防腐处理木板
75Ø TREATED WOOD RAILINGS: WEATHERED FINISH

钢丝悬索
TENSION CABLE

木板板线
LINE OF TIMBER DECK FLOOR

天然岩石漂石/专业公司提供
NATURAL ROCK BOULDERS/ROCK SPECIALIST

±25.50 WL

75MM直径防腐处理风化面木栏杆
75 MMØ TREATED WOOD RAILING: WEATHERED FINISH

钢丝悬索
TENSION CABLES

150X150MM黑色方通柱黑色涂料喷涂
150 X 150 MM RHS STEEL POSTS: PAINTED COLOR: BLACK

75X200MM防腐处理木板褐色涂料喷涂
75 X 200MM TREATED WOOD FINISH: PAINTED COLOR:

天然漂石岩石/专业公司提供
NATURAL ROCK FOR FORMATION BOULDERS BY ROCK SPECIALIST

工字钢工程大样褐色涂料喷涂

工字钢柱工程大样褐色涂料喷涂

叠水立面图
WATER CASCADES ELEVATION

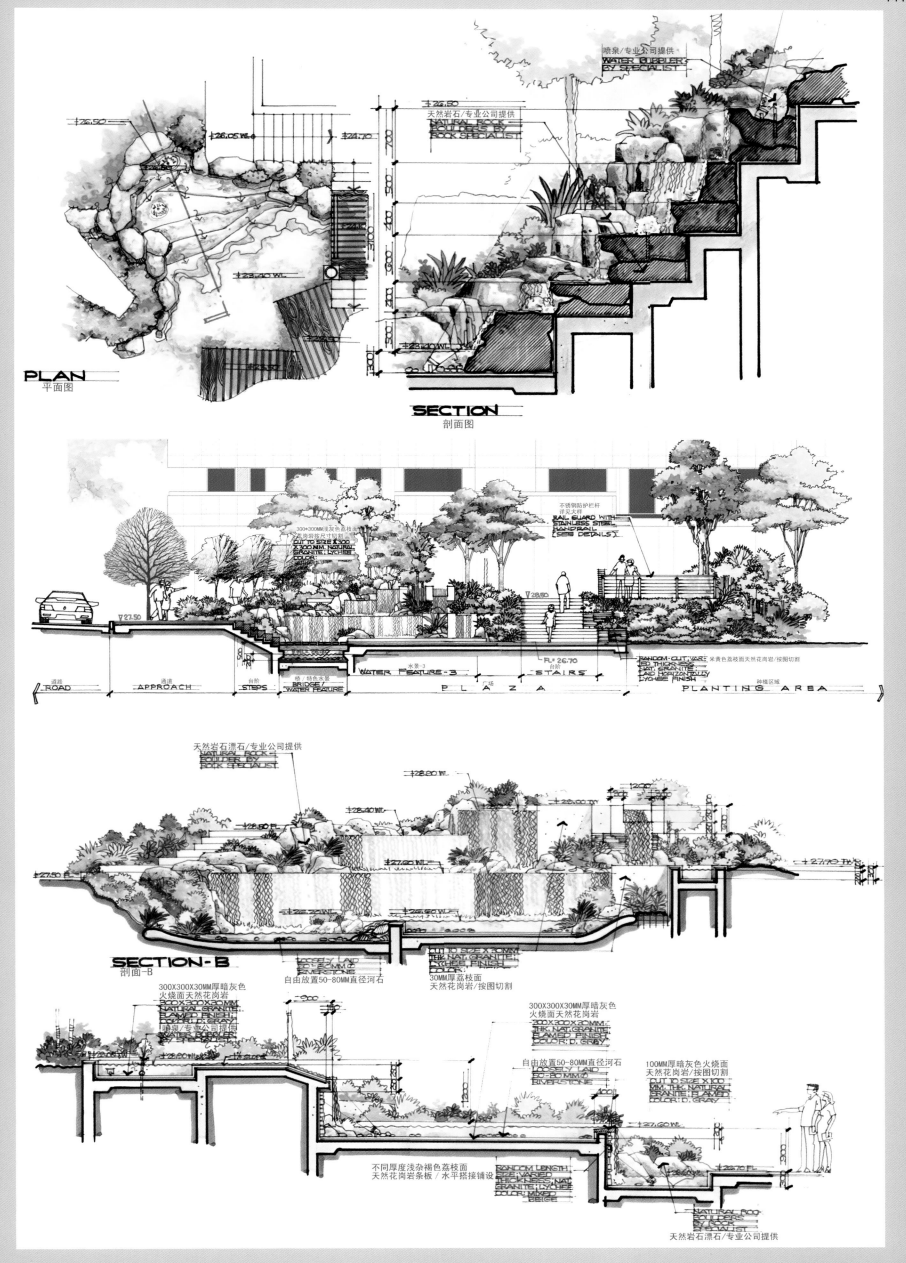

PLAN
平面图

SECTION
剖面图

喷泉/专业公司提供
WATER BUBBLERS
BY SPECIALIST

±26.50
天然岩石/专业公司提供
NATURAL ROCK
BOULDERS BY
ROCK SPECIALIST

±26.50

±26.05 WL
±24.70

±23.40 WL

300×300MM浅灰色荔枝面
花岗岩按尺寸切割
CUT TO SIZE 300
×300 MM, NATURAL
GRANITE, LYCHEE
COLOR.

不锈钢防护栏杆
详见大样
RAIL GUARD WITH
STAINLESS STEEL
HANDRAIL
(SEE DETAILS)

▽27.50

▽28.50

米黄色荔枝面天然花岗岩/按图切割
RANDOM CUT, VARI-
ED THICKNESS,
NAT. GRANITE,
LAID HORIZONTALLY
LYCHEE FINISH

FL= 26.70
道路   通道   台阶   桥/特色水景   水景-3   台阶   广场   种植区域
ROAD   APPROACH   STEPS   BRIDGE/   WATER FEATURE-3   STAIRS   P L A Z A   P L A N T I N G   A R E A
                                        WATER FEATURE

天然岩石漂石/专业公司提供
NATURAL ROCK
BOULDER BY
ROCK SPECIALIST

±28.80 WL

±28.40 WL

±28.50 FL

±29.100 TW

±27.50 FL

±27.60 WL

±27.70 TW

±26.60 WL

SECTION-B
剖面-B

自由放置50-80MM直径河石
LOOSELY LAID
50-80 MM Ø
RIVERSTONE

30MM厚荔枝面
天然花岗岩/按图切割
CUT TO SIZE X 30MM
THK. NAT GRANITE
LYCHEE FINISH
COLOR:

300X300X30MM厚暗灰色
火烧面天然花岗岩
300X300X30MM
THK. NAT GRANITE
FLAMED FINISH
COLOR: D. GRAY
喷泉/专业公司提供
BY SPECIALIST

300X300X30MM厚暗灰色
火烧面天然花岗岩
300X300X30MM
THK. NAT GRANITE
FLAMED FINISH
COLOR: D. GRAY

自由放置50-80MM直径河石
LOOSELY LAID
50-80 MM Ø
RIVERSTONE

100MM厚暗灰色火烧面
天然花岗岩/按图切割
CUT TO SIZE X 100
MM, THK. NATURAL
GRANITE, FLAMED
COLOR: D. GRAY

±27.60 WL

±28.70 FL

不同厚度浅杂褐色荔枝面
天然花岗岩条板/水平搭接铺设
RANDOM LENGTH,
SIZE VARIED
THICKNESS, NAT
GRANITE, LYCHEE
COLOR: MIXED
BEIGE

天然岩石漂石/专业公司提供
NATURAL ROCK
BOULDERS
BY ROCK
SPECIALIST

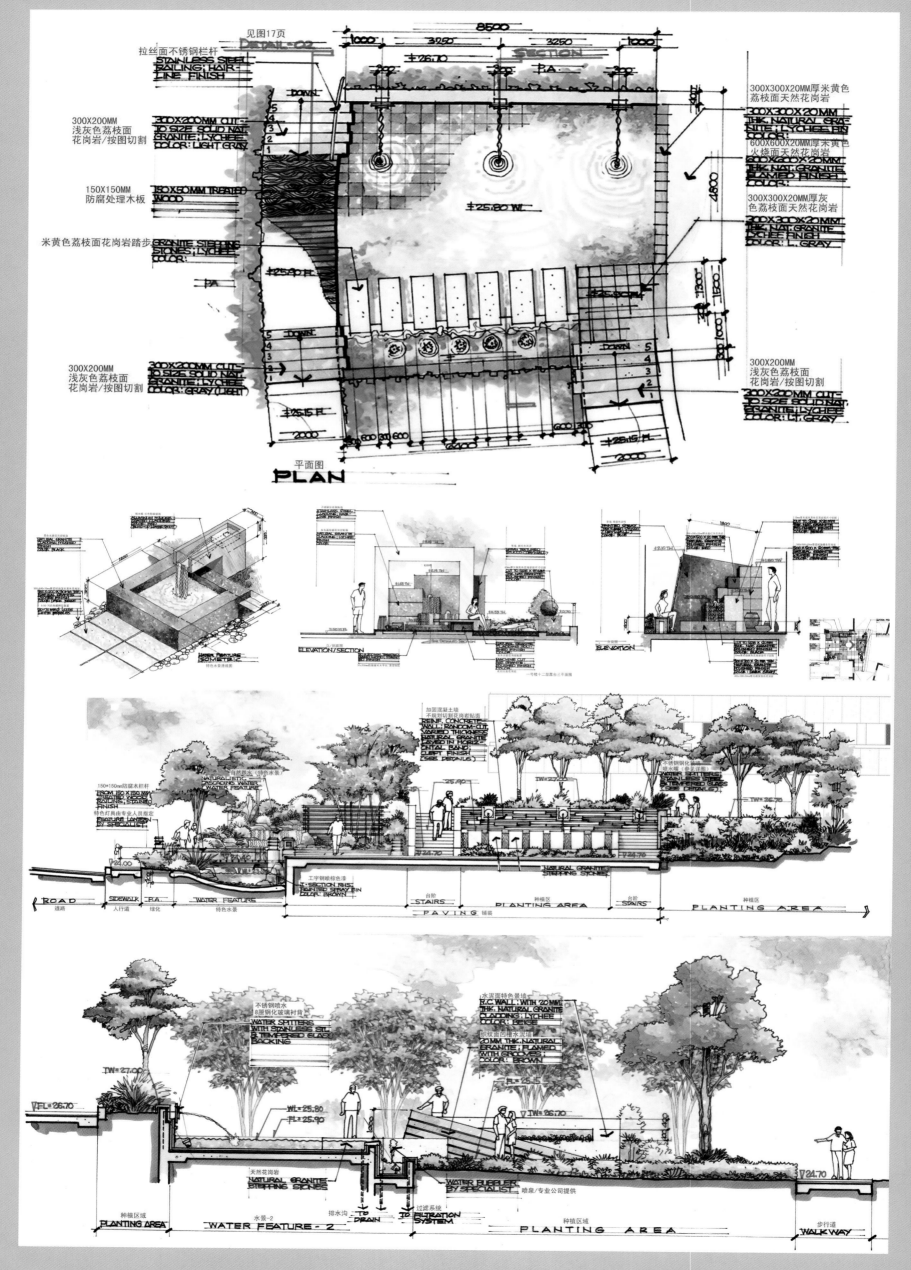

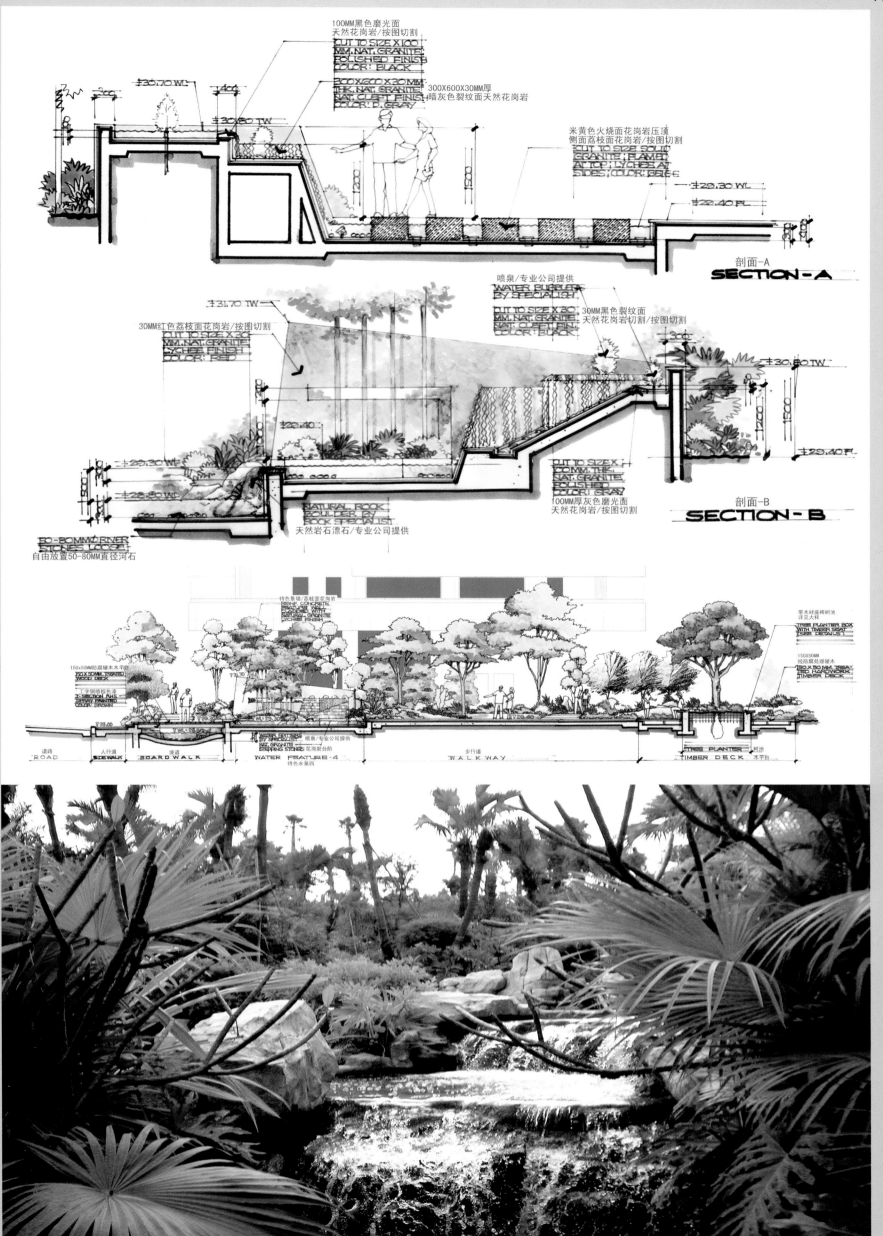

剖面-A
SECTION-A

剖面-B
SECTION-B

100MM黑色磨光面
天然花岗岩/按图切割
CUT TO SIZE X 100
MM. NAT. GRANITE
POLISHED FINISH
COLOR: BLACK

300X600X30MM厚
暗灰色裂纹面天然花岗岩
300X600X30MM
THK. NAT. GRANITE
NAT. CLEFT FINISH
COLOR: D. GRAY

米黄色火烧面花岗岩压顶
侧面荔枝面花岗岩/按图切割
CUT TO SIZE SOLID
GRANITE FLAMED
AT TOP, LYCHEE AT
SIDES, COLOR: BEIGE

喷泉/专业公司提供
WATER BUBBLERS
BY SPECIALIST

30MM黑色裂纹面
天然花岗岩切割/按图切割
CUT TO SIZE X 30
MM. NAT. GRANITE
NAT. CLEFT FIN.
COLOR: BLACK

30MM红色荔枝面花岗岩/按图切割
CUT TO SIZE X 30
MM. NAT. GRANITE
LYCHEE FINISH
COLOR: RED

CUT TO SIZE X
30MM THK.
NAT. GRANITE
POLISHED
COLOR: GRAY
100MM厚灰色磨光面
天然花岗岩/按图切割

NATURAL ROCK
BOULDER BY
ROCK SPECIALIST
天然岩石漂石/专业公司提供

50-80MM RIVER
STONES LOOSE
自由放置50-80MM直径河石

特色景墙/高枝面花岗岩
REINF. CONCRETE
FEATURE WALL
NATURAL GRANITE
LYCHEE FINISH

150x50MM防腐硬木平台
100X50MM. TREATED
WOOD DECK
工字钢喷棕色漆
I SECTION RHS
STAY PAINTED
COLOR: BROWN

WATER SPATTERS
BY SPECIALIST 喷泉/专业公司提供
NAT. GRANITE 花岗岩台阶
STEPPING STONES

带木材座椅树池
详见大样
TREE PLANTER BOX
WITH TIMBER SEAT
(SEE DETAILS)

150X50 MM. TREA-
TED HARDWORK
TIMBER DECK
150 X 50 MM 经防腐处理硬木

TREE PLANTER
树池

道路 人行道 坡道   步行道   木平台
ROAD SIDEWALK BOARD WALK   WATER FEATURE-4   WALK WAY   TIMBER DECK
特色水景四

唤起对传统园林文化的记忆
——苏州朗诗国际街区景观设计

项目位置：江苏 苏州
景观设计：奥雅设计集团
委托单位：南京朗诗置业股份有限公司

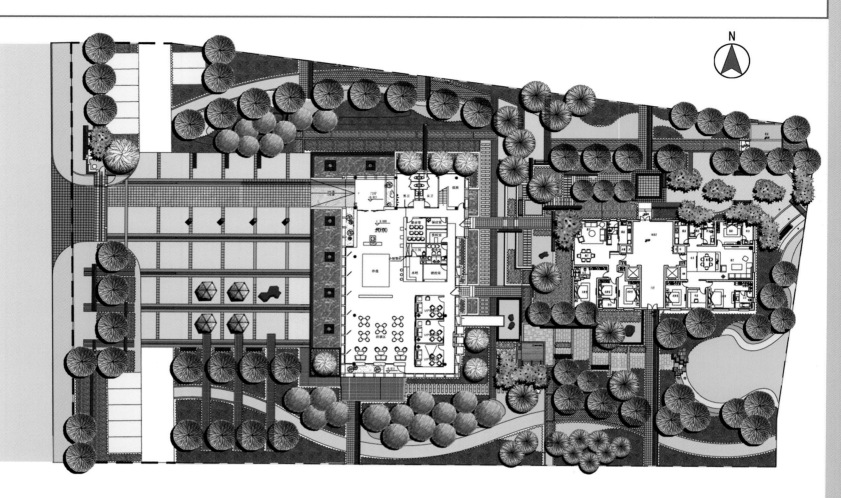

该项目设计以现代景观设计构建基本框架，分析提炼苏州地域景观文化，配合建筑已有的肌理采用简约、现代的设计手法营造人性化空间，提供多样的人与自然和谐交流的场所，完美展现绿色建筑设计理念。简洁明快的几何语言贯穿构筑物，水体、地形空间，植物，将富有地域文化特征元素恰如其分溶于其中。素雅的色彩，有机的景墙、岗亭，整齐的坐墙，现代气息的灯柱，吸人眼球的小品雕塑静静流淌的水面渗透空间里的微地形茂密林荫，空旷舒坦的草坪，迷人的灯光现代语言的建筑等，加以大自然恩赐的光和影，共同营造一个优雅、富有现代气息的入口开敞空间相对私密，独立，给人以愉悦、轻松的景观院落生活休闲空间，并将架空层与庭院空间相互渗透联系，引导着每个人从家庭到院落，从院落到公共空间的层层过渡，创造人与人群，人与自然的交流环境。让人流连忘返，细细

品来，有一种骨子里的亲切，不会是那么疏远，在浓密的植物掩映中，渗透着对家的依恋。草坡和种植的搭配及层次错落的方式是空间体系构成的一部分，体现春、夏、秋、冬的变化。参差的树木、芳草依依，阳光透过树叶落下斑驳的影子，叶子在微风的摇曳下，发出沙沙的动听的自然之音，随着时间的推移，生命的色彩呈现周期的变化，儿童在嬉戏，蜜蜂在跳舞，鸟儿在飞翔，让人感觉生命循环生生不息，自然就在我们的身边。自然回归，回归自然，是生命的根本之道。材料以自然、质朴的灰、白、黑色系石材为主，充分体现楼盘的高档品质。灯具及小品设计的风格形式与建筑形式相协调，并起到点景的作用，路灯、庭院灯、草坪灯的灯型、色彩、风格保持一致。同时区内的小品，如指路牌、垃圾桶、标志等都与环境相协调。

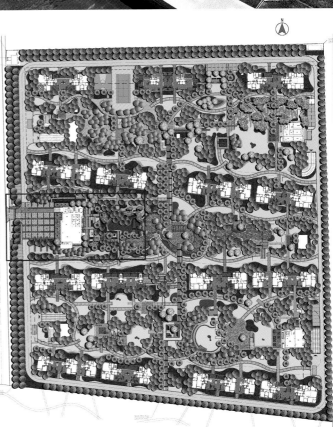

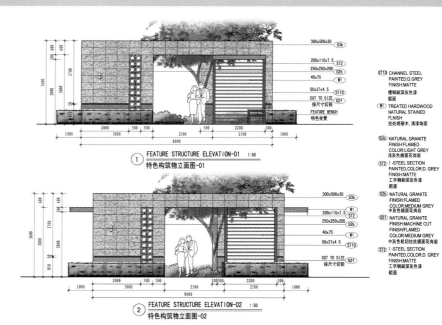

① FEATURE STRUCTURE ELEVATION-01 1:50
特色构筑物立面图-01

② FEATURE STRUCTURE ELEVATION-02 1:50
特色构筑物立面图-02

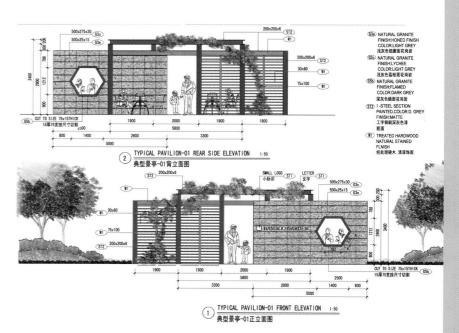

② TYPICAL PAVILION-01 REAR SIDE ELEVATION 1:50
典型景亭-01背立面图

① TYPICAL PAVILION-01 FRONT ELEVATION 1:50
典型景亭-01正立面图

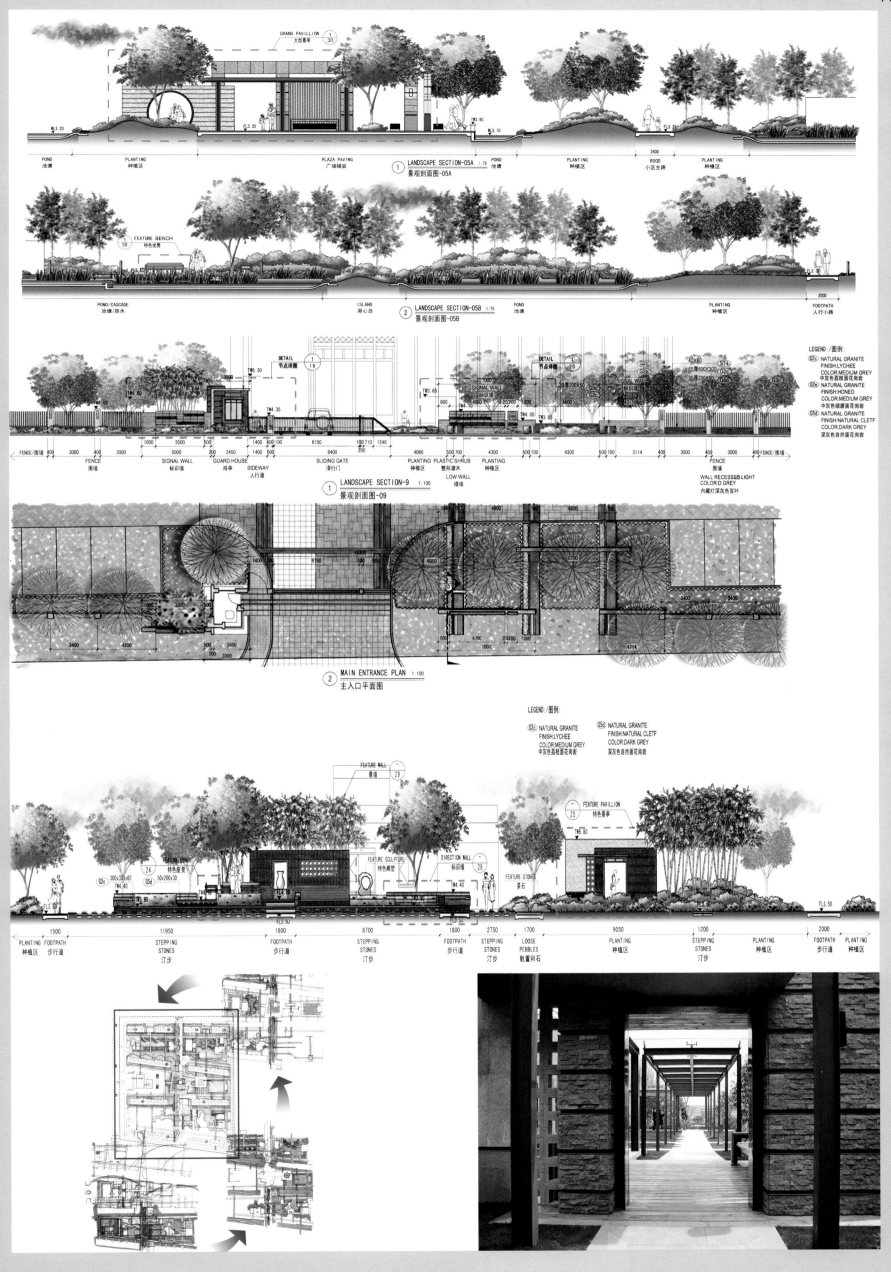

GRAND PAVILLION
大型景亭

LANDSCAPE SECTION-05A 1:75
景观剖面图-05A

POND
池塘

PLANTING
种植区

PLAZA PAVING
广场铺装

POND
池塘

PLANTING
种植区

ROOD
小区主路

PLANTING
种植区

FEATURE BENCH
特色坐凳

LANDSCAPE SECTION-05B 1:75
景观剖面图-05B

POND/CASCADE
池塘/跌水

ISLAND
湖心岛

POND
池塘

PLANTING
种植区

FOOTPATH
人行小路

DETAIL
节点详图

DETAIL
节点详图

SIGNAL WALL
标识墙

SIGNAL WALL
标识墙

SIGNAL WALL
标识墙

LANDSCAPE SECTION-9 1:100
景观剖面图-09

FENCE/围墙

SIGNAL WALL
标识墙

GUARD HOUSE
岗亭

SIDEWAY
人行道

SLIDING GATE
滑行门

PLANTING
种植区

PLASTIC SHRUB
塑形灌木

LOW WALL
矮墙

PLANTING
种植区

FENCE
围墙

WALL RECESSED LIGHT
COLOR:D.GREY
内藏灯深灰色百叶

LEGEND:/图例:

G2c NATURAL GRANITE
FINISH:LYCHEE
COLOR:MEDIUM GREY
中灰色荔枝面花岗岩

G2c NATURAL GRANITE
FINISH:HONED
COLOR:MEDIUM GREY
中灰色细磨面花岗岩

G5d NATURAL GRANITE
FINISH:NATURAL CLETF
COLOR:DARK GREY
深灰色自然面花岗岩

MAIN ENTRANCE PLAN 1:100
主入口平面图

LEGEND:/图例:

G2c NATURAL GRANITE
FINISH:LYCHEE
COLOR:MEDIUM GREY
中灰色荔枝面花岗岩

G5d NATURAL GRANITE
FINISH:NATURAL CLETF
COLOR:DARK GREY
深灰色自然面花岗岩

FEATURE WALL
景墙

FEATURE PAVILLION
特色景亭

FEATURE BENCH
特色座凳

FEATURE SCULPTURE
特色雕塑

DIRECTION WALL
标识墙

FEATURE STONES
景石

PLANTING FOOTPATH
种植区 步行道

STEPPING STONES
汀步

FOOTPATH
步行道

STEPPING STONES
汀步

FOOTPATH
步行道

STEPPING STONES
汀步

LOOSE PEBBLES
散置卵石

PLANTING
种植区

STEPPING STONES
汀步

PLANTING
种植区

FOOTPATH
步行道

PLANTING
种植区

欧洲精致唯美与东南亚自然朴实相融合
——福州金辉伯爵山景观设计

项目位置：福建 福州

景观设计：上海地尔景观设计有限公司

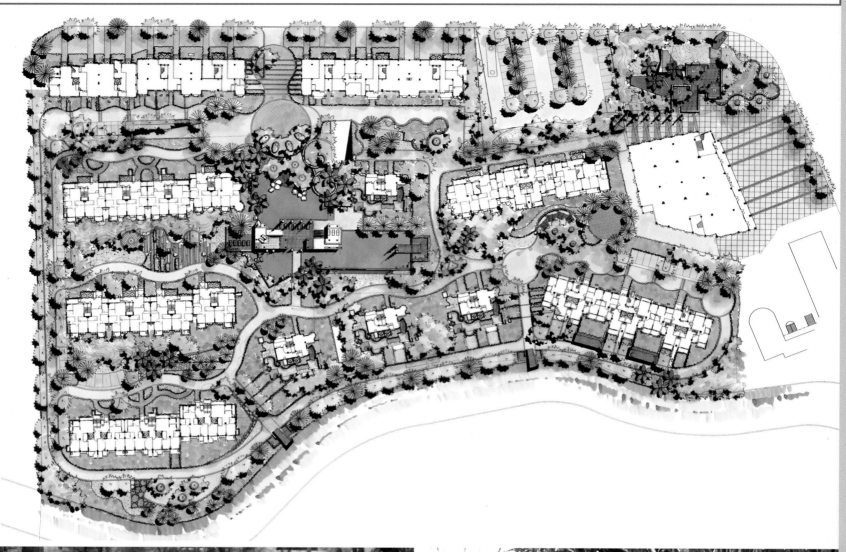

该项目地处福州市仓山老城区的核心位置，则徐大道与上三路交汇处，周边居住氛围成熟。区域交通体系良好，距台江商贸中心仅3个站，可以方便地进出市中心或奔赴远郊区县。项目用地面积38639平方米，总建筑面积97602平方米，容积率2.20，建筑密度19.6%，绿地率30%，建筑风格为欧式风情。

伯爵山的总体景观是以欧洲的精致唯美与东南亚的自然朴实相融合的现代简约风格式风格，体现景观与建筑风格的和谐性、亲水性以及人与景观互动空间的设计。

公共景观空间

以中部集中绿地为重点，向四周宅间绿地及沿岸绿地渗透，设置疏密有度、内容丰富、空间宜人、流线及功能合理的主要空间景观形态。以此为前提，整个小区形成了泳池水景区、宅间绿地空间及水岸观水区三大景观空间和两个小区出入口。该三大景观空间集活动健身与休闲观赏于一体，达到"动"与"静"的高度和谐统一。

自北入口进入小区，首先进入眼帘的是圆形聚会广场，鲜花盛放的欧式花坛，精美的地面铺装，显示出欧式风情的高雅格调。广场的正前方便是开阔的泳池水景区。泳池水景区采用木质休息平台，自然景石水岸延边、木制凉亭、颇具热带风情的小品等多种设计元素以自然流畅及和谐规整方式搭配组合空间，来展现热带东南亚风格的空间氛围，与整个园林浑然一体，交相呼应，互为景色，成为园林景观不可分割的一部分。紧接着泳池水景区的西侧是以条石纹铺地与草坪相间而成的特色铺装，并以圆形树池小广场为端景，曲线型景观矮墙形成可供休闲游憩的半围合景观空间，之间以缓坡地形和错落有致的植物配置作为

分隔带，将泳池水景区的开放空间与宅间绿地的半包围空间加以分割，是个聊天休闲的好地方。而泳池水景区东侧的宅间绿地则是动态景观的延续。这里的童趣乐园是为儿童居者特别设置的，各种儿童游乐设施给予儿童无限想象力和尽情欢乐的空间，也为小区增添了生趣和活力，加深了小区居民间的沟通与了解。

小区的西入口紧邻小区会所，与休闲木平台、会所前广场相结合形成入口前的一个公共休闲场所。休闲木平台周围树木交盖，藤萝掩映，绿荫匝地，别具一格。

小区的南边则是一条以绿化为主的河岸景观带，居者可以在此欣赏河滨的自然生态，极目远眺，远离喧嚣，接近自然，放松身心。

架空层景观

本项目另一部分景观特色是位于住宅建筑底层的开放性空间，此空间不仅使绿色地带与建筑的融合渗透成为可能，也提供了方便居民使用的特色景观活动场所。在此，我们利用5米挑高架空层设计休闲、娱乐、运动三大主题泛会所。配备棋牌休闲、咖啡茶座、儿童运动设施、泳池配套及植物配置等，既成为社区景观的有益补充，又丰富了业主们的社区生活。

植物造景原则

本项目植物景观采用适于本地生长的乡土树种，结合东南亚风情精致细腻、层次丰富的特点加以配置，以乔灌木、常绿植物与落叶植物以及地被、水生植物的合理搭配，以自然式植物种植形式配置，形成错落有致、疏密有度、四季皆有景可赏的植物景观效果。

稳重质朴大方的精致社区
——南通万濠华府

项目位置：江苏 南通
景观设计：深圳市东大景观设计有限公司
委托单位：南通万通置业有限责任公司

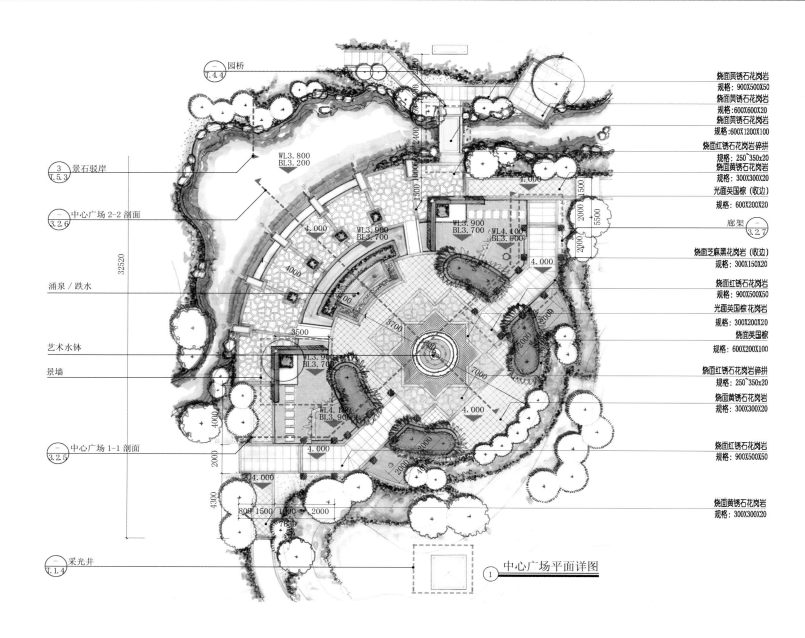

烧面黄锈石花岗岩
规格：900X500X50
烧面黄锈石花岗岩
规格：600X600X20
烧面黄锈石花岗岩
规格：600X1200X100
烧面红锈石花岗岩碎拼
规格：250~350x20
烧面黄锈石花岗岩
规格：300X300X20
光面英国棕（收边）
规格：600X200X20
廊架
烧面芝麻黑花岗岩（收边）
规格：300X150X20
烧面红锈石花岗岩
规格：900X500X50
光面英国棕花岗岩
规格：300X200X20
烧面英国棕
规格：600X200X100
烧面红锈石花岗岩碎拼
规格：250~350x20
烧面黄锈石花岗岩
规格：300X300X20
烧面红锈石花岗岩
规格：900X500X50
烧面黄锈石花岗岩
规格：300X300X20

园桥
景石驳岸
中心广场 2-2 剖面
涌泉／跌水
艺术水钵
景墙
中心广场 1-1 剖面
采光井

中心广场平面详图

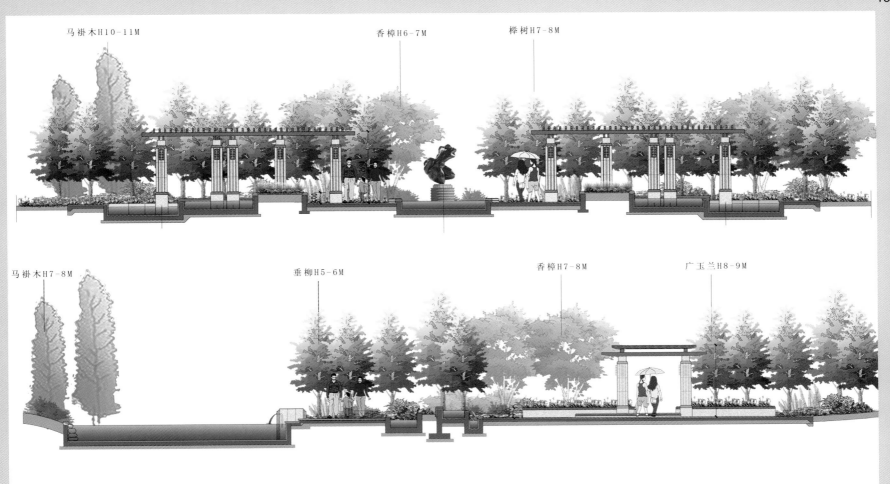

马褂木H10-11M　　香樟H6-7M　　榉树H7-8M

马褂木H7-8M　　垂柳H5-6M　　香樟H7-8M　　广玉兰H8-9M

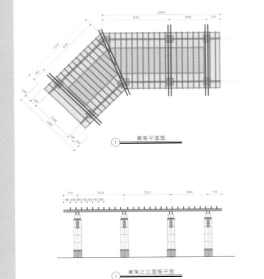

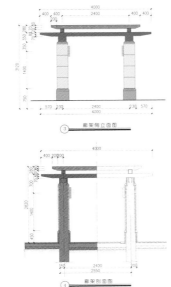

该项目位于南通市城区，任港路与孩儿巷路交界处，占地面积约7.53万平方，景观面积约为6.02万平方。建筑以中轴式对称布局形成东、西两大主要景观庭园。小区建筑色彩以暖色为主导，搭配稳重的深咖啡色材料。设计以还原庭院空间，营造亲切家园为设计理念，运用现代的ART-DECO设计风格，注重质朴大方的语言和实用功能，采用变化的空间模式引发无限的空间遐想。亮点：整体设计以绿为主，大量的、有层次的绿化营造舒适的人居环境。东区，将喧闹的活动场地安置在庭园的中部，各类型活动场地沿水溪逐渐展开，形成清新宜人的亲水环境。西区，利用宽阔的庭园空间打造开阔的大水面，沿水岸东南侧建造一条木栈道，形成开敞的视线空间，为居民提供精致舒适的亲水休闲活动空间。

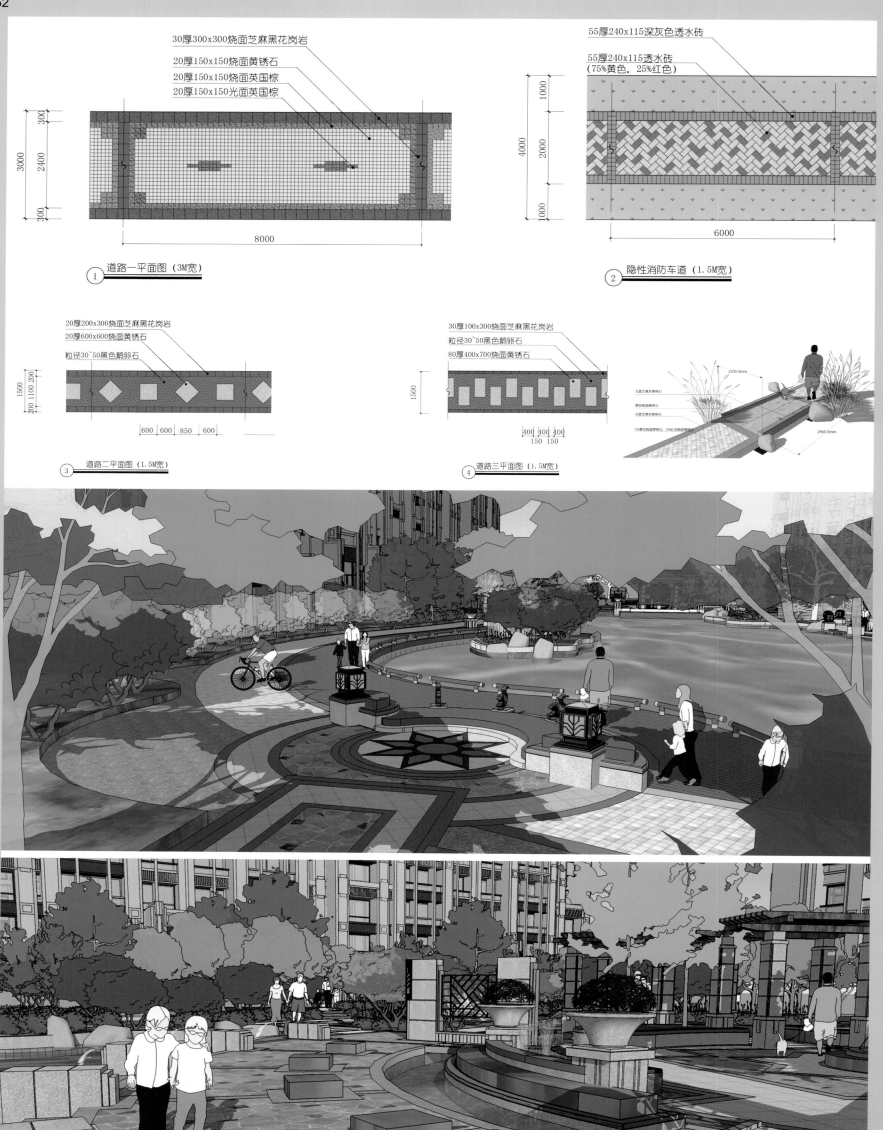

30厚300x300烧面芝麻黑花岗岩
20厚150x150烧面黄锈石
20厚150x150烧面英国棕
20厚150x150光面英国棕

3000
2400
300
300
8000

① 道路一平面图（3M宽）

55厚240x115深灰色透水砖
55厚240x115透水砖
（75%黄色，25%红色）

4000
1000
2000
1000
6000

② 隐性消防车道（1.5M宽）

20厚200x300烧面芝麻黑花岗岩
20厚600x600烧面黄锈石
粒径30~50黑色鹅卵石

1500
200 1100 200
600 600 850 600

③ 道路二平面图（1.5M宽）

30厚100x300烧面芝麻黑花岗岩
粒径30~50黑色鹅卵石
80厚400x700烧面黄锈石

1500
400 400 400
150 150

④ 道路三平面图（1.5M宽）

扑面而来的"翠黛山色"
——北京香山艺墅

项目位置：北京
景观设计：北京创翌高峰园林工程咨询有限责任公司
委托单位：北京香山艺墅房地产开发有限公司

该项目位于北京著名的香山风景区东侧，"翠黛山色，扑面而来"。项目总用地50 000余平方米。景观绿化面积为20 000余平方米。建筑总体布局以TOWNHOUSE和连排及独栋别墅为主要构成。用地地势平缓，有成年高大树木葱郁成林，东临春华秋实、枝繁叶茂的大片果园，西抵通畅的市政道路，有宽阔的绿化隔离带隔绝了道路对别墅区的干扰；南侧相隔通往别墅区的道路是一片三角形的休闲绿地，内设专属会馆。香山艺墅坐拥香山之福地，蕴涵西山之渊源，因而具有了更加浓厚的文脉背景。在山色林影环抱中的别墅区内，是错落有致的优美、现代的别墅建筑，在建筑群落中留出了大片环境用地。在构思环境设计方案时，我们设想以现代自然山水园的风格使园内外景观自然地融合为一体。

我们讲求"提纯传统山水元素，整合现代园林要点"，先汲取中国一脉相承的天人合一、崇敬自然优美意境的造园倾向，而后在具体空间营造与手法上对传统山水元素进行了归纳性的简洁提纯处理，以水系、林木群落、地形，山石、亭廊等造景素材塑造借远景入园，远近景浑然一体，达到"虽由人作、宛自天开"的意境。我们利用水景脉络作为联系全园景观的主轴线，借水生景、开合相间。一条纵向轴线与两条横向轴线交错出各自独立又完整的景域空间。整个别墅区的庭院空间曲折相连，其间的车行主路演变为弧线优美的风景路径。兼顾人行，车行，地面铺装采用可行车的园林景观铺装面层，使人们从踏入园区的开始就感受到强烈的"景观中居住"的特点。

一个绿意盎然、充满生气的居住社区
——天津万科魅力之城景观设计

项目位置：天津
设计单位：北京匡形规划设计咨询有限公司
委托单位：天津东泰世纪投资有限公司

该项目位于天津市东丽区津塘公路北侧，天一Mall地块内，是万科在天津市东部开发的住宅项目。项目占地面积6.8公顷，景观面积4.6公顷，容积率1.4。

景观围绕"人工自然，互动呼吸"的概念进行设计，突出绿色、生态、带有人文气息的特点，贴近自然的同时追求简洁、现代的景观设计理念，将现代园林纳入居住区环境当中，全面规划，合理布局，功能与景观效果相结合，突出景观绿化的规模与密度，在设计过程中注重景观界面的处理，软硬景相互咬合，使得空间在功能及视觉上过渡自然，具有相当的张力和亲和力，强调了空间、景观元素、人这三者之间的互动关系，进而创造出一个绿意盎然、充满生气的人居环境。

依附"海子"特性空间的景观
——天津万科假日风景景观设计

项目位置：天津
景观设计：北京匡形规划设计咨询有限公司
委托单位：天津兴海房地产开发有限公司

该项目位于天津市西青区中北镇，西外环线以外，西面毗邻杨柳青镇，东距外环线1.5公里。假日风景的二、三期景观用地6.5公顷，容积率1.31。建筑风格现代、简约，景观设计依附于"海子"的空间特质及生态原理为概念，"海子"的特性及"海子"间是不断地变化的。这种特性被运用到假日风景之中，是表达我们对不同空间在不同时间发生变化时所产生的多样性和敏感性的关注，因为人是生活在维度空间中的。

色彩明艳的简洁景观空间
——花语墅

项目位置：上海
景观设计：上海热坊花园设计有限公司
设 计 师：张向明　贺庆

该项目位于上海市闵行区颛桥镇，花园占地300多平方米。业主购买这座别墅是送给她刚退休不久的父母的，为他们安度晚年提供一处清净之所。

花园的地形是一个不规则的三角形，这是我们几乎没有遇到过的情况，处理得不好的话，后果会相当糟糕，因而在方案规划上我们殚精竭虑，遭遇到前所未有的挑战。

还是从功能上考虑，户外客厅、户外餐厅与户外厨房这三大基本因素从一开始就得到了甲方的认同，业主有一兄一妹，都住得不远，他们每逢周末都会带着儿女来看望老人，所以希望有足够大的能同时容纳三个家庭成员在一起聚会的户外活动空间。

其次"花园是家居生活在户外的延伸"是热坊花园一贯的设计理念，那么就让我们从室内功能着手，设计师把室内客厅和餐厅分别延伸出去划分为户外客厅、餐厅，很快就形成了方案的雏形。

最后，水景当然是少不了的，我们用一个流线型的自然式池塘有机连接了两个功能区，就形成了如图的方案。

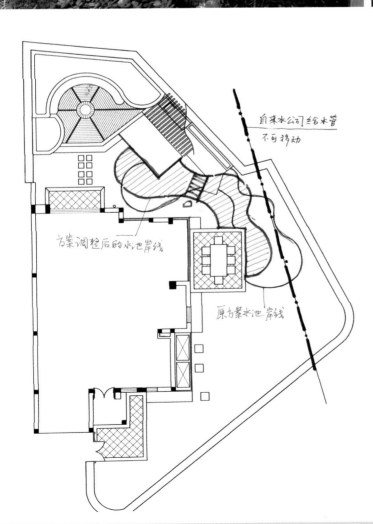

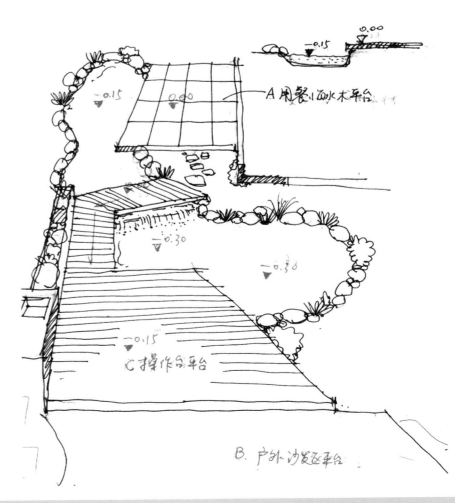

韵律感十足的简约空间
——台北冠德远见

项目位置：台北

景观设计：老圃（上海）景观建筑工程咨询有限公司

该项目面积约2 800平方米，主要是景观水景施作及植栽工程。

简约、自然、时尚手法打造的经典景观
——常州彩虹城

项目位置：江苏 常州

景观设计：老圃（上海）景观建筑工程咨询有限公司

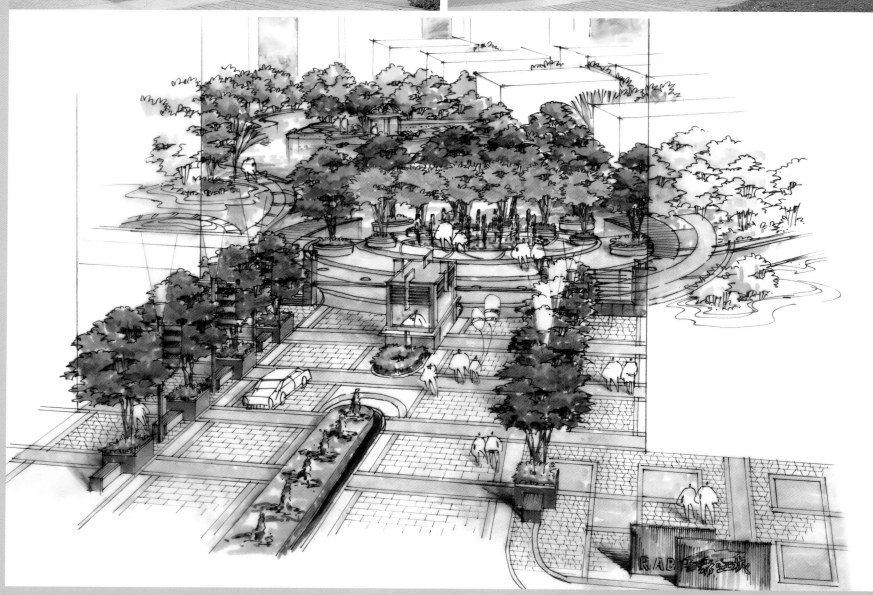

该项目面积约108 500平方米，主要是现代自然水景住宅
空间，包含高层、别墅居住区及沿街商业空间。

"天人合一"的自然生态空间
——五溪御龙湾王宅私家花园景观设计

项目位置：广东 广州
景观设计：广州德山德水园林景观设计有限公司
设 计 师：吴涛

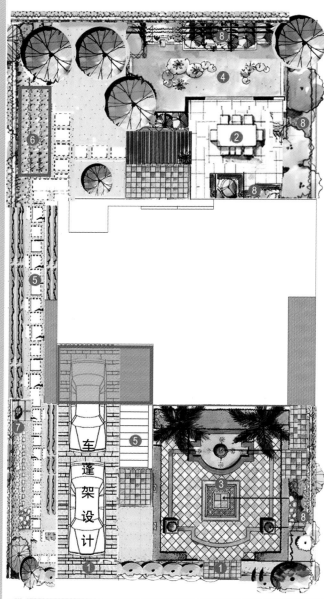

该项目私家花园是五溪御龙湾别墅社区中的一栋。五溪御龙湾社区坐落于广州近郊800万平方米王子山南麓，五条天然溪流纵贯五溪御龙湾。社区的地块原为一片芦苇丛生、水鸟出入的原生缓坡湿地，地形呈北高南低之势；社区环抱60万平方米天鹅湖，坐北朝南。由于天鹅湖水源的滋养，地块上树木丛生，植物资源非常丰富。因其毗邻开发建设中的南航碧花园南区，由一条宽9米的私家主干道与外界相连，自成一格，尊贵无忧。地形之起伏、水面之动静、草木之野趣，共同形成了此地块得天独厚的自然条件。五溪御龙湾超低密度建筑规划，平均每1000平方米占地仅此一栋别墅，尊享逾500平方米超大私家花园，家居环境良好而广阔。尊贵的大户型，户户尊享超大的私家花园，处处体现"天人合一"的生活空间。

设计师在充分结合项目原有地块条件的基础上，摒弃了当前流行的人工造景和单纯的欧美庭院或中国古典的空间布局和设计手法，而是对地形环境加以重新解释，挖掘其特色。充分发挥地形地貌起伏的特点，改造、保留了地块原有的水塘、树林、坡地和谷地。保持了该别墅花园最真实的特性，也使得该别墅花园更加自然生态。

动、静结合的温馨、纯真而又富于生机的景观
——广州南景园吴宅天台花园景观设计

项目位置：广东 广州
景观设计：广州德山德水园林景观设计有限公司
设 计 师：吴涛

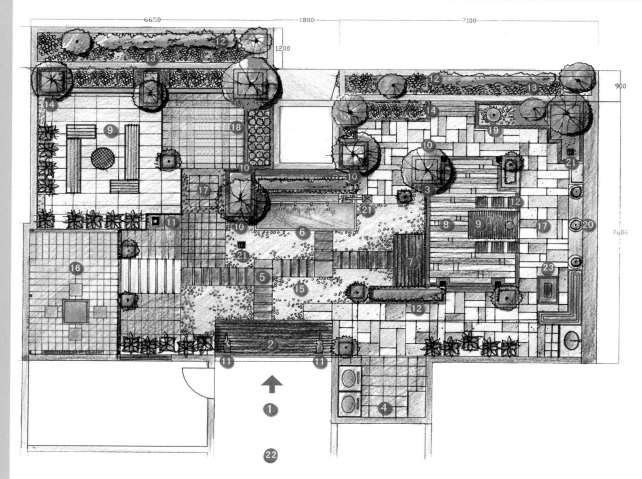

1 庭园入口
2 入口铺地
3 种植池
4 干洗及晒衣区
5 汀步
6 入口特色跌水水景
7 木平台
8 林荫花架
9 户外休憩场所
10 特色树.
11 现代装饰小品
12 竹子
13 种植
14 种植池
15 白色卵石空间
16 玻璃屋休闲空间
17 特色铺地
18 蔬菜种植池
19 自然小涌水景
20 特色陶罐
21 园林灯
22 室内空间
23 烧烤区

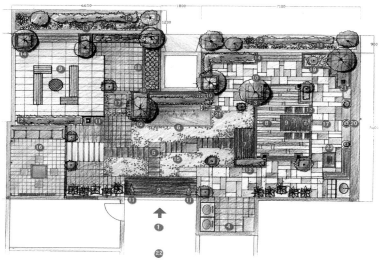

1 庭园入口
2 入口铺地
3 种植池
4 干洗及晒衣区
5 汀步
6 入口特色跌水水景
7 木平台
8 林荫花架
9 户外休憩场所
10 特色树
11 现代装饰小品
12 竹子
13 种植
14 种植池
15 白色卵石空间
16 玻璃屋休闲空间
17 特色铺地
18 蔬菜种植池
19 自然小涌水景
20 特色陶罐
21 园林灯
22 室内空间
23 烧烤区

该项目建筑及内室均偏现代风格，庭园设计为了与内室的风格协调统一，在构图上也采用了现代的设计手法。庭园景观设计分为动、静两个区域，在空间上强调疏密关系及软硬对比，同时也强调了功能性。苗画的花木处理上力求自然，雕饰避免夸张，有着乡村的纯粹。庭园中树木高低错落，小径与草地自由交错，到处弥漫着花朵的幽香，完美展现出温馨、纯真而又富于生机的私家天台花园。

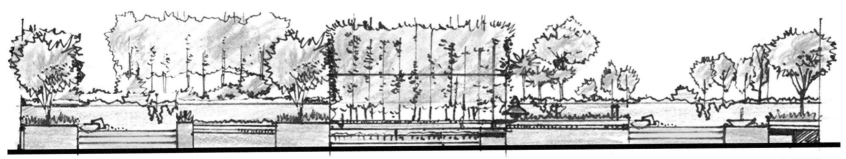

A--立面图

B--立面图

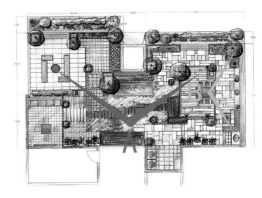

"以自然之理，得自然之趣"
——湖景壹号庄园 01 号王宅别墅

项目位置：广东 广州
景观设计：广州德山德水园林景观设计有限公司
设 计 师：吴涛

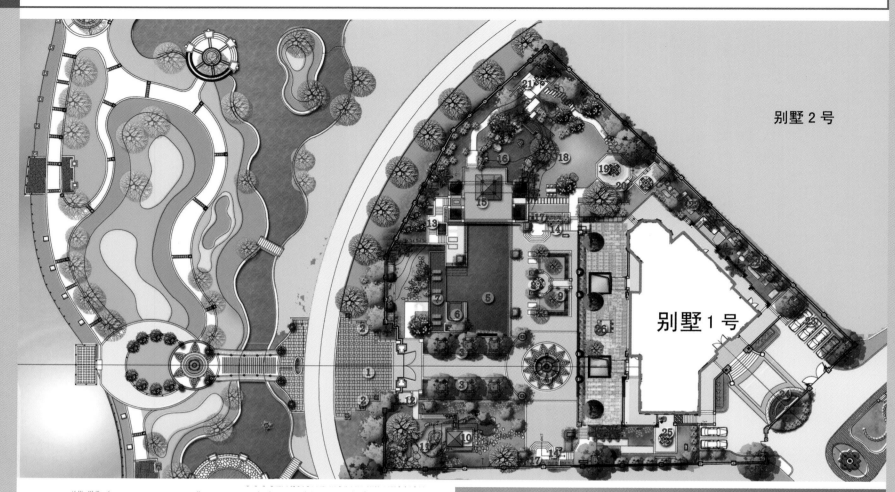

别墅 2 号

别墅 1 号

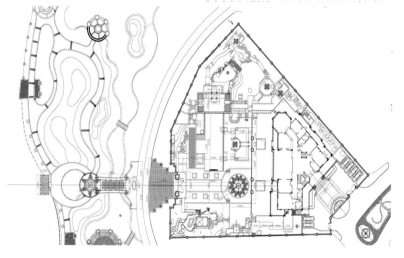

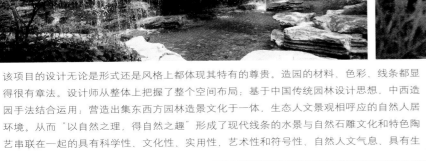

该项目的设计无论是形式还是风格上都体现其特有的尊贵。造园的材料、色彩、线条都显得很有章法。设计师从整体上把握了整个空间布局；基于中国传统园林设计思想，中西造园手法结合运用；营造出集东西方园林造景文化于一体，生态人文景观相呼应的自然人居环境，从而"以自然之理，得自然之趣"形成了现代线条的水景与自然石雕文化和特色陶艺串联在一起的具有科学性、文化性、实用性、艺术性和符号性，自然人文气息、具有生命的体验的休闲空间。

一个庭院的设计营造成功与否，与庭院大小无关，与造价高低无关，与是否豪华无关，而是取决于这个庭院是否和主人的心灵进行着对话。该私家别墅庭院不仅是权力和地位的代名词，更是属于主人一家享受天伦之乐的"一方净土"。

典尚简约的景观
——辽宁葫芦岛宏运奥园

项目位置：辽宁 葫芦岛
景观设计：老圃（上海）景观建筑工程咨询有限公司

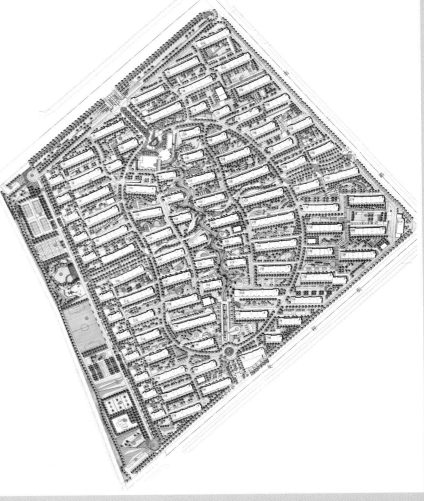

该项目面积约158 000平方米，主要是运动主题公园住宅小区，包含多层、小高层居住空间和商业空间。

清新、高雅、大气的现代简约德山水园林
——武汉金地格林小镇三期

项目位置：湖北 武汉
景观设计：北京创翌高峰园林工程咨询有限责任公司
委托单位：金地集团武汉房地产开发有限公司

该项目位于武汉武昌洪山区南部南湖风景区内，东临丁字桥路，西临石牌岭路，南临武梁路，北临机场四路。格林小城项目地块规划用地为47.79公顷，其中城市代拆规划道路面积5.58公顷，净规划建设用地面积为43.79公顷，容积率1.5，计容积率总建筑面积656900平方米。其中C地块规划占地面积140695平方米，容积率1.78，计容积率总建筑面积250606平方米。格林小城地块由三大块组成，每块地形状基本为规则平行四边形，整体形成一个斜"品"字形。

该项目为格林小城三块地块中最后开发地块，前期A地块已施工完毕交付使用，B地块主体建筑已接近竣工。C地块目前场地情况已完成"七通一平"，规划方案及景观方案已确定。项目所处地区路网十分发达。目前，地块周边城市主干道有东西向的武珞路—珞瑜路、雄楚大街和南北向的珞狮北路—珞狮南路，正在规划建设的还有两条纵向道路连接城市主干道。项目所在区域的现状路主要包括：丁字桥路、石牌岭路、出版城路、已经部分完成的机场三路。

动静相宜的中心水景区，清新自然，又不失现代气息。时而树池嵌入点缀，时而缓坡跌水，木桥置石，移步异景，绿植环绕，为人们提供安静、亲切的休闲空间。

整个小区的景观环境设计定位于清新、高雅、大气的现代风格的山水园林。采用生态的设计手法，以绿为主，创造宜人的人文社区；强调人性化的尺度设计来满足人对户外体验生活的要求；在表现上注重细节。情景洋房位于整个C地块的中心位置，被小区内主景观绿化带环绕包围，将小区主干车行环路隔离在外，只保留了宅前停车的车行小路，最大限度地控制了车行噪音与尾气污染同归家便利性之间的平衡。情景洋房东侧更是整个C地块的

中心水景景观区，大面积的绿化带与自然微地形将情景洋房层层包围，而在多层洋房区内部又有一条尺度宜人、空间变化丰富的景观流线斜向贯穿其中，将内、外部景观带勾连起来，使情景洋房区真正成为园中之园。

合理的景观结构为创造情景洋房的环境提供了无限丰富的可能性。首先，从平面上，这条斜向穿插进来的景观流线当与横向排列的多层洋房交叉后，可以形成若干被放大的景观节点空间，这既增加了流线上曲折迂回的趣味性，又满足了功能上对于休憩空间的要求，而且过渡自然，没有生硬的造作。其次，在竖向空间上也同样变化精彩：宅后院间人行小路标高被提高至一米左右，而宅前车行小路标高又恢复至零米标高。这样，斜向穿插进来的景观流线就变成高低起伏的景观路径，使人可以体验变化丰富的环境空间。而且，这条流线在竖向上丰富变化的标高，也是经过细心考虑的。

在南端入口处，为使人们有进入园中园的尊贵感，设置了半下沉小广场空间，同时转角错动，以和建筑转角呼应。向北经过廊架小空间，继续向上抬升并形成绿坡，成为南北两侧的绿色"对景"。然后，向北通过跌级台地一路下降到零米标高，与车行路顺接。继续向北经过舒缓的踏步上升到一米标高，到达又一处休憩停留小空间，然后平级穿越宅间小径，隐约望到绿化中穿插出来的迎宾踏步，将人引导穿越蜿蜒的宅间绿坡地，缓缓地下降到零米标高。至此，到达北侧情景洋房区人行入口，与外部坡地绿化带相勾连。

在此游览路径中，人的心理体验了多种情绪的感染，有急有缓，有疏有密，有开敞有私密，在满足功能的前提下提高了景观空间的趣味性。同时，也充分地展示了坡地建筑景观的特征，保证了金地格林小城特有的识别性，增强了人们对"家"的归属感。

"跳跃的音符" 与 "流动的旋律"
——深圳上品雅园景观设计

项目位置：广东 深圳

景观设计：城设园林设计有限公司

设计理念

"跳跃的音符" 与 "流动的旋律" 是本案设计概念的主格调，在表现手法上借用主副两条景观轴线贯穿全园景致。

总体构思

在景观设计构思上，以现代时尚的商住综合体为设计载体，以"New Age Music"（新世纪音乐）为设计线索，展开文化主题。

新世纪音乐（New Age Music）是上世纪70年代后期出现的一种音乐形式，其出发点为帮助冥思及洁净心灵，它不同于以往任意一种音乐，而将非流行、非古典，具有实质的乐风取名为New Age，它指的是一种"划时代、新世纪的音乐"。结合新世纪音乐的特点，我们尝试一种全新的设计语言，把音乐中的魅力、节奏、旋律、和声、音色等在园林的平面构成和立体空间中得以体现。

有人认为形式服从于功能，形式是解决功能问题的逻辑结果；而另一些人认为形式有自身的完整性，它能影响场地的使用，我们认为形式是功能不可分割的一部分，它对功能的影响具有双向性，这样一种被音乐启发的颇具几何学特点的设计语言和自然主义构成了景观的结构性基础并成为我们设计思考的一种方法。

设计手法

设计充分利用现场的竖向关系，为地块的使用者创造满意的空间场所。同时，在考虑不破坏当地的生态环境，尽量减少项目对周围生态环境干扰的情况下，因地制宜地取三个不同楼层竖向建立多层次景观：一、二层利用建筑商铺的外观优势处理高差。二、三层在小区内部利用垂直特色景观墙处理高差充分利用软景植物的优美姿态，强化视觉审美功能。

植物造景

巧妙合理地运用植物景观营造空间造型为保证多个生态系统之间的空间格局及相互之间的

生态系统，景观与建筑结构反复协调，在以保证绿化苗木最佳生长状态的前提下，让坐落于地库顶板之上的苗木平均覆土厚度维持在1.2米左右，局部更高至2米，以达到巧妙合理地运用植物景观营造空间造型之功能，使住区更加人性化。

适地适树和经济性为指导原则

在苗木的选择和利用上，以适地适树和经济性为指导原则，均选择适合深圳生长的本地苗木。

项目亮点

以简洁的线条及几何图形来展示现代建筑及现代园林的完美结合，设计将重点置于中央庭院，使整个设计重点更加突出，游园路线更加明确。配合现代风格，整个色调以灰色系冷色调为基底，材料的选择上遵循精简，环保及成本控制的原则

流动的、精美的"海浪"图案景观
——悉尼 151 East Jacques 庭院花园

项目位置：新南威尔士
景观设计：澳派（澳大利亚）景观规划设计工作室

该项目位于住宅区的平台上，是项目各栋住宅楼之间的一个公共视觉花园。三层高的建筑立面开放空间形成了一个景观通廊，可以使人们从 Jacques 大道眺望中央花园。

这个中央庭院花园既是一个公共空间，又是住宅入口景观。设计结构感来源于海浪冲刷海岸线而产生的形态。由此景观主题演绎为一系列的景观带，以一系列的特色植物和植带、浅水系以及碎石组成，无论在平面与立面都形成一个精美的海浪的图案。中央庭院花园的植物配置充分考虑了公寓住户的隐私性，同时也保证住宅有良好的自然采光。

住宅私人庭院选用竹子，本地乔木和有机玻璃幕，不仅保护了居民隐私，还创造宽松的室外环境。爬满藤蔓的钢制亭子作为进一步保护隐私的措施，也被引入小区景观设计。同时，在大道现有的行道树的基础上增加了新的乔木，增加景观的丰富性。

后现代主义地景式景观设计
——骞亿上东盛景

项目位置：辽宁 葫芦岛
景观设计：北京易德地景景观设计公司
设 计 师：鲁旸 Mag. Art.lu yang

该项目位于葫芦岛市连山河南岸，规划用地约13公顷，景观用地面积约为130 000平方米。基地东西狭长，用地周边道路与滨河岸线有3米的高差。基地北侧连山河北省区政府规划发展用地，南邻铁路北街和天化街，东临为102国道是重要的交通干道，中部为南北向北昌路及跨（连山）河大桥，分为东、西两区，北昌路是连接老城区和京沈高速公路的城市主干道。本项目地处城市发展的前沿地带，交通便利，发展潜力明显。目前连山滨河景观工程已经完成，水资源充足。

设计理念

1.打造一个适于人们交流沟通的平台

在E时代，国际一体化、3G通信、网络发达信息时代，沟通起到了决定性作用。美好的绿化环境，足够的室外交流空间，广泛的交友机会，给居民提供一个体现身份，文化素养，并有助于事业发展的生活空间。

2.打造一个舒适宜人的绿化空间

足够的景观绿化面积，丰富的绿植，灵动的喷泉，四季变换的观赏花卉，充分营造出一个舒适宜人的室外绿化空间。居家的惬意，生活的舒适，景观住宅的品质主要体现于此。

3.打造一种便捷的生活方式

在景观中，我们设计了便捷合理的人行路线系统。一级人行路线可以保证人们根据自身的需求及时地到目的地。二级人行路线就是风景园路的设计路线，通过这种路线的安排，人们可充分达到休闲、健身、愉悦身心的目的。

行车道路，停车场和地下车出入口的设置更是要注重便捷合理的设计。地面车位应当实现树下停车，被绿化所包围，避免了普通停车场给人们的生硬感觉。

4.打造一个环保生态的生活环境

自然给人们以生命的力量，大面积的绿植可以使居民看到满眼的绿色，呼吸清新的空气，花园中一个个循环喷水的水池，更是对净化空气起到了促进的作用。从而，充分体现了城市中绿肺的强大功能。

5.打造一个时尚酷感的生活形象

我们的设计永远走在时代的最前沿，引领时尚，体现个性。个性化的生活环境可以引导人们积极的思维和上进的心理状态。前沿的设计永远是品质感的标志。

首先，我们通过运用国际最前卫的"地景式"设计手法，利用电脑软件进行参数化设计，紧密结合原有丰富的地形等高线，依据人们的生活规律和实际功能需求，进行非常客观的、逻辑化的、模数化的科学景观设计。

其次，建筑是由景观中生长出来的概念。建筑和景观共同构成了人们生活的主体空间环境，是共存的状态。室内和室外，楼上和楼下，从不同的角度，都可以享受意想不到的不同特色景观面，从而体现出个性化的景观设计空间。

再次，花园中的雕塑和亭廊充分体现了时尚的特点。在每个组团中都会设有这些作品，根据组团的不同主题，结合时尚的流行元素，设计出多种不同的个性化景观小品，它们使得整个花园的气氛活跃起来，达到赏心悦目，增加情趣的效果。

6.打造一个适合地域文化的景观作品

结合当地售楼情况和地域文化水平，在我们的设计中雕塑、亭廊、水池等小品处处可见，这样可体现出更为丰富的、情趣化的、富足贵气的景观设计特色。这些小品，设色强烈，造型张扬，吸引人的眼球，突出个性，充分体现出独具魅力的地域艺术特色。

7.打造一个功能合理的景观空间

根据每个组团的规模，在每个组团中都会设有相应面积的居民集中活动广场和老人儿童活动健身娱乐场地。并且在每个组团中，还设计有亭廊，这样可以起到遮阴避暑防雨的功能。根据园路的距离，在路边有规律地设计花园休息座椅。

8.打造一个具有艺术魅力的风景式花园

艺术是高端产品的提升和标志。从楼上俯瞰花园的平面，从窗前观赏新颖别致的雕塑和花草，穿过园路体验花园的空间设计美感，坐在亭廊中倾听风雨，这些既是凝固艺术，也具有活力的魅力艺术作品。

设计方法：后现代主义地景式景观设计

我们采取最先进的参数化模式设计景观用地，代表了建筑与景观共存，建筑生长于景观当中的理念。景观无需界定，它应该有多种表现。摆脱通俗的概念，融合多种设计元素，充分结合时代和生活的进步。

设计主题

设计分为七大区，分别命名主题：时尚之都；优雅之都；娱乐之都；奢华之都；休闲之都；未来之都；活力之都；

设计内涵：这个设计强调了个人价值，崇尚开拓和竞争，讲究理性和实用，其核心是强调通过个人奋斗，个人自我设计，追求个人价值的最终实现。

法 式 风 格
French Style

风格特征：法式风格一直以其细腻华丽的品味而著称，它是在古典主义的基础上流行起来的，其追求空间的无限性，由中央主轴线控制整体，辅之以几条次要轴线，外加几条横向轴线，所有这些轴线与大小路径组成严谨的几何格网，主次分明。能够突出布局的几何性，又可以产生丰富的节奏感从而营造多变的景观效果。

一般元素：采用石块砌成形状的水池沟渠，结合水景，设置大量精美的喷泉、雕像、小品作为装饰。运用了法式廊柱、雕花、线条，制作工艺精细考究。

特　　点：法式风格着重表现路易十四统治下的秩序，庄重典雅的贵族气势，完全人工化的特点。布局上突出轴线的对称，恢宏的气势，广袤无疑是体现在空间的尺度上的最大特点，追求空间的无限性，因而具有外向性的特征。尽管设有许多瓶饰、雕像、泉池等，却并不密集，丝毫没有堆砌的感觉。相反，却具有简洁明快、庄重典雅的效果。　法式风格又是作为"露天客厅"来建造的。因此，需要很大的场地，而且要求地形平坦或略有起伏。平坦的地形有利于中轴两侧形成对称的效果。有时，设计者根据设计意图需要创造起伏的地形，但高差一般不大。因此，整体上有着平缓而舒展的效果。在植物种植方面广泛采用丰富的阔叶乔木，能明显体现出季节变化。乔木往往集中种植，形成茂密的丛林，这是法国平原上森林的缩影，只是边缘经过修剪，又被直线形道路所围，而形成整齐的外观。

法式风格的具体特征：

1.法国园林则属于平面图案式园林。有平面的铺展感。其选址比较灵活。法国园林中有许多成功之作就曾沿沼泽等不利地形，改造成美丽的园林景观。2.法国园林善于利用宽阔的园路形成贯通的透视线,此外还采取了设置水渠的方法以构造出前所未有的恢宏园景。3.法国园林在平面构图上采用了意大利园林轴线对称的手法，主轴线从建筑物开始沿一条直线沿伸，以该轴线为中心对称布置其他部分。园林形式以表现皇权至上的主题思想。4.构图上，府邸居于中心地位，起着控制全园的作用，

通常建在制高点上，花园的规划服从于建筑。5.花园本身的构图也体现出等级制度。贯穿全园的中轴线重点装饰，最美的花坛、雕像、喷泉布置在中轴线上，道路分级严谨。整个园林为条理清晰、秩序严谨、主从分明、简洁明快、庄重典雅的几何网格。6.完全体现了人工化的特点。追求空间无限性，广袤旷远而外向性。需要很大的平坦场地（作为府邸的露天客厅，也与追求旷远有关）。7.树篱和丛林树篱是花坛与丛林的分界线。厚度常为015—016米，形式规则，且相互平行。从1米的短树篱到10米的高树篱，各种高度应有尽有。树篱一般栽种得很密，行人不能随意穿越，而另设有专门出入口。树篱常用树种有黄杨、紫杉、米心树等。丛林通常是指一种方形的造型树木种植区，分为"滚木球戏场"、"组合丛林"、"星形丛林"、"V形丛林"四种。"滚木球戏场"是在树丛中央辟出一块草坪，在草坪中央设置喷泉。草坪周围只有树木、栅栏、水盘、而没有其他装饰物。"组合丛林"和"星形丛林"中都设有许多圆形小空地。"V形丛林"则是在草坪上将树木按每组五棵种植成V字形。8.水景的处理：喷泉和水渠。法国园林十分重视用水，认为水是造园不可或缺的要素，巧妙地规划水景，特别是善用流水是表现庭园生机活力的有效手段。法国园林中喷泉的设计方案多种多样，有的取材于古代希腊罗马神话，有的取材于动植物装饰母题，它们大多具有特定的寓意，并能够与整个园林布局相协调。水渠的应用主要是为创造开阔的视野和优美的景观，同时为庭园的主人提供游乐的场所。人们可以乘坐精美的游船在水渠中畅游，同时倾听着动人的水上音乐，欣赏着四周辉煌的花园和宫殿。游园会上，人们还会燃放五彩缤纷的焰火，使斑斓的色彩映在水面上，营造出神话般的气氛。9.花坛勒　诺特设计的花坛有六种类型：即"刺绣花坛"、"组合花坛"、"英国式花坛"、"分区花坛"、"柑橘花坛"、"水花坛"。"刺绣花坛"是将黄杨之类的树木成行种植，形成刺绣图案，在各种花坛中是最优美的一种。这种花坛中常栽种花卉，

培植草坪。"组合花坛"是由涡形图案栽植区、草坪、结花栽植区、花卉栽植区四个对称部分组合而成的花坛。

"英国式花坛"就是一片草地或经修剪成形的草地，四周辟有015—016米宽的小径，外侧再围以花卉形成的栽植带，形式比较普通。"分区花坛"与众不同，它完全由对称的造型黄杨树组成，没有任何草坪或刺绣图案的栽植。"柑橘花坛"与"英国式花坛"有相似之处，但不同的是"柑橘花坛"中种满了橘树和其他灌木。"水花坛"则是将穿流于草坪、树木、花圃之中的泉水集中起来而形成的花坛。10.花格墙　花格墙的设计虽然由来已久，但只是在法国园林中才将中世纪粗糙的木制花格墙改造成为精巧的庭园建筑物并引用到庭园中。造园中花格墙成为十分流行的庭园要素，得到广泛应用，并有专职工匠制作。庭园中的凉亭、客厅、园门、走廊及其他所有建筑性构造物都用它造成。花格墙不仅价格低廉，而且制作容易，具有石材所不可比及的优越性。11.雕塑法国园林中的雕塑大致可分为两类：一是对古代希腊罗马雕塑的模仿；二是在一定体裁的基础上的创新。后者大多个性鲜明，具有较强的艺术感染力。

法式风格设计手法：

将建筑物布置在高地上，以便于统领全局。从这些建筑物的前面伸出笔直的林荫道，而在其后规划花园，花园的外围则是林园。建筑物的中轴线向前延伸，通过林荫道指向城市；向后延伸，通过花园和林园指向郊区。在花园中，中央主轴线控制整体，辅之以几条次要轴线，外加几条横向轴线。所有这些轴线与大小路径组成了严谨的几何格网，主次分明。轴线与路径伸进林园，将林园也纳入到几何格网中。轴线与路径的交叉点，多安排喷泉、雕像、园林小品作为装饰。这样做，既能够突出布局的几何性，又可以产生丰富的节奏感，从而营造出多变的景观效果。在理水方面，主要采用石块砌成形状规整的水池或沟渠，并结合水景，设置大量精美的喷泉。

诗意的"海派园林"
——长沙爵士名邸

项目位置：湖南 长沙
景观设计：EADG泛亚国际

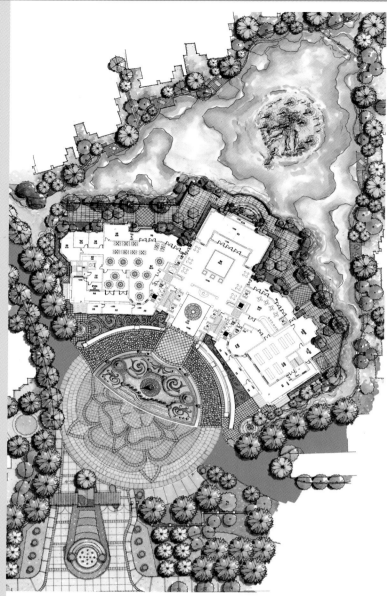

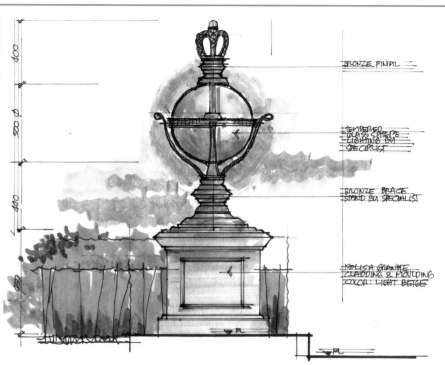

该项目在建筑风格上追求鲜明的英式、大气、奢华，将古典英式与现代风格融于一体，充分体现其文化底蕴。要通过绿化景观设计技巧，将道路网系内的道路、坡地、台地、水系、植物、建筑六大元素融于一体。在道路网系内，形成优美的建筑天际线、趣味的浅丘草坪、变幻的坡地绿化、诗情的小桥流水、丰富的公共绿地，规划出有独特的英格兰优美自然景色所渲染的"海派园林"意境。

进入小区，会所门前修剪模纹灌木水景作为主入口广场核心景观，显得整齐而大气。一条林荫大道种植高低层次分明，色彩缤纷，特色珍珠皇冠灯点缀在花丛中，充满了仪式感。照明在设计上也作了考虑，沿街路灯既是照明又如雕塑，体现了与建筑的融合。配合水景灯具，使整个会所广场在景观气势上大气、整洁、星光闪耀。

进入别墅区，浓密的种植充分体现了别墅的私密性。每户之间用修剪灌木作为围栏。20多个大小不一的绿化带，设置了功能性区域，体现了以人为本的原则。3条大水系利用水库水资源，形成环流，给业主凭栏观溪水的趣味。

在北部滨水区域，结合水库岸线，设计了木制平台，平台上设置临时茶座与咖啡座。不仅为滨水区域带来经济价值，又可以让人们在露天近距离地亲近到水。设计体现出人们的亲水性。在竖向上，增设了台阶，使平台与驳岸高低错落，在凭栏漫步时，增添了趣味性。

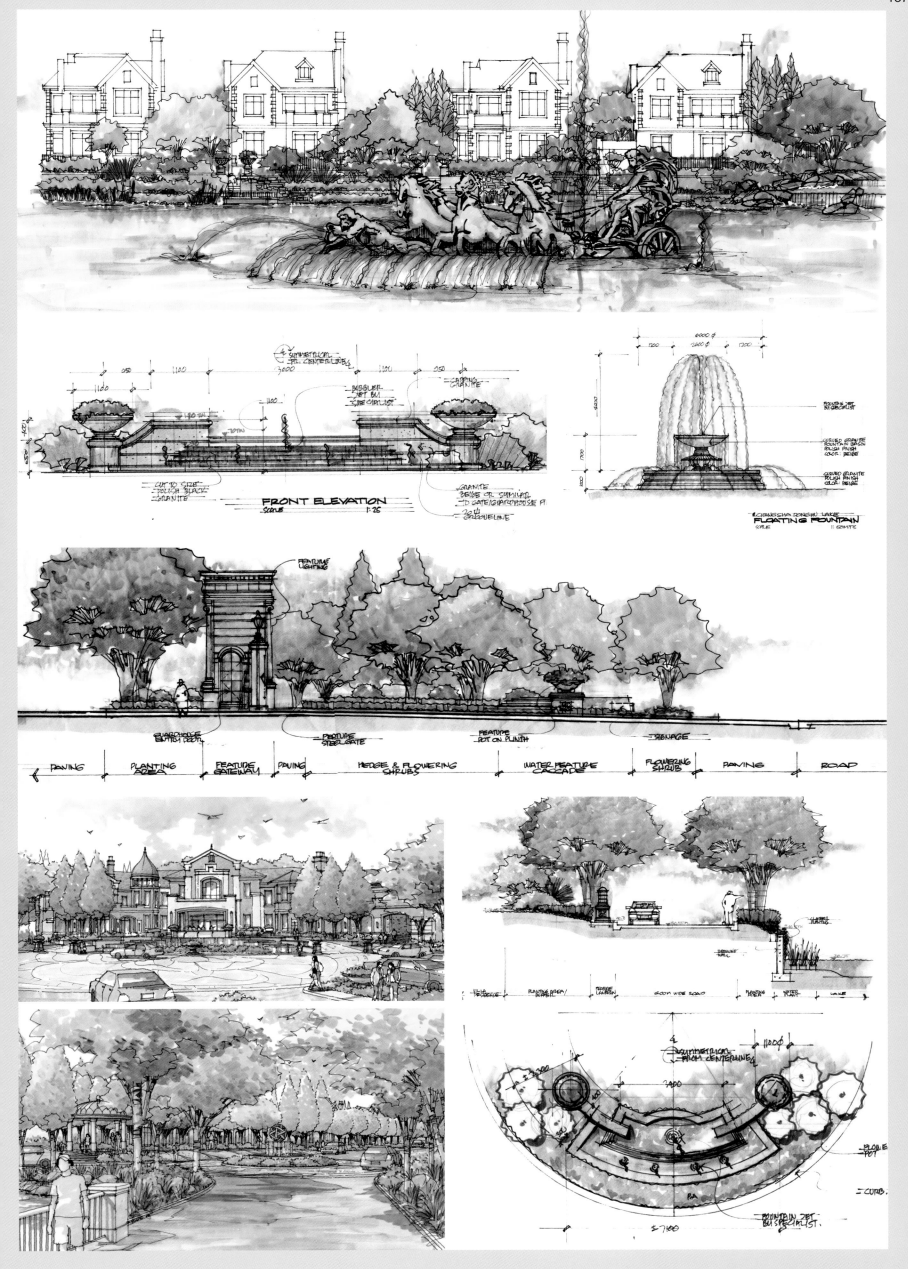

FRONT ELEVATION
SCALE 1:25

FLOATING FOUNTAIN

| PAVING | PLANTING AREA | FEATURE GATEWAY | PAVING | HEDGE & FLOWERING SHRUBS | WATER FEATURE CASCADE | FLOWERING SHRUB | PAVING | ROAD |

重现法式风情的中国社区
——武汉丽水佳园大型水岸生活社区景观设计

项目位置：湖北 武汉
景观设计：SED新西林景观国际
设计总监：黄剑锋
委托单位：沿海绿色家园集团

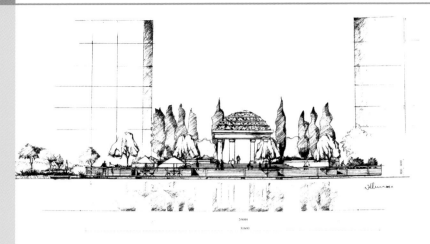

"一个法国设计师在中国无法完成的法式风情景观，一个从造价上被认为'不可能完成的任务'，SED新西林完成了。"

项目概述
该项目开发总面积为40万平方米，位于武汉市东西湖区金银湖畔，南临金银湖高尔夫球场，北倚生态观光园，东靠机场高速公路，与常青花园比肩相伴，距汉口火车站仅约10分钟车程。项目衔水而建，绿水环抱。日出为金，月升为银，"天阔云低，极目楚天舒"，藏风聚气，吐故纳新。所处区域碧水蓝天，自然景观优势和空气清新指数突出。机场高速和常青花园的公交体系以及规划中的两条绿色城市轻轨线的透射贯穿，使其在凸显现代都市生活景象的同时，更具升值潜能，是武汉市区最具现代都市生活品位质和生态伦理的高尚住宅社区之一。

环境特色
整个小区景观设计按开发商意愿围绕法国风情展开，早期由一家法国背景设计机构完成方

案后未获通过，后委托SED新西林重提方案并继续完善直至建成。

整体环境布局、路面铺装、植物栽种都体现出尊贵大方。小区中央的人造湖泊给景观提供了丰富设计空间，借助充满异域风情的各种装饰、图案等元素及灵活的设计手法，融入艺术、文化、健身休闲等人文概念，去营造浪漫的法国风情与生态人文自然式园林为一体的人性空间，展现出既有法式风情又符合国内人居生活方式和审美观的欣赏体验。

1、整体美妙来自细部
细部设计作为一种符号，具有象征意义，是人内心活动的生动反映。细微之处体现真情。该项目设计以自然生态、优雅休闲为主题，充分利用区内湖水，合理确定小区空间划分与景观构成，取人性化与景观化并重的设计思路，以园林景观、建筑形态及特色小品等多方面来塑造小区的法式风情及自然生态的休闲情怀。

沿主入口开展的景观纵轴采用传统的景观序列手法，依次为"开""承""起""合"四个景观空间，将传统的景观元素和现代景观设计手法融为一体。沿湖风光带的横轴与沿主入口的特色喷水景观构成小区的景观中心轴。巧妙将异域风情和自然休闲的生态园林融合一体，并渗透延伸至各组团。各组团区域在统一中寻求变化，通过空间组织、主题及硬质景观造型等的不同，形成或规整几何或简洁明快或自然清新的景观空间。

湖边开敞的假日广场作为横纵轴的交结点，运用充满法式古典厅廊装饰风格的现代设计元素，让人感受到十四、十五世纪欧洲思维律动，经济繁荣的时代。

沿湖一带作为整个小区的休闲景观点，集中体现法式建筑布局与自然生态园林的完美融合。运用众多几何图形交叉、渐变、渗透，使整个空间开敞通透，景观精致而耐人寻味，更有沿水岸而设的亲水木平台，让人更加亲近自然。

洋溢欧式建筑风格的会所，几何造型的泳池，整洁的地面装饰，将古典主义的传统线条图案抽象简约化，尊贵大气，水中依稀的建筑倒影更衬托出环境的尊贵宁静。

2、有效利用建筑灰空间，实现建筑与景观的相辅相成
巧妙利用建筑边缘空间环境，拉近人与自然的关系，依据各组团所处环境，考虑到社区内居民的互动和凝聚社区意识，形成不同功能活动空间，作为业主交友休闲空间，增强业主的认同感、归属感与参与感，满足不同人群的多样化需求，更可以让人们在都市的疏离中

找回失落已久的邻里之情。

3. 生态健康的软景设计

整个小区的植栽以创造健康生态环境为总原则，以总体景观设计意念为主导，将植物或主或客与建筑、小品充分协调，体现整体的统一。根据植物自身的特性合理配置植物群落，创造人与自然和谐共存的生态居住环境。植物的花开叶落展现季节变幻之美，一草一木，一枯一荣都是生活的诠释和写意。

沿轴线一带植栽，追求规矩、简洁，以建筑式布局的植物，修剪成型的洒金柏诉说和烘托着尊贵典雅的法国风情环境气氛。

组团间以宁静、简洁、清新的情境设为主，每个宅间采用具备象征意味的庭园树种为主题树种，隐喻生活意境，并降尘减噪，净化空气，有益于生态。

限额设计（景观效果VS成本控制）

本社区占地约40万平方米，考虑到众多复杂的开发条件限制，开发商在确定环境风格的基调上力求降低景观总体造价。在设计、开发商、施工等多方共同努力下，景观造价实际低于每平方米140元，在低成本的控制下，如何保证景观效果便显得尤其重要。

在丽水佳园中根据我们以往经验通过以下几个方面来降低造价：

空间布局：在布局上要有重点，疏密有致，投入成本主次有别。从设计这一根本上就要注重成本在主次景观上的投入，空间布局合理并要符合人们平时的行为习惯，不随意铺张浪费每一处不必要的高成本的景观设计。

竖向设计：由于成本的原因我们尽量减少景观构筑物，但过于平坦的景观空间会让景观显得平淡无味，因此此空间设计上尽量考虑在最少的地形整治前提下，将重点地段及较大景观面积的区域进行地势上的高差处理，并在植物的种植上结合人造地势，让高中低植物分别配上高中低的地势，以达到视觉上的变化和遮挡，既具观赏性，同时又解决了由于减少高成本的构筑物而导致竖向景观不丰富的问题。

材料选择：一、根据设计风格并结合项目所在地的本土材料来做景观设计，这样可以大大节省在

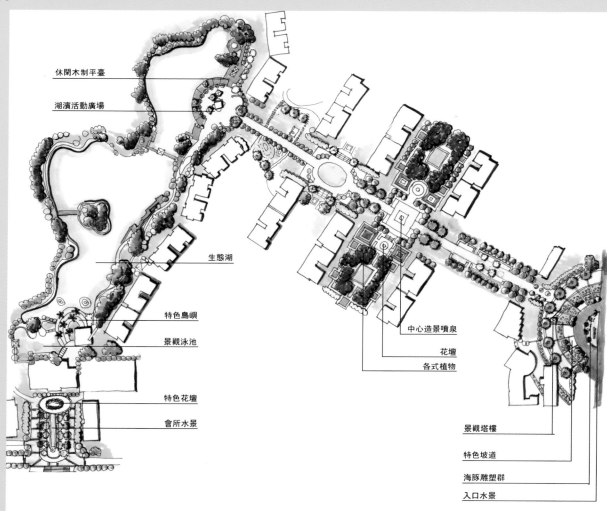

休閒木制平臺

湖濱活動廣場

生態湖

特色島嶼

景觀泳池

特色花壇

會所水景

中心造景噴泉

花壇

各式植物

景觀塔樓

特色坡道

海豚雕塑群

入口水景

外地购买材料所花费的成本；二，尽量使用市场上通行的材料规格来进行设计，这样就节省了材料的损耗。三，了解材料的使用属性，不同功能的位置对材料厚度及质感可以有不同的要求，而不是简单的所有材料要求一样厚度。只有考虑到这样细的问题，才能既满足景观效果又降低成本。

植物设计：软景设计是景观设计的重点，利用当地生长情况较好的高大树种作为主要的景观树，只将一些名贵树种种植视在线集中的焦点位置。在丽水佳园现场生长了大量野生植物，在进行一定修整后进行再利用，不仅降低了植物成本，还体现了一定生态性。

中国的当代居住建设发展是世界瞩目的，同时中国也成为包容"世界文化"最活跃的地域之一，在社会经济发展的当今时代，人们一直在追求自我价值、自我意识和文化归属，并努力从世界文化中寻求共鸣。但缺乏思考、探索、比较的"文明移植"，将很难最终创造属于自己的文明。若只把法国的设计进行简单的"移植"，而不能结合国内特定的地域经济实况、人群审美取向、工程技术水平，"文化移植"可能会很快"夭折"，这不能不说是一种损失。只有根植于地域土壤，施以世界文明的养料，才可创造新文明，创造新生活。

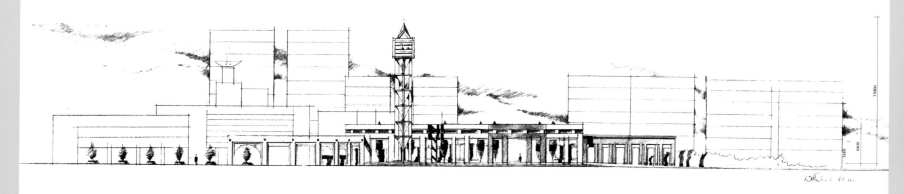

安静的、明亮的开放景观
——湖南岳阳天伦城

项目位置：湖南 岳阳
景观设计：杭州现代环境艺术实业有限公司

该项目位于岳阳市政府正对面，占据着城市中心位置。南临金鹗中路、东临建湘路、北临五里牌路，花板桥路及青年中路横贯其中。具有城市地标价值，它不仅代表着城市的新形象、发挥城市的聚合功能，而且也承担着传承历史的大责任。整个项目涵盖精品住宅、SOHO、商业中心、名店街等，住宅中又规划了多层、小高层以及高层等多种类型的产品。现代受托为该项目提供景观设计。

现代设计团队对该项目的设计理念——都市公园•天伦名城

1．以世界的庭院为主题，创造都市公园

在都市崭新的街镇中，通过以东洋的自然景观为基准的庭院和以西洋的被规划过的庭院的组合来创造一个安静的休憩景观和明亮的开放景观相结合的都市公园。

2．以光、水和花为主题，创造都市公园

早上的晨光，中午的日光，傍晚的夕阳及夜晚的景观照明灯光，通过一天当中这些光的变化来创造都市公园。

通过水面、跌水、瀑布、喷泉等演示出各种各样的水的状态来创造都市公园。

通过树木、花草演示出四季自然的变化来创造都市公园。

3．以健康和交流为主题来创造都市公园

现住在都市的人们对健康是很向往的，要充分的保证室外散步、室外娱乐及运动的空间，以健康为主题来创造都市公园。

居住者之间的交流对于一个小区的氛围是非常重要地，以架空层为首设置较多的休息场所和集会设施，以交流为主题来创造都市公园。

天伦城以打造"国际街区生活城，塑造岳阳高尚名宅形象"为目标。岳阳市政协领导给予了该项目高度的评价。

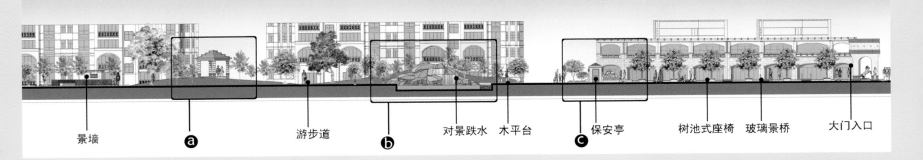

景墙　　　ⓐ　　　游步道　　　ⓑ　　　对景跌水　木平台　　　ⓒ　　保安亭　　　树池式座椅　玻璃景桥　　大门入口

尊贵的奢华，浪漫的情调，典雅的景观艺术
——天津国耀上河城

项目位置：天津
景观设计：SED新西林景观国际

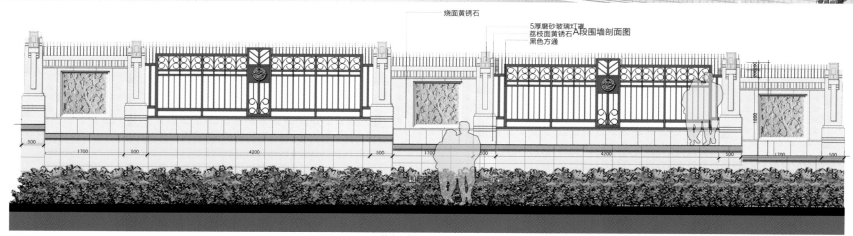

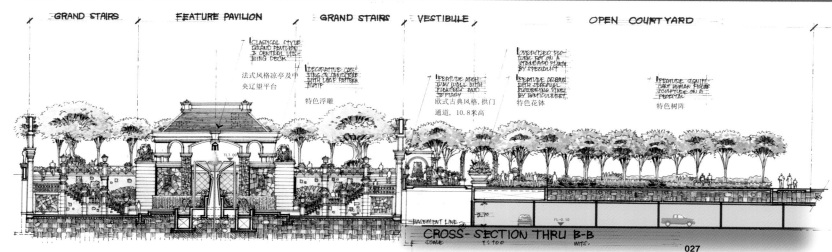

为了打造北辰新地标，定义都市新生活，让尊贵的奢华，浪漫的情调，典雅的艺术在此不可复制。并且注重人文与自然的完美结合，营造惬意舒适的居住环境，增强小区生活的品质感。景观设计师在本项目中利用法式的造景手法，设计结合现代文化艺术，强调创新性、参与性的表现方式，创造出天津独具特色的典雅、尊贵、浪漫的法式园林景观社区，让整个社区的景观成为社区生活品质提升的标志，成为身份的象征。

入口主题广场

主入口独特的空间布置形式滋生了独特的景观效果，成为整个小区的亮点。首先在空间布局上大胆的尝试，管理口后移，在一定程度上增大主入口的开放性空间，使小区的展示面扩大。整个空间给人一种大气尊贵的感觉，从外到内分三个层次设计。先是临近马路的大型喷泉水景和大型雕塑，再是两侧的跌水水景，配以卫士雕塑，有极强的仪仗感和仪式感。最后是结合地形和建筑而做的门厅，成为小区的前客厅。在细节处理上现代时尚，同时加以华丽而艺术的装饰，一种皇家般的尊贵感开始上演，严谨有条理的秩序，使得都市快节奏的生活步调瞬间转换至一种优雅徐缓的高贵格调中，充满仪仗感的风景带给居住者宛若郡主的礼遇。

皇家大道

此条轴线为贯穿整个社区的主要步行体验线，连接小区主入口和次入口，途径枫丹白露花园，圣心广场，到达海神泉。采用规整对称的表现手法，通过水景，树阵以及具有法式风情图案的铺装和几何图案化的绿化等组合，塑造出精致典雅的轴线公共活动空间，强调整个中心轴线的关系。同时通过结合地库所营造的下沉空间以及对局部架空抬高的处理，形成回廊和会所结合的空间效果。广场上利用线形水景，给人以扩张和延展感，与两头的大

型跌水相呼应，使整个主轴既有横向的开合，也有纵向的高低错落，从而营造一种台地式的丰富空间体验效果和齐全的功能设置区域。整个景观效果层次丰富，大气。大大提升了小区的品质感。

枫丹白露花园

开阔的草坪空间，休闲廊架，别致的雕塑小品，丰富的地面铺装；可供人们健身，表演，交流的开放空间，来营造一个乔灌结合的绿色生态立体园林。

圣心广场（下沉）

穿过枫丹白露花园就是圣心广场，它与枫丹白露花园有4米的高差，利用这一高差做瀑布处理。很好地解决了垂直面的呆板无味。使景观效果大大提升，同时此广场连接会所和泳池，外面的瀑布为会所带来了很好的视觉效果和听觉效果。广场宜人的尺度为会所和交通口提供了良好的疏散空间以及休闲空间。圣心广场中心为一长条形水景。跳跃的涌泉和精致的小品在两边优美花园的衬托下，显得格外妖娆多姿。让穿越其中的人，倍感宁静舒适，让人们的心灵得到洗礼。同时在视觉上强调了轴线的延伸感。为整个下沉广场增色不少。

海神泉

海神泉作为中轴上的又一高潮，是整个中轴乃至整个小区水景的升华，成为中轴的一个焦点，小区的一个中心。

香榭丽舍大街

该商业街位于社区的东面，是整个社区不可或缺的部分。设计师在考虑增加商业气息的同时，还将进一步通过地面铺装，小品摆设等具有十足法式风情的景观设计元素，营造一个既有完善的商业服务与设施，又有浓厚情调的商业与休闲的街区。成为风情街区的典范。

WATER FEATURE | B.A. | ENTRANCE PAVILION | STAIR CASE | ENTRANCE PLAZA | SIDE WALK ROAD

ENTRANCE GATE

PENDANT LIGHTING BY SPECIALIST

FEATURE POT

WATER FEATURE WITH CASCADE

WATER FEATURE WITH FEATURE HORSE SCULPTURE

COLONADE | FEATURE SCULPTURE | MINI POND | PAVILION | GRAND STAIRS | SUNKEN GARDEN

BUILDING LINE

NEO CLASSICAL STYLE COLONADE ON A POND WITH SINGLE BASIN WATER FOUNTAINS

FEATURE FRENCH STYLE PAVILION AND CENTRAL VIEWING DECK

5.00 MTS. HIGH STEEL SCREEN AT VINE CLIMBERS PAINTED DARK GREEN

FEATURE LIGHTING ON A PEDESTAL BY LIGHTING SPECIALIST

FEATURE FLOWERING TREE AT TAPLANT GARDEN BY HORTICULTURIST

FEATURE LION SCULPTURE ON AN OVER-SIZED PEDESTAL

FEATURE SCULPTURE OF ROSE ON AN ARTIFICIAL POND

MINI WATER FALL 5.00 MTS. HIGH @ GRAND STAIR BASE

BASEMENT LINE

LONGITUDINAL SECTION THRU A-A

SCALE 1:100 MTS.

法兰西咏叹调的华彩乐章
——广西荣和集团南宁山水绿城大型社区

项目位置：广西 南宁
景观设计：普梵思洛（亚洲）景观规划设计事务所
委托单位：广西荣和集团

该项目位于广西南宁市明秀东路北侧，东接狮山公园办公区，西临明秀路北六里，北至皂角村，北湖路东三里穿地块中部区域而过。地块内现有南宁市建筑材料装饰市场、部分企事业单位办公区、宿舍和厂房以及虎丘、皂角两个城中村，虽然地块整体城市形象差、硬件配套水平较低，但该区域紧邻南宁城市主干道，东靠狮山公园，具有优越的区位和交通优势，发展空间很大。狮山公园良好的环境资源为该区打造高品质的居住生活环境奠定了基础，同时北湖路板块人口密度较大，市场供应少，且区域内居民对改善居住环境也有迫切需求，将更一步奠定项目在市场销售方面的良好基础。

普梵思洛专业设计团队接到项目后，仔细分析基地毗邻狮山公园，坐拥天然城市绿肺以及紧邻南宁城市主干道的优越交通条件，和同时存在地块及周边整体城市形象差、硬件配套水平较低；以及基地被规划道路划分为四块区域，对项目整体性带来影响的局限，认识到本项目外部借用无任何景观资源的情况下，只有充分挖掘内部景观，才能打造和提升内部景观品质，为居住者提供一个良好的景观环境。

设计理念

针对本项目实际情况，大胆提出"法兰西咏叹调"设计想法。法国是欧洲文明的摇篮，关于法国园林发展历程，大致可分为两个阶段。一是法国古典园林：古典园林以法国巴洛克式为代表，受到意大利文艺复兴文化及东方文明的影响，根植于法国宫廷贵族享乐主义基础上的巴洛克式园林，以其气势宏大的建筑、繁杂丰富的雕塑水景和层次变化的植物配置，谱写出一曲华丽的乐章。二是现代法式园林：随着全球保护生态环境的呼声日益高涨以及在近邻德国的影响下，法国现代园林呈现出两种特别明显的风格特征。

1. 生态特征。法国当代园林师不是把"生态"口号挂在嘴边，而是老老实实地落在实处，从生物学、材料学以及养护管理、再生、节能、野生植物、废物利用等多方面入手，构成园林生态设计的关键词汇。

2. 注重简约的设计理念。主张"少就是多"，简约不是简单，相反却是对本质的深度挖掘和坦诚表现，是一种抓住事物的关键因素和基本特征，少走弯路，以最小的改变取得最大成效的惜墨如金的设计方法。基于以上法式园林的分析，我们分别以古典和现代两种手法对本项目景观进行有区别和针对性的设计，具体设计范围是：对于会所泳池区域以及一期入口广场至中心水景区域的轴线部分，以古典手法设计，打造出一种华丽富贵之气势；除此之外的其他部分，我们以现代手法进行设计，两种风格融在一起，共同谱写出一曲法兰西咏叹调的华彩乐章。

设计手法

"法兰西咏叹调的华彩乐章"由四部分组成，这也是我们本项目的主题理念：1、枫丹白露组团：枫丹白露（Fontainebleau）是法国巴黎大都会地区内的一个市镇，Fontainebleau一词意为"美丽的泉水"，枫丹白露的居民被称为"Bellifontains"。枫丹白露森林是法国最美丽的森林之一，橡树、枥树、白桦等各种针叶树密层层，宛若一片硕大无比的绿色地毯。秋季来临，树叶渐渐交换颜色，红白相间译名为"枫丹白露"。枫丹白露虽然是按音译成的中文名字，却是翻译史上难得的神来之笔，像"香榭丽舍"一样，"枫丹白露"这个译名会让人不自觉地陷入无尽的美丽遐想。脑海里有树影的摇曳，有清秋的薄露，有季节的转换，有时光的永恒……对于"枫丹白露"，我们希望通过一些独特的景观元素，把整个环境设计成自然跟艺术完美结合的组团空间。2、茂特芳丹组团：茂特芳丹是巴黎以北桑利斯镇附近一个风景优美的花园，让·巴蒂斯特·柯罗是19世纪法国最杰出的风景画家。他终生热爱自然，终生坚持面向自然，曾经在那里写生。《茂特芳丹的回忆》一画，是柯罗风景画的代表作之一。那里的风景之美给他留下了难忘

的回忆。这种回忆促使他创作了这一风景画。它描写茂特芳丹花园晨雾初散，清风和煦的早晨的优美景色，整个画面意境清幽，生意盎然，具有浓厚的抒情色彩，是柯罗最精致的田园画之一。对于"茂特芳丹"，我们希望通过一些纯自然的设计手法，充分表现出大自然的魅力，给人一种返璞归真的空间感受。

3．香榭里大街：香榭里大街（法语：Avenue des Champs-Élysées或les Champs-Élysées）是巴黎一条著名的大街，位于城市西北部的第八区。它被誉为巴黎最美丽的街道。"浪漫香榭里"原意是希腊神话中圣人及英雄灵魂居住的冥界，这是巴黎西边的历史轴线。香榭里大街是巴黎主要的旅游景点之一。浪漫香榭里大街的前半段被绿地和一些建筑包围着，在它的高处，有很多奢侈品商店和演出场所，还有许多著名的咖啡馆和餐馆。对于中央大街"香榭里大街"，我们希望从中挖掘出这条法兰西第一大道的精华，运用到我们的景观设计中，使我们的中央大道同样能使人流连忘返。

4．"蓬皮杜"艺术商街：法国国立乔治•蓬皮杜艺术与文化中心，位于巴黎博堡大街和历

史遗址沼泽区的边缘。该中心由蓬皮杜总统委办，故以其名命名，它是一座新型的、现代化的知识、艺术与生活相结合的宝库。人们在这里可以通过现代化的技术和手段，吸收知识、欣赏艺术、丰富生活。如果说卢浮宫博物馆代表着法兰西的古代文明，那么"国立蓬皮杜文化中心"便是现代化巴黎的象征。作为商业内街"蓬皮杜"艺术商街，我们希望从法国"蓬皮杜艺术中心"吸收设计灵感，带给人新鲜的现代的独特的感受。

项目愿景

该项目我们期望通过古典法式风情的引入，创造一个"景观环境自然和谐、建筑空间独具特色，社区氛围高贵典雅，生活品质格调高尚"的现代自然主义生态型国际人文社区，即集居住、商业、文化教育、办公、休闲娱乐为一体的综合社区，以打造南宁北湖板块人居新标准为目标，通过项目开发实现八大价值：生态价值，景观价值，片区价值及潜力，商业价值，健康价值，旅游休闲价值，文化艺术价值。

传统内敛与高贵精致相融合的法式景观
——启东凯旋华府

项目位置：江苏 启东
景观设计：禾泽都林设计机构
设 计 师：汤津

圆亭景观剖面图

该项目用地位于启东兴强十五组，东至农田，南至先豪酒店，西至华石路，北至灵峰路，距启东市中心约3公里，用地面积：93 452平方米。

理论依据
1、新古典法式建筑适合经典法式景观来提升其品质。
2、规划中下沉庭院的设计，为景观设计提供了更好的表现空间。
3、高层建筑围合的空间，使游园式景观布局得以实现。
4、星河湾和圆明园的成功案例说明中西合璧的设计方法是可行的，而且能达到现代人高的审美要求。

设计目标
使传统内敛的生活方式与高贵精致的生活方式相互融合，打造符合现代生活品质的居住理念，将给启东带来全新的休闲生活体验方式，满足人们对于新生活的无限向往。

景观设计手法为"西方艺术来表达东方意境"，营造藏风聚气的理想环境，使"演绎非凡气质，体现品质生活"的开发目标得以实现，给人们带来心灵的静思与放松和丰富的生活体验，成就启东一道美丽的新风景线。

如何打造高尚的景观环境，本案我们要做到"安全、健康、生态、繁华、高贵"。

人车分流的交通系统设计，创造了相对安全的小区环境；球场和完备的健康设施及条状的游园道路，为居住者提供了更好的锻炼和休闲的空间；

下沉庭院山水式园林的设计，使水、石、植物融为一体，达到人与自然的和谐，表达"天人合一"的传统观点，都体现了生态、自然的观念；

小区的坡地设计造就"繁花似锦，丛林茂密"的空间效果，人看到的绿化景观更加立体和丰富；

小区经典法式的建筑形式和欧式景观构筑物，小品体现居住者高贵的身份。

大气的广场、丰富的轴线、尺度适宜的庭院、优质的水系、四季变化的美景，将环境无限放大，升华出奢华高贵的景观体验。

景观结构可概括为：一心、两轴、两片区、三庭院。

绿化设计说明
本小区植物配置采用现代与欧式结合的手法，运用植物的观赏特性创造园林意境，乔灌木高低错落有致搭配，通过空间疏密的变化，植物丰富的季相变化，不同的活动空间营造丰富多变的植物群落空间，结合不同节点各自特色，呈现不同的植物四季景观，营造欧式浪漫、奢华、瑰丽的居住空间。

在树种的选择上以常绿树为骨干树种，如香樟、桂花等，以开花、色叶树种、寓意美好的果树来亮化小区环境，如樱花、紫叶李、石榴、杨梅等，结合小区空间结构变化，重要节点种植大树，时花来营造繁华，区块大的公共空间以片植、群植、草坪来打造，如成片开花植物营造浪漫，小面积区块以精致的乔灌木混搭营造不同的植物特色。

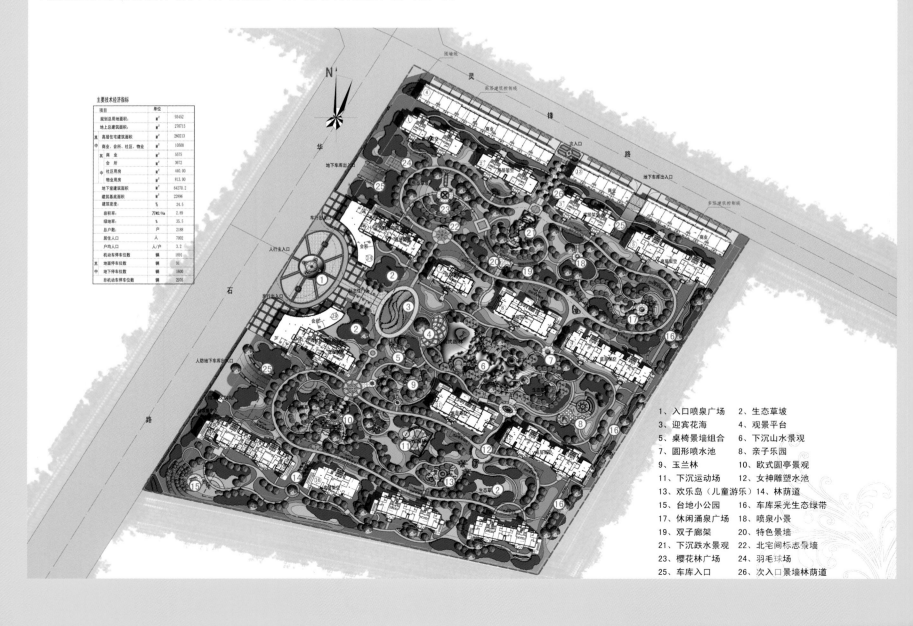

1、入口喷泉广场 2、生态草坡
3、迎宾花海 4、观景平台
5、桌椅景墙组合 6、下沉山水景观
7、圆形喷水池 8、亲子乐园
9、玉兰林 10、欧式圆亭景观
11、下沉运动场 12、女神雕塑水池
13、欢乐岛（儿童游乐）14、林荫道
15、台地小公园 16、车库采光生态绿带
17、休闲涌泉广场 18、喷泉小景
19、双子廊架 20、特色景墙
21、下沉跌水景观 22、北宅门标志景墙
23、樱花林广场 24、羽毛球场
25、车库入口 26、次入口景墙林荫道

下沉山水园林景观剖面图一

八角亭景观剖面图二

下沉跌水景观剖面图

下沉跌水景观正立面图

图例：
景观轴线
入口凯旋广场
生态草坡
下沉庭院景观
重要景观节点
车库采光带

特色景墙及廊架立面图

新古典主义
Neoclassic

风格特征：新古典的设计风格其实是经过改良的古典主义风格。源于西方，融中国园林要素与西方建筑美学与一体，宅中有景，景中有宅。强调厚重沉稳的建筑实体透出时尚的气息，截取中外住宅的经典符号配以典雅简洁的外饰。新古典主义景观设计集中体现了这一风格精髓。其主要关键词有"文化的、精致的、优雅的、生态的、现代的"，"中国传统的造园手法、欧陆精致小品的点缀、现代的表达形式、中西方文化有机的结合"为其主导思想。

一般元素：以经典欧式建筑、中式园林景观要素相融合。在欧陆风情中加入精致、瑰丽、典雅、神秘、尊贵的景观元素。台地、雕塑、喷泉、台阶水瀑、整型植物。

特　　点：新古典主义欧陆风情的建筑，以经典欧式符号和红蓝色坡屋顶诠释优雅气质，更将传统典雅的皇家气息与名山胜景巧妙融合，极致和谐。融入亚洲园林亲水文化的造景手法，在欧陆风情中加入精致、瑰丽、典雅、神秘、尊贵的景观元素，让原生自然与建筑浑然一体。

各种新古典风格的表现：

美式新古典主义风格特征：在欧式传统风格特别是古典意大利风格基础上的现代化演绎，摒弃繁复的线脚与细部塑造，省略部分过于宏大庄严的轴线、雕塑与水景，在尺度上更显得亲切与人性化，在色调上更趋于明快，在材质上更趋于自然，在一定程度上显得与美式欧陆较为接近。适用于建筑欧式风格定位明显的项目。特点：美式新古典风格从简单到繁杂、从整体到局部，精雕细琢，镶花刻金都给人一丝不苟的印象。一方面保留了材质、色彩的大致风格，仍然可以很强烈地感受传统的历史痕迹与浑厚的文化底蕴，同时又摒弃了过于复杂的肌理和装饰，简化了线条。在尺度上更显得亲切与人性化，在色调上更趋于明快，在材质上更趋于自然，在一定程度上显得与美式欧陆较为接近。

意大利式的古典主义风格特征：在经历罗马帝国与文艺复兴二次波澜壮阔的洗礼之后，意大利景观以无比华丽壮美的姿态呈现在世人面前，气势恢宏的建筑、精工细琢的雕塑、华丽无比的细部，洋溢着浓郁的文化艺术气息，是最有代表性且最具显著地位的欧式风格，适用于打造精品欧式风格的大中型项目。特点：由于意大利半岛的三面濒海，多山地丘陵，因而其园林建造在斜坡上。在沿山坡引出的一条中轴线上，开辟了以层层的台地、喷泉、雕塑等，植物采用黄杨或树组成花纹图案树坛，突出常绿树而少用鲜花。意大利台地园因为意大利半岛三面濒海而又多山地，所以它的建筑都是因其具体的山坡地势而建的，因此它前面能引出中轴线开辟出一层层台地，分别配以平台、水池、喷泉、雕像等；然后在中轴线两旁栽植一些高耸的植物如黄杨、杉树等，与周围的自然环境相协调。意大利的山地和丘陵占国土总面积的80%，是个多山多丘陵的国家，台地园正是在特殊的地理条件下，融合意大利卓绝哲学思想与务实造园理念的伟大艺术精品。世界公园内的台地园由黑白两色大理石建成，形成了极大颜色反差与层次感，并配有雕塑、围柱、花坛等附属建筑，这种巧妙的组合，构成了它独特的建筑风格。

新古典风格的发展及特色表现：

新古典风格的发展：远在新古典风格出现之前，欧洲大陆的艺术历经哥特式、文艺复兴、巴洛克、洛可可等潮流的洗礼，这些艺术潮流无不在新古典风格的身上留下或多或少的痕迹。如 哥特式的苛刻与严谨、如文艺复兴的精美与豪华、如巴洛克的矫揉造作与浓妆艳抹，以及洛可可的精致繁琐与细腻柔媚。但是真正的新古典风格影响最深的仍然是来自于希腊、罗马和埃及灿烂辉煌的古文明。新古典主义风格兴起于18世纪的罗马，并迅速在欧美地区扩展的艺术运动。它一方面起于对巴洛克和洛可可艺术的

反动，另一方面则是希望以重振古希腊、古罗马的艺术为信念。新古典主义风格的艺术家刻意从风格与题材模仿古代艺术，并且知晓所模仿的内容是什么。

特色表现为：一、绿化为主导的中式古典园林为底1.师法自然，以曲为美。一石一水一花一木，其造型、态势都力求模拟自然生态，避免矫揉造作的人工痕迹，虽由人作，宛如天开。2.绿化造景，采取上、中、下多层次、高密度的绿化搭配手法，营造色彩层次丰富多变的居住空间。二、简约精致的欧式小品点缀1.避免大广场大轴线和大量修剪绿篱的出现，处处体现唯美与简约。2.采用精致的亭、廊、陶罐等小品点缀，营造高雅、尊贵的居住环境。新古典主义欧陆风情的建筑，以经典欧式符号诠释优雅气质，更将传统典雅的皇家气息巧妙融入，极致和谐。融入亚洲园林亲水文化的造景手法，在欧陆风情中加入精致、瑰丽、典雅、神秘、尊贵的景观元素，让原生自然与建筑浑然一体。新古典主义是古典与现代的结合物，它的精华来自古典主义，但不是仿古，更不是复古，而是追求神似。新古典主义并不是某一特定地域中具体流派的专有名称，作为一个美学范畴，新古典主义广泛出现在各个领域，包括文学、绘画、音乐、建筑、室内设计、产品造型设计等许多方面。从广泛意义上来说，新古典主义是指在传统美学的规范之下，运用现代的材质及工艺，去演绎传统文化中的经典精髓，使作品不仅拥有典雅、端庄的气质，更具有明显时代特征的设计方法。新古典主义风格，更像是一种多元化的思考方式，将怀古的浪漫情怀与现代人对生活的需求相结合，兼容华贵典雅与时尚现代，反映出后工业时代个性化的美学观点和文化品位。

"阳光溪，森林海"
——台州刚泰一品

项目位置：浙江 台州
景观设计：EADG泛亚国际

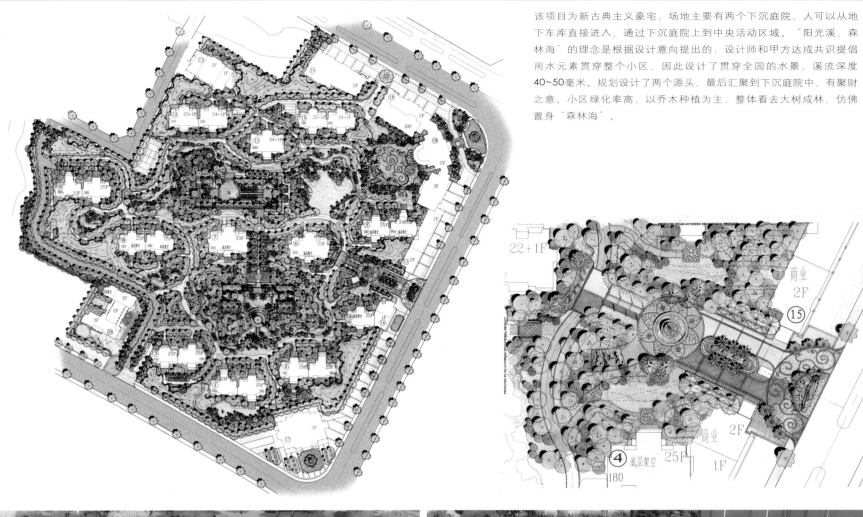

该项目为新古典主义豪宅，场地主要有两个下沉庭院，人可以从地下车库直接进入，通过下沉庭院上到中央活动区域。"阳光溪，森林海"的理念是根据设计意向提出的，设计师和甲方达成共识提倡用水元素贯穿整个小区，因此设计了贯穿全园的水景，溪流深度40~50毫米。规划设计了两个源头，最后汇聚到下沉庭院中，有聚财之意。小区绿化率高，以乔木种植为主，整体看去大树成林，仿佛置身"森林海"。

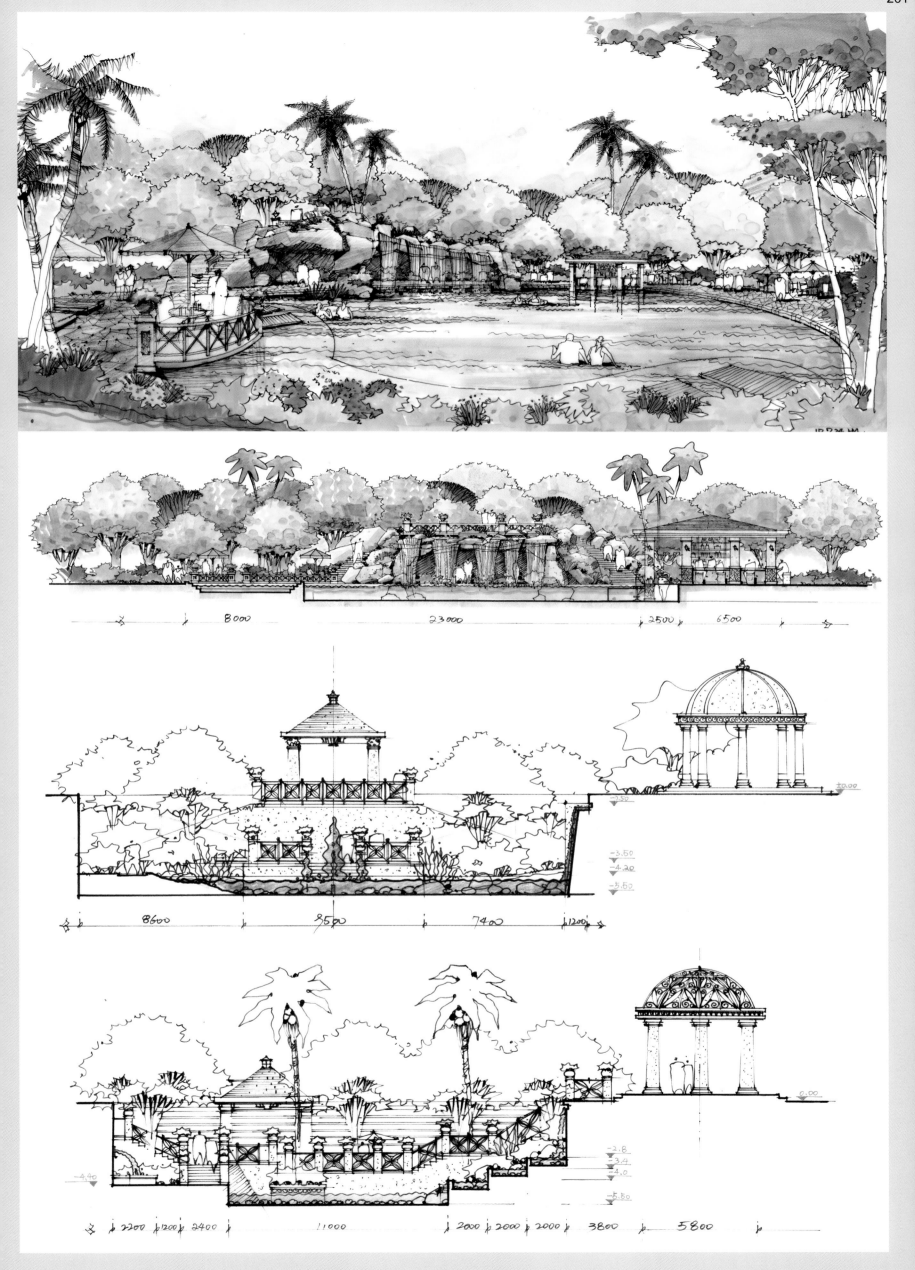

8000   23000   2500   6500

8600   8500   7400   1200

2200 1200 2400   11000   2000 2000 2000   3800   5800

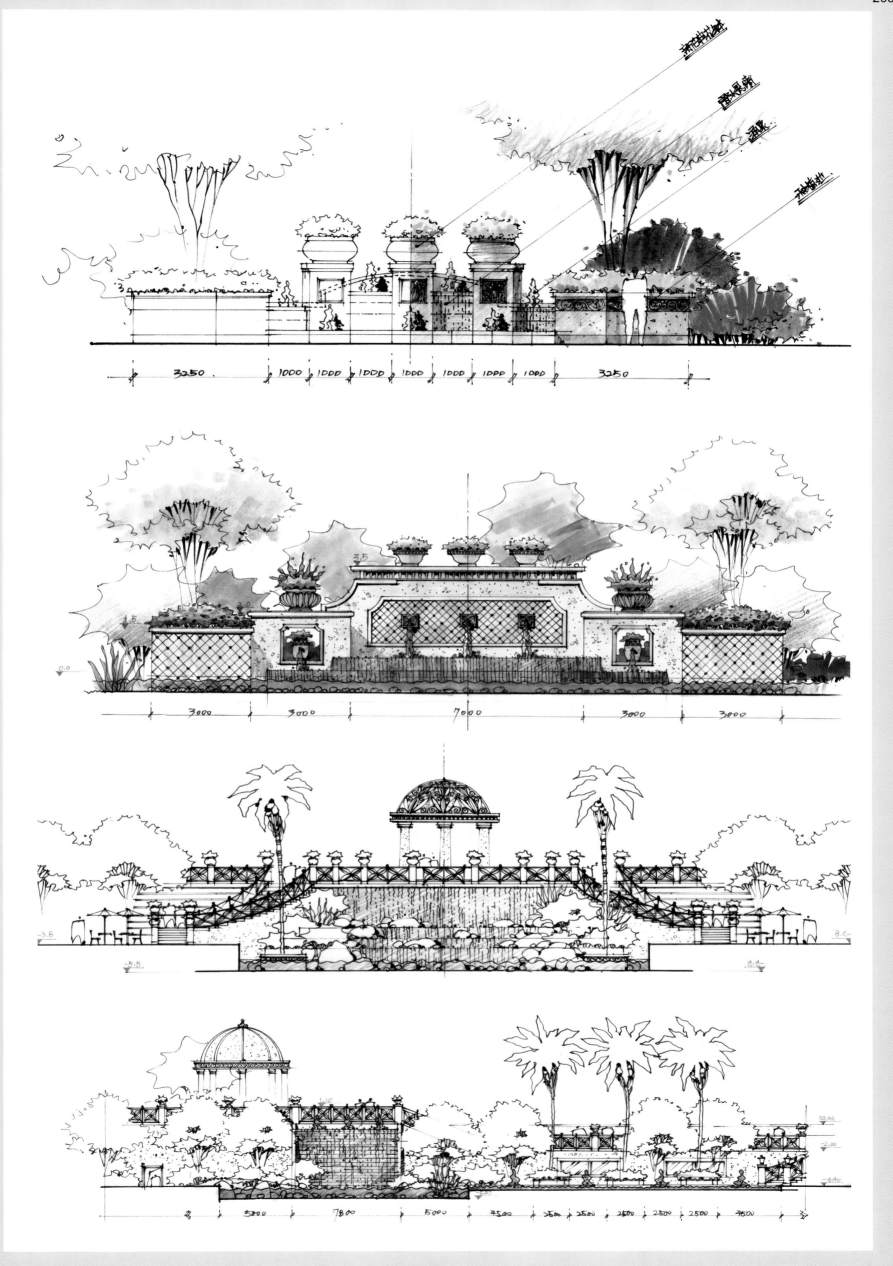

简洁大方的线条勾勒的古典景观
——深圳航空城实业桃源居盛景园社区

项目位置：广东 深圳
景观设计：SED新西林景观国际

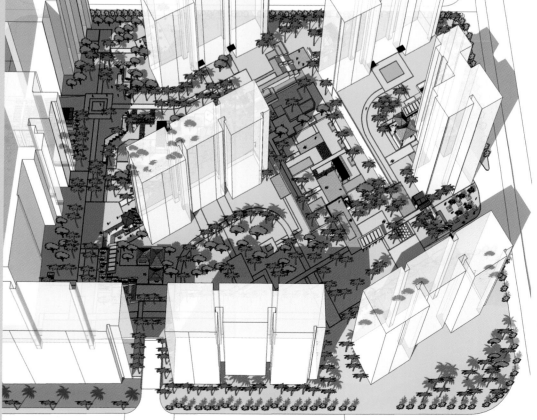

该项目位于深圳市宝安区前进路与汇江二路交会处，总用地3.8万平方米。设计宗旨"以人为本"，同时借鉴澳洲风情的景观元素。整体以简洁大方的线条与块面构筑组团场地空间并将绿化区域尽量最大化，强调人与自然的亲密无间关系，以植物的成长为景观发展的时间线索，从而延展出景观设计中的人文精神。以简洁的直线构筑组团景观框架，具有现代感的同时具有功能性优势，从人的行为模式考虑，以直线连接行为人与目的地是最为直接有效的方式。

现代半山果岭文化
——深圳高山花园半山豪宅景观设计

项目位置：广东 深圳
景观设计：SED新西林景观国际
设 计 师：黄剑锋
委托单位：深圳市阳光华艺房地产有限公司

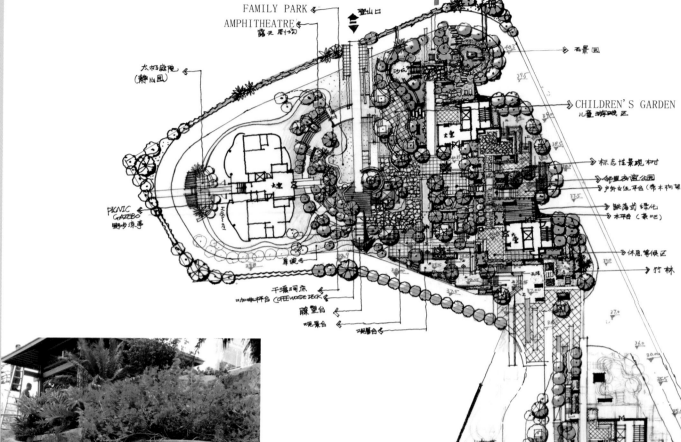

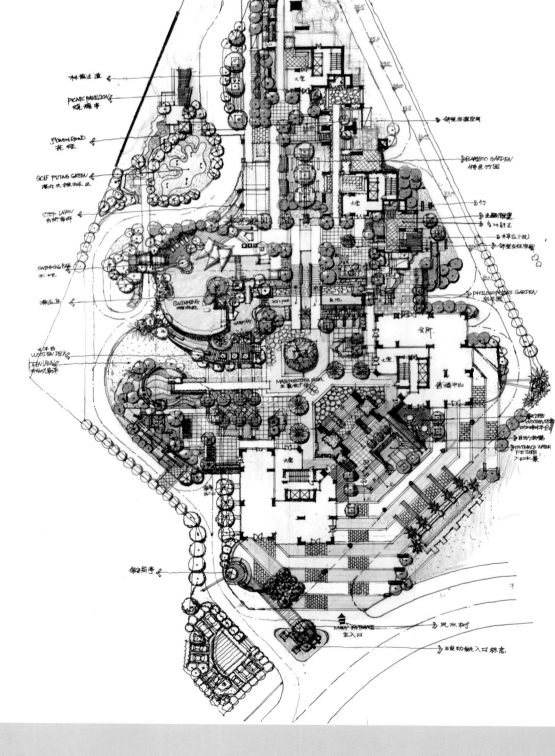

该项目总占地面积2万平方米，位于南山蛇口工业八路与南海大道交汇处，是蛇口半山片区豪宅的又一代表力作，共413户，由7栋18~32层的高层建筑沿大南山山体顺势而筑，两两相连，一字排开。其中3~7栋为175~220平方米的纯复式单位，1、2栋中亦有少量复式单位，共计224套。如此集中的高层复式空间比较少见。

自然的地理高差赋予了它丰富的空间关系和特色。小区园林布置因势利导，根据地势形成3个地下架空的景观面，不同层高之间均有4米落差，有着极强空间层次感，通过430平方米的三层叠式泳池和人工瀑布来修饰板块间的界面。

设计首次提出半山果林概念，对大南山山体资源进行了充分的利用，山体公园与小区浑然一体，其山体公园在规划与设计理念上，与蛇口半山豪宅兰溪谷有异曲同工之妙。在小区西北侧，一道石阶将高山花园与大南山相连，山上植被丰茂，风格各异的休闲凉亭遍布山间，并有27处人工景点。山体公园内共种植2 000多株不同品种的果树，编号后分配给所有业主，业主将品尝到自家果树上的果实，野趣无穷，果林大宅的概念由此而生。

"山水与人文的交融、曲线流动的旋律、形象意境的共享、理想家园的归属"是高山花园规划设计的创意与理念，目的在于达到个性与公共性结合，使居住性与舒适性俱佳，形态

人造土坡　　景墙　　　　　水帘洞　　戏水池　　　　假山叠水

美与意境美共享。亲近山水自然是人的本性，山水相融形成令人沉醉其间的美景。本方案充分考虑到地块内得天独厚的天然山体，吸取山地居住结合自然的理念，运用生态学思想，结合社区文化的现代内容，进行规划和设计，希望创建一个环境优美，服务设施完善，文化内涵丰富的生态型居住小区。

1、泳池：小区中心处的景观泳池充分体现了自然与现代技术的结合，是本楼盘景观设计中最突出的亮点，自然的地理高差赋予了它丰富的空间关系，泳池顺应这种高差地势，分为上下两部分：儿童区和成人区。上部分为成人泳池，有色泽变化的马赛克池底铺装映衬着天空的蔚蓝色。泳池边设有木制休闲平台，几张休闲躺椅，高大椰树林，徐徐的微风散发着浓浓的东南亚风情。成人泳池的水体通过顺应地势而设计的冲水滑梯流入下部分儿童泳池，配合天然景石形成衔接。儿童泳池成为孩子们的乐园。有了流水就有了无穷的活力。孩子的欢笑，流水的欢腾，散发着青春的魅力。为充分利用空间，还在设计上将成人泳池一部分架空，将架空部分做成一个休闲平台给娱乐的人有一个休息的空间。在泳池的南边有一处用硬制铺装围成的水吧区域，水吧没有过多的装饰，几把遮阳伞和随意的休闲椅，拥有现代感的特制吧台已将现代人的生活表现得淋漓尽致。架空层处的一组水体反映一定的文化主题，安置一组反映现代人生活的雕塑，以形成赋予趣味性的空间；两边列植乔木，可以加强引导性。水体及旁边的休闲区域在灯光考虑上，切合主题布置梦幻色彩的地灯及射灯使夜晚的效果更加突出。

2、跌水：水是小区的灵魂，台地跌水而下，两旁是拾阶而上的台阶，中心是"大珠小珠落玉盘"的水景，天然的石材，晶莹的水滴，构成了高山花园的魅力与灵动。

3、景亭：高山花园的景观亭各具特色，设计感较强。文艺复兴风格的穹顶，金棕榈叶铁艺图案，砂岩的意大利廊柱，代表爱与和平的白色信鸽，都从细节上体现了这高山台地的意大利风情。方型芬兰木景亭，依地形而建，半边落在游泳池壁，半边以火山岩为基座。铁艺景亭，手法洗练大方。这形色各异的景亭，构成了高山花园的奢华、富丽、堂皇。

4、小品：花架、灯柱、栅栏、箱变的围合，所有的细节，处处体现着我们的用心，天然的石材、防腐木、砂岩的浮雕，精美的细节体现着古典主义意大利的精致与细节，彰显着台地式古典园林的力与美！

玄秘、洁净、风格清丽淡雅的古典文化
——贵阳三力地产贝地卢加诺山地豪宅

项目位置：贵州 贵阳
景观设计：SED新西林景观国际
委托单位：贵阳三力地产

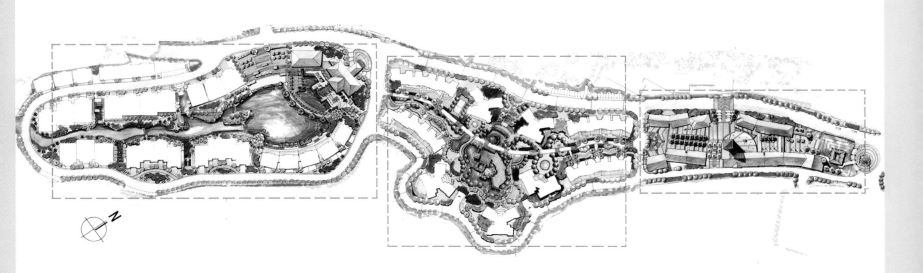

该项目位于贵阳市二桥，总建筑面积26.1万平方米，以瑞士小镇生活方式倡导自然、舒适、国际化的生态健康智能社区，项目设计反映欧洲文艺复兴时期小镇风貌，形成独具特色的新古典主义风格，体现一种玄秘、洁净、熏陶的文化，内在整体风格清丽淡雅，追求人类生活的平和朴实和恬淡宁静。

整体规划思路开创的典雅圣地
——深圳圣·莫丽斯

项目位置：广东 深圳
景观设计：奥雅设计集团
委托单位：深圳市华来利实业有限公司

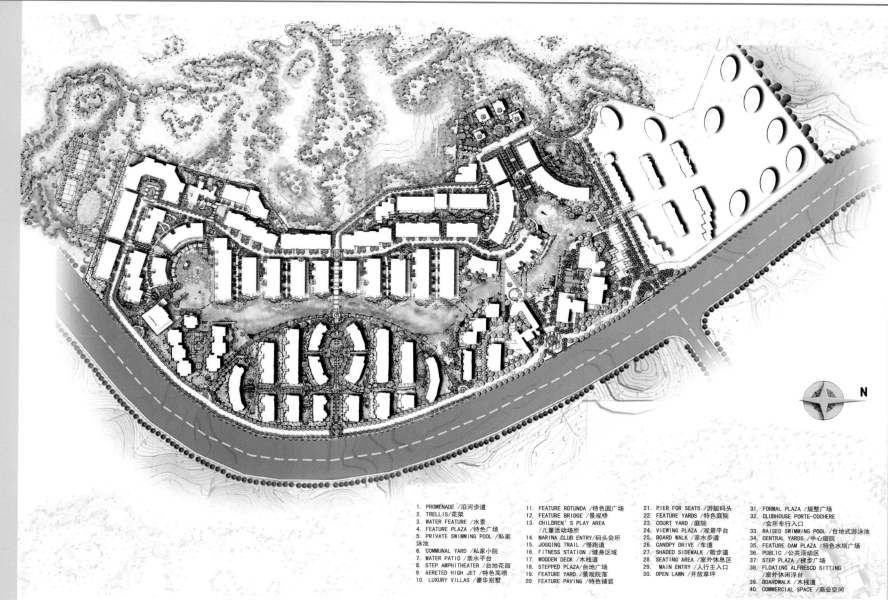

1. PROMENADE /沿河步道
2. TRELLIS /花架
3. WATER FEATURE /水景
4. FEATURE PLAZA /特色广场
5. PRIVATE SWIMMING POOL /私家泳池
6. COMMUNAL YARD /私家小院
7. WATER PATIO /亲水平台
8. STEP AMPHITHEATER /台地剧园
9. AERETED HIGH JET /特色高喷
10. LUXURY VILLAS /豪华别墅

11. FEATURE ROTUNDA /特色圆广场
12. FEATURE BRIDGE /景观桥
13. CHILDREN'S PLAY AREA /儿童活动场所
14. MARINA CLUB ENTRY /码头会所
15. JOGGING TRAIL /慢跑道
16. FITNESS STATION /健身区域
17. WOODEN DECK /木栈道
18. STEPPED PLAZA /台地广场
19. FEATURE YARD /景观院落
20. FEATURE PAVING /特色铺装

21. PIER FOR SEATS /游艇码头
22. FEATURE YARDS /特色庭院
23. COURT YARD /庭院
24. VIEWING PLAZA /观景平台
25. BOARD WALK /亲水步道
26. CANOPY DRIVE /车道
27. SHADED SIDEWALK /散步道
28. SEATING AREA /室外休息区
29. MAIN ENTRY /人行主入口
30. OPEN LAWN /开放草坪

31. FORMAL PLAZA /规整广场
32. CLUBHOUSE PORTE-COCHERE /会所车行入口
33. RAISED SWIMMING POOL /台地式游泳池
34. CENTRAL YARDS /中心庭院
35. FEATURE DAM PLAZA /特色水坝广场
36. PUBLIC /公共活动区
37. STEP PLAZA /楼步广场
38. FLOATING ALFRESCO SITTING /室外休息浮台
39. BOARDWALK /木栈道
40. COMMERCIAL SPACE /商业空间

因地形地貌与瑞士美丽度假胜地"圣莫丽斯"城相似，项目得名"圣莫丽斯"。奥雅从宏观入手，提出整体环境规划的概念，使该项目的环境最大化地与建筑设计相融合，互为补充，相得益彰。设计师从功能入手进行整体设计，创造和周边城市网络及当地文化的联系，保持整体形象，以创造不同感受为原则，划分为半古典台地组团、湖畔古典式组团、自然山体式山地组团、豪华单体别墅区、商业区等不同功能分区。

设计尊重自然，因地制宜，在最大限度保证原生植被被免受破坏的前提下，采取生态保护和生态补偿的方法，利用场地西向山体的形状植被作为绿色背景，进行山体修复和原生态再造，设计了通往山顶的登山径，使人与山体在登山道和休闲亭台进行互动，形成精彩的风景线。自然的景观资源和原林山地，让人们随时可以体验山带给生活的丰富，与森林相守，与青山同乐，尽情地亲近自然，融入自然。

奥雅高度重视土地的情感因素，充分利用山体地形，疏山理水，打造出圣莫丽斯具有异域风情的国际山地住宅模式。设计与现有地形充分结合，尽量保留原有植物，提高整体的绿化率，把景观与自然完美地结合，创造出贯通整区的观景带和良好的观景长廊，营造了一个葱绿、宜人、可自由通行的社区。设计同

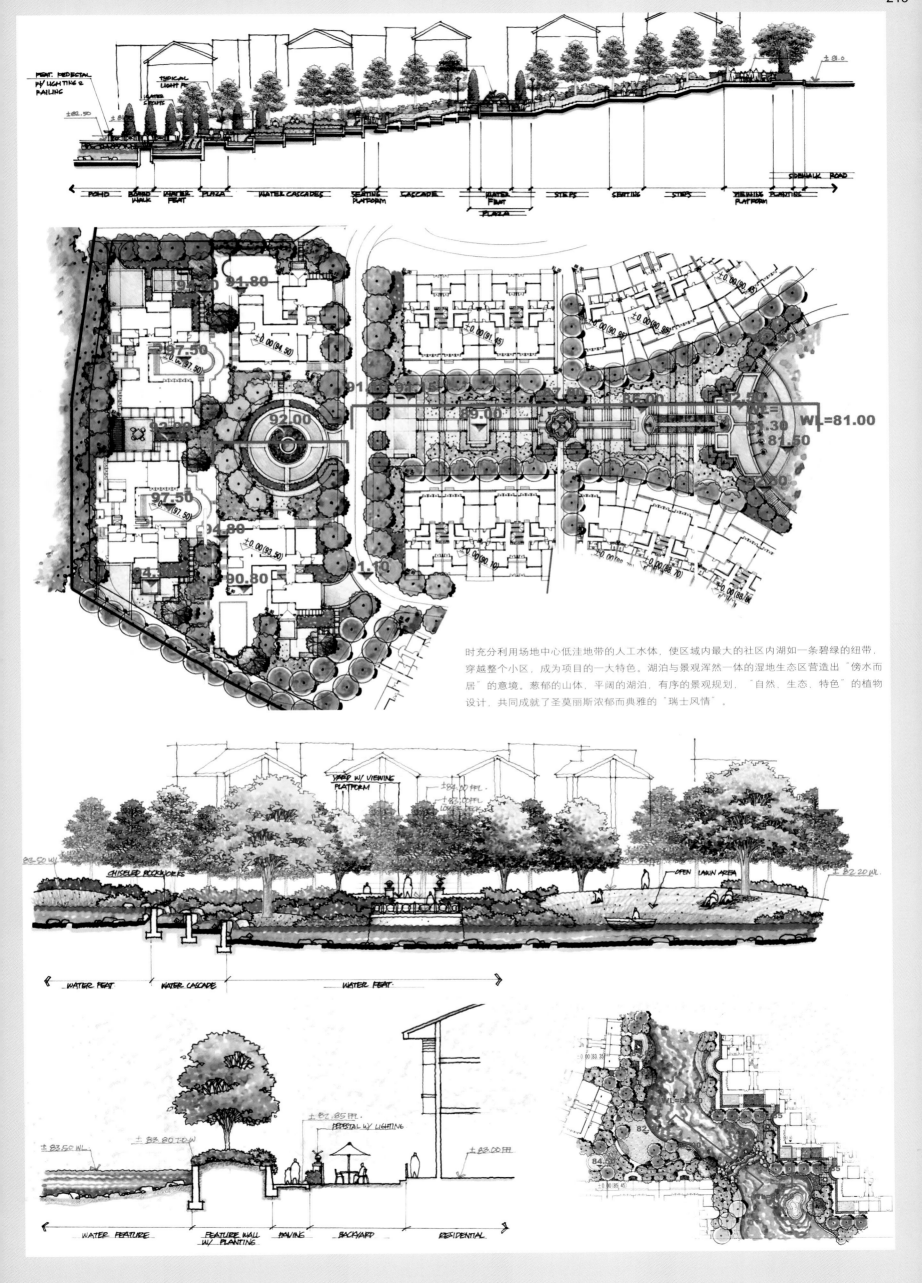

时充分利用场地中心低洼地带的人工水体，使区域内最大的社区内湖如一条碧绿的纽带，穿越整个小区，成为项目的一大特色。湖泊与景观浑然一体的湿地生态区营造出"傍水而居"的意境。葱郁的山体，平阔的湖泊，有序的景观规划，"自然、生态、特色"的植物设计，共同成就了圣莫丽斯浓郁而典雅的"瑞士风情"。

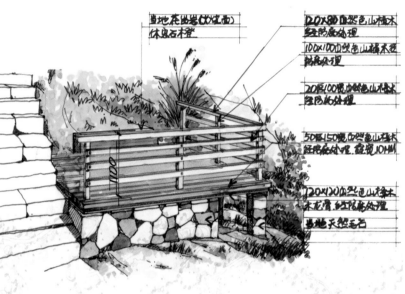

休闲木眺台(1)透视图

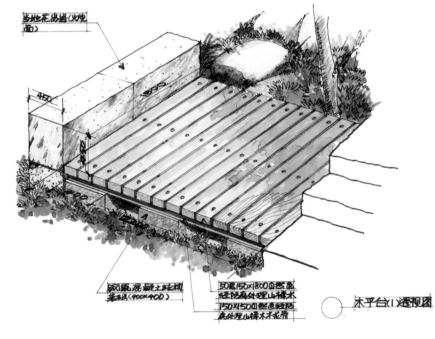

木平台(1)透视图

观景木眺台透视图

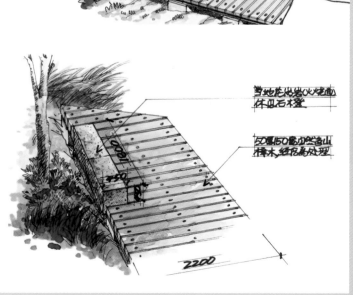

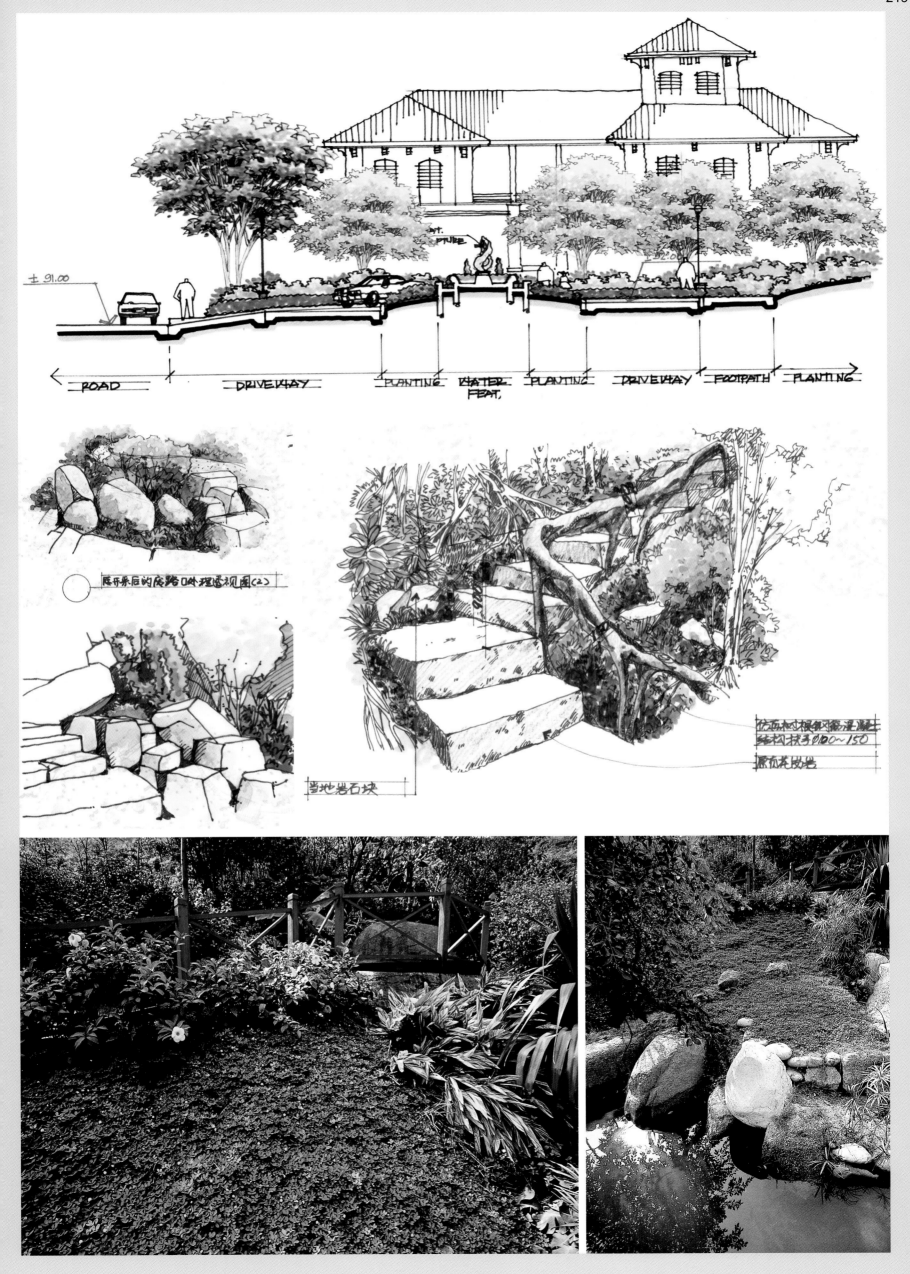

±91.00

ROAD | DRIVEWAY | PLANTING | WATER FEAT. | PLANTING | DRIVEWAY | FOOTPATH | PLANTING

当地岩石块

香浮深庭，悠然经典
——上海提香别墅

项目位置：上海
景观设计：奥雅设计集团
委托单位：上海万科南都韵园发展有限公司

注释 Legend

01 二期次入口
   Secondary Entrance
02 垃圾房
   Garbage House
03 对景雕塑
   Feature Sculpture
04 花海
   Flower Sea
05 临水木平台
   Timber Deck
06 湖滨景亭
   Pavilion
07 中心湖区
   Center Lake
08 浅滩
   Shallow Portion
09 健身步道
   Exercise Path
10 湖心小岛
   Island
11 通往一期
   To Phase 1
12 岗亭室
   Guard House
13 特色水景
   Water Feature
14 街角公园
   Mini Park
15 精致石亭
   Pavilion
16 特色景桥
   Feature Bridge
17 儿童游乐园
   Children's Playground
18 景观花架
   Feature Trellis
19 特色景亭
   Gazebo
20 微坡地形
   Mound with Planting
21 会所
   Club House
22 回车通道
   Around Driverway

注释 Legend
01 高杆树
   Trees
02 大草坪
   Lawn
03 小草坪
   Lawn
04 草坪入水
   Lawn to water
05 2:1坡岸，成对岸景观
   2:1 slope
06 土丘+自然水岸种植
   Mound + natural planting edge
07 女主人玫瑰花园/中间有雕塑
   Rose Garden
08 踏步石，草坪露台
   Paving, lawn terrace
09 起居室，大露台
   Living Room, Terrace
10 卧室外，生活露台
   Bedroom, live trrace
11 铺地
   Paving
12 车道
   Driver Way
13 入口
   Entrance
14 雕塑
   Sculpture
15 香草花园
   Herby Garden
16 小草坪
   Lawn]
17 小沙滩
   Sand Beach
18 草坪踏步
   Lawn Paving]

意大利文艺复兴时期威尼斯画派代表提香是第一位将色彩当成主体表现的艺术家。提香别墅中，我们将提香艺术的经典元素融入到设计中，通过绚丽的色彩，色叶乔木与花灌木相结合，表现出提香作品中经典的特色——色彩。在细节设计上，取自成熟古典的硬景元素，搭构自然轻松的整体系统，意在收藏上海的经典生活，同时也传递出现代舒适生活的情景。

奥雅根据地块原有的水网纵横的乡村意境，着力刻画小桥、流水、人家的田园诗一般的浪漫情怀；同时根据纯粹的北美式风格建筑，单体设计上突出景观特性，发掘每一幢别墅所独有的品质和特色，使景观与建筑环境水乳交融。设计中每幢别墅都拥有自己的前庭后院，倡导前院开敞，后院私密的布局。

相对于大部分楼盘还停留在简单概念上的时候，我们已经着力于将概念与实质相结合，将文艺复兴时期威尼斯画派中最杰出的艺术家提香在艺术生涯中的精华提炼出来，融入到我们的景观设计中，体现自然与人文的融合，将北美式建筑风格融合于古典式的庭院文化，从而提升整个设计的品质，使尊贵与别墅文化共生，同时将经典的美学构图以实质再现，营造出反映上海精致生活的现代化别墅景观。

在方案的推进中，奥雅设计结合与业主在景观主题意向上的哲学交流，将曲线和缓的微地形设计与整体场地相结合，关注各主次空间的场所感。同时将各主要景区放大，进行尺度空间关系的推敲，明确景观元素的合作方式，设置各种座位、花架等，为人们提供休息的机会和全景的观看点，将景观中各个细部的功能深化落实。

以光影变化和色彩绚烂的种植空间来诠释提香花园的主题，将大树乔木布局、群落设计从整体的种群变化逐步落实到每户别墅对景观空间的需要。

综上所述，奥雅通过景观设计，将提香别墅塑造为一个简约，真正洗练于自然元素的纯粹而不失细腻野趣，热烈浪漫而又安静悠然的高品质空间。忠于精致高雅的海派文化，并借取提香在历史上颇具影响的艺术典范，表达当代高贵阶层对理想生活的追求，从而掀起海派风格，具有北美生活风情的经典城市别墅文化热潮。

清新、自然、富有传统精髓的高档居住社区
——苏州中海御湖熙岸

项目位置：江苏 苏州
景观设计：奥雅设计集团
委托单位：中海发展（苏州）有限公司

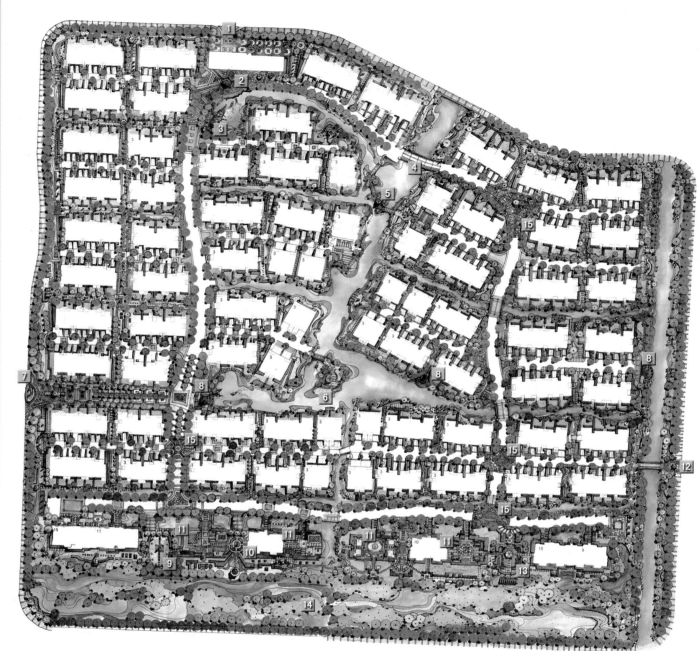

LEGEND：

1、主入口
2、会所广场
3、荷兰风情帆船
4、景观拱桥
5、荷兰风车景观
6、灯塔景观
7、西次入口
8、临水特色木栈台
9、欧式风格庭院一
10、欧式风格园林二
11、架空层景观
12、东次入口
13、欧式风格园林三
14、公共绿化带
15、特色铺地

架空层一平面详图

架空层二平面详图

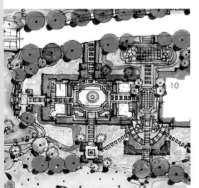

架空层三平面详图

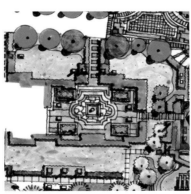

架空层四平面详图

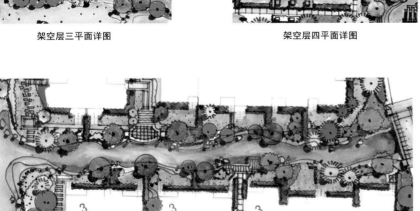

滨水庭院平面详图

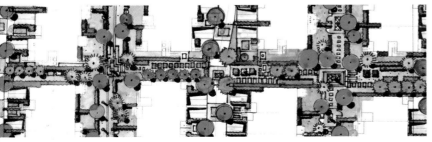

绿色庭院平面详图

根据"荷兰水街"和"苏州水巷"的居住理念，我们将该项目设计定位为：体现优雅、平和的新古典主义风格。基地北临金鸡湖水域，水巷邻里商业休闲中心、李公堤商业街、自然湿地公园，具有丰富的城市水网资源和绿化、生活资源，设计将自然水系引入项目中，形成水、岛、坡、桥的多种形态，打造滨水而居、小桥流水、街巷临河的生活空间，将荷兰滨水城镇所特有的典雅、浪漫、和谐、质朴、简约的生活情趣和传统欧式环境风貌与苏州水乡的精致、当代先进的生活设施相结合，形成清新、自然、富有传统精髓的高档居住社区。

中央水轴和两条绿轴在沿机场路的35米自然市政绿化带中交融，将居住区的景观与市政自然景观有效地结合在一起，互为借景，将居住区文化和整个城市文化融合在一起，共同营造全新的现代居住方式。

设计有三种不同形式的庭院空间给予人们不同的生活感受：半岛内的滨水庭院大气、华贵、亲水，庭院之间通过隐性围墙和绿篱的结合，既可以维护空间的私密性，又增加了整个庭院的绿色率；临芙蓉街的绿化庭院精致、自然、典雅，两排庭院之间留有一定的人行步道，形成组团内部的小型休闲散步道路及景观节点，结合丰富的花灌木和观赏性树种，在视觉上保持欧式庭院的绿化形态；基地南端的架空层庭院空间轻松、活泼、简约，是社区重要的设施功能聚集场所，运用欧式古典风格的设计手法，强调轴线和绿化配置。

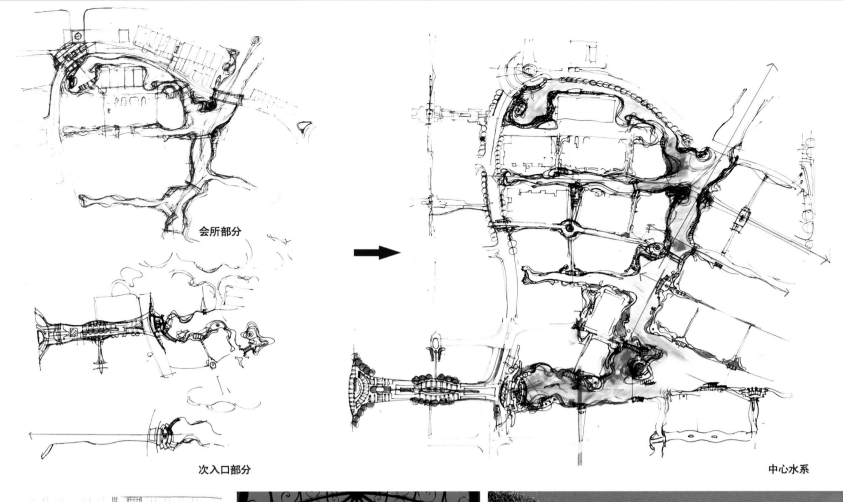

会所部分

次入口部分

中心水系

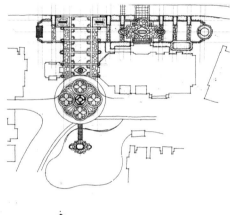

种植区域	景观桥	种植区域	灯塔	种植区域	水域	种植区域
PA.	BRIDGE STREAM.	PA.	LIGHT TOWER	PA.	STREAM. AREA	PA.

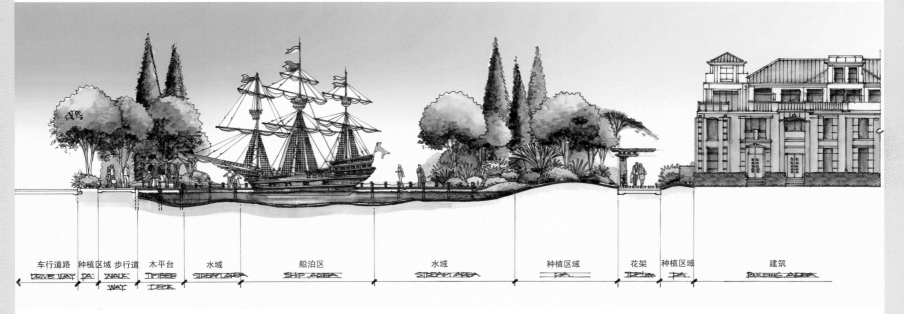

车行道路	种植区域	步行道	木平台	水域	船泊区	水域	种植区域	花架	种植区域	建筑
DRIVE WAY	PA.	WALK WAY	TIMBER DECK	STREAM AREA	SHIP AREA	STREAM AREA	PA.	TRELLIS	PA.	BUILDING AREA

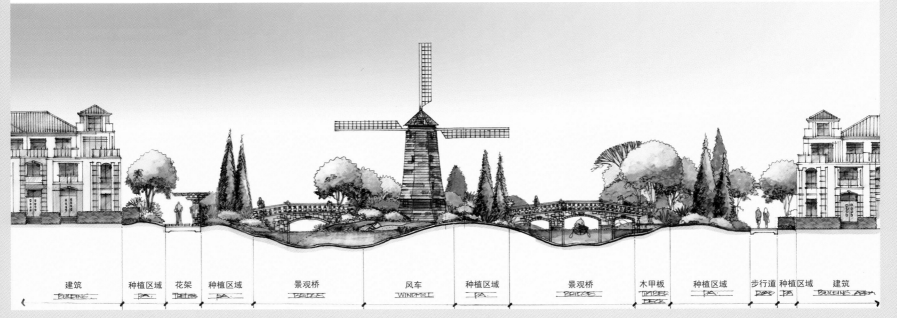

建筑	种植区域	花架	种植区域	景观桥	风车	种植区域	景观桥	木甲板	种植区域	步行道	种植区域	建筑
BUILDING	PA.	TRELLIS	PA.	BRIDGE	WINDMILL	PA.	BRIDGE	TIMBER DECK	PA.	ROAD	PA.	BUILDING AREA

运河边的贵族庄园
——元垄新浪琴湾

项目位置：浙江 绍兴
景观设计：杭州安道建筑规划设计咨询有限公司
设计总负责：赵涤烽
设 计 师：詹敏 徐扬 童亮
委托单位：绍兴县元垄房地产开发有限公司

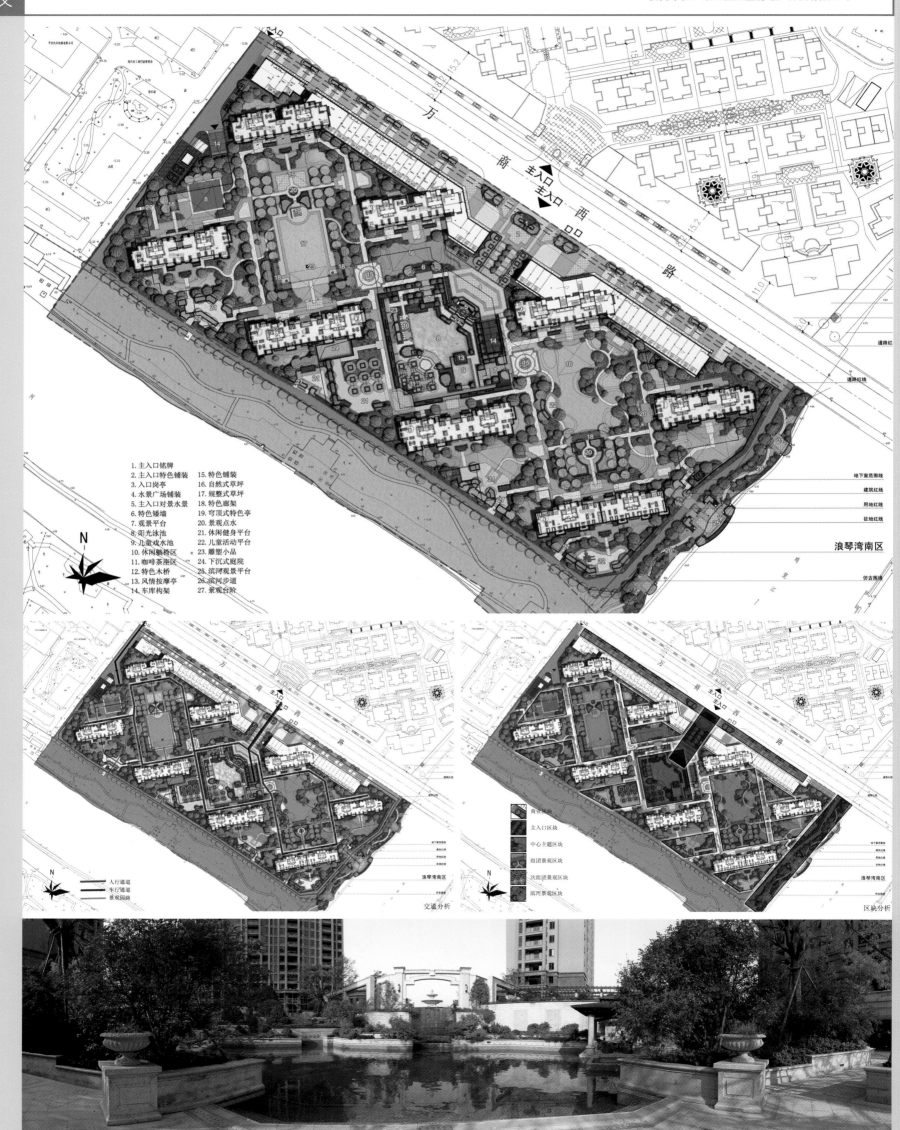

1. 主入口铭牌
2. 主入口特色铺装
3. 入口岗亭
4. 水景广场铺装
5. 主入口对景水景
6. 特色矮墙
7. 观景平台
8. 阳光泳池
9. 儿童戏水池
10. 休闲躺椅区
11. 咖啡茶座区
12. 特色木桥
13. 风情按摩亭
14. 车库构架
15. 特色铺装
16. 自然式草坪
17. 规整式草坪
18. 特色廊架
19. 穹顶式特色亭
20. 景观点水
21. 休闲健身平台
22. 儿童活动平台
23. 雕塑小品
24. 下沉式庭院
25. 滨河观景平台
26. 滨河步道
27. 景观台阶

N

浪琴湾南区

人行通道
车行通道
景观园路

交通分析

商业区块
主入口区块
中心主题区块
组团景观区块
次组团景观区块
滨河景观区块

区块分析

浪琴湾南区

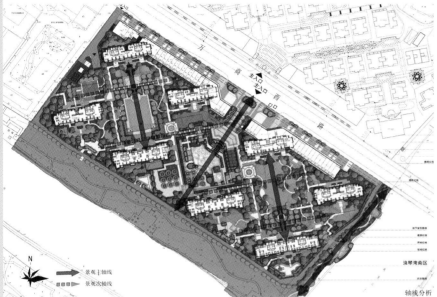

轴线分析

该项目位于柯桥商业繁华街区万商路上，周边配套完善，南临古运河，毗邻鸡笼江，碧水环绕的同时，30米宽的景观绿化带嵌入其中，独具半岛风情。根据新城市主义的规划理念和新古典主义建筑风格的定位，我们秉着"诗意的居住、健康的生活"的设计宗旨，借鉴英式园林的构造模式，结合英式园林早期的几何、对称和后期的自然舒缓两种造园手法，着力营造出充满浪漫情调，精致高雅的住区环境。

景观设计中，我们大量运用了英式园林中常出现的喷泉、廊柱、雕塑、花架、精心布局的景观小品，并结合了规整式草坪和自然式草坡。将"庄园式"和"画意式"两种造园手法同时运用于其中，传达出不同的思想主题，我们把这样的园林看作是抒发感情和省思的场所，一山一石，一草一木无不寄托着观景者的主观情绪和感受。在这里，水景成为设计的主题，我们将古运河、鸡笼江的美好江景引入园区，在入口对景处，设计了庄重雄伟的景墙跌水，跌水与泳池相互贯通，在注重泳池的功能性的同时，更给予其丰富的水岸线和休憩空间。精致的装饰性铁艺、华贵的镂空砂岩浮雕、浪漫风情的喷泉小品以及亲水木桥等景观元素在整个下沉式会所的泳池空间得以有趣合理的布置，精致的细节设计更赋予了泳池皇家宫廷般的尊荣气质。

在浪琴湾，无论多么沉重的心情都会被荡涤一新，能让人们在纷繁中回归自我，在浑浊中保持清醒，于山水之居中提亮生命本色，融入自然，置身于静谧古典的英伦空间。

雍容、典雅、雄浑、浪漫的尚品府邸
——遵化现代城

项目位置：河北 遵化
景观设计：上海墨攻景观规划设计有限公司
设 计 师：王德光
委托单位：北京东方依水源房地产开发有限公司

设计主题：新装饰艺术风格时尚生活

本小区倡导雍容、典雅、雄浑、极富艺术气质浪漫的尚品府邸生活，通过景观带中轴景观大道和沿路景观带等多景观带精品设计极力打造一座低密度、纯生态、高品质的新装饰艺术名宅。

设计理念

1、设计风格和意境

采用新装饰艺术风格，配以现代的建筑材料，单体立面挺拔，富有艺术气质；以典雅、稳重的香槟色为主格调，并且结合香槟文化独有的气质、高贵、浪漫、自由贯穿设计中，建筑符号典雅时尚，充分满足目标客户的审美观。整座园林融合中西方园林精粹，采用轴线对称加柔和曲线的布局形式，对景、障景、框景等景观节节深入，营造出一个高雅的生活空间

2、功能性与景观性一体

相似围合的布局中，花园生活是永恒的艺术主题。组团式布局，将纷扰与宁静自然分离，"芳草地"巧妙运用了环境学创造手法，实现"集中式大面积中庭绿化"。置身园区，无论是在花草缤纷的漫步道，还是在私家的庭院、露台，总能尽享满眼绿意。夹着花香和泥土的芬芳，沁人心脾。

景观分区：

依据建筑布局和景观布局相结合将小区分为五区、二个组团。

入口景观区：入口设计开放大气的特色铺装入口广场，欧式跌水，让人们一进入小区就能感受到它的大气与品质的高贵。也是表现了美丽的小区景观就要以亮丽的姿态绽放在人们的面前。

中心景观区：中心景观区整体呈"鱼"形。设计构思以年年有鱼（余）之寓意贯穿这个社区，让入住业主充分享受和谐而宁静的环境。

从小区入口景观主干道到达中心广场，中心广场相当于鱼眼的位置，是中心景观区的一大亮点。广场周围设置景观花钵、圆形景墙、圆形景墙设计水系。位于鱼鳃的位置设计景观廊架，鱼身位置设计情景雕塑、晨练广场。结合乔木、灌木、花、草的合理种植，组成一幅高低错落、远近分明、疏密有致的自然式流水立体化景观图画，这便是全区景观设计的精华所在。丰富而富有层次的景点构成一幅充满现代新装饰艺术园林的美丽画面。

宅间休闲区：本区为中心景观区以西区域，是一个以阳光草坪，树池座凳为主的休闲中心，结合绿化设计形成一种桃红柳绿的中国传统园林的精彩画面。人们在这里休闲、交流、谈天南海北。

宅间健身区：以景观绿化和休憩健身相结合。该区设置小型健身休憩广场，树荫下设置个性化树池座凳为居民提供一个驻足停留休息的空间，体现"以人为本"的理念。

老年人活动区位于小区中心西侧。老年人活动区的设计中，依据功能要求，将整个区域分成整齐的格子，间隔地布置休闲座椅。在每个格子中有规律地种植各种花卉，就像一块块的花的田地。老年人的晨练活动就在花丛中进行，美丽的鲜花及阵阵花香，让人倍感精神。

儿童活动区位于小区中心东侧。在儿童活动区的设计中为迎合儿童活泼、好动的性格，布置彩色安全橡胶垫铺装与儿童娱乐器械。给儿童创造一个快乐游嬉天堂。

宅间景观组团休闲区：结合小区内环道路以内区域，景观步道、休闲小广场、半圆广场

等。这些景点组团起来营造一个高地错落，循序渐进的休闲空间，让自然曲线的构成方式与柔和的生态种植景观和谐统一，配上各种新颖别致的小品以及树池，共同营造一个全新的都市园林居住环境。步入每一个景点，眼前都展现出一番新的时空天地，步移景异漫游其间给人无限遐想和美的感受。该区以景观绿化为主。在植物搭配上要体现出季节的变化。在不同季节不同地方营造不同空间，做到春有花、夏有荫、秋有果、冬有绿。社区绿化在追求整体效果的同时，也注重细节的变化，如乔、灌、花、草的复合生态搭配，落叶乔木，常见灌木高低参差、交相辉映，注重发挥绿化在整个居住区生态中的深层次作用。

设计原则

1.景观的生态型原则

现代园林景观设计必须讲究生态效益，生态是景观的灵魂，而住区环境设计更应以追求生态为宗旨，还世人一处水流潺潺，空气清新、鸟语花香、绿色处处的自然式生态居住区，遵化现代城花园以新装饰艺术风格景观贯穿全园环境的主题意境。

景观与空间统一性原则

空间是展现景观的场所，景观是空间的主体和特质，园林景观必须以空间作为展现的舞台，而空间必须赋予景观灵魂，遵化现代城花园以中心景观大道为景观主轴线，营造生动怡人空间序列。

景观与功能的结合

在住宅小区的环境设计中，功能是首先必须满足的，在满足功能的前提下，尽量创造优美的景观空间，根据住宅区的整体规划，纯粹人车分流的步行化社区，从而为景观的营造提

供更广泛有利的条件，进一步提高环境景观的质量。身在闹市远离尘嚣，现在都市中的世外桃源。行走是一种乐趣，安步当车，视线所及满目苍翠，心旷神怡的感觉油然而生，花景作为贯穿全园的主轴，并充分结合运动带和景点布局，使功能与景观充分结合。

2.景观与建筑的和谐原则

充分考虑小区的建筑风格与布局，将园林景观作为建筑外部空间的延伸，使建筑能充分融合到环境之中。环境设计采用自然式和规则式相结合，立足于现代景观，使建筑与环境融为一个整体。

3.景观的时代性和个性原则

切合地方特征而又把握时代脉搏，通过个性化的景观与空间来展现自己的独有特色，通过景观的手法和材料的运用，来体现小区环境景观的时代感。整个小区环境整体概念规划把握充分，在细部设计上精心打造，小环境景观统一协调而又力求新颖，独具特色，使整个小区环境写上了自己的语言。遵化现代城花园——梦幻里的童话世界，记忆中的花香生活，充分结合自然和社会文脉设计简约、宁静、现代新颖，而又不拘一格。

4.景观的美学原则

小区的环境景观通过设计师的造园技巧充分融合其他原则，而又以艺术的形式出现，造园考虑了统一、调和、均衡、韵律、对比五大美学原则，艺术性地把握与打造了遵化现代城花园的处处胜景。

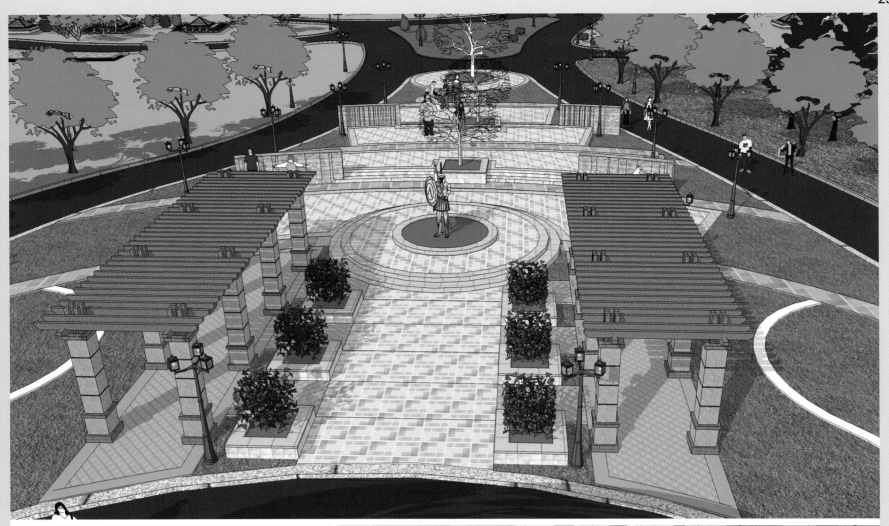

多种异国风情的并蒂绽放
——世茂厦门湖滨首府豪宅社区景观设计

项目位置：福建 厦门
景观设计：普梵思洛（亚洲）景观规划设计事务所
委托单位：世茂集团／福建世茂置业有限公司

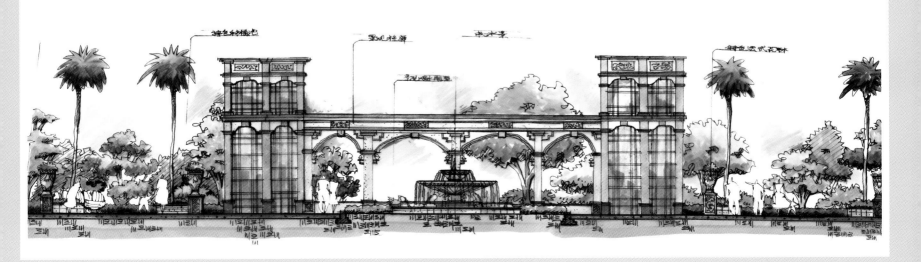

该项目位于厦门市湖边水库片区核心区域，规划道路观日西路南侧，金边路以东、规划道路金湫路西侧，规划道路金碧路以北，西侧可看湖边水库全景，总用地面积约206亩，规划总建筑面积近60万平方米，由13栋高层、超高层住宅、6栋低密度叠墅及2~3层的商业组成的建筑群，居住总户数将达2 000余户，最高住宅可达52层约160米，建成后将成为厦门住宅第一高楼，也将成为湖边水库片区一个地标性建筑群。湖边水库片区属于厦门市最佳居住社区之一。创造房地产"滨江模式"的世茂房地产以30.2亿元竞得湖边水库片区地块，成为厦门的"总价地王"，厦门万科则竞得湖边水库另一幅湖心岛北侧地块。项目

初步规划为集住宅和商业于一体的高档综合生活社区，属世茂品牌首府系列产品，产品开发理念集中世茂各项成熟资源，利用品牌整合优势，注重成熟高新技术的应用，为市场高端客户群体打造顶级居住模式，是具备优势景观资源或人文资源优势，在土地市场上具备独一性、稀缺性或城市中心、高档豪宅用地项目。

设计理念

项目建筑风格色调古典淡雅，高耸挺拔，摩登的形体赋予了其古老的、高贵的气质。景观设计充分考虑与建筑相融合，确定本项目整体景观风格为新古典，并精心打造了三个首创

景观亮点：

一是将2万平方米社区景观带打造成具有标志性意义的城市景观带，融合多元素景观标志；

二是首创厦门下沉式会所，率先引入摩洛哥装修风格，起着连接世茂湖滨首府四大地块的纽带作用，成为厦门世界级花园城市又一标志性景观；

三是在新古典景观风格基础上，一个社区独创四国宫廷式园林设计，整个项目4个地块分别设计成泰式、法式、荷式、德式四个不同国家风格的皇家宫廷园林。众星捧月般地分布在2万平方米的城市景观带周围，业主可"一站式享有"泰式、法式、荷式、德式异国情调，身处中国却感受不同国度风情。

设计手法

A地块泰式风格

东南亚景观继承了自然、健康和休闲的特质，大到空间打造，小到细节装饰，都体现了对设计的追求，和对手工艺制作的崇尚，而且有种说不清道不明的神秘调调。它就像个调色盘，把奢华和颓废、绚烂和低调等情绪调成一种沉醉色，让人无法自拔。早期的东南亚风格过于奢靡和堕落，它最合适的地点就是讲究情调的酒吧和会所，大部分设计都不怎么实用。但是经过这几年的发展，现在东南亚风格摒弃了一些浮华，把耐看的元素沉淀了下来，使其成为经典。现在，东南亚风格已经和欧式、中式一样，成为住宅景观设计中常用

的设计风格。总体来说，它是一种混搭风格，不仅和印度、泰国、印尼等东南亚国家有关，还代表了一种氛围，简言之就是在异国情调下享受极度舒适。它重视细节和软装饰，喜欢通过对比达到强烈的效果，尤其是泰国宫廷风格，更加张扬、夸张、奢华。

景观风格特点：

（1）构筑物：以曼谷大皇宫为代表，典型的"三尖顶式"建筑以及各式精美的宗教文化雕塑，红色及少数点缀的蓝色屋瓦，还有金碧辉煌的装饰是泰国传统的皇家用色。

（2）雕塑水景：喷水雕塑以象等泰国传统代表动物来作为喷水小品，凸显皇家气派。

（3）软景：强调植物层次的丰富性，颜色的瑰丽。多采用热带植物如鸡蛋花、棕榈科等姿态各异的热带树木形成其灿烂辉煌的民族特色。

B 地块法式勒诺特尔风格

法式皇家园林，是欧洲园林的一种重要风格，具有宏伟壮丽、中轴突出、严谨对称的特点，体现了古典主义的审美思想，并对现代风景园林设计及各国城市建设产生了深远影响。法国景观的气质很难用言语来形容。华丽的圆形穹顶，彩绘的玻璃窗，优雅的法式廊柱……。法式建筑往往不求简单的协调，而是崇尚冲突之美，呈现出浪漫典雅风格。法式宫廷风格，主要采用花样繁多的装饰，做大面积的雕刻，金箔贴面、描金涂漆处理，华丽的饰面与精致的雕刻互相配合，从而表现一种带着贵族奢华的、浪漫精致的生活氛围。同时，亦通过严谨的几何构图，明确的空间结构，将造园要素组织得更统一，更宏伟。

景观风格特点：

（1）构筑物：建筑外形丰富而独特，形体厚重，贵族气息在建筑的冷静克制中优雅地散发出来。两者建筑形态虽各具特色，但又同时围绕法式风格的理念进行精心设计的和谐理念，展示出法式建筑的多重魅力所在。

（2）雕塑水景：雕塑制作十分精致，喜欢以人体为题材。水景有自然水景及节点喷泉水景。

（3）软景：花坛是法国园林中最重要的构成因素之一，把整个花园简单地划分成方格形花坛，到把花园当做一个整体，按图案来布置刺绣花坛，形成与宏伟建筑相匹配的整体构图效果。

C 地块荷兰新古典风格

荷兰被联合国教科文组织授予世界遗产称号，拥有杰出艺术家、画家、奇妙的城堡和公园，是世界徒步爱好者和骑脚踏车的天堂，笨重的木鞋、博物馆、孩子们的乐园、绵延的海岸线和好玩的动物园等等，都可以在这座城市找到，其中最著名的当属风车和郁金香了。荷兰，是风车摇曳、木屐深深地低洼地，亦是馨香四溢的"欧洲花园"。

景观风格特点：

（1）构筑物：荷兰建筑很少体现威严、气派的氛围，更多关注的是与人们切身利益息息相关的因素：宜人的空间处理、舒适的建筑尺度、完整的外部空间等。色彩绚丽并且结构特别。最具代表性的就是风车。

（2）雕塑水景：雕塑制作十分精致，喜欢以人体为题材。水景有自然水景和节点喷泉水景。

（3）软景：荷兰被称为"郁金香之国"，在荷兰，乡村原野、城市公园郁金香遍地、灿若云霞；公共场所，居民家里花团锦簇，馨香迷人。所以，在项目设计中如郁金香等花卉植物的运用也是设计的关键。

D 地块德式新古典风格及重要节点

德国的景观是综合的、理性化的，按各种需求，功能以理性分析，逻辑秩序进行设计，景观简约，反映出清晰的观念和思考。简洁的几何线、形、体块的对比，按照既定的原则推导演绎，它不可能产生热烈自由随意的景象，而表现出严格的逻辑，清晰的观念，深沉、内向、静穆。

景观风格特点：

（1）构筑物：柱式被广泛采用，造型轮廓整齐、庄重雄伟，被称为是理性美的代表。

（2）雕塑水景：德式雕塑水景不用太多的修饰和衬托，运用抽象的几何形体及线条，直接而明晰。于是我们看到的是不对称的简洁几何关系，一种解读自然宇宙和空间的理念，它给人更多的是静思后的愉悦和理性的磨炼。

（3）软景：德式植物风格就像它的建筑风格，严谨、理性，同时受法式园林风格影响较大，同样喜欢运用模纹设计，注重整体构图效果。

E 地标性中轴景观

中轴景观作为地标性的景观轴引入了浓缩着历史、文化和艺术的精华的欧式宫廷园林。欧式宫廷园林给人的感觉是尊贵的代言，以气派和典雅文明著称；是世界园林艺术中的瑰宝，洋溢着皇家贵族气息，那金碧辉煌的富丽、精美的雕刻就是高贵的象征。只有它才能阐释浪漫的奢华。错落有致、变化多端、跌宕起伏的喷泉，仿佛在聆颂着什么，形成了主轴线的律动。南端，象征着力量的、气势磅礴的许愿池则成为了韵律线上的高潮。地标性中轴景观，将四个地块整齐分割，同时又是它们紧密联系在一起。

现代城市和自然的完美融合的古典景观
——江苏南通中港城

项目位置：江苏 南通

景观设计：杭州现代环境艺术实业有限公司

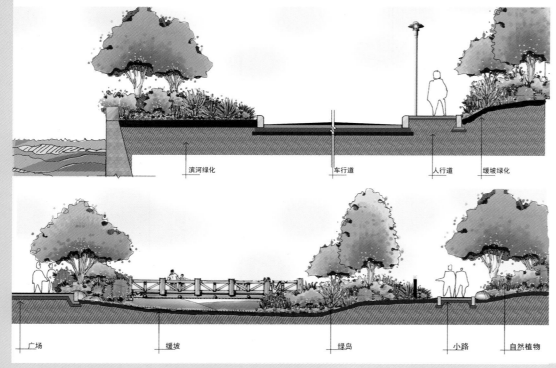

该项目位于南通市濠西路西，外环北路南侧，地处南通交通要道，共分为两个地块，1地块紧临外环南侧，占地12393平方米，建筑面积28 990平方米，主要功能是商业酒店。2地块位于其南侧，占地面积58 532平方米，建筑面积119 157平方米。

项目基地内地势平坦，地下车库整体开挖，建筑设计采用的简洁硬朗空间及立面构成手法均充满居住气息，以素雅风格为基调，建筑外墙采用相对厚重的暖色调外墙砖，建筑清新自然中显得高贵。

现代设计团队在该项目中引入公园式住区的设计理念，公园式住区的内涵就是绿色生态，人居参与，社区融合。

* 绿色生态赋予社区更多的生机，是现代城市和自然的完美融合。

* 人居参与体现现代高品质居住价值的本质所在，强调景观与人的参与性。

* 社区融合强调环境与住宅的关系，视觉，触觉，听觉甚至社区交往，社区文化在这里得到集中体验。

规划布局为南低北高，中间开阔，南北、东西两条景观轴线组成小区内主要景观风格。现代的设计将结合基地特点和规划特色，运用南通特有的元素和韵味，来塑造一个可观可品的现代人居场所。

怀古的浪漫情怀兼容华贵典雅的时尚景观
——杭州华鸿·汇盛德堡

项目位置：浙江 杭州

景观设计：杭州现代环境艺术实业有限公司

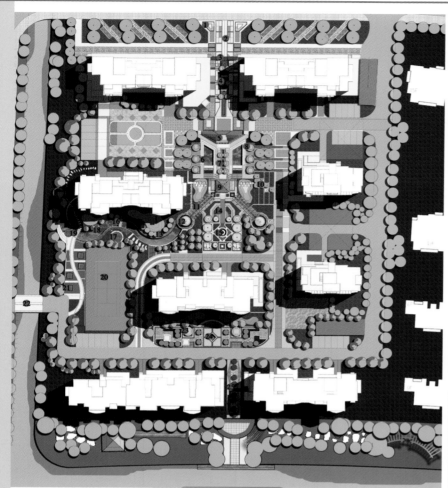

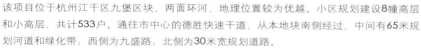

该项目位于杭州江干区九堡区块，两面环河，地理位置较为优越。小区规划建设8幢高层和小高层，共计533户。通往市中心的德胜快速干道，从本地块南侧经过，中间有65米规划河道和绿化带；西侧为九盛路；北侧为30米宽规划道路。

项目整体建筑风格庄重有力，色彩沉稳，立面装饰偏向于新古典主义的审美趋向，因此在景观设计中现代设计团队也牢牢把握住新古典主义风格中的主要元素作为设计原则。从简单到繁杂，从整体到局部，精雕细琢，一方面保留了材质、色彩的大致风格，仍然可以很强烈地感受传统的历史痕迹与浑厚的文化底蕴，同时又摒弃了过于复杂的肌理和装饰，以大线条的构成图形来进行整体布局。

在该项目中，景观被分为两个彼此依存又相互独立的区域：中心文化交流景观区，和生态休闲林地区。

中心文化交流景观区由大门入口至中心是整个景观的重点，集合了休闲、观赏、娱乐等多种功能。华丽而精致，高雅而和谐。白色、金色、黄色、暗红是该区域的主色调，糅合少

量白色，使色彩看起来明亮、大方，使整个空间具有开放、宽容的非凡气度，让人丝毫不觉局促。在细部设计中，无论是主入口带状的商业休闲区，入口景观大道，还是中心文化交流区，无一不在细节上体现了新古典主义风格优雅而唯美的姿态、平和而富有内涵的气韵。一些本案所特有的景观元素，如百眼喷泉树影，林荫通廊，阳光亲子草坪等等。将古典的优雅与雍容与现代的浪漫和简约相融合，别有一番尊贵的感觉。

生态林区是一处喧嚣繁华背后的世外桃源，别致曲折的水溪岸线与高低错落的微地形相映成趣，间或穿插了亲水的木制平台和细沙点石。浓密的树荫如一女子温柔的情怀，将人群捧在怀间。这里带来的是在奔走疲倦之后的心清气爽，是夏日傍晚的闲庭信步，更是一抹单纯的绿意，润泽心扉。

该项目的景观设计更像是一次多元化的文化思考，将怀古的浪漫情怀与现代人对生活的需求相结合，兼容华贵典雅与时尚现代，人文景观与生态自然，反映出这个时代中个性化的美学观点和文化品位。

多种多样古典花园的汇聚
——台北宏盛帝宝

项目位置：台北
景观绿化：老圃（上海）景观建筑工程咨询有限公司

该项目面积约11 500平方米，主要设计以城堡为概念，护城河围绕，以水为主轴，中庭U型回廊串联不同风貌的水景情境，包括苏州庭园、音乐花园、百合花喷泉、星座花园、野宴花园、南洋景致、银河雕塑等。

"从空中看的庭院"
——上海北外滩白金府邸

项目位置：上海

景观设计：老圃（上海）景观建筑工程咨询有限公司

该项目面积为约11 000平方米，"从空中看的庭院"展现一个自然与人文对话，理性与感性并存，科技与艺术交融的生活舞台。

清净温馨的居家环境
——杭州复地连城国际花园

项目位置：浙江 杭州
景观设计：老圃（上海）景观建筑工程咨询有限公司

该项目面积约93 200平方米，是新古典ART DECO风格建筑，7 000平方米生态水面，丰富的草坡、植被为住户提供远离尘嚣，清静温馨的居家环境。

非正式的城市广场
——河北沧州天成郡府凤凰广场的景观设计

项目位置：河北 沧州
景观设计：房木生景观设计（北京）有限公司

设计师从一开始就试图探索一种伪装在"古典"风格中的现代景观设计可能。而在设计及建造过程中，因甲方设计策略的变更，却又让设计师对"城市广场"里边的"公共性"及"私有性"作出了"额外"的深入思考。

沧州天成郡府项目位于沧州西边新区，是定位于当地较为高档的居住社区，整个项目的建筑景观定位为新古典的 Art-DECO 风格。规划中的凤凰广场是郡府项目东北角面积近 9 000 平方米的城市广场，由开发商沧州天成房地产开发公司建设。因为该处将作为楼盘售楼处的样板景观，凤凰广场最先由房木生景观设计公司设计完成。

在楼盘东区的规划中，凤凰广场是楼盘内部的一个主要步行出入口，两个三层的商业楼呈八字形，敞向东北角的城市道路十字路口。

景观师的设计，就从这个"敞"字开始。

作为城市广场，如何将之设计为城市的"客厅"，吸引市民前来并流连忘返，提升"人气"？这是设计师首先要考虑的问题。

方案把人流活动中心（硬质广场）安排在区域重心（八字形楼轴线交点）上，利用种植将活动中心和城市道路进行有效的分离，但在空间和视线上保留了通透性。同时将满足功能性的停车位设计在种植带中，既不影响市民活动空间，因为靠近城市道路也是最便捷的停车方式。在广场的东面、北面以及东北角都设计了人行入口。为显楼盘气质及引导视线，将正对城市道路十字路口的东北角设计成一块开敞的缓坡草坪，并将天成郡府标志置于其中。这样，一个绿树环绕的下沉城市广场就已形成。设计考虑的白天和夜晚人们使用广场的各种可能：白天，人们将流连于广场周边的绿树之间，乘凉纳荫；夜幕降临，广场则成为人们跳舞、轮滑、嬉戏等等活动的舞台，这里是一个开放的城市广场，一个城市的客厅。

方案得到甲方、策划方、销售方的高度认可，并因众所周知的开发速度，设计很快进入施工图及施工阶段。但在广场接近完工的时候，开发商的策略做出了调整，认为在近两年内，这里主要作为售楼处景观存在，应该更反映一种豪宅大院的景观氛围。

设计师进行了设计调整。在大部分景观维持不变的情况下，在其红线范围内加入一圈高3.2 米的实墙，将原来四个入口变成一个，取消所有停车位。并将入口部分放置在原先的大草坪上，设计了一个逐级跌落的欧式喷水池，在原来的停车场上，设计曲径通幽的缓坡小径，加密了广场周边的种植量。

这样，"城市广场"变成"大宅院"，变成了非正式的城市广场。

在本项目的设计过程中，设计师表面上是随着强势的甲方和策划师意图进行设计和修改，做着一种与当代设计关系甚少的"新新古典"设计。但在实际的设计操作中，设计师并未屈服于当下流行于国内的古典设计，而是在这种强烈的市场古典需求中，分析古典因素与市场之间的关系，做出了许多源于古典风格的当代设计策略。比如，设计师认为：古典风格的设计，是因为其经典的装饰性、对称性，迎合了市场对所谓"高档"、"大气"等的需求。因此，设计师在本项目中采用了对称的布局，在装饰层面上也运用了较为现代的方式。比如设计师设计的"凤凰亭"，采用了一切古典的因素，比如对称、三段式、装饰性等等，却在材料、形式等方面做了当代的探讨，使该空间在一种典雅的古典氛围中，又透出了一种现代的新意。

城市广场变成非正式城市广场的过程，也让设计师对广场的公共性及私有性做了相应的思考。其实，一开始，设计师就将广场设计在一片绿色环境中，而不是完全敞向城市道路。这是因为基于城市广场也有私密性需求的思考。而后来城市广场暂时成为一种深宅大院的形式，从空间的角度来说，确实增加了戏剧性，虽然牺牲了交通的便捷性，却使空间更具吸引力了。从这层意义上来说，设计是面对不同问题的伺机而动，是可以平衡不同利益关系的众人智慧成果。项目至今已经完成并投入使用，据开发商反馈回来的消

息，楼盘销售很不错，其中景观环境的样板起到了很大的促进作用。对设计师来说，总是希望有更多的人来参与我们设计的空间，产生互动，达到城市广场真正的公共性。但通过非正式城市广场空间的设计转变，对开发商的销售能起到真正的作用，未尝不是另一种意义上的设计成功。

尊贵而不失亲切的新贵公园宅邸
——天润·福熙大道一期环境景观设计

项目位置：北京
景观设计：北京麦田景观设计事务所
设 计 师：纪刚 田丽 陈文娟 郑秋红 王刚 曹帆
委托单位：北京春光房地产开发有限公司

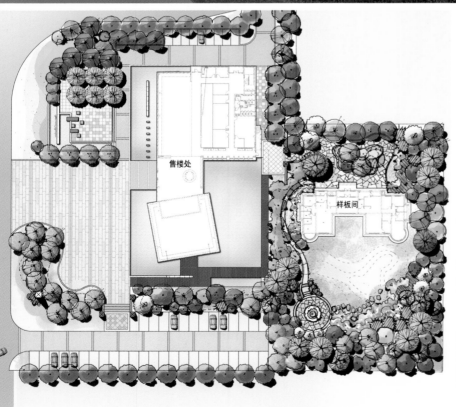

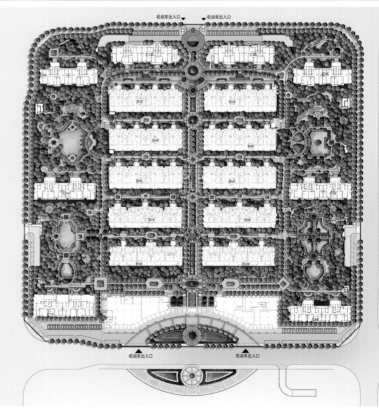

该项目位于北京市朝阳区北五环红军营西路轻轨13号线北苑站北，占地面积约为7.8万平方米。项目以巴黎十六区的生活为蓝本，致力于为新贵人士打造一个同步世界的高档社区，区内时尚经典的Art DECO风格建筑群散发着尊贵优雅的气息。基于此我们致力于打造一个尊贵优雅而不失亲切，更自然生态而充满人性化的法式新古典园林景观环境。

项目共分为两个部分，一部分为先期建设的示范区售楼处，景观面积约为1万平方米。另一部分为住宅园区，景观面积约6.8万平方米。示范区是对园区整体形象的先期体现，在法式新古典风格的基调上，我们意图营造一个"闲庭信步入后园"的神秘花园空间。现代唯美的前庭空间与古典优雅的印象花园之间有一道神秘的时光之门，通过这道神秘的大

门，人们仿佛穿越时空，来到一个华丽的古典花园。园区部分则遵循着一种新法式自然主义，整体布局上既传承了法式宫廷园林的规则式构图，同时又融入了自然式设计手法。一方面体现出法式新古典园林的尊贵典雅，另一方面更加注重生态化和人性化的景观营造，使整个园林氛围尊贵而不失亲切。

设计理念

基于对项目人群定位、景观风格及新法式自然主义的解读，我们将福熙大道的设计理念定位为：新法式自然主义的完美诠释——尊贵而不失亲切的新贵公园宅邸。

所谓新法式，则从整体布局到小品细节，均着力体现法式新古典的尊贵与优雅，打造符合

居者身份和需求的新贵宅邸。而自然主义，主要通过软景植物种植及硬景尺度控制，增强住区环境的亲和力，打造植物丰盈、自然亲切的公园宅邸。

基于新法式自然主义这一设计理念，将整个园区的景观结构规划为一轴一环四园五街。一轴以枫丹白露大道为主题，采用法式园林的规则式构图，以条状水体为主体序列，结合两侧大规格元宝枫，同时穿插模纹绿篱，打造一条300米长枫林掩映下的尊贵主轴。一环则以一条自然生态的林荫漫步道贯穿全园，于环线上设置一系列景观节点，意在营造一种自然生态、亲切怡人的景观体验。而四园则以杜勒里花园、狄安娜花园、玛格丽特花园、爱丽舍花园为主题，打造尊贵与亲切并存的高层楼间主题花园。每一楼间主题花园均采用规则式布局与自然式构图相结合的景观手法。中心规则式花园，营造法式园林尊贵感的同时，保证高层俯瞰的景观效果。周边自然式的小径串联儿童活动等功能性场地，形成中心主题空间，周边功能空间的景观布局。自然式元素注入到构图布局及种植形式中，弥补了规则布局的僵硬，增强了住区家园的亲切感。五街则以香榭丽舍街为主题，通过丰盈的自然植物群落，选用不同的主题花灌木，点缀精致的主题雕塑小品，打造芳香悠然的回家之路。

以简约古典的语言，达到世外桃源的居住境界
——南澳凯旋湾花园景观方案设计

项目位置：广东 深圳
景观设计：奥雅设计集团
委托单位：深圳鼎昌实业有限公司

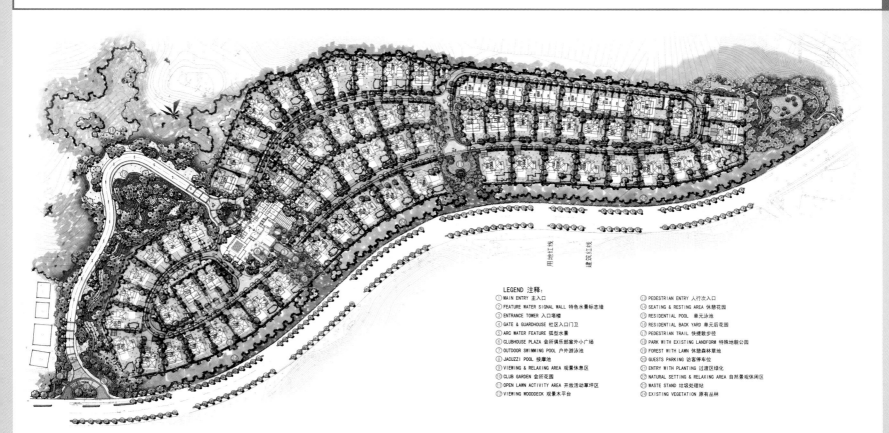

LEGEND 注释：
① MAIN ENTRY 主入口
② FEATURE WATER SIGNAL WALL 特色水景标志墙
③ ENTRANCE TOWER 入口塔楼
④ GATE & GUARDHOUSE 社区入口口卫
⑤ ARC WATER FEATURE 弧型水景
⑥ CLUBHOUSE PLAZA 会所俱乐部室外小广场
⑦ OUTDOOR SWIMMING POOL 户外游泳池
⑧ JACUZZI POOL 按摩池
⑨ VIEWING & RELAXING AREA 观景休憩区
⑩ CLUB GARDEN 会所花园
⑪ OPEN LAWN ACTIVITY AREA 开放活动草坪区
⑫ VIEWING WOODDECK 观景木平台

⑬ PEDESTRIAN ENTRY 人行次入口
⑭ SEATING & RESTING AREA 休憩花园
⑮ RESIDENTIAL POOL 单元泳池
⑯ RESIDENTIAL BACK YARD 单元后花园
⑰ PEDESTRIAN TRAIL 快捷散步径
⑱ PARK WITH EXISTING LANDFORM 特殊地貌公园
⑲ FOREST WITH LAWN 休憩森林草地
⑳ GUESTS PARKING 访客停车位
㉑ ENTRY WITH PLANTING 过渡区绿化
㉒ NATURAL SETTING & RELAXING AREA 自然景观休闲区
㉓ WASTE STAND 垃圾处理站
㉔ EXISTING VEGETATION 原有丛林

该项目定位为深圳东海岸地区高档海景别墅楼盘，以满足社会中高阶层人士休闲度假之需求。因此，景观设计强调一种逃离的精神需求，营造私密性和功能丰富的大户景观别墅及海景私人花园的同时，在公共空间设计度假村式的精致景观，形成轻松、休闲的氛围。以简约古典的语言，达到世外桃源的居住境界。

基地南向东向有海景，北向有山谷景致。本项目的挑战在于别墅单元稍大，院落及间隔空间小，部分挡土墙太高，放坡空间过小，因此挡墙宜化为较小段落和自然放坡，以改善整体布局的空间感。小区地形处理为下一阶段的重点。植栽设计保留大部分的原生态树林。并在道路两侧补充景观树种。小区内栽种直径20厘米以上的大树为主，搭配特色热带木，避免中青树木遮挡海景，占用有限的绿地，须以修剪型灌木配合挡土墙，在区内公共空间适度配置水景。

主入口区：修整道路，形成中央岛式入口，在东面满足18至20米左右的放坡距离，以确保西南角的绿化背景。左侧以单体景观塔构成的入口造型，必须与西边挡土墙的边坡景观形成一体的效果。入口标志以简洁大气为主，局部设计为休闲风情的景致。

会所区：重点休闲区，以无边界两层泳池为主体，带动周边的休闲氛围，并延伸至有海景的户外台阶观景台。

中央休闲区：安排了台地式儿童游戏场、水上亭和观景木平台，搭配装饰性浮雕的挡墙，将海景纳入视线。

红线外休闲区：整理周边环境，在西面形成上山步道区、小溪区、森林公园及地景公园区；在东面形成次入口观景台公园区。此区域为整体小区的重要绿化背景，场景深度适宜，可以保留适宜的厚度，整理临海区的树木。

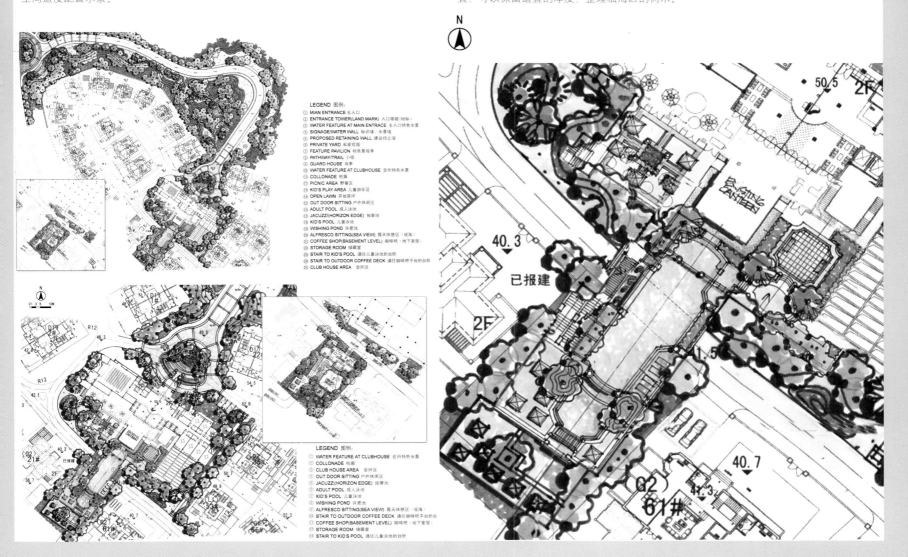

LEGEND 图例：
① MAIN ENTRANCE 主入口
② ENTRANCE TOWER(LAND MARK) 入口塔楼（地标）
③ WATER FEATURE AT MAIN ENTRACE 主入口特色水景
④ SIGNAGE/WATER WALL 水墙墙
⑤ PROPOSED RETAINING WALL 建议挡土墙
⑥ PRIVATE YARD 私家花园
⑦ FEATURE RETAINING WALL 特色挡土墙
⑧ PATHWAY/TRAIL 小径
⑨ GUARD HOUSE 岗亭
⑩ WATER FEATURE AT CLUBHOUSE 会所特色水景
⑪ COLLONADE 柱廊
⑫ PICNIC AREA 野餐区
⑬ KID'S PLAY AREA 儿童游乐区
⑭ OPEN LAWN 开放草坪
⑮ OUT DOOR SITTING 户外休闲区
⑯ ADULT POOL 成人泳池
⑰ JACUZZI(HORIZON EDGE) 按摩池
⑱ KID'S POOL 儿童泳池
⑲ WISHING POND 许愿池
⑳ ALFRESCO SITTING(SEA VIEW) 露天休憩区（观海）
㉑ COFFEE SHOP(BASEMENT LEVEL) 咖啡吧（地下层）
㉒ STORAGE ROOM 储藏室
㉓ STAIR TO KID'S POOL 通往儿童泳池的台阶
㉔ STAIR TO OUTDOOR COFFEE DECK 通往咖啡吧平台的台阶
㉕ CLUB HOUSE AREA 会所区

LEGEND 图例：
① WATER FEATURE AT CLUBHOUSE 会所特色水景
② COLLONADE 柱廊
③ CLUB HOUSE AREA 会所区
④ OUT DOOR SITTING 户外休闲区
⑤ JACUZZI(HORIZON EDGE) 按摩池
⑥ ADULT POOL 成人泳池
⑦ KID'S POOL 儿童泳池
⑧ WISHING POND 许愿池
⑨ ALFRESCO SITTING(SEA VIEW) 露天休憩区（观海）
⑩ STAIR TO OUTDOOR COFFEE DECK 通往咖啡吧平台的台阶
⑪ COFFEE SHOP(BASEMENT LEVEL) 咖啡吧（地下室）
⑫ STORAGE ROOM 储藏室
⑬ STAIR TO KID'S POOL 通往儿童泳池的台阶

"古典、精致；休闲、浪漫的新古典主义
——珠光御景设计

景观设计：英国宝佳丰（BJF）规划景观设计公司

该项目建筑形式式融南加州建筑风格与现代风格为一体，是古典与现代的完美结合，既拥有古典优雅的气质又符合现代人的审美及居住理念，即"新古典"主义的风格，提炼出十二字的主题原则为为："古典、精致；休闲、浪漫；生态、自然"。

样板区是整个社区的缩影，在这你将同时体会到尊贵、礼遇与家的温馨，具体来说：在古典的会所建筑前面，营造出一个尊贵大气的空间序列：从踏浪归来到抬升的古典精致喷泉系列及银杏大道，最后到会所门前的环抱拾级而上，无不令人感到尊荣和备受礼遇。

当你进入样板区西南侧的情趣小空间，顿时拥有放松的心情和浪漫的情怀。因为在这鲜花簇拥，廊亭蠡立的地方，快乐的孩子和幸福的老人将映入眼帘。"七重天"的植物种植将带来生态、健康、自然的居所。从草坪、地被、小灌木、大灌木，到小乔木、大乔木最后到背景林，无不体现着设计者和建造者对居者的细致呵护。

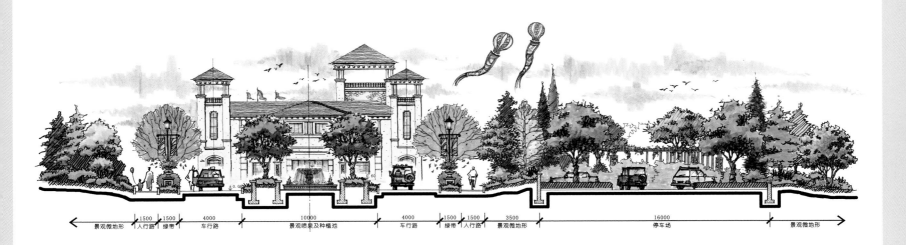

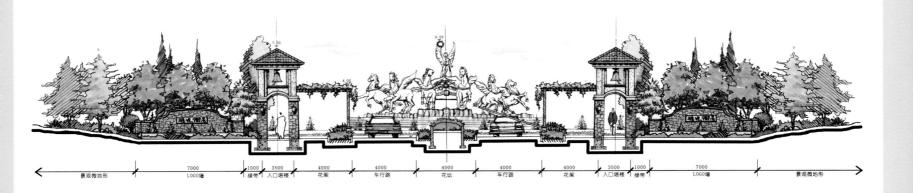

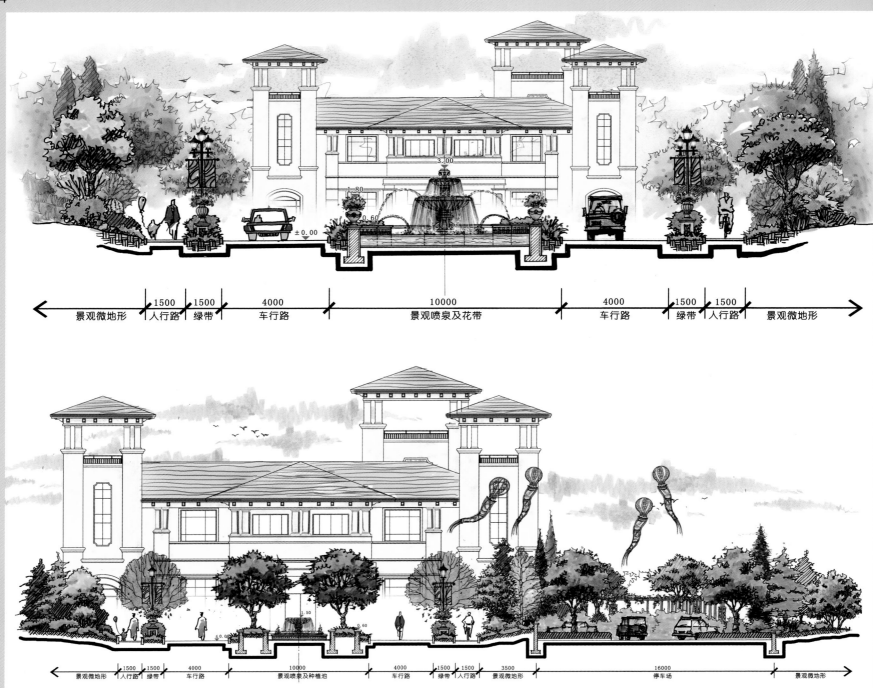

景观微地形 ← 1500 → 人行路 ← 1500 → 绿带 ← 4000 → 车行路 ← 10000 → 景观喷泉及花带 ← 4000 → 车行路 ← 1500 → 绿带 ← 1500 → 人行路 景观微地形

景观微地形 ← 1500 → 人行路 ← 1500 → 绿带 ← 4000 → 车行路 ← 10000 → 景观喷泉及种植池 ← 4000 → 车行路 ← 1500 → 绿带 ← 1500 → 人行路 ← 3500 → 景观微地形 ← 16000 → 停车场 景观微地形

生态自然、优雅尊贵的休闲景观
——恒大·广州御景半岛

项目位置：广东 广州
景观设计：GVL国际怡境景观设计有限公司
委托单位：恒大地产集团

该项目位于广州西部金沙洲的东岸，毗邻珠江上游，坐享1公里黄金海岸，是汇聚了高层洋房、独栋及联体别墅的大型生态高档社区。项目以新古典主义风格为设计蓝本，传承欧洲人文传统，以适宜人居为设计原则，力求体现生态自然、优雅尊贵。在三大湖区设计中，以植物造景为重点，通过大型乔木疏密有致的种植和草坪空间的衔接过渡，将湖与周边建筑物有机结合，使人仿若置身丛林。点缀于绿色植物中与建筑风格统一的观景亭，为游人提供了休闲场所。精致的欧式纹样铺装，更好地彰显了欧陆风情。

"低调的奢华"
——昆山中冶昆庭

项目位置：江苏 昆山
景观设计：EADG泛亚国际

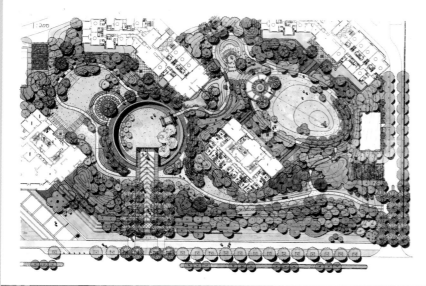

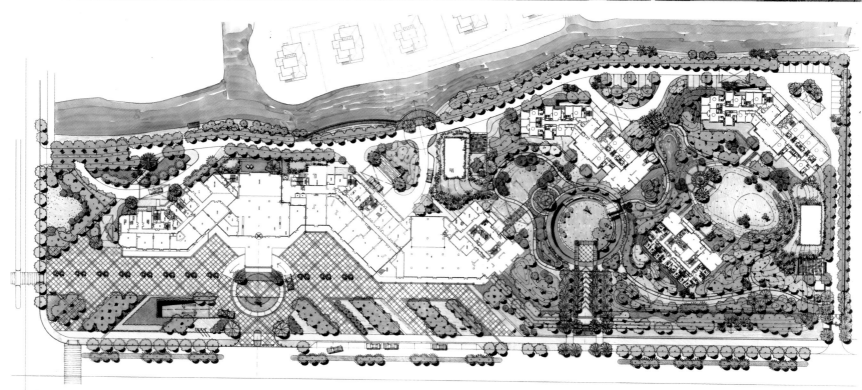

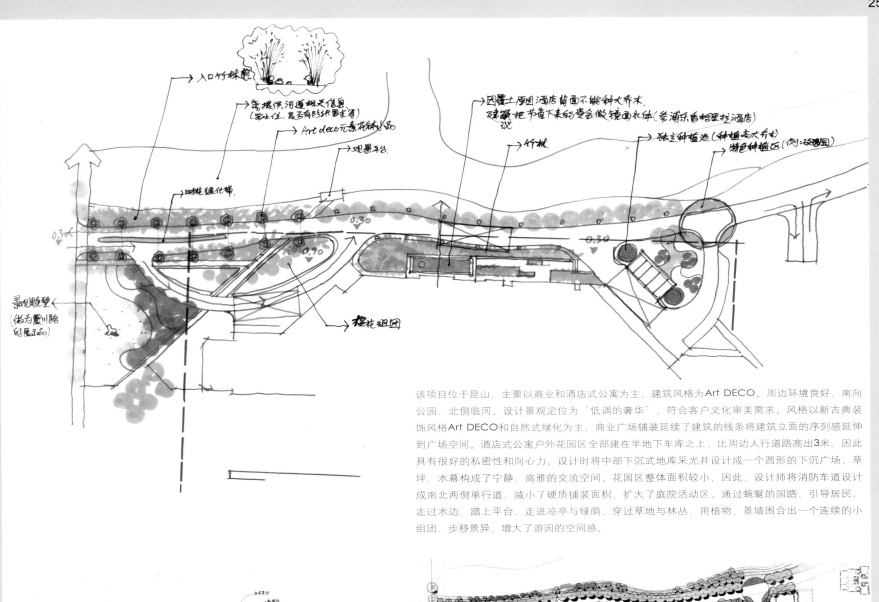

该项目位于昆山，主要以商业和酒店式公寓为主，建筑风格为Art DECO。周边环境良好，南向公园，北侧临河。设计景观定位为"低调的奢华"，符合客户文化审美需求。风格以新古典装饰风格Art DECO和自然式绿化为主，商业广场铺装延续了建筑的线条将建筑立面的序列感延伸到广场空间。酒店式公寓户外花园区全部建在半地下车库之上，比周边人行道路高出3米，因此具有很好的私密性和向心力。设计时将中部下沉式地库采光井设计成一个圆形的下沉广场，草坪，水幕构成了宁静、高雅的交流空间。花园区整体面积较小，因此，设计师将消防车道设计成南北两侧单行道，减小了硬质铺装面积，扩大了庭院活动区。通过蜿蜒的园路，引导居民，走过水边，踏上平台，走进凉亭与绿荫，穿过草地与林丛，用植物、景墙围合出一个连续的小组团，步移景异，增大了游园的空间感。

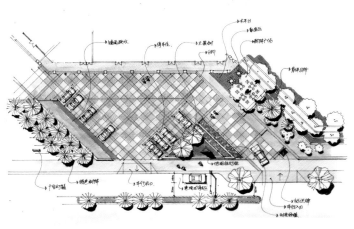

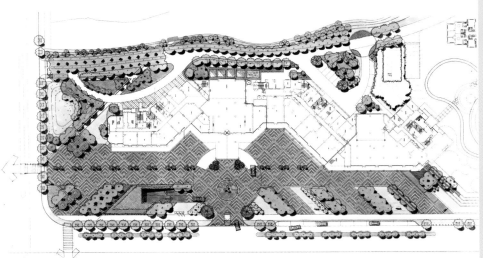

打造"阡陌交通、鸡犬相闻"的桃园胜景
——合肥融侨观邸

项目位置：安徽 合肥
景观设计：上海地尔景观设计有限公司

该项目位于合肥市庐阳区，老城区北部，总用地面积约30 604.56平方米，西北侧宿州路为城市主干道，车流量相对较大。项目定位为时尚、尊贵与简约兼备的高尚住宅社区，从商业过渡到住宅的设计减轻了外部环境对社区内的负面影响。同时兼顾社区景观的参与性与互动性，务求通过景观的营造与梳理，将逐渐冷漠的邻里关系拉近，打造和谐共融的人居环境。

商业区富有规律的条形硬质铺装，配合路边一排高大的行道树，如同乐章中的一个个音符，将整个商业区化为一篇大气优美、充满了韵律感的乐章。两个几何形状的种植池及其周边的木栈板，柔和了花岗岩铺装的刚硬线条，更为商业区增添了一丝生机与妩媚。

商业街的小区主入口处，以整齐的方格状变换了铺装形式，并点缀三棵看似随意，但点位恰到好处的大香樟，为入口增添了家的温馨感。整个景观平面布局理念来源于西方园林，以整齐一律，轴线对称的特点均衡排布，辅以精美的几何图案为构图，强烈的韵律节奏感，体现了对形式美的追求。为营造不同体验场所，设计师用巧妙的手法整合了椭圆形水景、方形木平台、长方形规整草坪、几何形铺装等元素，铺叙出明媚秀丽、淡雅朴素、曲折幽深的景观空间。平静的水面萦绕一片平整的草地，如江中绿舟、海上鸟岛。从池壁流淌而下的水泛着碎银似的光泽。如茵的草地与水体之间一线之隔，以薄薄的一层不锈钢制品分离，池水从池壁流下，湮没……

水景的东西两侧，是两块对称的长方形草坪，草坪边上有成片的树荫，放松躺下，将自己埋入这柔软如怀抱的绿茵，夏日的凉风，冬季的暖阳，还有什么比这静谧更享受呢？草坪的一角是个高起的平台，藏在了成片的树荫中，也是个不错的去处。

规则的草坪容易产生单调感，偶尔信步于几段错落有致的弧形石墙和小径所围合的半圆草坪中，简洁纯朴。草坪依傍着形如纸鹤的硬质铺装，其上点缀着三棵大桂花，纯粹生动的设计使人在这个空间更感悟得到自然的吸引力。

广场的一头，是孩子们的乐园。没有什么比一个硕大的沙池更能释放孩子们无穷的想象力和创造力了。这是他们的世界，微小的沙粒在他们手中变化成楼房、飞船、动物，一切你所能想象的和你无法想象的东西都呈现眼前，令你不得不佩服孩子们的创造力。成套的游乐设施，则让这些精力旺盛的小家伙们可以充分地挥霍体力。

在整个方案中，除了打造Art DECO风格高尚社区外，柔化和缓解逐渐冷漠的邻里关系的思想贯穿始末，设计师更提供了多个具有吸引力及互动性的空间，重现热闹老城中"阡陌交通，鸡犬相闻"的桃源胜景。

光与影交织的高雅社区
——苏州融侨城

项目位置：江苏 苏州
景观设计：上海地尔景观设计有限公司

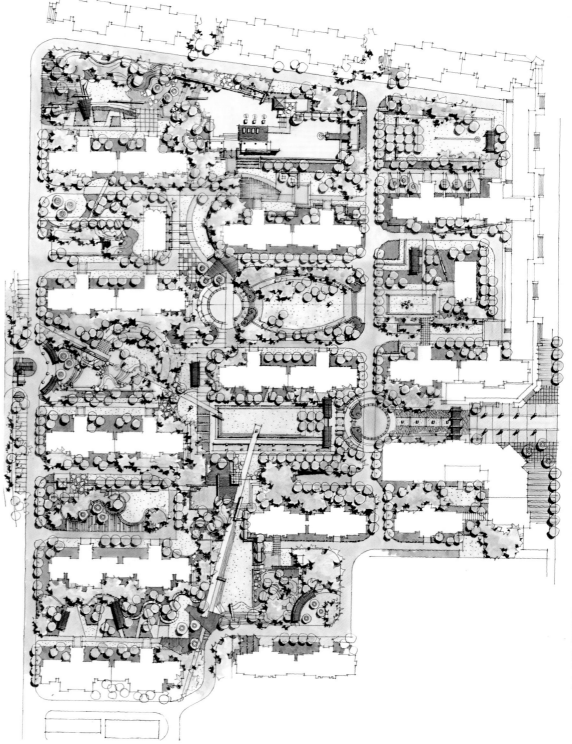

沿着文陵路往北，经过合兴路及花南河即可看到一片 ART DECO 风格的建筑群，园区内满眼的青葱翠绿、宁静祥和，这便是苏州融侨城。

沿东面规划道路的商业空间，是这个小区的配套商业设施，同时也是整个小区的次入口。大面积的波浪形铺装动感十足，红色与黑绿色花岗岩的选用，对比鲜明，有着强烈的视觉冲击。会所两边的跌水、喷泉更加烘托了这份热闹的氛围，为商业及入口空间带来活泼热闹的气氛，漫步其中，会不自觉地沉迷在这个生动美丽的画面之中。

从文陵路的主入口进入小区，豁然开朗的感觉油然而生。清澈的水面静卧在整个入口广场的中央，周围林木整齐茂盛，层次丰富，使得这个主入口空间开阔大气。在这里，宽阔的水面清晰地倒映出建筑轮廓和葱茏茂盛的植物，头顶蓝蓝的天空、耀目的阳光以及满眼的青葱翠绿融合在一起，构成一幅静谧安宁的画面。

连排绿植与流畅曲线围合而成的儿童活动砂池区域，为园区的老人和小朋友们提供了一个意趣盎然的休闲玩耍场所。木栈道修筑成了 Z 字形，蜿蜒于这片绿色景观中。园区的老人们可以在清爽的早晨或者阳光明媚的午后带着家中的孩子在这里聊天嬉戏，共享天伦之乐；年轻白领们可以在下班的傍晚或者周末的清晨在这里散步聚会，呼吸清新空气，放松身心。

宅间景观运用大面积的缓坡疏林草坪，结合树池、木平台、水景、景观亭及特色铺装等景观元素，提供休闲叙话的景观空间。当一天工作结束，人们穿过林下蜿蜒的步道回到家中，沉浸在光与影交织而成的梦幻画面里，尽享归家的温馨与归属。

整个联排区三面临水，北面为基地现有河道花南河，西面与北面设计了一条景观水系将之与高层区分隔开来。徜徉园中，水流随处可见，沿着小区内景观水系漫步，欣赏绿树繁花的缤纷，聆听泉水叮咚的灵动，感受跌水湍急的喧闹，享受凭栏眺望的乐趣。树影婆娑的草坪，散落脚旁的卵石，几经冲刷通体发亮的砾石，简洁的线条与朴实的色彩，空中飘荡着一种宁静的归属感，不经意间，唤起人们对家庭的眷恋和对生活的憧憬。

现代自然手法打造的古典诗意居住空间
——西安融侨·曲江观邸

项目位置：陕西 西安
景观设计：上海地尔景观设计有限公司

雁 南 五 路

雁 塔 南 路

该项目位于西安曲江新区，雁塔南路以东、雁南五路以南，总用地面积148 763.4平方米，规划总建筑面积约47万平方米。

根据建筑规划特征及周边环境，景观设计的重心放在四个方面：

一、营造一个远离城市喧嚣的自然园林景观社区，体现从古典诗画中提炼新中式居住的意境；二、从空间序列中感受宜人的私人空间和邻里地块关系；三、将社区人居环境提升为高层次的现代化生活空间，根据当代的文化思潮提倡符合现代人生活的新山水居住文化；四、从生态循环再利用体现人与自然的和谐发展。

主入口设计（临水而行，鸟语花香），横向景观轴从主入口广场进入，整个广场以精致细腻的硬景为主，近千平方米的花岗岩铺装，彰显出主入口的大气与尊贵，斜铺的条状色带打破了其单调性。左侧叠水蜿蜒穿流而过，广场上穿插种植的大桂花，每株的高度都达到5米以上，树型优美，高大挺拔，既强调出立面的丰富变化又具有很强的观赏价值。流线型的水景，春意盎然的绿岛与轻盈别致的木拱桥，打破商业街局促的空间，当我们身临其中仿若清泉在为你伴唱，花鸟在为你喝彩。主轴线上利用点景（大桂花）、对景（门卫）、止景（雕塑）等视觉轴线变化，让居者在此享受到景观氛围所带来的别样体验。透过止景（雕塑）是一片阔的翡翠草坪令人心旷神怡，草坪后以一大片银杏树林作为背景带来视觉上的冲击感，让人感受到皇家园林景观的气派和精美。

宅间设计（黄昏院落，苑内著清香）。景观设计引入了私家花园的概念。因建筑布局较为密集，故将门口的消防登高场地与硬质铺装结合，延伸了入口大堂的空间感，将建筑的功能由室内延续到室外，建筑周边则利用植物与地形形成软化界面，使建筑与景观有机地联系到一起。这样既巧妙地解决了一层住宅的私密性需求，又使外围建筑的业主感受到"户户有景"的住宅环境。

在两幢住宅楼之间繁茂旺盛的大叶女贞、桂花和蜿蜒的碎拼小径组成了轻松的休闲环境。中层的红叶李、红枫等色叶植物点缀，为其增添了一份柔美的风情。庭院间的廊架、园亭、休憩座椅不仅方便居民们尽情惬意地享受美丽的花园，亦增加了立面上的空间感。随着时间的推移，周围树木逐渐茂盛，庇护这蜿蜒的人行小道，树下的灌木林也将为低层的居民提供一定的私人空间。

儿童游戏广场面积在700平方米左右，周围被绿化包围，为儿童游乐提供了安全的屏障。小朋友可以在沙池中尽情玩耍、追逐，老人可以在周围边健身边照看小孩。各个场所相互贯通，空间多变，功能独立，让人在心理上感受到空间层次的区分与步移景迁，又有相互渗透的感觉。

绿化设计采用模拟自然态的多层次群落设计手法，植物取材以本地土生植物为主，从层次、季相、色彩及不同的植物形态的搭配，打造出丰富的植物小群落。同时结合消防车道和回车场地，充分利用地形，划分出开敞的草坪区与丰富的群落点。绿化种植达到乔木一灌木一花卉、地被植物搭配，多层次绿化，常绿树种、落叶树种互相搭配，创造四季不同的景观。通过层次空间的设计，创造多个多功能、多体验的公共空间，最大限度的美化景观。

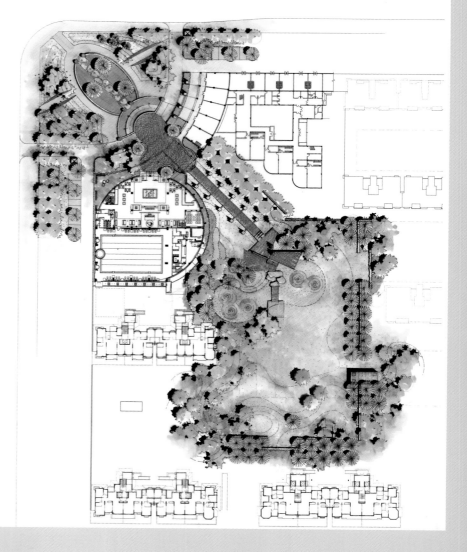

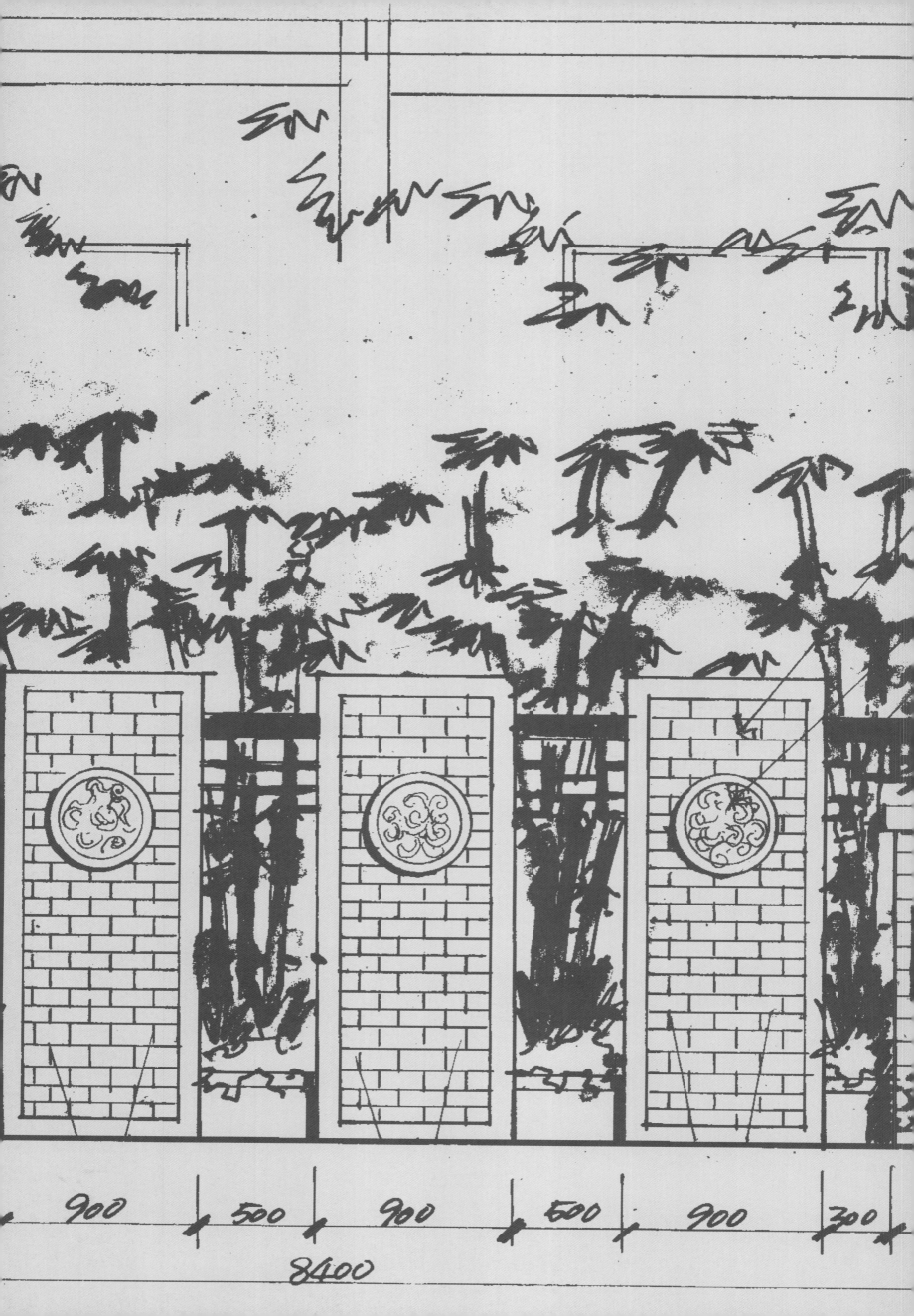

900 500 900 500 900 300

8400

中 式 风 格
Chinese Style

传统中式风格

风格特征：典型的中式景观风格特征，设计手法上往往是在传统苏州园林或岭南园林设计的基础上，因地制宜进行取舍，呈现出一种曲折转合中亭台廊榭的巧妙映衬。

一般元素：粉墙黛瓦、亭台楼阁、假山、流水、曲径、梅兰竹菊等塑造一种浑然天成，幽远空灵的景观。采用障景、借景、仰视、延长和增加起伏等方法，利用大小、高低、曲直、虚实等对比达到扩大空间感的目的。充满象征意味的山水是中式景观最重要的组成元素，然后是花草树木。

特　　点：浑然天成，幽远空灵，以黑白灰为主色调。在造园手法上，中国传统园林〝崇尚自然，师法自然〞，讲究〝虽由人做，宛自天开〞，在有限的空间范围内利用自然条件，模拟大自然中的美景，把建筑、山水、植物有机地融为一体。此外，在造园上还常用〝小中见大〞的手法，采用障景、借景、仰视、延长和增加园林起伏等方法，利用大小、高低、曲直、虚实等对比达到扩大空间感得目的。充满象征意味的山水是庭院最重要的组成元素，然后才是建筑风格和花草树木。

现代中式风格

风格特征：在现代风格建筑规划的基础上，将传统的造景理水用现代手法重新演绎，有适当的硬地满足功能空间需要，软硬景相结合，适用于建筑中式风格定位趋向或现代风格建筑定位明显的项目。

一般元素：建筑和墙体的颜色为黑白灰淡色系，汲取中国古典园林和现代园林要素的精髓相结合。

特　　点：现代中式风格，被称作新中式风格。是中国传统风格文化意义在当前时代背景下的演绎；是对中国当代文化充分理解基础上的当代设计。〝新中式〞风格不是纯粹的元素堆砌，而是通过对传统文化的认识，将现代元素和传统元素结合在一起，以现代人的审美需求来打造富有传统韵味的事物，让传统艺术的脉络传承下去。

建筑单体风格吸收了部分古典园林元素的概念，〝厅〞、〝廊〞、〝桥〞、〝院〞、〝巷〞都可以找到原型，但具体呈现的形态却大相径庭。可触摸的构筑物仅仅作为构成空间的界面而存在，建筑的线条、装饰、力度被严格的控制，建筑和墙体只存在着白浅灰、深灰三种色彩区别，以不同的叠加方式构成对深度和节奏的呼应，其余都保持简约、冷静、隐退的状态，只有建筑形象呈现〝极少〞时，〝负型〞的空间才得到感知和

体验。因此，注重空间结构和景观格局的塑造，强调空间胜于实体的设计理念。

现代中式风格的发展：现代中式风格是传统中国文化与现代时尚元素在时间长河里的邂逅，以内敛沉稳的传统文化为出发点，融入现代设计语言，为现代空间注入凝练唯美的中国古典情韵，它不是纯粹的元素堆砌，而是通过对传统文化的认识，将现代元素和传统元素结合在一起，以现代人的审美需求来打造富有传统韵味的景观，让传统艺术在当今社会得到合适体现，让使用者感受到浩瀚无垠的传统文化。

现代中式风格景观设计是目前把中国传统风格揉进现代时尚元素的一种流行趋势。　这种风格既保留了传统文化，又体现了时代特色，突破了中国传统风格中沉稳有余，活泼不足等常见的弊端。其特点是常常使用传统的造园手法、运用中国传统韵味的色彩、中国传统的图案符号、植物空间的营造等来打造具有中国韵味的现代景观空间。

现代中式风格造园手法及元素的应用：现代中式风格景观设计采用框景、障景、抑景、借景、对景、漏景、夹景、添景等中国古典园林的造园手法，运用现代的景观元素，来营造丰富多变的景观空间，达到步移景异，小中见大的景观效果。各个元素的应用也是很重要的。如下：

1. 现代中式风格景观的色彩　　色彩是景观表情定位的首要元素，现代中式风格景观设计主要选用能代表华夏文明的几种色彩，即所谓的〝国色〞，以中国红、琉璃黄、长城灰、玉脂白、国槐绿为主，结合景观材料及新中式的表情定位，还常常使用到木原色及黑色，这些色彩共同来营造景观的表情，营造崇高、喜庆、祥和、宁静、内敛的现代中式风格景观空间。中国红、琉璃黄一般用于大门、廊架、景观亭、景墙等景观建筑上，突显崇高、喜庆、祥和的氛围；长城灰主要用于地面铺装、景墙贴面、景观建筑、座椅等小品上，来突显景观宁静、典雅的氛围；玉脂白主要用于景墙饰面、雕塑、地面散置石等，营造纯洁、吉祥如意的景观氛围；国槐绿主要用于植物色彩的选择，以绿色为主，点缀一些开花植物，为营造宁静、优雅的氛围做好铺垫；黑色常用于铺装、小品、廊架、亭等，营造沉稳、内敛的空间氛围；木原色是体现自然的色彩，与灰色、白色等搭配通常用于铺装、临水栏杆、小品构架等，体现〝新中式〞景

观设计沿袭中国古典园林〝虽由人作，宛若天开〞的造园特点。

2. 中国传统符号的应用　中国传统符号种类很多，有中国传统的吉祥物：青龙、白虎、朱雀、玄武、凤、貔貅、双鱼、蝙蝠、玉兔等；有五行的金、木、水、火、土；有十二干支纪法；有甲骨文、象形文字；有象征民族特色的图案：中国结、窗花、剪纸、生肖、祥云、日、月、山、火、云、水、太极、金乌等；有福、禄、寿等吉祥文字；还有中国传统的宝相植物：牡丹、荷花、石榴、月季、松、竹、梅等。在〝新中式〞景观设计中采用以上传统符号用抽象或简化的手法来体现中国传统文化内涵，运用形式多种多样，可镶刻于景墙、大门、廊架、景亭、地面铺装、座凳上；或以雕塑小品的形式出现；或与灯饰相结合。

3. 植物空间的营造　现代中式风格景观植物设计区别于中国古典园林植物设计的特点在于，它更为简洁明朗，古典园林植物种植以自然形、多层次多品种植物混植，而〝新中式〞景观植物种植以自然型和修剪整齐的植物相配合种植，植物层次较少，多为二至三层，一般为乔木层＋地被层＋草坪或大灌木＋草坪等形式，品种选择也较少。现代中式风格景观植物设计区别于欧式景观植物设计的特点在于，欧式景观植物种植多采用修剪整齐色彩鲜艳的植物作主基调，而新中式则主要采用自然与修剪植物相结合，色彩以绿色为主色调，是中国古典园林与欧式园林种植设计手法的结合，营造现代、简洁的植物空间的同时又具有浓厚的中国气息。植物选择枝杆修长、叶片飘逸、花色小色淡的种类为主，如：竹、水石榕、垂柳、桂花、芭蕉、迎春、菖蒲、水葱、鸢尾、马蔺等植物，营造简洁、明净而富有中国文化意境的植物空间。

现代中式风格景观设计是在人们物质生活得到满足后追求更高层次精神需求的时代背景下应运而生的。现代中式风格景观设计是现代生活与中国传统文化邂逅、碰撞的结晶，人们在崇尚异国文化后，心灵得以回归，转而皈依自己的传统文化，这就使得〝新中式〞景观设计得以诞生，并表现出强大的生命力，被广大民众所追捧。

"出则繁华，入则宁静"的稀有隐墅生活
——上海明泉·璞院

项目位置：上海
景观设计：EADG泛亚国际

该项目位于西郊别墅区金虹桥板块，本案运用江南园林的常用造景方式，并且融入现代景观设计元素，融合"琴、棋、书、画"的景观主题，打造富有人文特色的景观氛围。基地西侧坐拥26 000平方米私家园林。取"大隐隐于市"和"天人合一"的意境。在上海名流荟萃的虹桥轴心生活圈内，明泉·璞院提供一处真正"出则繁华，入则宁静"的稀有隐墅生活。

项目是由排屋和高层组成，是甲方在古北开发的几个中式楼盘之一，许多韩国人、日本人喜欢居住在这里，项目中不利因素是宅间绿地狭小，因此甲方争取到西侧一块公园绿地一起开发，设计师在进行总体景观规划时，创造了居住绿地与公园绿地之间的联系，方便住区居民使用，缓解了内部活动空间的不足。

小区内部主要在入口，入户以及道路节点空间，样板区庭院点缀中式元素，如景墙、照壁、青砖、翠竹、石景，小品概念来源于中国的"笔、墨、纸、砚"——笔做灯，墨为水，纸做凳，砚做台。公园中则以传统中式庭院的布局手法，点缀亭台楼阁，小桥流水，并提供室内网球场等活动设施。

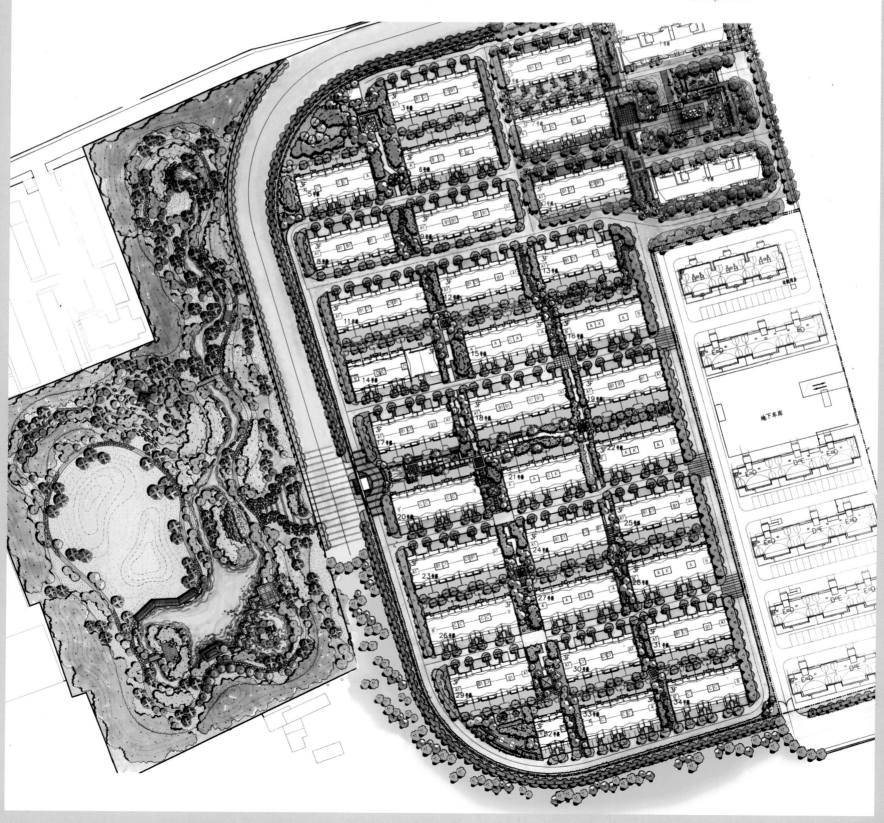

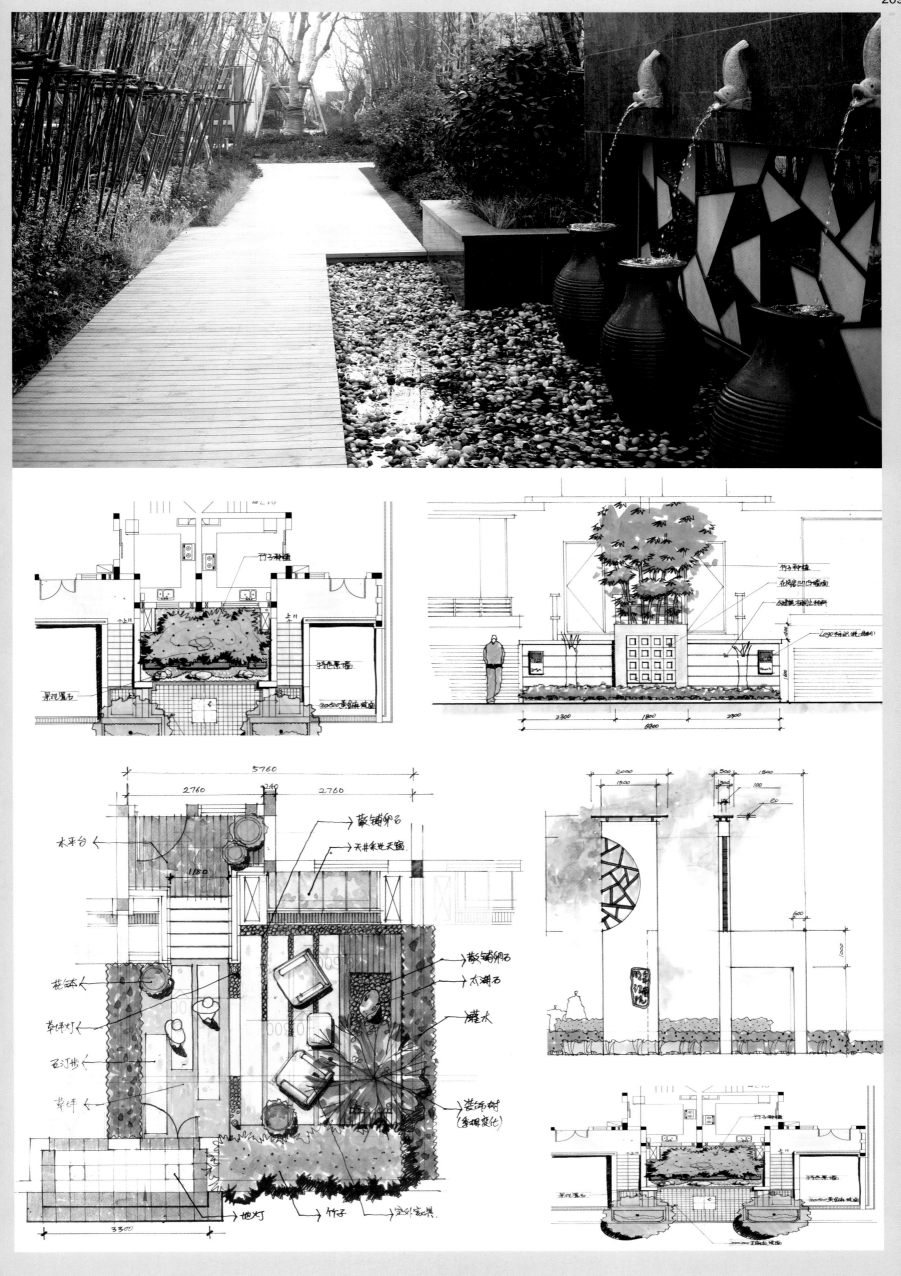

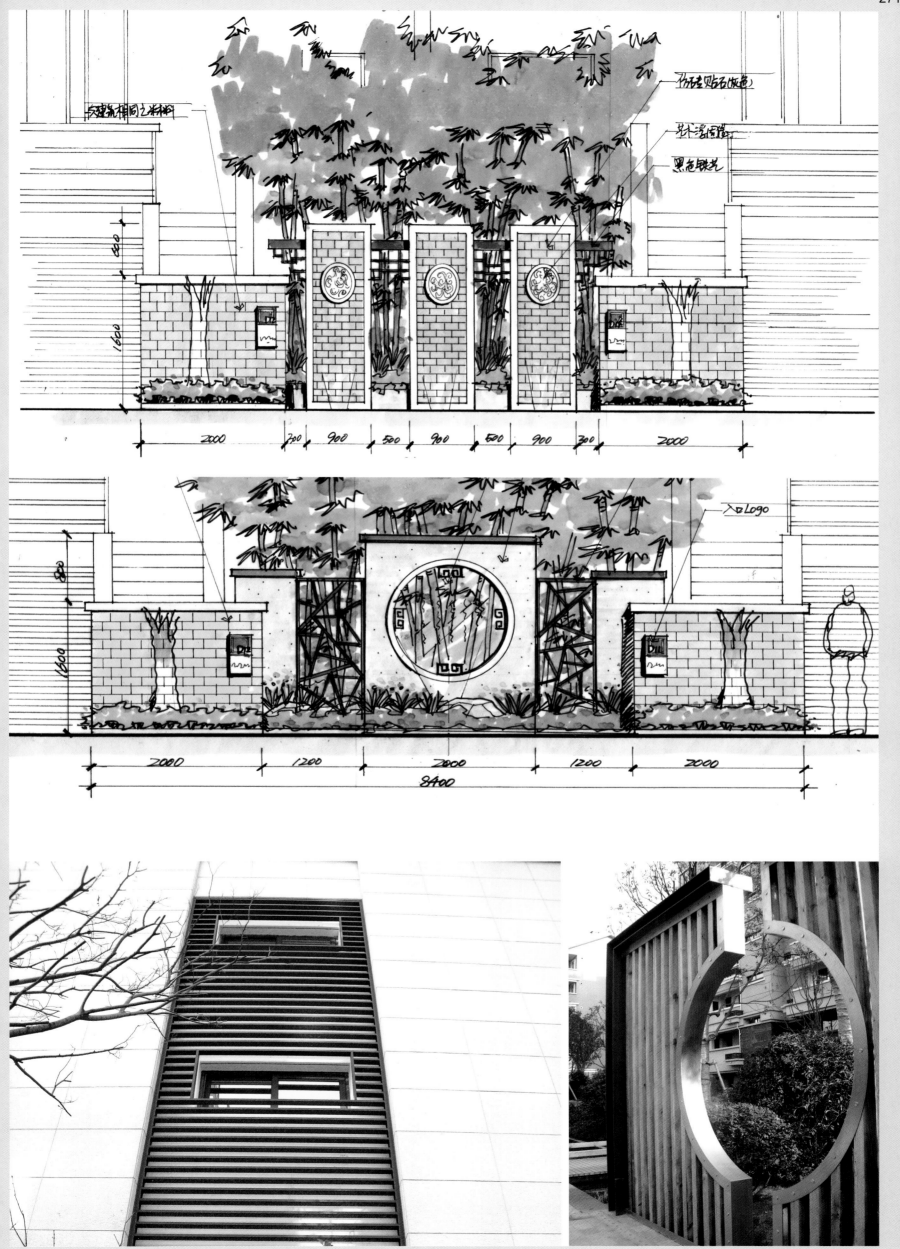

精致、高雅、从容的学府人文生活社区
——南京融侨学府世家景观设计

项目位置：江苏 南京

景观设计：上海地尔景观设计有限公司

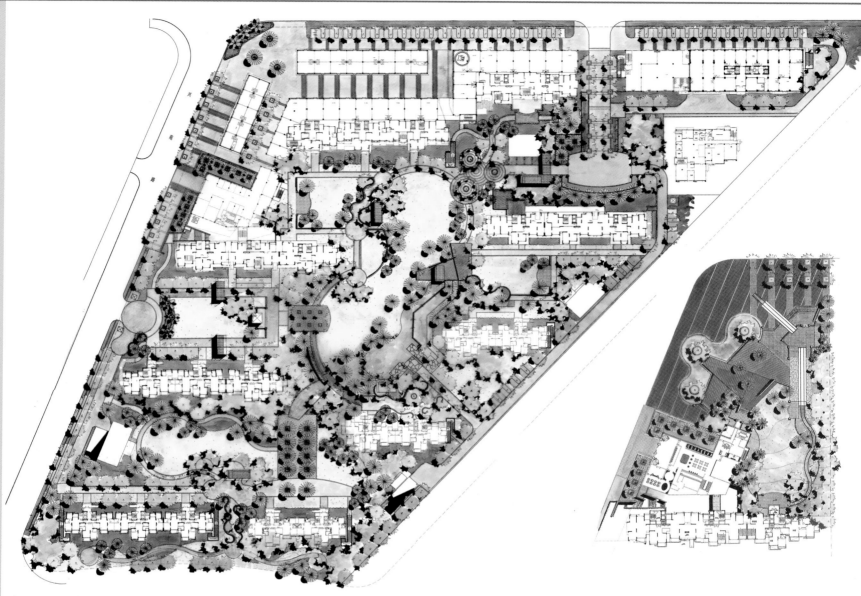

该项目位于南京市江宁区（兴苑路苑中路），紧邻南京绕城高速、江宁科学园、南京医科大学等高等学府近在咫尺，与周边秦淮河湿地公园等大型绿地亦相距不远。

结合小区优越的地理环境，为营造出精致、高雅、从容的学府人文生活，景观设计运用曲线型的林荫道、大面积的疏林草地、幽静的蓝色水系等造景元素，营造了不同的景观效果和空间环境，为业主带来亲临公园般的优雅及舒适。

沿街富有韵律感的铺装结合少量绿化，增加了商家和顾客的参与性，强调人与人之间的交流及互动，同时设置简洁的景观小品，增添商业的趣味性及热闹的氛围；会所前大面积的喷泉水景结合树池，彰显了会所的大气与高贵，同时柔化了建筑墙体的生硬，融合了亲近感。

园区主入口巧妙地运用不同形式的铺装区分与商业带的界线，具有序列感的铺装分隔结合景观花钵及大乔木树列，使得主入口的导向性明确；三层大面积的跌水结合与建筑ART DECO风格相符合的门廊构架，带来震撼的视听冲击，加上乔木树阵作为绿化背景，使园区主入口简洁大气，有着强烈的入口标志性，提升了整个园区的尊贵与典雅。

中心泳池由一个矩形成人池和充满童趣的曲线形儿童池组成，喷水小雕塑增添了泳池的趣味性，四周的绿化带将整个泳池区域围合成一个半私密性的运动空间，泳池东面绿化带中的铁轨与火车厢不仅为整个中心景观区增添趣味性，同时火车厢还实化为泳池配套更衣室，为前来游泳的人们带来耳目一新的享受。

与中心泳池相对的是儿童砂池，自然舒适的木平台和生动活泼的水景结合景观棚架，为园区的老人和小朋友提供了休闲嬉戏的场所。

与主入口景观的尊贵气质不同，次入口巧妙运用LOGO景墙、特色圆舞曲铺装、吐水景墙、曲线形矮墙结合疏林草坪背景等景观元素营造出一个轻松、生动、活泼的次入口景观空间，给居住在这里的人们一种快要到家了的心理暗示，增强了归属感。优美自然的曲线条和茂密葱茏的植物，巧妙地柔和了建筑所带来的硬朗质感，同时也丰富了内涵。

宅间景观运用大面积的缓坡疏林草坪，结合树阵、景观亭和特色铺装等景观元素，营造出几个可供业主休息、散步、聚会、跳舞、聊天的景观空间。曲线流畅的林荫小径与开敞的大草坪为人们带来舒适宜人的感受，让居住在其中的人感受环境、感受自然、感受仿佛居住在浪漫幽静的田园之中的安逸和乐趣。

一处都市桃源新天地
——湖南·中隆国际·御玺

项目位置：湖南 长沙
景观设计：GVL国际怡境景观设计有限公司
委托单位：湖南中隆国际地产开发有限公司

该项目位于长沙市雨花区体育新城板块，小区坐拥3000亩的国家准运动场地，背靠600亩森林公园，周边配套资源齐全，路网发达。借助良好的区域优势，着力打造国际化的高尚社区，创建自然生态的水岸生活，休闲和谐的浪漫人居，营造大气、优雅、温馨的居家氛围。

景观设计结合项目地势相对平缓的特点，以水景打造为重心，以中心湖为设计重点，同时结合组团各自的特色水景和会所的休闲泳池，形成完整和谐的水景体系，并合理加入平台、小桥、绿岛、石滩等打造丰富的滨水休闲空间。每个组团都设计有微地形绿地景观，打破整体平缓的沉闷，创造跳跃的动感。

整个设计在满足功能需求的前提下，以水景为基础，以植物为衬托，以硬质景观为补充，营建一处都市桃源新天地。

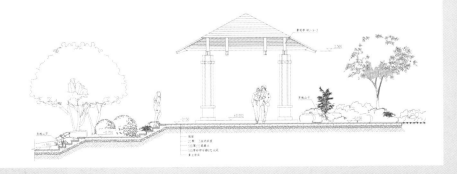

东西方文明的完美融合
——成都蓝光集团雍景湾别墅区景观设计

项目位置：四川 成都
景观设计：SED新西林景观国际

① 主入口大门
② 特色台地景观
③ 组团入口空间
④ 落水叠瀑
⑤ 怡心亭
⑥ 绿荫广场
⑦ 车行道（景观化）
⑧ 会所景观泳池
⑨ 多层次景观绿带
⑩ 宅间组团空间
⑪ 特色廊架
⑫ 漫步风景林带
⑬ 私家花园分隔大树
⑭ 回家小道
⑮ 艺术草坡景观
⑯ 名木品茗广场
⑰ 回车场（处理成活动广场）
⑱ 林间漫步道
⑲ 自然生态坡地
⑳ 观景木平台
㉑ 亲水栈道
㉒ 会所后院广场
㉓ 堆坡林地
㉔ 林间漫步道

北

ELEGANT BAY
TOWNHOUSE

该项目的设计主导思想：雍锦湾位于四川省成都市，小区承续四川的民居风格。在四川民居中，合院天井，深宅大院，等都具有一定特色，是巴蜀文化在建筑中的生动反映。川内大部分地区气候多雨，炎热，因此建筑及环境空间处理开敞、流通，又多设敞口厅空间层次丰富，并利用轴线转折，小品过渡及导向处理等手法将各组建筑构成统一的整体。在雍锦湾小区设计中，采用了传统名居中街，巷，广场，筑台，院落等场地元素及布局方式，并用现代元素及处理手段来演绎。在中央景观中将组团出入口与中轴人行景观以民居中筑

台的形式结合在一起，突出街道景观的层次感。组团景观引用中式生活理念，院落空间回避了户与户之间的干扰，增加了空间层次感创造出宜人小环境，让人能更放松地贴近自然。

景观规划理念

1．景观的实用性：景观空间的形式和功能上与环境相互协调，能容纳多种公众活动，从物质和精神上去引导人们的日常生活。2．景观的多样性：在保护环境健康发展的前提

下，提供多样化的自然环境，开敞空间和各种功能设施，为公众提供多种体验和选择性；同时也为各种材料、技术的多样性的表达提供空间。3．景观的延续性：即在建设中保持与自然环境、城市文脉的延续。4．景观的艺术性：运用各种建设要素和当地自然材料，用艺术的表达构成人文自然景观，使生活、活动在其中的人获得艺术享受。

总体规划与景观设计

1．总体景观布局总体景观布局注重点、线、面的结合，形成"一街、两水、三林带"的景观格局。从入口大门直至小区的中心景观轴构成了景观的中央区域，并以两处水景作为点睛之笔。在交通上形成一条主入户景观双车道，道路随着中轴景观的变化而顺承民居中由街道向广场的转变过程，道路中主要的公共活动场所与组团的出入口浑然一体。小区两边形成两条独具特色的景观带。它们既是小区内部的天然氧吧又是组团内环境的一个延伸。园内特色景观带，沿河绿化带构成了整个小区的三林带，林下分别设置运动设施、休憩设施、游步道等，各树林通过木栈道、汀步的组织而形成一个整体，但各自在选择树种、交通组织上均具备自身的特色，不同的绿色空间形成了小区的大景观气候。

2．景观空间特性：（1）入口区域以门廊形式将道路分为人行空间和车行空间。翠绿的竹丛、火山岩形成的景墙、钢与石材的交织，这些都形成了自然与现代的强烈对比，给人的视觉与心理带来强大的冲击。(2)中央景观区域结合民居中筑台的空间特征以台阶的形式将中轴景观分为若干不同高差的平台空间，使人们的户外活动随着空间高低的转换而变得丰富。(3)在组团空间中分为私家花园、入户空间、隔离绿化带及组团公共活动空间。以当地土生树木为主的乔木林形成的"绿墙"有节奏地起伏，分隔南北建筑，分隔私密与公共空间，在组团的后出入口均以堆坡形式出现突出自然生态景观特点。3．道路系统 雍锦湾的道路规划使用"人车分行"的道路体系，力图保证居住区内安全和安静，车辆在进入小区内后由架空层进入各家各户的停车位，保证小区内各项生活与交往活动正常舒适地进行。4米宽的消防车道设在居住区周围，路端设有回车场。并将绿地、户外活动场地、

公共建筑联系起来，给人们提供安全的生态步行空间。4．水景观系统众所周知，小区内景观水如果缺少流动和更换，很容易发生水质恶化现象。在区内主要水景分为入口涌泉、中轴跌水及一条半环绕小区的湖水。区内水景主要采用自循环系统。小区外景的湖水驳岸原有一些水生及生态植物，因此在驳岸的设计中将驳岸设计为具有一定边坡、由砂、石累积、保持一定量的底泥。在保留一定原有水生植物的前提下种植一些芦苇等水生植物，为鱼类和其他水生生物提供栖息地，体现水体的自然景观，使其具有较强的去污、净化功能和鲜活的生命力。5．竖向设计 竖向设计已因地制宜，减少工程量为原则。在保持原有规划的竖向设计基础上，我们尽力不进行改变，通过对居住区景观的功能要求、使用要求，对地形特点进行分析，结合地形，考虑行车和人行的视野景观，营造出有高低起伏、错落有致、活泼、生动、富有情趣的景观。6．建筑及环境小品 本项目景观小品分布于各处，有景观特色花架、雕塑等。在居住区内同时考虑垃圾桶、指示牌、主要照明灯等功能纳入景观小品体系，统一设计，协调样式和风格。7．植物配置 以适地适树为原则，考虑景观需要，合理选择乡土树种、草种，适当采用引进树种，以最优植物群落结构为目标，进行植物配置。（1）乔木：古榕、广玉兰、桂花、等常绿阔叶茂密的植物起到一定的隔音效果；规则式列阵的树种以树干挺拔、枝叶均匀，如银杏、水杉、等植物进行配置；疏林草地以高大挺拔的植物为主，如柳树、梧桐、桂花等。（2）灌木：灌木区主要选用色彩艳丽的花灌木：如黄杨、红继木、南天竺、小叶女贞、六月雪等。（3）地被及藤本植物：主要以菊科品种为主，如万寿菊、非洲菊、黑心菊、秋菊和金鸡菊等花色各异的菊花来点缀美化居住区。（4）水生类：临水处选用一些耐水湿植物，如水杉、池杉、垂柳雪松等，水中和汇水干溪以香蒲、水葱、伞草、芦竹、鸢尾、美人蕉等为主。8．照明灯具：为了满足夜间人们的休闲娱乐要求，需要提供足够的照明。主要广场设置大功率灯柱做场地照明，地面可结合坐凳设置埋地灯，树林草坪设置一定的路灯和草坪灯，保证行走照明和景观照明。所有灯具均需统一设计，保证与景观协调。

天地合、风水会、藏风聚气之宝地
——成都蓝光集团紫檀山高尚别墅区

项目位置：四川 成都
景观设计：SED新西林景观国际

该项目占地面积约321亩，位于成都温郫公路旁，紧邻江安河。别墅总体规划以中心湖区为原点，南偏东20度布局，呈弧形散开，楼间距规划在18～22米之间的宜人尺度，西面以坡地构筑，围绕约1万平方米中心湖区。四大组团环抱，而又相互独立，形成天地合、四时交、风水会的枕山绕水，藏风聚气之宝地。丰富的空间变化，错落的景观层次，强调自然、现代、生态的设计理念，在整体布局上，从绿色长廊到中心湖区，渗透至各个组团。

"居中有院、院中有庭"
——江苏常州金新地产青山湾花园

项目位置：江苏 常州
景观设计：SED新西林景观国际
委托单位：江苏常州金新地产

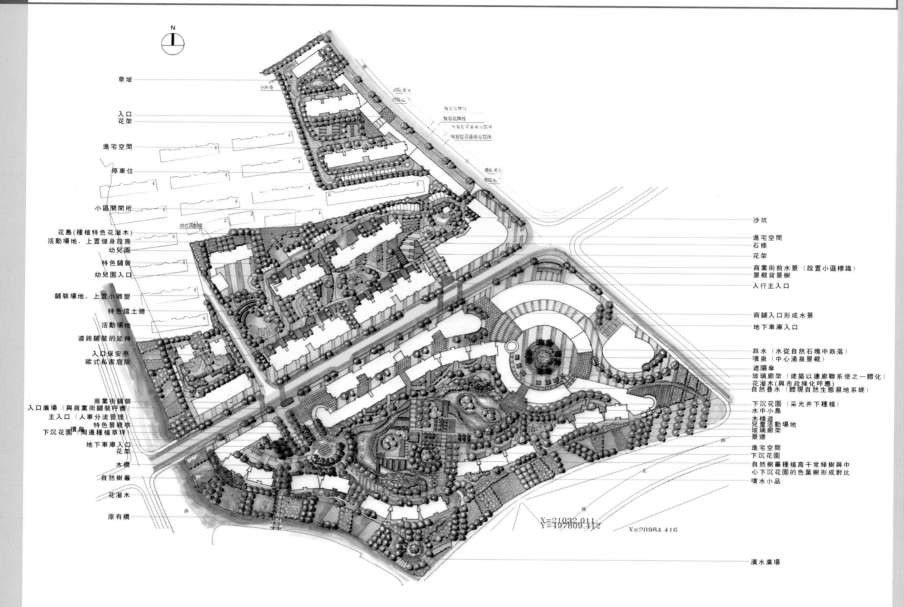

N

草坡
小区会
入口
花架
进宅空间
停车位
小区开闭所
幼儿园
花岛（种植特色花灌木）
活动场地，上置健身器施
特色铺装
幼儿园入口
铺装场地，上置小雕塑
特色挡土墙
活动场地
道路铺装的延伸
入口保安亭
欧式私家庭院
商业街铺装（与商业街铺装呼应）
入口广场（与商业街铺装呼应）
主入口（人车分流管理）
特色景观墙
下沉花园（周边种植草坪）
地下车库入口
花架
木桥
自然树墙
花灌木
原有树

沙坑
进宅空间
石阵
花架
商业街前水景（设置小区标识）
景观背景树
人行主入口
商铺入口形成水景
地下车库入口
跌水（水从自然石块中跌落）
喷泉（中心涌泉景观）
遮阳伞
玻璃廊架（建筑以连廊联系使之一体化）
花灌木（与市政绿化呼应）
自然叠水（体现自然生态湿地系统）
下沉花园（采光井下种植）
水中小岛
木栈道
儿童活动场地
玻璃廊架
景道
进宅空间
下沉花园
自然树墙种植高干常绿树与中
心下沉花园的色叶树形成对比
喷水小品

滨水广场

该项目占地面积为8万平方米，总建筑面积为22万平方米，容积率为2.5。地处城市中轴，坐拥青山绿水的精英地段——晋陵路。毗邻新市政府。3.6万平方米超大市政规划青山绿地，22万平方米名流之城后园面积，揽尽城市风景，占尽地利优势。设计充分利用"山、水、城、林"自然条件，突出运动、生态、健康的生活时尚，大中心、大庭院。营造出开阔有序的建筑空间，极富现代艺术气息。景观与文化浑然天成，每个院子有自己独特的庭院景观，居中有院、院中有庭，令居者体会既现代又不失传统的庭院友居生活。设计有机结合自然和人文优势，崇尚文化和都市氛围，描绘自然风光，体现空间艺术，享受视觉和景色情趣。

中式风格

"动感时代、舒适宁静的生活"
——南京滨江一号公寓

项目位置：江苏 南京
景观设计：广州太合景观设计有限公司

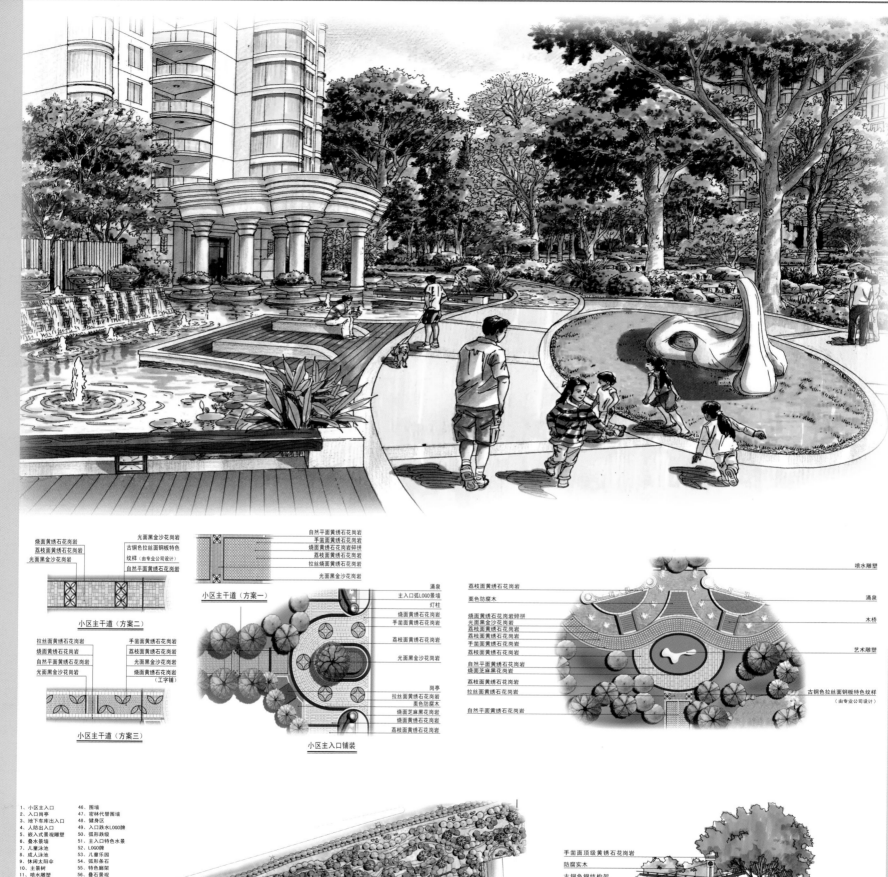

烧面黄绣石花岗岩
荔枝面黄绣石花岗岩
光面黑金沙花岗岩

光面黑金沙花岗岩
古铜色拉丝面钢板特色纹样（由专业公司设计）
自然平面黄绣石花岗岩

小区主干道（方案二）

拉丝面黄绣石花岗岩
烧面黄绣石花岗岩
自然平面黄绣石花岗岩
光面黑金沙花岗岩

手面面黄绣石花岗岩
荔枝面黄绣石花岗岩
光面黑金沙花岗岩
烧面黄绣石花岗岩（工字铺）

小区主干道（方案三）

自然平面黄绣石花岗岩
手面面黄绣石花岗岩
烧面黄绣石花岗岩碎拼
荔枝面黄绣石花岗岩
拉丝面黄绣石花岗岩
光面黑金沙花岗岩

小区主干道（方案一）

涌泉
主入口弧LOGO景墙
灯柱
烧面黄绣石花岗岩
手面面黄绣石花岗岩
荔枝面黄绣石花岗岩
光面黑金沙花岗岩

岗亭
美国防腐木
烧面芝麻黑花岗岩
烧面黄绣石花岗岩
荔枝面黄绣石花岗岩

小区主入口铺装

荔枝面黄绣石花岗岩
美国防腐木
烧面黄绣石花岗岩碎拼
光面黑金沙花岗岩
荔枝面黄绣石花岗岩
手面面黄绣石花岗岩
荔枝面黄绣石花岗岩
自然平面黄绣石花岗岩
烧面芝麻黑花岗岩
荔枝面黄绣石花岗岩
拉丝面黄绣石花岗岩
自然平面黄绣石花岗岩

喷水雕塑
涌泉
木桥
艺术雕塑
古铜色拉丝面钢板特色纹样（由专业公司设计）

1. 小区主入口
2. 入口岗亭
3. 地下车库出入口
4. 人防出入口
5. 嵌入式景观雕塑
6. 叠石景墙
7. 儿童泳池
8. 成人泳池
9. 休闲太阳伞
10. 主景树
11. 喷水雕塑
12. 木线道
13. 水中按摩椅
14. 水边树池
15. SPA按摩池
16. 圆形祛晒浴帘
17. 矮景墙
18. 泳池下水区
19. 休闲躺椅
20. 休闲木平台
21. 特色种植池
22. 景观雕塑
23. 喷水池
24. 特色铺装
25. 树池座凳
26. 艺术小品
27. 条石座凳
28. 景观灯柱
29. 亲业步行街
30. 冷却塔
31. 泄爆口
32. 次入口弧形LOGO景墙
33. 公寓入口特色水景
34. 亲水木平台
35. 坡地社区公园出入口
36. 景石花圃
37. 景石
38. 坡地社区公园
39. 停车库（20辆）
40. 林荫休闲平台
41. 湖面景观
42. 健身步道
43. 树阵
44. 脚石景观
45. 小桥流水
46. 围墙
47. 密林代替围墙
48. 健身区
49. 入口跌水LOGO牌
50. 弧形跌水
51. 主入口特色水景
52. LOGO牌
53. 儿童乐园
54. 弧形条石
55. 特色廊架
56. 叠石景观
57. 景观亭
58. 拱桥
59. 喷水雕塑与景观石桥
60. 景观叠水
61. 架空层出入口
62. 水中汀步
63. 人行道
64. 喷水花钵

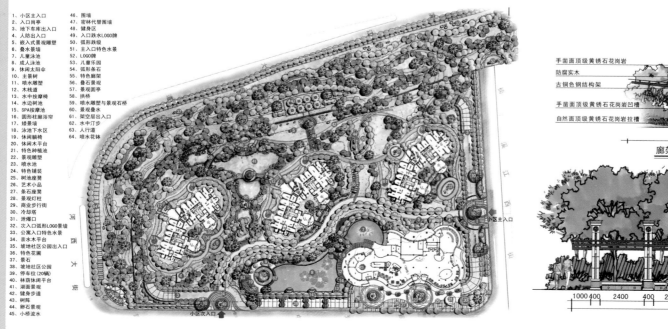

小区主入口
小区次入口

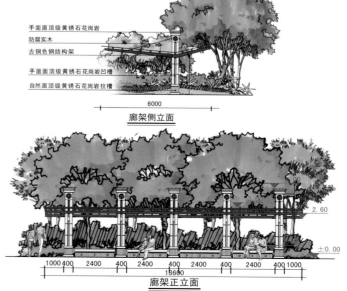

手面面顶级黄绣石花岗岩
防腐实木
古铜色钢结构架
手面面顶级黄绣石花岗岩凹槽
自然面顶级黄绣石花岗岩拉槽

6000

廊架侧立面

2.60

±0.00

1000 400 2400 400 2400 400 2400 400 2400 400 1000
13600

廊架正立面

深灰色铝板
沐帘出水口构架
光面大黑金沙花岗岩拉槽

圆形构架柱侧立面

深灰色铝板
艺术灯光照明
自然面顶级黄锈石花岗岩凹槽
(艺术壁灯)深灰框白色灯罩
烧面顶级黄锈石花岗岩
手凿面顶级黄锈石花岗岩
光面大黑金沙花岗岩拉槽

圆形构架柱正立面

沐帘出水口构架
光面大黑金沙花岗岩拉槽

泳池SPA按摩池圆形构架立面

荔枝面黄锈石花岗岩
拉丝面黄锈石花岗岩
荔枝面黄锈石花岗岩
烧面芝麻黑花岗岩
手凿面黄锈石花岗岩
拉丝烧面黄锈石花岗岩
顶墙
按摩池圆形构架

休闲木平台
泳池弧形喷水景墙
散置黄锈石岗岩
次入口LOGO景墙

荔枝面黄锈石花岗的水中汀步
荔枝面黄锈石花岗岩
太阳伞
自然平面黄锈石花岗岩
特色景墙
烧面黄锈石花岗岩
SPA按摩池

特色水体

自然与手凿面
顶级黄锈石花岗岩
镂空花图案古铜色
轻钢结构铝合金饰面
LOGO
拉丝面轻钢白色字体

古铜色
轻钢结构铝合金饰面

次入口LOGO弧形景墙立面

3000 3000 3000 3000 3000 3000
18000

商业街娱乐区
泳池活动区
住户入口景观带
溪流景观带
景观休闲区
坡地社区公园休闲区

坡地社区公园休闲区
景观休闲区
溪流景观区
住户入口景观带
泳池活动区
商业街娱乐区

艺术喷水铜雕
自然面顶级黄锈石花岗岩
特色水体

泳池弧形景墙立面

3000 3000 3000 3000 3000 3000
18000

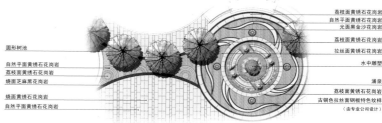

荔枝面黄锈石花岗岩
自然平面黄锈石花岗岩
光面黑金沙花岗岩
荔枝面黄锈石花岗岩
拉丝面黄锈石花岗岩
水中雕塑
涌泉
荔枝面黄锈石花岗岩
古铜色拉丝面铜板特色纹样
（由专业公司设计）

圆形树池
自然平面黄锈石花岗岩
荔枝面黄锈石花岗岩
烧面芝麻黑花岗岩
烧面黄锈石花岗岩
自然平面黄锈石花岗岩

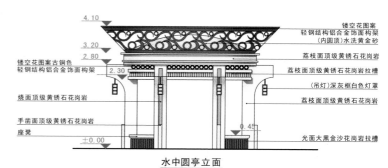

镂空花图案
轻钢结构铝合金饰面构架（内圆顶）水洗黄金砂
荔枝面顶级黄锈石花岗岩
荔枝面顶级黄锈石花岗岩拉槽
（吊灯）深灰框白色灯罩
荔枝面顶级黄锈石花岗岩
光面大黑金沙花岗岩拉槽

镂空花图案古铜色
轻钢结构铝合金饰面构架
烧面顶级黄锈石花岗岩
手凿面顶级黄锈石花岗岩
座凳

水中圆亭立面

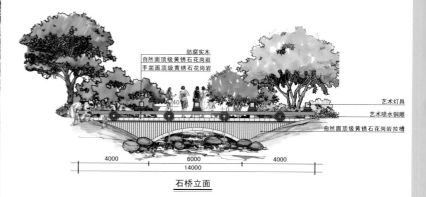

防腐实木
自然面顶级黄锈石花岗岩
手凿面顶级黄锈石花岗岩

艺术灯具
艺术喷水铜雕
自然面顶级黄锈石花岗岩拉槽

4000　6000　4000
14000

石桥立面

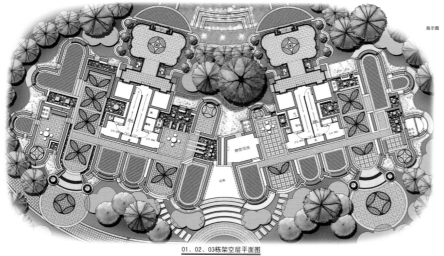

指示图

1、入口平台
2、入口大堂
3、特色铺装
4、住户单元出入口
5、景观过道
6、休闲座凳
7、艺术雕塑
8、休闲平台空间
9、艺术雕塑
10、特色休闲桌椅
11、阶梯
12、架空层出入口
13、特色景观灯
14、汀步
15、飘台
16、特色种植池

01、02、03栋架空层平面图

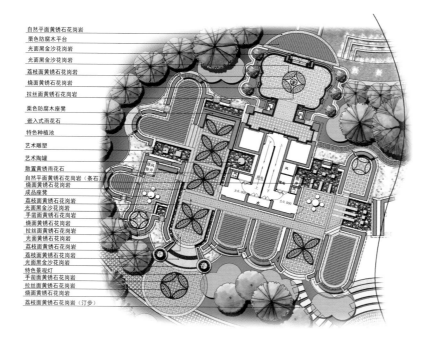

自然平面黄锈石花岗岩
柔面防腐木平台
光面黑金沙花岗岩
光面黑金沙花岗岩
荔枝面黄锈石花岗岩
烧面黄锈石花岗岩
拉丝面黄锈石花岗岩
柔面防腐木座凳
嵌入式雨花石
特色种植池
艺术雕塑
艺术陶罐
散置黄锈石花岗岩
自然平面黄锈石花岗岩（条石）
烧面黄锈石花岗岩
成品座凳
荔枝面黄锈石花岗岩
光面黑金沙花岗岩
手凿面黄锈石花岗岩
烧面黄锈石花岗岩
拉丝面黄锈石花岗岩
光面黑金沙花岗岩
荔枝面黄锈石花岗岩
光面黑金沙花岗岩
特色景观灯
手凿面黄锈石花岗岩
拉丝面黄锈石花岗岩
荔枝面黄锈石花岗岩（汀步）

该项目处于文化、体育、商业、经济的中心，且具有风景优美的独特的滨江带。西面为江，东面是带状的商业圈。西南为滨江城市公共空间，西靠美术馆文化区，东北面是现代商业与奥体中心大道，人气、景色再加上便利的交通，这一切为将该项目设计成为南京最高端的社区打好了基础。

设计理念

南京苏宁滨江公寓以南京最高档社区为目标，以"动感时代、舒适宁静的生活"为设计主题。根据公寓的特色与定位，遵循因地制宜的原则，顾及使用者及南京的形象要求，做到环境幽静、空气清新，特别为了体现地方特色、时代节奏感与时代特征，设计中引用中国造园的手法，结合现代元素、进口材料、内容，创造现代特色。景观布局以水景、植物坡地为主，强调水的亲和力，植物的绿叶与红花的幽静。结合滨江公园，同创风景式的景观社区，做到社区内既豪华又高品位，社区外一派风景式的景象（特别从滨江大道对岸眺望，是水中园林景观）。项目分二大区域，一是滨江带坡地社区公园，整个社区为环境优雅、空间互动、交往自由融洽的标志性精品社区，为住户提供亲近自然、回归自然、恬静舒适的户外活动空间。满足不同年龄、不同文化层次人们的情感需求；二是公寓住宅区，具时代特色的建筑有着现代动感流线的布局，加上建筑外形就像一朵朵在空中的云，与周围的主体水相协调，并融入水中，整个体现出现代气势、尊贵、豪华、诗意与品味，从而构筑南京最有代表性的住宅空间，成为南京的地标与门面。与此同时，作为高端住宅的园林景观必须与建筑的居住环境格调统一，才能造就有特色的住宅空间。本项目以水为主元素，以现代的中国味与现代感为特色，共同造就现代的南京、新的南京。

荔枝面黄锈石花岗岩
手面面黄锈石花岗岩
光面黑金沙花岗岩
拉丝面黄锈石花岗岩
光面黑金沙花岗岩
烧面黄锈石花岗岩

荔枝面黄锈石花岗岩
黄色雨花石竖向嵌铺

烧面黄锈石花岗岩

荔枝面黄锈石花岗岩汀步
荔枝面黄锈石花岗岩卧石
烧面黄锈石花岗岩
自然平面黄锈石花岗岩
光面黑金沙花岗岩
荔枝面黄锈石花岗岩
手面面黄锈石花岗岩
石景组合
荔枝面黄锈石花岗岩
烧面黄锈石花岗岩碎拼
荔枝面黄锈石花岗岩

拉丝面黄锈石花岗岩
古铜色拉丝面铜板特色纹样(由专业公司设计)

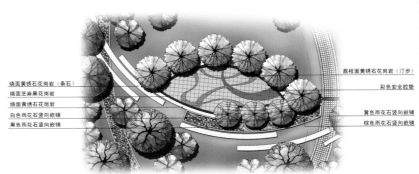

烧面黄锈石花岗岩(条石)
烧面芝麻黑花岗岩
烧面黄锈石花岗岩
白色雨花石竖向嵌铺
黑色雨花石竖向嵌铺

荔枝面黄锈石花岗岩(汀步)
彩色安全胶垫
黄色雨花石竖向嵌铺
棕色雨花石竖向嵌铺

规划布局

根据功能分区，整个区域主要分为商业街娱乐区、泳池活动区、住户入口景观带、溪流景观区、景观休闲区、坡地社区公园休闲区等。

商业街娱乐区：体现豪华与尊贵。强调时代感，让人感受低调的奢华。会所主入口区域是商业街，由特色广场、特色水景、休闲景观小品组成。在这里除了购物、休闲、娱乐外，更是感受时尚地场所。水中景观雕塑、跳动的喷泉、摇曳的树枝、旋转的圆形拼花铺装，在不停地掀动着人们的心。入夜的商业街愈发迷人，缤纷的灯光效果是光亮、柔和，以橙色泛光灯为主。

泳池活动区：根据会所的建筑形式，泳池的设计简洁而不乏动感。采用露天泳池形式，分成人池与儿童池，引入五星级度假酒店的泳池功能，设置了豪华SPA按摩池并设计了造型独特的中东风情浴帘构架圆亭，使泳池符合健康养生之道。并形成立体化的泳池景观，泳池弧形景墙起到分割泳池内外空间的作用，对外便形成园区次入口艺术LOGO墙的展示，对内是泳池的景观墙。另外结合低矮景墙，植物遮挡，形成独立管理的泳池景观区。

住户入口景观带：通过景观木桥与外界连通，并起到分隔空间的作用，以现代点式水景的造景手法，形成规则水池，叠水营造动感的水景效果，背景是浓密丰富的植物组景。通过陈列独具韵律的艺术景观喷水铜雕花钵，引导人行，营造入口迎宾感，让人有宾至如归的感觉。沿主道路是多层次的植物景观，植物要突出季相、林相、色相、绿色、清香、幽静是本区特色。林荫大道"深深、深几许"的空间意境，形成天然的风景林，建筑不是主体，而是若隐若现在林海中，让人如同进入到一个优美的、空气清新的风景区。在硬质路面铺装处理上，是统一米色系的暖色调，并体现多种饰面高格调的质感，明快、造型柔和，使人赏心悦目。架空层为人们增添一休闲的场所，为人们在炎热的夏天，多雨的春天提供了方便。特色铺装道少不了人们的影子。林荫的仿竹林小路仿佛将自然引入室内，使室内与内庭有机自然地结合在一起，别致的早景更增添一个生命的景象，里面的装饰物点缀了有限的空间。以小型铺装、饰灯、雕塑、陶罐、米黄调的散置雨花石结合精致枯山水元素，构造了又一个休闲的空间。让人从一个有限的空间进入到自然的无拘束的场所。

沿湖溪流景观区：本区是整个区的景观焦点，突出水文化特色，为更好地发挥水景特色，设计师因地制宜巧妙地应用地势高差关系，在水的源头设有叠石瀑布，湖景景点丰富，并有水中石桥、水中绿岛，湖边作亲水木栈道，对景是双拱桥，再向水中漂出圆形木平台，就像水中荷叶，让和煦、平和、健康、宁静伴人度过每一天。沿湖活动主要集中在水中，体现水的亲和力。人在其中可游、可阅、可赏景，有随波漂动的感觉，后面就是成片的背景植物密林。夜晚，为了突出水景，在沿湖木栈道边设计艺术灯光效果，在橙色灯光照射下，整个圆亭就是一个金碧辉煌的水中游船。加上光在水汽中的漫射，整个岛像是一个烟雾缭绕的仙境。整个区由于水面宽阔，又突出植物的浓密，植物以高档次的名贵树种为主。硬质景观以明快的暖色调为基调，精心挑选进口石材，强调石材质感多样化、细腻、艺术化、简洁，使得硬质景观与软质景观协调统一。突出整个景观是尊贵、精致、豪华、高品位的休闲空间。

景观休闲活动区：主要为开展全民健身运动而设置了儿童乐园和现代休闲景观构架，以及大面积的阳光草坪，满足住户的健身活动需求，体现参与性的功能。阳光草坪采用类似高尔夫球场的耐践踏的高档草品种，绿意清新，生机盎然。游憩草坪可散步、野餐、日光浴、欣赏音乐，还可放风筝玩球等。

坡地社区公园：处在小区西边的市政绿化带上，营造较高的地势，与小区内有一定高差。两区之间用密林与围墙分隔与联系。居民能步人树阵区休憩，是老年人舒展心胸，年轻人谈心的好去处。高乔木与小乔木，灌木形成森林，遮挡视线。南北面地势为微地形堆坡，有出入口，满足交通的需要，同时是社区公园对内外的一个焦点。故山坡是森林式景观，除必要的休息平台、步道外，营造大量植物群落，山林葱葱，四季有花的景象。特别强调了常绿中的先花后叶植物的搭配。

"出则闹市，入则幽居"的绝佳的居住格局
——万科·广州万科城·明

项目位置：广东 广州
景观设计：GVL 国际怡境景观设计有限公司
委托单位：万科地产集团

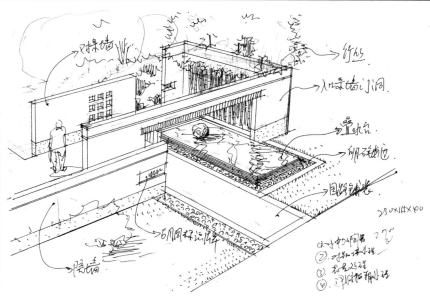

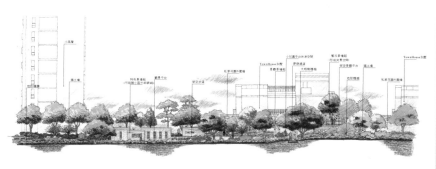

该项目位于万科城三期的东南方，西北面的高层区与邻近的广汕公路和开创大道共同围合，造就了别墅区"出则闹市，入则幽居"的绝佳的居住格局。Town House 的建筑形式取现代中式建筑的精髓，运用形式暗示的手法，构筑围合的立面景墙，配置有意味的植物，串联尺度各异的节点空间，从而形成变化且富有节奏感和韵律感的景观效果，唤起人们对传统中式街区小巷的文化记忆。

视觉的游戏
——唐山风华时代

项目位置：河北 唐山
景观设计：房木生景观设计（北京）有限公司
委托单位：河北唐山宏达房地产开发有限公司

正如一些建筑师自我标榜为彻底的"形式主义者"并努力追求建筑形式的视觉效果一样，景观设计的视觉效果，仍然还是景观建筑师房木生的一种设计追求。虽然，他努力在探寻一种"非仅观"的景观设计方法。

在唐山的一个以"教育社区"为名之小型楼盘——风华时代的景观设计中，房木生景观设计了几个视觉性的小品。

其一，是"方圆亭"。方圆亭就如一个骰子，静静地滚落在内庭院的草地中。在一个边长为4.2米的正方体上，每个面都被设计为正中切了一个圆。这样，一个四面透风，上下皆圆的"方圆亭"就算完成。方圆之间，据说，还透出一点中国古典月亮门的味道。

其二，是"牌楼"。因为空间小，设计师反而设计了更多的构筑物，并将空间切割成更多的小空间。"牌楼"从楼盘门口往里的一列四个，最后一座放置在楼盘最里，上书"风华正茂"四字，是一位施工工人的手笔，设计师原来是希望写上"风清露华"的，牌楼据说也跟"教育社区"扯上了关系，因为古往的牌楼，除了贞节牌坊之外，更多的是"进士及第"之类的牌楼。

其三，是"切片"。其创意实际来自日本六本木街道的一个小品，设计师在这里发挥了更多的"建筑室内切片"，比如"画室"，"琴房"等等。显然，还是紧扣命题。

最后，是"透视游戏"和"笔的俯仰"雕塑。

"透视游戏"的设计，运用了人们视觉的透视原理，利用外部底商广场上设计的几根灯柱作为背景，上面写了"风华时代"四个王羲之的字体。这几个字需要人们站在某个视点上，结合柱体的重叠和透视，文字才完整地出现，设计师根据不同身高的人群，布置了不同的视角。在平常的视角内，刻在灯柱上的图案是独立的，甚至令人迷惑。人们为了解开迷惑，只好变换位置寻找文字清晰出现的视角。在寻找视点的过程中，在纯粹视觉游戏的景观里边，空间也就获得了参与感。

"笔的俯仰"雕塑，更是给设计师的一个命题设计，还是针对"教育社区"。在这个设计中，设计师将一支铅笔放大了300倍，倾斜地矗立在十字街的一角，形成该地区一个极富视觉张力的公共艺术品。设计师还在笔的前方设计了六个可供坐人的方形石墩，正反两面各刻着王羲之《兰亭集序》里边的名句："仰观宇宙之大，俯察品类之盛"，表达了一种对知识的穷究态度。

在风华时代命题式的景观设计中，设计师以一种游戏的态度介入到设计之中，而最后的场所，似乎也以一种游戏的面目出现在人们面前，焕发了出它特有的魅力。

营造现代山水画
——江西婺源婺里景观设计

项目位置：江西 婺源
景观设计：房木生景观设计（北京）有限公司
委托单位：婺源县裕和置业有限公司

在城市化高歌猛进的今天，于远离自然的城里人眼里，山居也应该算是一种理想。

假如，在中国"最美的乡村"婺源山村里山居，似乎更应该是一种梦幻理想。

弯弯的S307公路，顺着弯弯的段莘水河流前行。在著名景区李坑上游附近，河与路夹出了一个三面环水的半岛。依照传统，这是一块风水宝地，也是一幅绝美的山水画卷。

我们正在这里建造山水画般的山居别业，营造梦幻理想。

这就是婺里。

中国古代论画有三远之论，北宋韩拙曾说：有近岸广水，旷阔遥山者，谓之阔远，有烟雾暝漠，野水隔而仿佛不见者，谓之迷远。景物至绝而微茫缥缈者，谓之幽远。

身处"中国最美山村"婺源绝美风景中的婺里，本就具阔远、迷远之二境，自然景观绝佳。我们人类的景观设计，本是人与自然之间的一种介质。自然的美，通过景观设计展现在人的视线里；而人工的文化，也通过景观设计介入到自然之中。人工与自然的共生，可以达到幽远之境界。

在婺里的景观设计中我们精微地营造山门、静林、幽巷、曲径、壶院、片石、空亭、溪谷、泓桥、扁舟等景观空间意境，来达到景物至绝而微茫缥缈之境界，从而完成婺里这美丽画卷的最后着色。

山门

进入婺里的大门没有设在公路的旁边，而是要绕过一片竹林，穿过一段曲径才能看见，在道路两侧人工堆起小山，结合竹林，从视觉上给人一个小屏障，引导人前行的欲望。虽然婺里打造的是绝美山水别墅，但大门设计典雅而非张扬，青瓦白墙，隐于林中。同时，在公路经过婺里的路段，采用竹子作为主要屏障使公路与别墅隔开，尽得幽远之境，营造"空山"之感。然，"空山"不空，而是一个丰富的世界，只有探幽其中，才体桃源之色。王维诗云：空山不见人，但闻人语响。返影入深林，复照青苔上。我们营造的就是诗中之境。

静林

在别墅靠近公路和入口处，从规划开始，我们就尽量地保留了原有茂密的杉树林，不对原貌作一分改变。大小杉树挺立，早晨可见轻雾缭绕，阳光下影迹斑驳，树干的挺拔与光影的斜插，构成我们身边梦幻的自然深林景观。这里既是别墅区与外面世界的天然屏障，也是园区入口静谧的延伸。

幽巷

在进入山之后，有三种路径经由大门过后分开，分别通向婺里的公共空间：车行道、步栈和水上竹筏。车行马路是林间树影下的曲径通幽，步栈是林间滨水的休闲穿越，水上竹筏则是青山碧水间的惬意体验。

车行道都采用古砖铺砌而成，环绕园区一周，到达每栋别墅。由于车行道在依山而建的别墅间穿行，与其说是车行道，还不如说是传统村落的自然而成的幽巷，高低起伏，延绵而至，沿巷两侧或是行人拾阶而上，或是流水顺墙而下，或是树影婆娑，或是花香四溢，行走其中，处处各异，但却处处相宜。

曲径

除车行道之外，还设计了不同的人行栈道，经过山门，不选择车行道也可以行走于林间栈道，栈道依山而设，有依山傍水的赏山看水之道，也有穿林跨溪的游景休闲之径。有时在保留的杉树林中穿过，有时又在陡峭的山壁上攀登，有时又能靠近清澈江面，给人以各种休闲体验。沿途山花野草，一派野趣景象。在设计诸类道路时我们尽量不对原景造成干预。

壶院

在建筑设计中，每户单体都设计了前、中、后三院，虽小若壶勺，却显中国园林建筑之精髓。壶中有天地，芥子纳须弥。前院为入口，在经过幽巷之后进入人家，根据地势有些拾阶而上，有些沿阶而下，青砖铺砌，跨院门而入。但到达的都不是厅堂，而是一片小园，

里面三两栽植，一二景石，花窗漏影，占尽风情。成为人进入家门的第一感受。进门绕厅而后，忽见一汪池水，澄波荡漾。建筑客厅，餐厅，卧室都为此景展开，既有传统徽派建筑天井意向，也是居室的又一山水客厅，用以怡情养性，"小池兼鹤净，古木带蝉秋。"此为中院。然随行一步，穿过回廊，却见深远青山黛绿，江水如镜，原已入后院观景平台。

片石

在总体尊重自然的前提下，我们在建筑入口及建筑之间精心布置了一些景观小品，与总体理念相结合，艺术化处理了建筑门牌等诸多功能要素，使人工的文化，也通过设计介入到自然之中，在这些设计上，我们谨慎处理，巍峨群山，仅以片石代之。

空亭

亭是中国园林的经典造景元素，立于亭中，既能欣赏风景，也能成为风景。在婺里，我们设计了几组亭子，有立于泳池之上的现代形式竹亭，泳池被景观水池三面环绕，中间竹亭高耸，四周环水，四面开口，一杯清茶，三五好友，举目远望，能纳远山近水于胸。在泳池的另一边，设计了一组长亭，亭下设休闲躺椅，供人游泳之后休憩，阳光透过格栅打在脸上，忘却世外琐事，只闻长影弹琴。在长亭远端，设计横向扩展竹亭，从形式上与中间高亭形成横竖对比，从空间上与长亭形成远近呼应，从功能上也满足了商业需求。

在泳池西面，横亭轴线视线延伸，在江面上设计一竹亭，立于江中，能集亲水垂钓之娱。

还有立于谷地之上的望谷亭，近与虹桥对话，远与青山呼应，形成优美的视线走廊。有隐于林中的木亭，隐于静林中，立于曲径边，藏私语赏景之意，抒风轻云淡之怀。各亭虽景不同，但人未改。松影阑干，瀑声凉潺，何似怡颜，白云空山。

溪谷

在宾馆、别墅之间，依照原来地形，我们设计了一处以叠水为主的生态溪谷景观，以极其人工的形式营造出梯田式的自然胜境。水由望谷亭自上而下，一叠一沟壑，一弯一江湖。在层水面都有水草生长其中，近看层叠丰富，绿水清波，远看则曲直错综，表露着自然之美的万千变化。

虹桥

溪谷之上，连通两侧道路，设计了一座虹桥。形似弯弓跨于溪谷沟壑之上，功能满足了交通环道的要求，景观上左可望谷亭下沟壑跌水，右可望段莘水中扁舟摇曳，互为风景，景天一色。

扁舟

"桂棹兮兰桨，击空明兮溯流光，渺渺兮予怀，望美人兮天一方。"婺里三面环水，从入口山门也可经由水上进入园区，竹筏扁舟，体验在青山碧水间惬意风情。在滨水景观设计中，尽量还原于自然本色，设计生态河岸。沿水岸线设计多组码头，有些是公共码头，供游人停靠，有些是私家码头，只供独家享用，营造另一种江南水乡景象。

"国学大宅"
——锦州太和西郡

项目位置：辽宁 锦州
景观设计：北京易德地景观设计公司
委托单位：宝地建设集团

该项目为住宅地产项目，核心理念体现中国传统思想文化。在中国传统园林设计中可分为园、囿、苑、园亭、庭园、园池、山池、池馆、山庄，在本项目中我们提出"国学大宅"概念，庭院文化之中"意境"至上，文化质感"作为庭院艺术的铺垫，成"境"之后，庭院就成为欣赏者游乐之所，乐往之地。

"新水乡"式的高标准住区
——杭州万科南都西溪蝶园

项目位置：浙江 杭州
景观设计：北京创翌高峰园林工程咨询有限责任公司
委托单位：杭州万坤置业有限公司

该项目位于杭州市西湖区蒋村，北接浙江大学紫金港校区，南临西溪国家湿地公园。项目所属的蒋村规划管理单元位于杭州主城的西部，规划范围东起紫金港路，西至绕城公路，南起文二西路，北至浙大新校区西区，拥有优厚的环境和地理优势，将建设成为和谐杭州示范区核心区块的配套服务中心和"新水乡"式的高标准住区。从更大的区域范围观察：杭州，作为国内典型的江南大型山水城市，自古驰名，城市与风景共生，城市生活与山水园林相融。所谓杭城三西，一为西湖，一为西泠，一为西溪。西湖为旧制，历代经营，以人文自然为特色，又经新期修改整建，成熟雍容；西泠为艺社，艺术传承与自然山水融合无间；西溪为新景，定位于"湿地公园"，以生态自然为核心，辅以城市新区的功能，宣示新兴区域的形象。但城市的文化脉络不应以新、旧之别而割裂，因为这是新城市生活的"源头活水"。

本项目用地呈不规则多边形，北宽南窄。建筑规划布局以平行行列式为主，略有错动。建筑高度北高南低。建筑宅间空间因建筑高度不同而宽度不等，北部宅间较宽阔，南部宅间逐渐紧凑。建筑立面形式为现代风格，简洁完整而细节丰富，尺度精巧，以色彩为区别，形成行列布局中的视觉变化元素。建筑与景观的重要交流部分除形式、材质、形体、色彩以外，还有重要的三处节点：可有景观通道穿越的首层楼梯间，以亭廊连接的单元出入口，首层院落。

景观结构

我们以院落为基本空间单元，整合社区空间。北侧的主入口及其南向贯通的道路轴线处理为三个不同的层进式庭院：具有礼仪空间性格的入口门厅庭院、有水景伴随的道路庭院及端景的竹庭。而各宅间空间通过与建筑的呼应，形成不同的层进式特色庭院，使简单的交通联络变为情趣丰富的游赏经历，从社区入口的礼仪庭院空间到宅间的层进式庭院感受，再进入住宅建筑外设的亭廊空间，形成归属感层层递加的空间序列特色。同时，利用建筑的通过式首层楼梯间，设置联络社区南北向的步行景观道路，使层进的庭院感受成为纵横交错的网络型布局模式。

景观元素

根据景观的庭院式结构，景观元素在各处庭院呈规律性差异与变化，如以竹林及红枫为主题的庭院，以水景为主题的庭院，以香樟及桂花树为主题的庭院等等。而社区儿童活动、休闲健身等功能元素在每处宅间分散布局，既方便日常使用，也避免集中设置破坏空间尺度感及严重降低相邻住宅的居住品质。

从区域环境特色、建筑规划形式及杭州文化脉络综合考察，我们的景观设计理念有如下考虑：1、绿色：以葱郁的绿色景观空间为主体，延续西溪区域的生态环境特点；同时，立体的绿色空间可缓解屏蔽建筑宅间的平直紧迫感受，绿色穹顶与界面可定义出较为宜人的户外空间尺度与感受。2、现代：有选择地呼应延续建筑的现代风格，材料与色彩，使建筑与景观有机融合，一如江南传统园林宅院中建筑与园林的交融关系。使"有限"空间通过整体设计的手法回环联系，呼应有致，获得"无限"的感受。3、院落：结合布局特点及项目定位，塑造内向型的私属空间效果，以传统院落为原型，结合建筑的段落化立面处理，有效分割过于平直狭长的宅间空间，通过植物与硬质材料塑造围合不同的庭院式空间，分解宅间的空间尺度，形成"庭院深深"的层进式空间效果，改变常见的"宅间绿地"模式由此。根据项目特点，我们希望在此塑造一处绿色的现代私家园林；它不同于为一户服务的传统私家园林，它是具有现代社区功能的室外空间；它也不同于常见的开放型社区园林，它更具有私密性与归属感，在现代的形式之后，隐约透露出江南婉约细腻的悠然诗意。

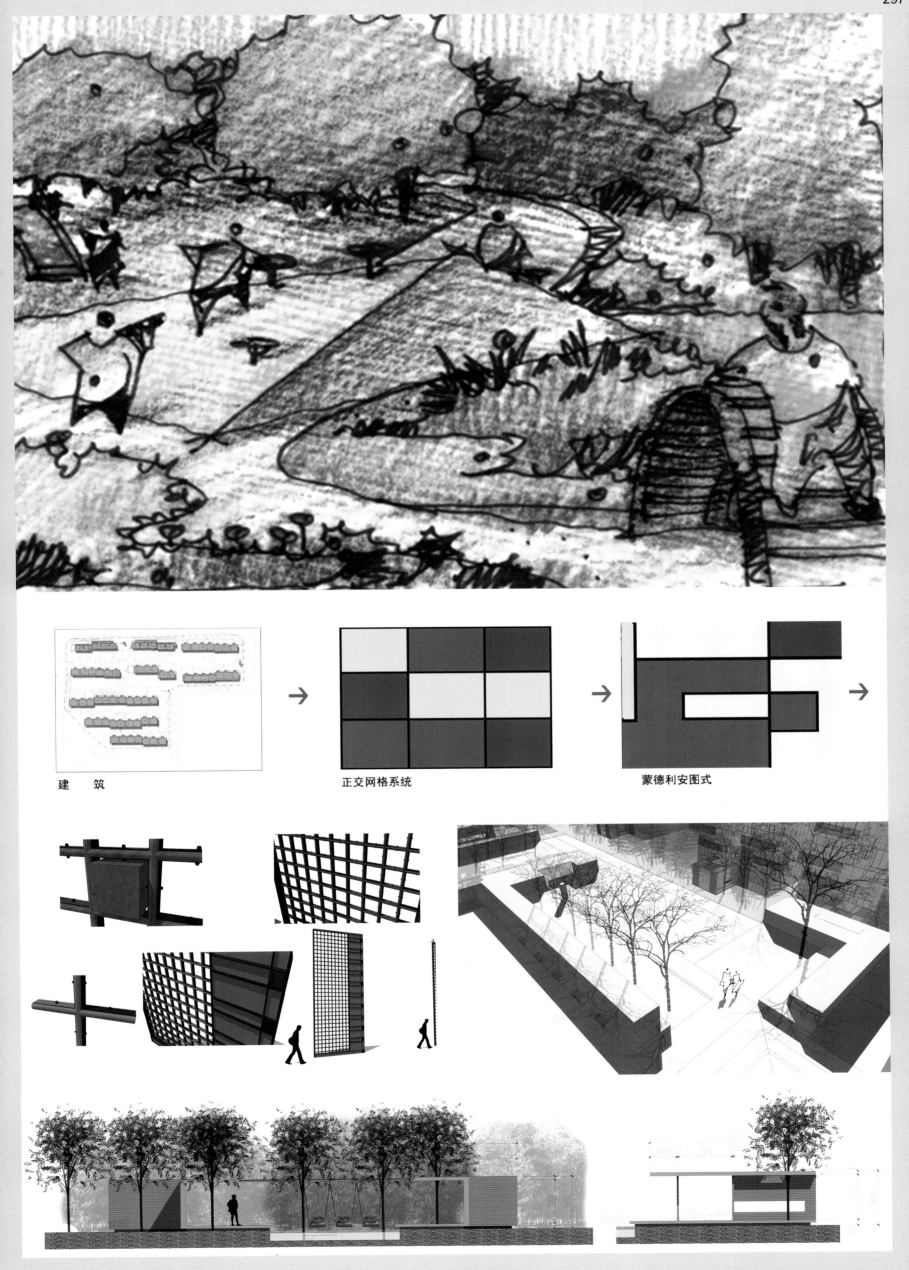

建　筑

正交网格系统

蒙德利安图式

叠加与重生
——武汉万科润园

项目位置：湖北 武汉
景观设计：北京创翌高峰园林工程咨询有限责任公司
合作艺术家：张兆宏先生
委托单位：武汉万科天诚房地产有限公司

当大规模的建设项目快速纷起于各个城市，许多城市肌理中的旧存片段转瞬"归零"，继而被拔地而起的各种崭新"地标"覆盖。所谓时间痕迹，在实际操作中确实可以如此轻易地删除，被城市的发展功能所替代；但，城市的记忆，真是如此与城市的发展愿望相冲突吗？在这种矛盾中，对待城市空间中既往的种种趣味，真是可以将其视为尘土一样无足轻重、率性地拂拭而去吗？万科地产在湖北武汉选择了这样一幅规模小巧的土地：林木掩映中的老厂区——"邮电部武汉通讯仪表厂"。一如万科地产的其他项目，这里将改建为一处居住社区，稍有不同的是：老厂区的树木在前期规划中全部予以保留，而建筑是"种"在树木之间的。于是，出现了这样有趣的场景：习见的一览无余的机械化工地建设场面在这里被树林间小心翼翼的营造所代替；我们所要构想的社区景观也成为了景观之中的景观：在既存的绿荫环抱中。

在武昌，从毗邻市中心的繁华干道转向才华街，再向东一转，是一条静谧的林荫路，高大的法桐、水杉绿影惹笼，近在咫尺的都市喧嚣被经年的浓荫轻轻拂去，走到这里，心生静气。浓荫深处，临街有一座始建于1959年的厂房院落，便是万科润园的项目用地。院内是更葱郁的林木交叉，红色的砖瓦、沉稳的灰墙、生动的花窗、斑驳的金属构件……时间的痕迹层叠交错。住区的建筑规划中最大限度地保留了原生植被，甚至是这座老院的历史脉络与气息：沉稳怀旧的红砖住宅高低错落地"种植"于精心保留的林木间，没有粗暴地抹去珍贵的时间痕迹，而是谦逊地将新的居住内涵妙置入。毕竟，在风驰电掣的时下，这一份自在与宁静、沉稳与从容，是无法替代也是无法复制的。

本项目的景观设计构思也正是来源于这样的语境中。面对岁月的痕迹，我们的态度首先是尊重与倾听——尊重历史，倾听自然，从现场出发。场地中原生的景观资源如此丰富，我们的工作将更多是梳理与彰显这种自然与时间交织的原生美感，并使之与未来的居住场景有机融合。原厂区的入口规划为未来社区的主入口，原厂区最有情趣的花园被保留下来，作为未来社区的中心花园，而社区的道路也是因循着原有林荫道路的走向，社区的景观主空间便在这被保留下的最精彩的原生结构中发源。整体景观结构包括了入口庭院、中心庭院（绿厅）、林荫砖巷街巷、低层住宅部分的宅间带状庭院及高层部分的三个主题庭院。

经久的品质沉静而不会直白，在整体景观规划中设定了进的庭院空间结构，形成类似中国宅院中"庭院深深"式的复层结构。社区入口，并不刻意彰显，环绕社区的高大红砖墙已经说明了区内的品质，院墙断开，社区入口以最简单的方式出现，而穿过开口，却会发现不简单的品质：内向的双重入口庭院连续出现，2米余高的立体艺术门扉，倒映着绿树红墙的水池，斑驳的红砖墁地，数重层进空间构成厚重幽静的入口庭院。

经过入口庭院，红砖的街巷向住区深处延伸，嵌草路面既保证消防车辆的通行宽度，也消解了道路尺度。街巷一侧，原厂区中的小游园被保留下来，称之为"绿厅"——一处未来社区居民的公共交往空间，一座绿色的客厅：树木交叉，藤萝掩映，绿荫匝地。景观设计中保留这里所有的树木与藤蔓，甚至还有藤蔓附生的廊架，而所有的"设计"只是为了让人们更好地欣赏这处难得的绿荫：红色砖径与木栈道导引人们进入到绿厅空间，舒适的木制长椅在最惬意的位置出现，林前一泓水池倒影树影，而池上悬浮的轻盈钢亭，将原厂区的工业气质诗化，仿佛浓密的林间向外部敞开的一扇窗口。穿行到林木更深处，设立了一道白色墙体，在浓荫间提出亮色，更像一方素笺，调节常绿阔叶林间的光影，衬托出林木的姿态。倚墙是架空高起的林间平台，登台凭栏，树影婆娑。

低层住宅间的常见小路处理为带状的狭长庭院，被动的交通空间转换为有趣味的递进空间。入口与端头的围合形成私密的邻里专属感受，私家庭院围墙进退错落，形成路径的转折与开合，身边是保留现状的高大树木与簇拥在小径边的竹丛花影。在社区北侧的四栋高层住宅间布置了三个既独立又连贯的内向围合主题庭院，成为南部层进式庭院结构的衍生。社区内大量保留现状的植被包括：樟树、法桐、水杉、广玉兰、桂花、梅花、枇杷、紫薇、樱花、雪松、石榴、紫藤、橘树、喜树、海棠等。

在与开发单位——万科地产的配合中，以及与建筑设计单位——北京建筑设计研究院三所的配合中，我们从景观设计师的角度介入这个项目，从中体会到在新、旧之间展开设计的富于趣味的工作过程。在这个过程中，新的社区功能与相应产生的物化结果——建筑与景观，形成一个具有过滤性的层面，轻轻地覆盖并融入到原有的基地环境中，使老厂区的痕迹在新的社区生活语境中重新生成，安逸而生动地保留并浮现出来。最终，我们希望可以说，这个城市片段不是"建设"出来的，而是"生长"出来的；当每一处带有叠加与重生痕迹的片段组合成为整体，一个城市就会在时间的脉络中有机地生长与更新……

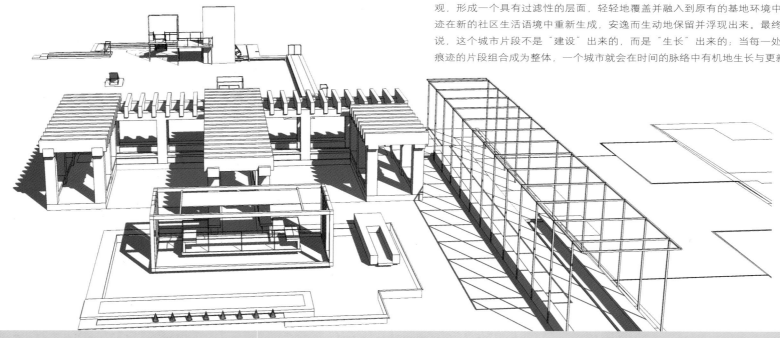

"禅意中国"
——北京招商嘉铭·珑原景观设计

项目位置：北京
景观设计：北京源树景观规划设计事务所
设 计 师：白祖华　胡海波　杨奕　孟昂　何云龙　景思维

项目概述

该项目位于奥林匹克森林公园区域，南靠清河，距森林公园北门百米之遥，与世茂奥临及万达大湖公馆隔河相望，东临安立路，西临清河湾高尔夫球场，西北侧为东小口森林公园。

设计原则

依据策划提出的"禅意中国"理念，景观设计在纵横的空间序列之间，不断以浅水、景石、广场、涌泉等诸多元素点缀其中，形成众多空间节点，创造出具有丰富内涵和浓郁人文气息的社区形象。

开放性商业空间是其精神的体现，是社区文化氛围与景观品位的浓缩。景观设计把创造商业及文化氛围作为设计的要点，从整体的空间构成到细部饰品的刻画都体现出了传统与现代的融合及景观多元性。

景观设计

入口区

入口区与整个社区东西相邻，南临高尔夫球场。设计充分考虑了展示区尊贵高品质的氛围，布置了水景和高大的树木以及时令花卉，创造出与院内空间形成对比的开放性空间。在水景的布置上，采用了中式的石灯做装饰，静水面上漂浮的睡莲以及游动的小鱼给人们带来自然亲切的气息。

展示中心区

从入口往里走，经过影壁墙，穿过竹林，映入眼帘的是宽阔的水面以及围合的中式庭院，走在桥上，水岸两侧跌水体与造型松形成了一静一动的鲜明对比。售楼处前宽阔的木平台上屹立着高大的丛生元宝枫，徐徐凉风吹来，坐在树下的木平台休憩，你会忘记时间的流逝。

日式庭院

日式庭院在售楼处东侧，在售楼处的洽谈区透过落地大窗能看见这一景观。为了达到真正回归自然，重新追寻人与自然的和谐统一，以简约、纯粹的日式风格，使真正居住者回归宁静与自然。优美的造型松，浓密的背景林，安静的景石以及白色的砾石，无不体现大自然的美丽和人们追求的纯净生活。

样板院周边

从售楼处的木平台过桥就到了多层样板间前，它的面前是宽厚毛石堆砌的跌水墙，样板间门前穿插在铺装间的绿地，景墙种植下隐藏的喷雾，让人仿佛走进了仙境。从多层样板间走小路就可以到高层样板间，中途会有别致精巧的景石流水以及浓密的时令花卉，蓝天白云，不时还会有三两蝴蝶翩翩起舞，让人流连忘返。

不论身在多层样板间还是高层样板间中，在卧室、起居室透过宽敞明亮的落地窗，眼前是一片纯净的自然景象，高大的背景乔木，一丛丛的灌木，以及各种颜色鲜艳的时令花卉在起伏的地形中若隐若现，让人在忙碌喧闹的都市生活中回归自然，享受高品质生活。

山水情怀的雅居
——万科·幸福汇景观环境设计

项目位置：北京
景观设计：北京麦田景观设计事务所
设 计 师：纪刚 田丽 陈文娟 黄乐红 孙萌 张婷 李佳
委托单位：北京万科田家园新城房地产开发有限公司

该项目位于北京市房山区窦店镇，占地面积约5.7万平方米。项目客户群包括25~50岁间各年龄阶段的置业人群，家庭结构以三口之家与双人养老为主；而景观风格则沿承了万科紫台、紫苑的新中式风格；基于此我们致力于打造一个亲切自然，充满浓郁生活气息，现代简洁的新中式山水园。

项目共分两个部分，一部分为先期建设的示范区即售楼处，未来用作商业，景观面积约1800平方米。另一部分为住宅园区，景观面积约4.1万平方米。示范区是对园区整体形象的先期体现，在新中式景观风格的基调下，我们意图营造一个简洁纯粹，具有现代感的空间。整体布局上传承中国传统园林的精髓，空间欲扬先抑，有收有放。小品的式样、材料的使用以及植物的选择、种植的方式，一方面体现出中式园林的沉稳内敛，另一方面注重纯粹性和现代感的营造。园区部分则遵循着一种新中式自然主义，一方面注重自然生态感园林的营造，另一方面追求一种简洁干净的现代中式园林氛围。

设计理念

基于对项目的人群定位，景观风格及中国传统文化的解读，我们将幸福汇的设计理念定义为：山水情怀与雅居四要素——山水居住庭院中的幸福生活。

所谓山水情怀，源于自古以来中国人对于居于山水间的生活的一种向往。自然山水的营造是中式园林的一个特点，同时也是生态园林的一种体现。而雅居四要素源自中国人对家的依恋，对于居所的清雅及精致感的追求。因此我们撷取了中国传统居所里追求或使用的瓷、瓦、竹、木四种元素，作为特色元素注入景观设计中。

基于山水情怀与雅居四要素这一设计理念，将整个园区的景观结构规划为一轴四园。一轴以山水情怀为主题，定义为山水轴，以自然山水，密林草坪为主体，结合活动空间，于轴线上展开一系列的景观节点，分别以观湖、戏鱼、邀月、赏荷、望瀑、闻香为主题，形成山水六景，意在营造一种亲切自然，生态感十足的景观环境。而四园则以几上瓷、窗前瓦、庭内竹、阙香木为主题，撷取瓷、瓦、竹、木四种元素，融入现代的设计语言和设计手法，注入小品或种植中，从构图布局到种植形式都采用规则几何式，意图营造一种现代简洁的中式园林空间。

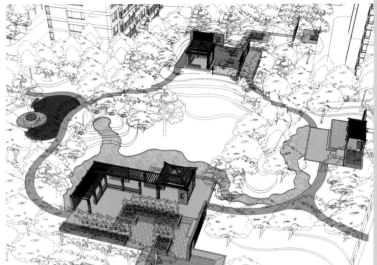

静街、深巷、馨院、花溪、山水园
——北京泰禾"运河岸上的院子"景观设计

项目位置：北京
景观设计：奥雅设计集团
委托单位：北京泰禾房地产开发有限公司

设计理念

东区的建筑设计风格上延续了地域文化，在保有中国内涵的基础上多元化发展，吸纳东方建筑精髓，强调庭院的感觉，室外室内空间亲近而不留痕，凹庭院、内庭院的设置如同阴阳接榫，巧妙而熨帖。在景观设计上我们沿用了建筑设计的空间理念，并研究了传统宅院及王府宅邸的建筑与庭院的关系，将几条主次道路着重在空间组织上进行重新规划，一方面设计高墙大院加强了独栋别墅的私密性，另一方面提升了整个建筑从入口到建筑及庭院的整体品质感和尊贵感。

景观意境

通过对传统里弄和胡同空间的研究，在本案基础上以现代手法重新组织梳理街巷空间，整体性上成为中国形式与现代内涵的表征，气质与内涵则表现在居住的动和静之中，建筑、景观的形式来自于传统的审美和现代的适应性，极具现代居住特征。特别是对空间尺度的合理设计、比例适当和整体协调上对人居住其中的心理感受上挖掘文化内涵来作为解决景观设计的主导思路。

通过对主次道路和功能空间的规划组织，我们提出了这次设计的五大重点：静街、深巷、馨院、花溪、山水园。

静街

6米宽的主干道两侧以大乔为主导，中层及灌木丰富组团，偶尔会显露一段高的灰墙，在沿街7栋大宅入口又形成一个次级空间，门前古树把关，迎街则是影壁，很好将空间序列戏剧性地推进。7栋宅院以欧阳修的醉翁亭记中的词句来命名，如：

临溪、蔚然、酿泉、林霏、幽香、林壑、双清等。

深巷

7条深巷分别有7个以花木植物为主题的巷子，有木兰巷，棠棣巷，锦带巷，紫荆巷，黄栌巷，海棠巷，稠李巷。整个巷子空间以竹子为背景植物，在开阔的节点空间以绿化组团来提升宅门的景观效果。

馨院

所有的庭院在高墙的围合下显得庭院私密性加强，并以现代中式风格来装点庭院，使得室内与庭院之间更自然亲切，形成一个温馨的庭院。

花溪

在东区范围里有一条主水道使得很多宅院临溪，在临溪的后花园种植大量的植物及水生植物，溪对岸的宅院交错种植，使得临溪的花园尽可能得到空间的延伸，将溪流纳入整个后院的景观空间。

山水园

在东区位于一块面积较大的公共绿地，我们以现代造园手法来演绎传统山水园，以荡气回肠的流水瀑布作为山水园的视觉焦点，整个山水园被溪流石山怀抱，中间则是开敞的草坪，并设计了一座供人休憩的木构架。

细节设计

材料——主体呈灰色调，简洁、质朴、沉稳、大气、宁静且富有质感。传统灰搭配汉白玉和芝麻白的墙裙既具中国内涵，又具时尚感，整个建筑精神许多。

纹样——宅门上设置了传统的铜梁，汉白玉浮雕，铸铜把手，铜雕壁灯，门前则摆放着汉白玉的门墩，整个将宅门的尊贵感体现出来。

空间——把局部街巷空间的细节布置作为每一个有生活价值的点，整体空间的形式里蕴涵细节的联动和补充。

庭院——室内与庭院空间交融。室外庭院以实墙进行院落的围合，高实墙设计给予主人更多的心理安全感，充分尊重了中国人的居住习惯。在木格栅与实墙的转换当中保持了景借景的手法运用扩大视线和感觉的范围，同时也丰富了街巷的景观效果。

外方内圆的玉琢空间
——上海城市经典玉墅

项目位置：上海
景观设计：老圃（上海）景观建筑工程咨询有限公司

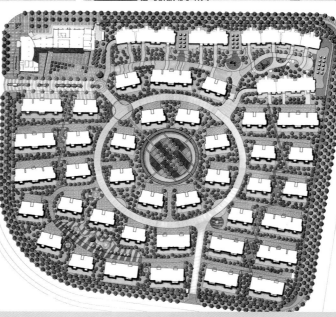

该项目面积约57 300平方米，该小区规划上以"玉"为主题，以玉之六器分区，整个一期地形也是外方内圆。住宅类型以双拼、四拼别墅为主，还有少量叠加式别墅。

绘画、音乐、雕塑不同艺术创作融合的景观
——沈阳万科四季花城

项目位置：辽宁 沈阳
景观设计：老圃（上海）景观建筑工程咨询有限公司

该项目面积为约85 000平方米，主要以艺术为本，将绘画、音乐、雕塑等不同领域的艺术创作融入景观之中，作为各组团的艺术特色代表，期望将艺术环境与家庭生活合而为一。

"利万物不争，藏文脉于繁华"
——成都合院

项目地址：四川 成都
景观设计：四川方胜环境设计有限公司

项目简介

该项目位于成都以西，承西贵地脉之气，以IT大道为轴，踞羊西线以南，清水河之北，占地总面积达360余亩，分二期开发，其中包括住宅、商业、滨河公园。建筑形态以联排别墅为主，临街为部分高层建筑，设计风格为现代中式。设计目标是：秉承国人居住文化，独创现代人风宅院。

设计理念

1.历史脉络

锦城西，三千年祖脉相承。古蜀开明王定都至成都六次治水文明起源，望丛祠至金沙遗址，永陵至青羊肆至杜甫草堂……

锦城之西，物华天宝，人杰地灵，承袭先贤文明，择地之本，贵在进退。上善之地，利万物不争，藏文脉于繁华。

古人尚水而居，千年积雪化为岷江之水奔腾而下，经先祖鳖灵、先秦李冰、西汉文翁、晚唐高骈善治调营后，浩浩荡荡推动西蜀文明。其一自宝瓶口出，蜿蜒逶迤而来，名清水河，经合江亭汇流，乃孕养蓉城之母亲河，子在川上曰，逝者如斯夫，渊源如斯，定宅基于清水河畔，千年西蜀宅居典要方可呈现。

2.设计理念

这个以"合院"为名的住宅项目，以创造"中式新园林"作为设计的基本出发点，力求从传统中国园林中寻求灵感，并以现代的景观词汇进行表述，因地制宜地进行空间组织，将公共空间与各具主题特色的组团花园巧妙结合，创造出动静相宜的居住场所，并形成鲜明的空间视觉记忆。"将诗意生活融入自然场景"的核心理念是本次设计的主旨，生活片段的点滴汇聚通过景观的手法得以充分展现，真正实现人与自然的完美结合，通过对古典园林精神层面的深度剖析与高度提炼，力图创造出富有古典意境的现代都市家园。

"一轴、一带、三点、十组团"的经典景观设计
——腾冲·水墨中国

项目位置：云南 腾冲

景观设计：禾泽都林设计机构

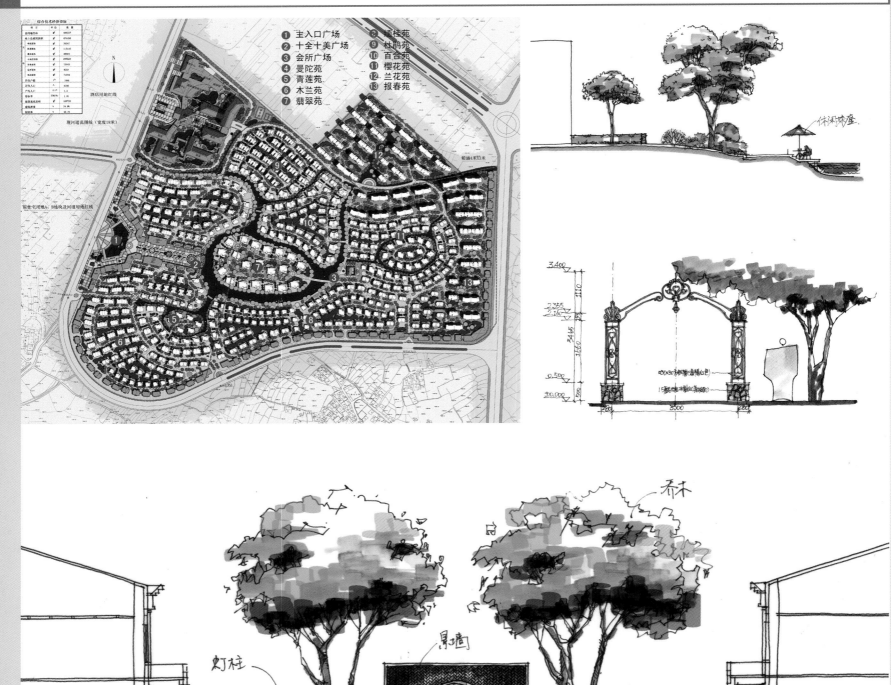

工程概况

腾冲又名"腾越"，是中国西南边陲一颗光芒四射的明珠，它位于云南西部边陲，西部与缅甸毗邻，历史上曾是古西南丝绸之路的要冲。腾冲有长达148.75公里的国境线，县城距国境线仅70公里，堪称"极边第一城"。另有"云南第一侨乡"，"文献名邦"，翡翠城之誉。

两千多年文明史，积淀出深厚的"腾越文化"。腾冲人崇尚儒学，文化渊源深远，人才辈出。

腾冲县属热带季风气候，平均气温14.8℃，冬无严寒，夏无酷暑，全年适于旅游观光。腾冲森林密布，到处青山绿水，景色秀丽迷人。境内有傣、回、傈僳、佤、白、阿昌六种世居少数民族，民族风情丰富多彩。

该项目基地位于云南省腾冲县城南部，北靠来凤山，距腾冲县城约2公里，往南距腾冲机场约10公里，总用地面积1025亩。规划用地东至规划道路，北面是蔬菜大棚基地，并临近317省道。西面、南面均有规划路。东、南、西三面群山环绕，地理优势显著，交通便利，环境景观优越。

设计理念

1．以用水墨渲染"十全十美"的中国山水美景为设计起源，在尊重历史文化和地方文化的基础上，提取中国古典建筑规划精华，融入现代欧式的设计手法，创造浪漫、典雅、自然的生活意境，形成具有都市水乡风情自然园林景观。

2．利用当地丰富的山水资源，突出"水墨"的景观特色，采用江南园林设计手法，最大限度地从自然界中汲取的自然石、水、草、树等基本元素构成主体景观，把水的灵动和树木的深幽巧妙地结合起来，加强基地水体的改造和梳理，引水入户，使人如临山水之间，创造一个绿色的生态环境，提升周边住宅单价。

3．突出小区自然柔和特点，通过堆土和分层绿化处理，给人良好的视觉效果，积极加强参与性景观设计，将人的行为活动作为景观组成部分；

设计目标

水墨中国景观设计依托建筑布置的格局和设计理念，以居民的生活活动为中心，从整体出发，协调生活、休闲、娱乐、居住等功能，打造具有鲜明特色自然景观的居住小区，使之成为功能完备、特色鲜明、文化深刻的经典名盘。

整体布局

为使整个设计系统、有序并具备景观的标志性及连续性，设计前对整个区块进行景观分区，使具体设计时有一定的针对性，力求营造多样而又有规律可循，有序而又景致各异的幽雅环境氛围。

根据规划的总体布局和整体特征，总体上形成"一轴，一带，三点，十组团"的设计格局，即主入口景观轴，一个沿河公共景观带，主入口广场，十全十美广场，会所广场三个景观节点，以及青莲苑、曼陀苑、木兰苑、缅桂苑、杜鹃苑、百合苑、兰花苑、樱花苑、报春苑、翡翠苑十个组团。

1、主入口景观轴

西侧规划道路进入小区的景观轴线，称之为景观主轴。轴线穿过了主入口广场、入口商业、中心广场、翡翠苑及会所广场，成为最主要的公共景观轴线。

2、主入口广场

主入口以一个大面积的跌水水景，拉开了整个小区的序幕。辽阔的镜面跌水水池中，伫立着水墨山水画般的景石，上题有"水墨中国"标志的点睛之笔，成为整个小区重要的视线聚焦点。水即财，水池四周商业人来人往，亦有聚财之意。

3、入口商业街

入口商业街两侧走人，中间为流动的水渠。水渠一端为水井，一端为圆形的开洞的景墙，景墙中透漏出叠置的景石，运用了中式的漏景手法，更似一幅小型立体的水墨山水画。

4、十全十美广场

商业街的后半段亦趋自然、休闲，远远可以望见聚集人气的十全十美广场。旱喷吸引了很多的小孩子前来玩耍、嬉闹。此处透过两个富有特色的景亭和连廊，便是能够喝茶赏景的亲水平台。一边喝茶聊天，一边是潺潺流水，飞流直下的瀑布，令人犹如身在画中，如梦境般惬意、自在。

5、会所广场

会所广场是主轴线上的另一个主要节点，也是公共活动的一个重要场所。这里以泳池作为主要的景观点，将与自然风景相结合，带给人们在画中游泳玩耍的美妙感受。

6、沿河公共景观带

沿河公共景观带位于青莲苑、木兰苑、缅桂苑沿河，是小区内主要的公共活动空间之一。潺潺的流水顺着路边脚边流淌，伸入水中的亲水平台，为住户提供了一个良好的观景空间和亲水场所，也成了路人眼中的温馨场景。户户均有舒适安静的环境，并共享小区中央花园与周边生态的景观。水系经过庭院，木平台亲水而设，绿化造景，清新幽雅，绿色生态，远离城市喧嚣，个人的活动空间可以充分的发挥。

7、十个组团

十个组团来源于富有云南地域特色的植物文化和玉文化。各组团以云南最有特色的植物以及"十大名花"加上以翡翠为特色的玉文化作为命名和主题。

各组团主要入口均设置以景墙、水景、置石或相结合的组团入口标志景观点。组团内部以不同的花卉为主题，设计砂岩浮雕、栏杆、灯具以及住宅入口。各组团大量运用不同的主题花卉，创造不同的植物造景，给人不同的视觉享受。

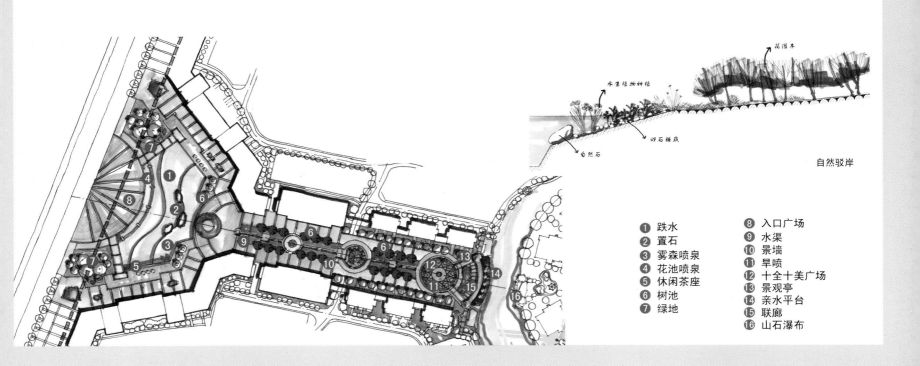

自然驳岸

1 跌水　　　　8 入口广场
2 置石　　　　9 水渠
3 雾森喷泉　　10 景墙
4 花池喷泉　　11 旱喷
5 休闲茶座　　12 十全十美广场
6 树池　　　　13 景观亭
7 绿地　　　　14 亲水平台
　　　　　　　15 联廊
　　　　　　　16 山石瀑布

古朴、典雅、现代的中式住宅社区
——水慕清华景观设计

项目位置：四川 南充
景观设计：成都景虎景观设计有限公司
委托单位：南充川北鑫益房地产开发公司

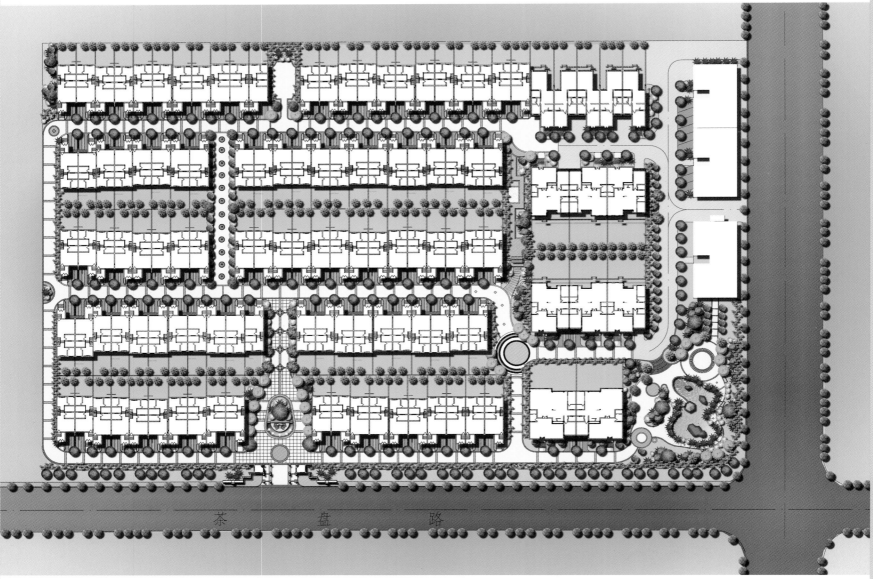

茶 盘 路

背景概况

南充市是"三国文化"的源头和发祥地，也是古天文研究中心。西汉时最早的民间观星台及第一台浑天仪就是在这里诞生的，我国历史上第一部明确文字记载的历法——《太初历》也诞生于此，因此设计师在设计中注入了地域的文化内蕴。

水慕清华项目为现代中式住宅，设计师在整体规划设计中通过现代手法对中式传统住宅进行演绎，表现了对传统人文、自然的现代中式居住景观的追求与探索，整个项目给人一种古朴、典雅又不失现代的亲和感。

项目理念

·现代中式

形式上，千百年来中式民居外立面都是以"黑、白、灰"三种色彩为主，"素"是中式民居的主要特色。个性的白墙灰瓦、青砖的步行道、密集的青竹林、镂空的砖墙、方圆结合的局部造型、青石铺就的小巷、半开放式的庭院、通透的漏窗、文化牌坊等都在该项目中得到了体现，社区内的古代石雕小品更是原汁原味。

·素竹情节

设计师在墙体一侧、花窗后、小路旁、拐角处等局部区域种植了竹林。这样一来，人们可以通过密集竹林隐隐约约地看到墙壁，无形中缓解了墙面所带来的单调、压抑之感。

当然，除在这些位置种植竹林外，还在步行系统旁配置了一些形、色兼备的乔木及灌木，以达到遮阴、纳凉的效果，再配以美人蕉和芭蕉等植物，使得窄街深巷、高墙小院更显得深邃与清幽。

·功能绿化

设计师尝试将建筑的白墙灰瓦与清新绿色的植栽相结合，设置不同类型的功能场所，如儿童活动天地、羽毛球场、休闲茗茶区和健身场地等。

营造江南园林居家氛围
——武汉北大鸿城

项目位置：湖北 武汉
景观设计：杭州现代环境艺术实业有限公司

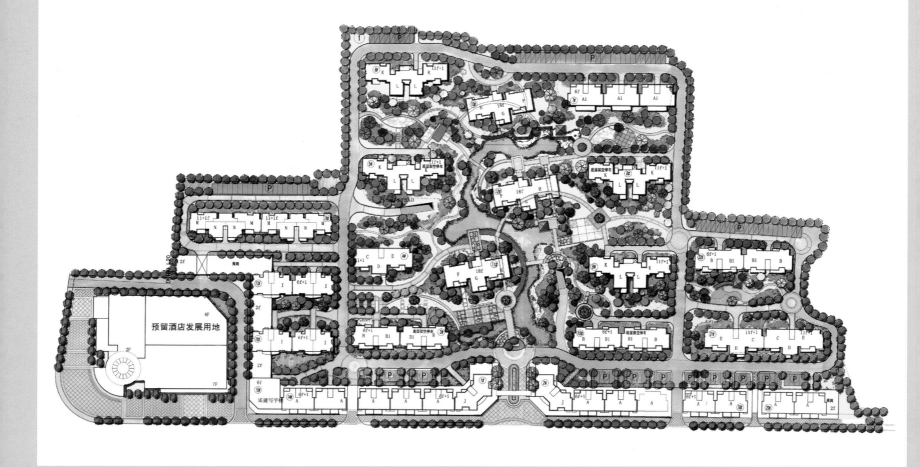

1 主入口鋪裝
2 入口大門
3 入口水景
4 入口特色鋪裝
5 《鴻圖之志》概念雕塑
6 未名湖

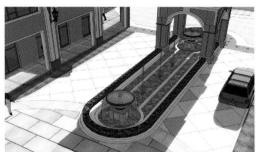

该项目位于孝感市城站路以东、黄陂大道以北的交汇处，是湖北鸿程房地产开发有限公司在孝感市投资开发的第一个高尚人文居住小区。现代受托为该项目提供景观设计。

项目周边生活配套设施十分完善，交通极为便利，加之规模开发和不可复制的人文环境，为北大鸿城打造成孝感中心城区稀缺高档楼盘奠定了得天独厚的条件。

现代设计团队充分考虑以人为本的设计理念，整个小区布局采用一个中心、两条景观轴的格局。小区主入口布置绿化广场，形成商业与居住的缓冲空间。贯通南北的纵向景观轴充分体现人居、人文的主题，休闲、运动的主题错落于横向景观轴。中间高层建筑底部采用6米架空设计，使整个小区组团景观连成整体，结合人文景观步道，自然水系穿插其间，点缀园林小品、雕塑，稀有观赏植物等，形成丰富的小区景观层次和视线通廊，营造江南园林居家氛围。

高品质的设计和周到的现场跟踪服务，有力地保证了项目的建成效果，而良好的售楼业绩更是对社区景观营造的充分肯定。

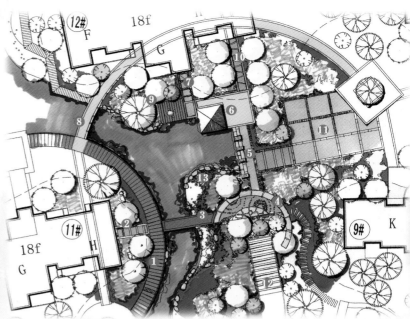

北 美 风 格

North-American Style

风格特征：美式风格是建立在欧洲大陆景观风格基础上，具有简洁明快的特点，与繁复的传统欧洲风格相比，美式欧陆更倾向于质朴特征，在保持一定程度欧洲古典神韵同时，形式上趋于简练随意、现代自然，由于美国民族崇尚的自由和实用主义特点，在表现上常常比较简洁，特别是在别墅的庭院中往往比较开放，往往会有一片大草坪用来活动，庭院中的植栽除了有一些大树外往往种植一些地被草花。在庭院中会布置实用的室外家具，在景观材料的运用上通常会选用一些天然木材和石材作为地面和墙体的装饰。该风格适用于温带、亚热带区域力图打造美式风格的大中型项目。

一般元素：乡村风格、景观天桥、空中廊道、屋顶花园；必备元素：草原、灌木、鲜花。森林、草原、沼泽、溪流、大湖；草地、灌木、参天大树，构成了广阔景观。

特　　　点：美式风格的特点是布局开敞，现代而且自然，沿袭了英式自然风致的风格，展现了乡村的自然景色，让人与自然互动起来，同时讲究线条、空间、视线的多变，集绿化、休闲为一体。此风格是一种混合风格，不像欧洲的风格是一步一步逐渐发展演变而来，它是同一时期接受了许多成熟的风格，相互之间又有融合和影响。它们一般表现地非常大气而又浪漫，自然的纯真、朴实、充满活力的个性产生了深远的影响力，造就了充满自由、奔放的景观。人们在于自然交流中如游戏般获得快乐，在对自然的好奇和热爱中了解自然、融入其中。丰富的自然元素：森林、草原、沼泽、溪流、大湖；草地、灌木、参天大树，构成了广阔景观，自然热烈而充满活力，营造了动静结合的生活场景。在北美的新大陆上对自然表现出了人类儿童般的天性、率真、自由，他们在与自然交流中如游戏般获得快乐。在对自然

的好奇和热爱中了解自然、融入其中。美国人在自然风景和园林中是很快乐的。

北美风格的演变：美国是一个移民国家，几乎世界各主要民族的后裔都有，带来了各种各样的风格，尤其是受英国、法国、德国、西班牙以及美国各地区的原来传统文化的影响较大。互相影响、互相融合，并且随着经济实力的进一步增强，适应各种新功能的住宅形式纷纷出现，各种绚丽多姿的住宅景观风格应运而生。美国的先民们从遥远的欧洲来到这块新天地，开拓了一片崭新的世界，他们在广阔的天地间获得最大的自由释放，感受原始自然的神秘博大，心灵受到强烈的震撼。自然的纯真、朴实、充满活力的个性产生了深远的影响力，造就了美国充满自由、奔放的天性。美国这一新生的民族，在北美的新大陆上对自然表现出了人类儿童般的天性、率真、自由，他们在与自然交流中如游戏般获得快乐。在对自然的好奇和热爱中了解自然、融入其中。美国人对自然的理解是自由活泼的，现状的自然景观是其景观设计表达的一部分，自然热烈而充满活力，于是会有一大片的水面和巨大的瀑布、水层层跌落，自由地折过一个平台；中入下面深潭，漂流至更远的一块水面中，这自由的蜿蜒曲折，哗哗的水声，给都市营造了安静的生活场景，许多的意外和戏剧化也应合了美国异想天开的创造力，好莱坞场景与生活场景的互换与重叠。

北美风格注重细节，有古典情怀，外观简洁大方，融合多种风情为一体的鲜明特点。在北美中，既有私密性强的个体居住景观，又有恢弘大气的整体社区氛围。而街区概念的形成，不仅满足了居住的需要，更要满足一个阶层心灵归属，文化认同、邻里回归的需要。

北美风格主要的影响因素：依据四个主要时期的风格：古典时期的风格，文艺复兴时期的古典风格，中世纪时

期和现代风格。古典时期的风格主要参照了古罗马或古希腊时期的纪念物，和它较为类似的文艺复兴时期的古典风格起源于15世纪的意大利。这两种古典风格具有相同的细部。第三种传统风格出现在中世纪时期，在时间上连接古典风格和文艺复兴古典风格，这一时期的风格主要是参照纯正的哥特风格。这一时期英国和法国的风格对北美风格的影响最大。第四种传统风格是现代主义风格，开始于19世纪晚期并延续到现在。它没有过多的装饰，外部效果简洁明朗，新的结构技术的应用使其有了变化的余地。其他影响北美风格有西班牙风格，包括北美地区西班牙殖民地的简单风格和西班牙本土精巧的风格。东方和埃及的风格或多或少也成为北美风格的参照。

北美风格建筑与景观的融合：北美风格建筑的明显特点，是大窗、阁楼、坡屋顶、丰富的色彩和流畅的线条。街区氛围追求悠闲活力、自由开放。美式别墅的建筑体量普遍比英式别墅大；美式别墅多为木结构，体现乡村感；运用侧山墙、双折线屋顶以及哥特式样的尖顶等比较典型的北美建筑的视觉符号；住宅类建筑个性化和多元化风格成分高。国内发展进行的北美风格，更多体现在别墅这种业态上，北美别墅发展成为既简约大气，又集各种建筑精华于一身的独特风格，充分体现了简洁大方、轻松的特点，居住非常具有人性化。北美成熟的别墅每个户型都包括前花园、后花园、中庭花园、下沉式花园等四个花园，力求最大限度地发挥不同方位的院落与室内在行动、视觉、景观等关系的处理，美式的院落为室内带来灵性，光影的变换丰富了室内的感受。在美式庭院里常见的构筑物有躺椅、秋千、烧烤架等；以草坪、鲜花、雪松、水杉、梧桐、柳树以及一些灌木植物是必备元素。

天赋美景
——成都蓝光集团香瑞湖花园高尚居住区

项目位置：四川 成都
景观设计：SED新西林景观国际

该项目位于光华大道核心地段，坐拥江安河原生态天赋美景，紧邻七中国际学校，尊享1200亩生态湿地公园，花博会河鱼凫温泉近在咫尺。源于对阳光的认同，对晴空的苛求，沿袭迈阿密L型景观建筑布局，结合高层建筑特有的瞻景优势，带给住户开阔的风景，通透的视野。半围合式布局，高低错落的点式建筑构筑起一道完美的天际线，富于创新思维的结构设计，旋转建筑角度，拓展业主视野，尽享园区景观。

古典韵味浓厚的北美住区
——山东烟台南山集团星海湾时尚社区

项目位置：山东 烟台
景观设计：SED新西林景观国际

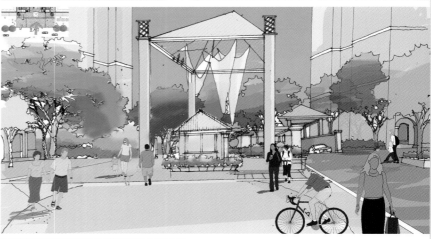

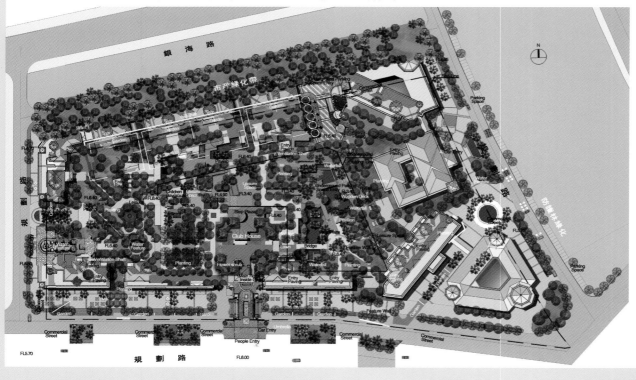

该项目位于莱山区，西接体育公园，北临烟台大学，东面黄金海岸线，西靠凤凰山，总占地面积77万平方米，总建筑面积150万平方米，是烟台的第一大盘。星海湾是南山世纪城的二期，小区由八栋板式小高层组成，整体是一个围合式的建筑，实行全封闭物业管理，共设有四个入口，实行人车分流。小区内部绿化率高，景观设计好，做到家家观海，户户朝阳。整体风格采用意大利文艺复兴时期的风格，在小区南入口和西入口中轴线上设计一个以意大利帕拉第奥德圆厅别墅为原型的会所，专门为小区内部业主服务。

现代化、艺术化居住环境
——南昌香溢花城

项目位置：江西 南昌
景观设计：老圃（上海）景观建筑工程咨询有限公司

该项目面积约60 000平方米，全区景观定位在南加州风情，特别着眼于强化其中阳光、绿意、水等特色。通过简约明快的设计手法，精心营造现代化、艺术化和生活化的居住场所。

良好的形态、优雅的布局、美感的表现
——江苏南京中元地产东郊小镇大型高尚居住区

项目位置：江苏 南京
景观设计：SED新西林景观国际
委托单位：江苏南京中元地产

该项目位于南京三大风景区环抱之中，西临钟山风景区，东傍汤山风景区，北接佛教圣地栖霞山，占地1916亩，总建筑面积超过100万平方米，初步规划总人口3.5万，以美国LEED社区认证为标准出发点，探讨户外空间质量与户外活动发生的关系，把户外空间分级为：私密空间（家庭HOME）、半私密空间（私家花园PRIVATE GARDEN）、半开放空间（组团院落COURTYARD）、开放空间（OPEN AREA），设计如画和唯美式的北美风情小镇式样，拥有"良好的形态、优雅的布局、美感的表现"的境界，营造出亲近自然、优美怡人的社区景观和富有北美风情的绿色花园，通过对空间的层层分析、设计，创造一个在内有安全、温馨、熟悉的私人领域，外观是热闹、亲切的公共空间的和谐、健康社区。

"夏威夷式休闲度假住宅"
——台北水莲山庄

项目位置：台北
景观设计：老圃（上海）景观建筑工程咨询有限公司

该项目面积约79 000平方米，基地宛如汐止金龙湖中的岛上庄园，以〝夏威夷式休闲度假住宅〞为主题，开放空间延展向外至临湖人行绿道及环山绿道，满足作为〝全家人永续生活园地〞的需求。

纯美的自然与悠闲的生活打造新的北美风情社区——保利垄上

项目位置：北京
景观设计：北京源树景观规划设计事务所
设 计 师：白祖华 胡海波 章俊华 丁玲 宋欣
　　　　　夏强 袁立军
委托单位：北京保利地产

该项目位于小汤山，居于北京中轴龙脉，也因此得名"垄上"。垄上北拥葫芦河，远望燕山余脉，具有上风上水的先天地理优势。小汤山区域以温泉著称，水质得天独厚，被誉为独家疗养胜地。垄上距亚运村和奥运公园仅20公里，立汤路、京承、北六环、机场高速等可便捷到达，因此可谓离尘不离市。

设计定位

垄上一二期的整改在原基础上增加了园区的自然氛围，丰富了园林绿植层次。垄上三期延续并提升了一二期的景观品质，用纯美的自然与悠闲的生活打造新的北美风情。

景观设计

忘记城市的喧哗，沿着幽静的主路徜徉，路边满是丝绒的绿色，安静的建筑掩映在这葱茏里，台阶旁，门廊边的小野花绽放着淡淡的甜美，不经意间清澈的泉水已经来到了你的脚边，在潺潺流水的尽端是保利垄上三期的样板间，这两座院落将现代的简约与北美的自然相结合，精心为人们提供了一个愉悦的空间。样板间内，灵动的流水抚过粗犷的墙面，就像时间的缓缓流逝，错落的花池和台阶将前后院落自然衔接。开阔的草坪上一棵蜿蜒而生的红色枫树以全部的纯真迎接着你，欢笑声停留在金色的秋千上，温馨的阳光洒在浪漫的餐桌上……这一切都沉浸在弥足珍贵的清福中。

保利垄上赋予久居闹市的人们一个清幽的去处，用质朴简约的景观诠释了生活的自然与悠闲

再现北美风情的高尔夫别墅社区
——成都观岭国际社区

项目位置：四川 成都
景观设计：ECOLAND易兰

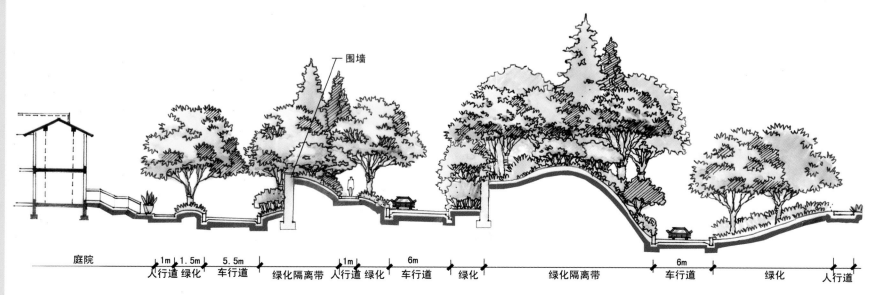

围墙

庭院　人行道 绿化　车行道　绿化隔离带 人行道 绿化　车行道　绿化　绿化隔离带　车行道　绿化　人行道

1m 1.5m　5.5m　1m　6m　6m

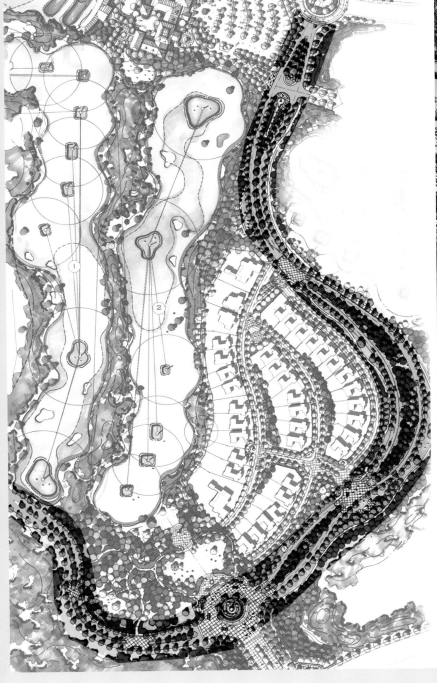

该项目由蓝光地产投资建设，位于成都素有「东方威尼斯」之称的金堂新城区，南临唐巴公路，北临水景资源丰富的中河。ECOLAND易兰设计团队成功打造了一个北美风情高尔夫别墅社区，为高端人群提供了首屈一指的人居环境。整体社区依托4200亩的原生山水，设计中遵循原生地貌结构，借助丰富的浅丘地貌、天然湖泊、原滩长河等优势，在自然景观中打造了两个18洞高尔夫球场，将一切设计融入自然，只为更大地可能拥有天然纯粹的景观与视野。

"漫步密歇根湖畔的香草风情"
——北京旭辉御府

项目位置：北京
景观设计：ECOLAND易兰
委托单位：旭辉地产

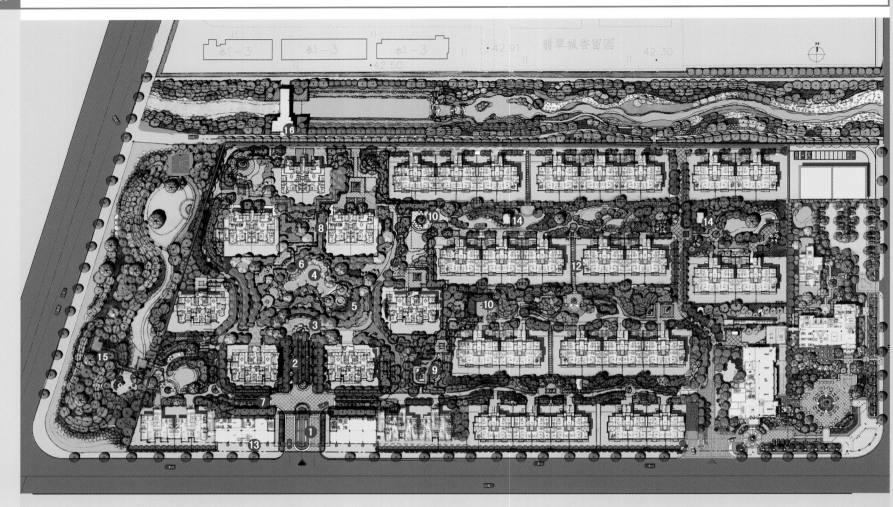

❶ 入口水景　❷ 迎宾步道　❸ 雕塑水池　❹ 景观泳池　❺ 廊架　❻ 景亭　❼ 车库入口　❽ 下沉休息空间
❾ 儿童活动场地　❿ 休闲场地　⓫ 门卫室　⓬ 楼间汀步　⓭ 商业区　⓮ 人防出入口　⓯ 高处观景台　⓰ 李营闸

该项目位于大兴新城北区，坐拥环渤海经济带。项目北至翡翠城，南至后高路，西至西旺路，东临北京小学翡翠城分校。大兴新城作为南城计划中着力打造的新城区，整体格局方正，路网平整通达。旭辉御府源生于新凤河滨河景观带之上，27公里水域资源绵延，翡翠公园、滨河公园、高米店公园等生态环绕。

项目景观设计本着弗兰克•赖特所推崇的建筑和自然和谐共生的理念，将草原式建筑特色与项目地块特色有机结合，以"漫步密歇根湖畔的香草风情"为主题，形成"园包房"、"房包院"的七重景观格局，将建筑和自然融合，使整个建筑就像从大自然里生长出来一样。运用水系、地形、多层次绿植、小品、铺装等元素充分体现美式田园风格，整体打造自然式庭院，创造自然、高雅的园林氛围，表现了悠闲、舒适、自然的田园生活情趣。

七重景观格局分别被表现为：第一重，外围屏障园河相伴，北枕新凤河，环傍翡翠城公园、高米店公园、滨河公园、金星公园。第二重，私属园林橡树园，10000平方米的私家园林——橡树园。5～6米高的坡度，植以乔木、灌木、花草，并配有篮球场、望台、广阔绿地，人与自然相生相伴。第三重，华登水郡，密歇根风情商业街牵手露天泳池，让感受从繁华到自然的舒适过渡。第四重，香堤花郡，花园小径入户，尊享私属花园，足不出户便可感受大自然气息。第五重，玫瑰庄园，鲜花簇拥"守护天使"，喷泉广场水声清扬，增添了一份典雅与情趣。第六重，建筑之间的景观带，庭间花园，蜿蜒小径，百般小品，千般园趣，启迪人生的天然意味。第七重，入户花园地下空间。大部分户型设有入户花园，增强了空间布局的灵活性。

旭辉御府打造了约800平方米露天泳池和240平方米室内泳池双泳池的奢华配建。露天泳池底部采用马赛克拼花，周围采用加宽的绿篱和栏杆围合，划分为成人区和儿童区。露天泳池周边通过微地形、绿篱、铁艺、多层种植的方式围合，正对小区大门的位置种植特色植物对景。在家门口就可以享受自然的乐趣、体会阳光下的生活情趣。

一个北京城里纯粹的北美社区
——北京沿海赛洛城景观设计

项目位置：北京
景观设计：SED新西林景观国际
设 计 师：黄剑锋 李昆
委托单位：北京高盛房地产开发有限公司

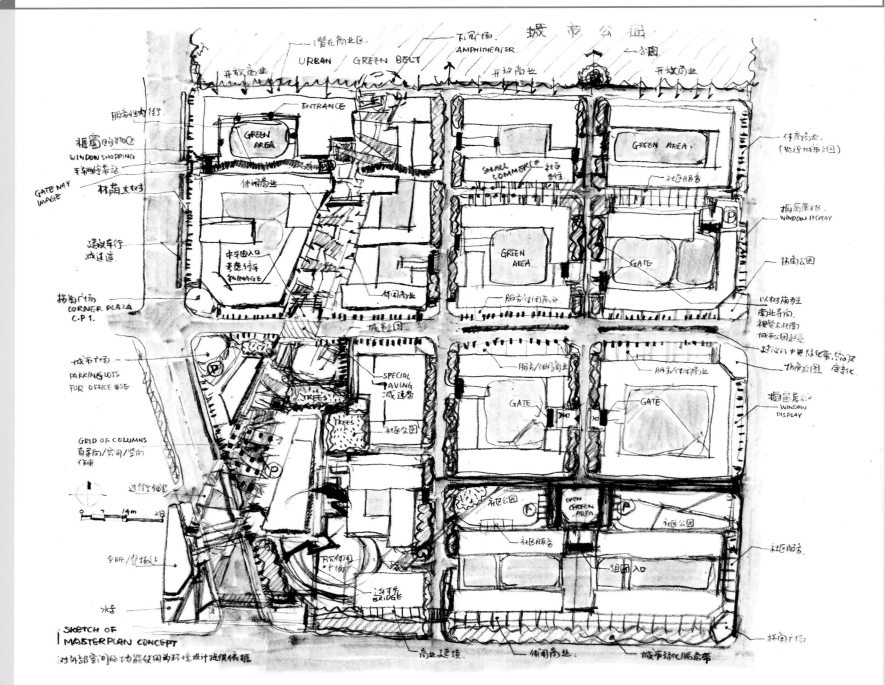

该项目占地34公顷，位于北京市朝阳区广渠东路33号，是北美社区风格住宅。作为2005年京城东区大盘，是一个配套齐全的大型综合性人文居住社区。这里不仅创立了一个物质的社区，更创造了一种惬意的北美社区生活方式。设计以满足青年人不断提升的居住需求为核心，呈现出一个时尚、便利、充满活力、都市感强烈、休闲氛围浓厚的街区，一个鼓励交流与互动的高品位健康社区，把居住扩展成为关注文化传统、关注城市生活、关注人类交往的都市生活方式，以"开放的街区、围合的组团"为主题的空间组织形式，达成私密与开放的各种不同生活体验的最佳平衡，具有鲜明的北美式街区风格特色，明确提出景观环境将成为生活方式改变载体的设计理念。

社区活动是生活方式的一种可能性，实验性的舞台剧表演、家庭厨艺比赛、街区摄影作品展，在充满现代雕塑的草地上，是一场人与自然的完美交互。

1. 街区网络

简·雅各布斯的《美国大城市的死与生》一书中，阐述了合理的有生活气息的社区应该在和谐的街区网络中体现。

在赛洛城，社区和谐与规范管理融合，各住宅组团采用封闭式门禁管理，社区街道和步行系统贯穿连通，形成有机网络。步行系统贯穿整个社区内外。开放完善的社区步行系统，保证儿童户外

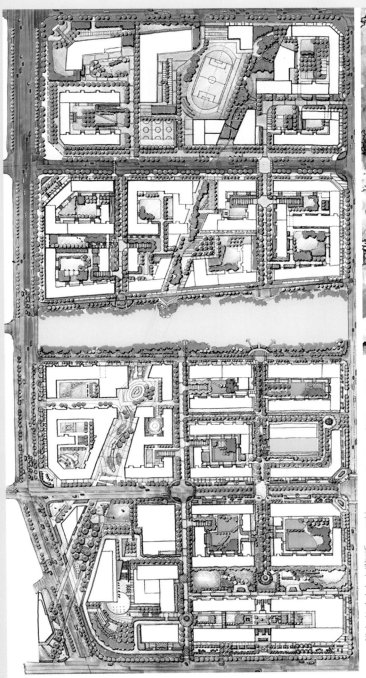

的活动安全。

重视私密空间与公共空间的关系，采用"社区开放，组团封闭"，商业和居住动静相对分离的原则。区内部分人车分流，西侧两个围合的邻里单位入口设地下车库入口，保证了围合邻里空间内不受汽车的干扰。

东西向，南北向车行街道设地面停车位，为住户提供更多停车方便。社区的地面与地下停车体系，汽车与人的有机共存，创造出多元化的都市生活方式，人车混流处，人行与车行交叉节点处，设有人行通道和车行减速带以保证行人的安全。在街区的转角制造有特点的空间，形成社区的"记忆"。

地下车行入口设双向门禁，对进出小区车辆进行管理。为增大社区组团的绿化面积，利用地库入口的部分屋顶做绿化，与地库引道挡墙一侧的绿化相结合，形成延续的绿化层次。

2. 组团分区

二期：是整个赛洛城南区的一个组团。其建筑围合形态决定了它可以自成体系地形成自己的美式社区（街区）的特征，因此，设计以纵横交通为轴线，根据其在大社区内的交通特点，决定将两条轴线发展成为人车混行的景观街区，弱化车行道的特点，而将其演化成为人际交往空间最外围的一层。内部组团的封闭式管理则顺应中国文化，以达到安全舒适。应北方都市的生活特点，组团庭院讲求一定硬质活动空间，加强了四季分明的乔木在不同

空间的点缀，发掘植物在四季中的不同形态，以形成北方特有的四季景观。

三期：从项目分期的角度来看，三期主要以住宅组团空间为主，结合底层商业以及会所及社区售买等的综合住宅体系，基本上是二期住宅空间特征的延续，因此，在设计上我们打破分期可能造成的形式，风格的独立，强调整体考虑，统一风格。

四期：以综合性的商务空间为主，从空间上是对于一期斜轴的延续，但就商业业态上有着本质差别。作为一个空间，业态性质相对独立的区域，我们建议在整体风格统一的基础上独立设计这一区域，首先，整体式的铺装有利于形成这个区域的整体形象，同时有助于整个项目品质的提升。西北侧的水景广场以几何式的设计语言构筑了一个以趣味性水景，开放绿地为主题的商务环境。严谨却不失诙谐的带轻松，愉悦气氛的主题商务广场是我们设计的初衷。西南端的下沉广场以入口处的金属网线构筑的雄鹿雕塑领起整个设计，其背后以一组特色景观柱共同构成具有城市雕塑感的下沉广场入口形象。

结论

在整个楼盘的景观设计中，从主通道的美式街区感觉，过渡到结合中国北方人群生活特点的具有中国特色的组团空间，主要考虑是在主要外立面或透视角度具备现代美式社区风格的同时，又兼备了小尺度生活空间里对本土生活文化的呈现。我们设计的终极目标是在北京城里营造一个纯粹的北美社区。

地中海风格

Mediterranean Style

风格特征： 地中海风格原是特指沿欧洲地中海北岸一线，特别是西班牙、葡萄牙、法国、意大利、希腊这些国家南部沿海地区的民居住宅，虽然地中海风格有西班牙式、意大利式、希腊式及法国式之分，但这些文明古国环绕着的地中海盆地一直散发出古老的人文气质，它的融融阳光、暖薰和风披露着同样的语言，使这些地区之间有着相同的符号元素：时间愈久味道愈浓的白墙红瓦。

一般元素： 开放式的草地，精修的乔灌木，地上、墙上木栏上处处可见的花草藤木组成的立体绿化，手工漆刷白灰泥墙，海蓝色屋瓦与门窗，连续拱廊与拱门以及陶砖等建材。

特　　点： 地中海颜色明亮、大胆，丰厚而且简单。重现"地中海风格"就要保持简单的意念，捕捉光线，取材天然。

西班牙式地中海风格

风格特征： 西班牙风格隶属于地中海风格，因此无论其历史、文化、建筑、景观等都成为地中海文明的缩影。与其他临地中海欧洲国家一样，西班牙风格具有浅色甚至白色立面外观、宁静的庭院、红色的屋顶，映衬在蓝天白云下显得格外耀眼，但由于西班牙先后受到罗马人、哥特人及阿拉伯人的长期统治，其景观风格是一种欧式与阿拉伯风格的混合体，庄重中透出随意，隆重中透出宁静的多元、神秘、奇异的特征，适用南方尤其沿海地区大中型山地别墅景观项目。

一般元素： 西班牙自然庭院中多为自然绿化结合古朴的饰面材料，局部以细腻的水景雕塑作为点睛元素，形成宁静、自然、质朴的人文景观空间西班牙园林的主要元素有跌级的水景、雕塑群、细长或十字交错的水带、肌理涂料、精致的铁花、陶罐、彩色瓷片铺贴、台地、无边界泳池、阳光草坪、整齐的乔木、溪流、果岭等。

特　　点： 西班牙地处地中海的门户，面临大西洋，多山多水，气候温和。由于西班牙园林的历史非常悠久，受到不同时期的文化影响，为不同的殖民地占领，他们的审美同时也发生着不同的变化，因此景观风格变化随着历史的改变有所不同，造就了西班牙景观的多元化发展。西班牙式园林在规划上多采用曲线，布局工整严谨，气氛幽静肃静；西班牙风格分为西班牙皇家园林与西班牙自然庭院两个体系，前者服务于西班牙皇室与贵族，主要突出人气与尊贵来显耀皇室贵族地位。结合建筑，通过空间轴线设计，以主景雕塑和水轴为核心元素，结合规则式绿化设计，形成尊贵的皇家园林空间。

法式地中海风格

风格特征： 具南部欧洲滨海风情，与北欧风格相比显得更精致秀气，色调明快响亮，点状水景多，小品雕塑丰富，宏大精致兼具自然随意，适用于大中型打造欧式风情的中高档项目。

一般元素： 与大多的地中海风格是一样的，开放式的草地，精修的乔灌木，地上、墙上木栏上处处可见的花草藤木组成的立体绿化，手工漆刷白灰泥墙，海蓝色屋瓦与门窗，连续拱廊与拱门以及陶砖等建材。

特　　点： 与大多的地中海风格是一样的，地中海颜色明亮、大胆，丰厚而且简单。重现"地中海风格"就要保持简单的意念，捕捉光线，取材天然。

地中海风格的色彩选择：

地中海风格按照地域自然出现了三种典型的颜色搭配。

蓝与白： 这是比较典型的地中海颜色搭配。西班牙、摩洛哥海岸延伸到地中海的东岸希腊。希腊的白色村庄与沙滩和碧海、蓝天连成一片，甚至门框、窗户、椅面都是蓝与白的配色，加上混着贝壳、细沙的墙面、小鹅卵石地、拼贴马赛克、金银铁的金属器皿，将蓝与白不同程度的对比与组合发挥到极致。这些地区的国家大多数信仰伊斯兰教，而伊斯兰教的主色调为蓝白两色。**黄、蓝紫和绿：** 南意大利的向日葵、南法的薰衣草花田，金黄与蓝紫的花卉与绿叶相映，形成一种别有情调的色彩组合，十分具有自然的美感。**土黄及红褐：** 这是北非特有的沙漠、岩石、泥、沙等天然景观颜色，再辅以北非土生植物的深红、靛蓝，加上黄铜，带来一种大地般的浩瀚感觉。

地中海风格的景观总能在人们的脑海中唤起些鲜明的意象，如雪白的墙壁、陶罐中摇曳生姿的粉红色九重葛和深红色天竺葵、内院和油橄榄树、铺满瓷砖的庭院、喷泉、从棚架和梯级平台上悬垂下来的葡萄藤等。目前很多住宅区环境设计中都或多或少地带有地中海式的景观特征。在地中海风格的景观里，室内和室外的分界线被有意地模糊了：大的露天餐厅、花架、阳伞是园内的最见的内容。露天就餐的悠闲和纯朴的生活方式都反映在总体的庭园设计中。

地中海风格的庭园很符合一种称之为"户内—户外的生活方式"。

地中海风格素材表现：

水景： 传统的地中海风格的景观，在很大程度上受到伊斯兰庭园风格的影响。水是最具特征的要素之一。现代的地中海景观，水也是必不可少的要素。而一种称之为无限水池的游泳池更是地中海式庭园的特色。

小品： 地中海风格的景观主要构筑物都是为营造幽静荫凉的休息甚至室外餐厅环境而设计的。包括花架、棚屋和柱状物，还有矮墙、栅栏等。常常配以座椅、餐桌等。

地面铺装： 一般都以陶瓷砖、机制地砖或石块铺装地表。也可用混凝土与碎石或小河石一起使用。游廊的地板上通常铺着草编垫子之类的编织品，也可以用瓷砖图案铺装来加以装饰。

装饰物： 砖红色的陶盆、陶罐、水缸等都是地中海风格景观的显著特点。

植物： 适合地中海风格种植的植物种类很多，但是地中海风格适合旱阳的地方，所以地中海风格中少有草坪，软地区域多为地被。最常见的是耐旱少维护、生长良好的常春藤、蔓长春藤等。

地中海风格在实际景观中的运用

1.对坡地的诠释：利用原有的场地地形创造出更加自然的坡地景观，通过处理不同的建筑首层标高，形成变化丰富的院落空间。2.对庭院的感受：在庭院的处理中，注重场所的尺度感以及私家庭院与公共空间之间的联系，并通过处理不同的地形高差形成富于变化的院落空间。3.材料的运用：材料运用的原则：平面简洁　立面精致；平面主材多用：烧结砖、陶土砖；立面主材多用：涂料、文化石，局部点缀砖饰，马赛克及彩色陶瓷。4.水景：水景多半小巧精致，并且以几何形为主，少有自然水景出现。

恬静悠然、宜神舒畅的意大利台地园
——重庆融桥城1A

项目位置：重庆

景观设计：上海地尔景观设计有限公司

该项目是一典型的台地式住宅，规划顺应山势起伏，地形复杂，高差较大。景观设计上最大的难点在于结合基地现状地形特点扬长避短，巧妙地再现了本土化的意大利台地园。

整个小区依地势而建，自下而上开辟了层层的台地，以堡坎、平台、挡土墙等形成错落有致的空间，再以退台式台阶联系起伏的地形，逐一展开各个景点，并设置层层休憩、活动场所，最后登高远眺，全园景色尽收眼底。层层台地提供了全景观赏的最佳位置，制高点的观景平台以开阔视野、扩大空间来达到借景园外的目的。

除了与自然相融之外，台地园更将最富有自然灵性的水也点缀入园中，以富有表现力的形式结合着自然和人工。另外，种植奇珍异木也成了造园的主要元素，结合开阔的空间、宽阔的草坪以及欣欣向荣的树木和花草，来诠释纯天然要素所带来的自由清新和欢悦。大乔木树冠繁茂浓郁，姿态优美；小乔木、灌木色彩丰富，飘逸灵动。修剪过的灌木丛，高大的乔木和开阔的大草坪共同组成了一些有序且相对独立的空间，运用缓坡结合植物造景柔化建筑棱角，使整个小区更加自然，营造出一种恬静悠然、宜神舒畅的环境。

完美展现加勒比风情
——上海金地布鲁斯郡

项目位置：上海
景观设计：奥雅设计集团
委托单位：上海格林风范房地产发展有限公司

该项目位于南美洲北端，大体属于热带气候，具备拉丁文化的典型特质——热情、奔放、浪漫、自由。奥雅将这一特质引入金地布鲁斯郡的设计中，力图展现加勒比海地区特有的风情，在小区内部再现该地区迷人的生活场景，努力打造一片休闲、热情、浪漫、自由的人间乐土。在此，人们将忘记城市的喧嚣，卸下沉重的行囊，回归真实的自我，体验热情而欢快的生命……

将入口放大，采用对称构图，烘托入口气势。三个入口空间，形式都为长方形，设计风格相同，以加勒比古地图中的船舵作为铺地图案，适当布置可在当地成活的棕榈科植物，异域特色的喷泉水景，并通过各不相同的热带植物增强景观的识别性。

在中心绿地设计有自由岸线的景观水体、迷你小岛，充满热带风情的休闲景亭，结合大面积的草坪、儿童活动场地、老年人活动区、阳光广场、冒险乐园、海盗船等，集中体现出加勒比的主题风情，充分满足了人们的各种生活需求。铺地颜色大胆明快，采用大面积的米色、明黄、少量的橙色、红色。在阳光的照耀下，给人以温暖的感觉，反映出加勒比地区终年阳光普照、热情奔放的特点。

多层组团空间，环绕小区四周，宛若加勒比海串起的点点珍珠，其环绕的中心绿地以动为主，院落则以静为主。庭院内部，设计构图活泼，通过特色花钵、小雕塑、艺术品的布置，营造出浪漫的生活氛围。

全方位感受浓郁的地中海风情
——连云港西湾锦城概念设计

项目位置：江苏·连云港
景观设计：奥雅设计集团
委托单位：连云港西湾置业有限公司

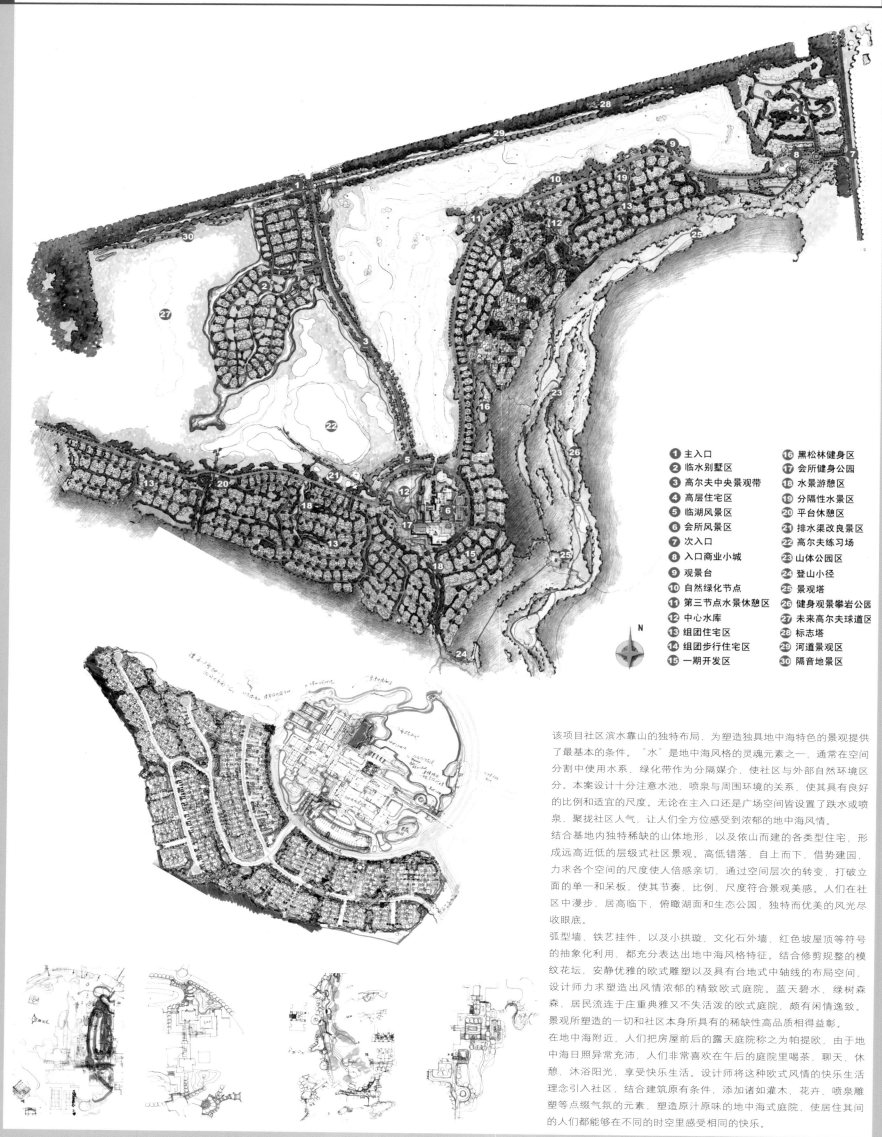

- ❶ 主入口
- ❷ 临水别墅区
- ❸ 高尔夫中央景观带
- ❹ 高层住宅区
- ❺ 临湖风景区
- ❻ 会所风景区
- ❼ 次入口
- ❽ 入口商业小城
- ❾ 观景台
- ❿ 自然绿化节点
- ⓫ 第三节点水景休憩区
- ⓬ 中心水库
- ⓭ 组团住宅区
- ⓮ 组团步行住宅区
- ⓯ 一期开发区
- ⓰ 黑松林健身区
- ⓱ 会所健身公园
- ⓲ 水景游憩区
- ⓳ 分隔性水景区
- ⓴ 平台休憩区
- 21 排水渠改良景区
- 22 高尔夫练习场
- 23 山体公园区
- 24 登山小径
- 25 景观塔
- 26 健身观景攀岩公园
- 27 未来高尔夫球道区
- 28 标志塔
- 29 河道景观区
- 30 隔音地景区

该项目社区滨水靠山的独特布局，为塑造独具地中海特色的景观提供了最基本的条件。"水"是地中海风格的灵魂元素之一，通常在空间分割中使用水系、绿化带作为分隔媒介，使社区与外部自然环境区分。本案设计十分注意水池、喷泉与周围环境的关系，使其具有良好的比例和适宜的尺度。无论在主入口还是广场空间皆设置了跌水或喷泉，聚拢社区人气，让人们全方位感受到浓郁的地中海风情。

结合基地内独特稀缺的山体地形，以及依山而建的各类型住宅，形成远高近低的层级式社区景观，高低错落，自上而下，借势建园，力求各个空间的尺度使人倍感亲切，通过空间层次的转变，打破立面的单一和呆板，使其节奏、比例、尺度符合景观美感。人们在社区中漫步，居高临下，俯瞰湖面和生态公园，独特而优美的风光尽收眼底。

弧型墙、铁艺挂件，以及小拱璇、文化石外墙、红色坡屋顶等符号的抽象化利用，都充分表达出地中海风格特征。结合修剪规整的模纹花坛，安静优雅的欧式雕塑以及具有台地式中轴线的布局空间，设计师力求塑造出风情浓郁的精致欧式庭院。蓝天碧水、绿树森森，居民流连于庄重典雅又不失活泼的欧式庭院，颇有闲情逸致。景观所塑造的一切和社区本身所具有的稀缺性高品质相得益彰。

在地中海附近，人们把房屋前后的露天庭院称之为帕提欧，由于地中海日照异常充沛，人们非常喜欢在午后的庭院里喝茶、聊天、休憩、沐浴阳光，享受快乐生活。设计师将这种欧式风情的快乐生活理念引入社区，结合建筑原有条件，添加诸如灌木、花卉、喷泉雕塑等点缀气氛的元素，塑造原汁原味的地中海式庭院，使居住其间的人们都能够在不同的时空里感受相同的快乐。

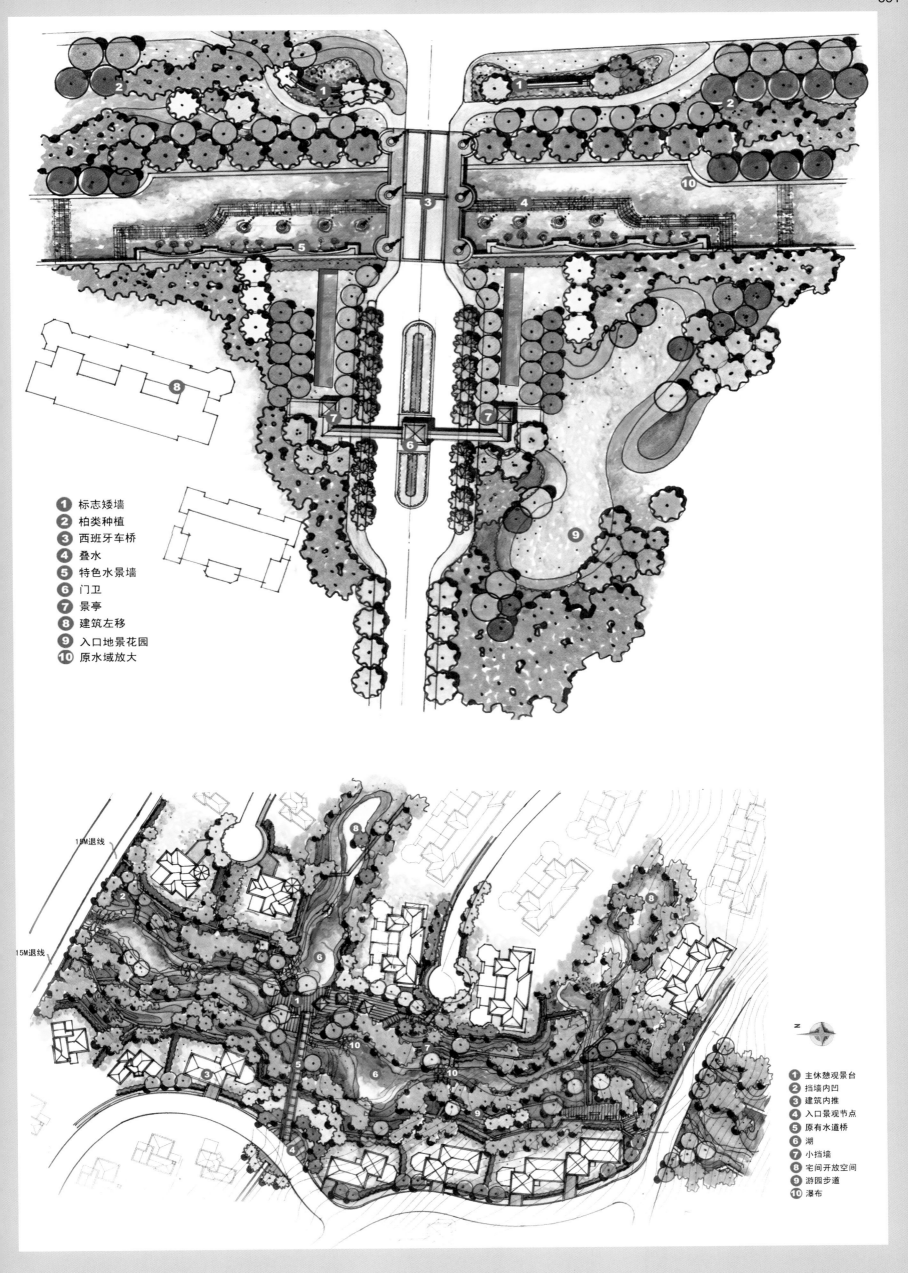

1 标志矮墙
2 柏类种植
3 西班牙车桥
4 叠水
5 特色水景墙
6 门卫
7 景亭
8 建筑左移
9 入口地景花园
10 原水域放大

15M退线
15M退线

1 主休憩观景台
2 挡墙内凹
3 建筑内推
4 入口景观节点
5 原有水道桥
6 湖
7 小挡墙
8 宅间开放空间
9 游园步道
10 瀑布

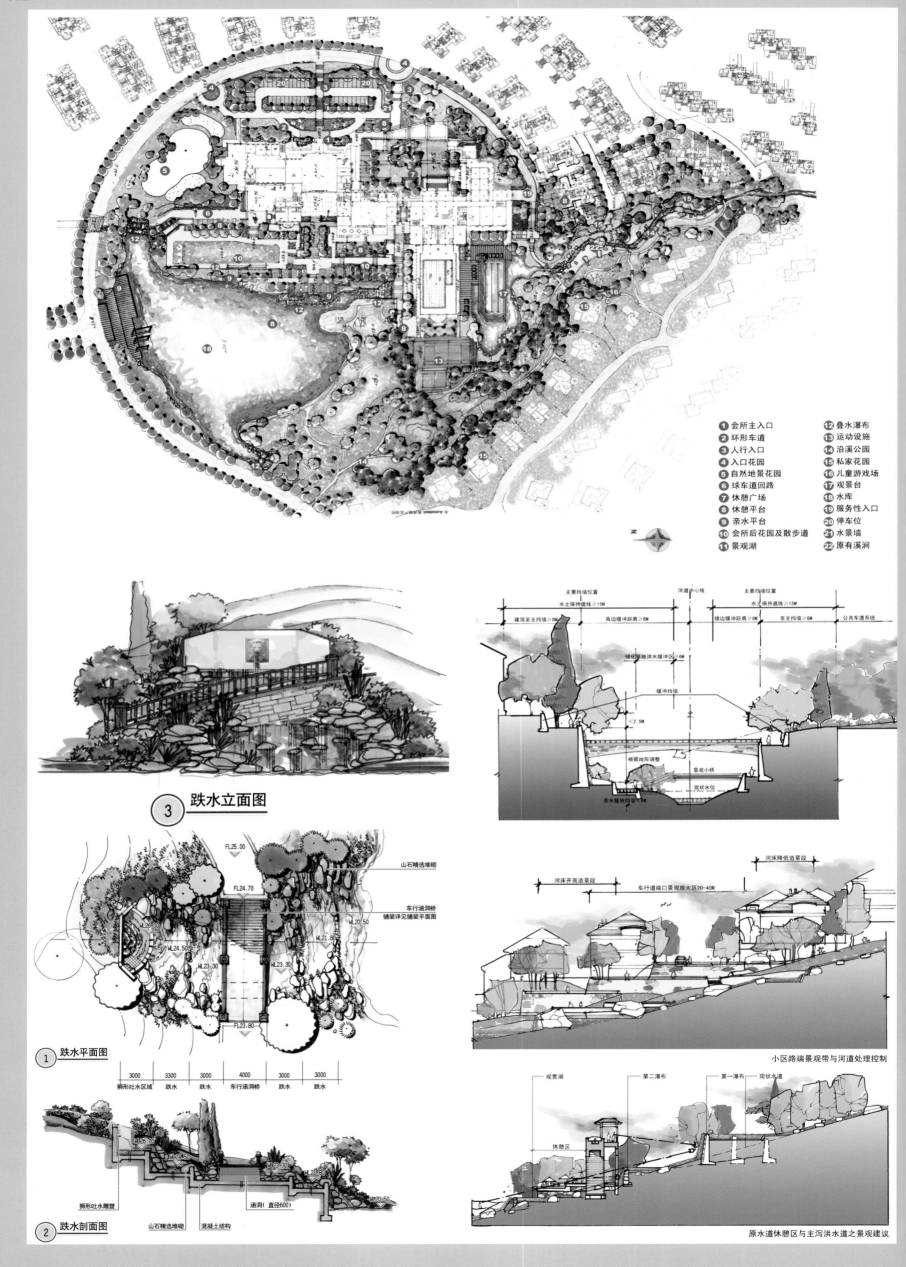

① 会所主入口　⑫ 叠水瀑布
② 环形车道　　⑬ 运动设施
③ 人行入口　　⑭ 沿溪公园
④ 入口花园　　⑮ 私家花园
⑤ 自然地景花园　⑯ 儿童游戏场
⑥ 球车道回路　⑰ 观景台
⑦ 休憩广场　　⑱ 水库
⑧ 休憩平台　　⑲ 服务性入口
⑨ 亲水平台　　⑳ 停车位
⑩ 会所后花园及散步道　㉑ 水景墙
⑪ 景观湖　　　㉒ 原有溪涧

③ 跌水立面图

① 跌水平面图

山石精选堆砌

车行涵洞桥
铺装详见铺装平面图

3000　3300　3000　4000　3000　3000
狮形吐水区域　跌水　跌水　车行涵洞桥　跌水　跌水

② 跌水剖面图

狮形吐水雕塑　山石精选堆砌　混凝土结构　涵洞（直径600）

小区路端景观带与河道处理控制

原水道休憩区与主泻洪水道之景观建议

LEGEND: 说明
ENTRANCE GREENLAND 1. 一期入口绿岛
TIMBER 2. 亲水木平台
FUTURE STREAM 3. 自然式跌水
GOLF 4. 高尔夫推杆练习场
FUTURE PAVLION SPACE 5. 特色景亭空间
PARK 6. 林荫式花园
CLASSICAL GARDEN 7. 古典式花园
FUTURE SWIMMING POOL 8. 无边界泳池
STEP 9. 特色台阶通道
FUTURE PAVING 10. 特色铺地
FUTURE ENTRANCE SPACE 11. 一期入口景观空间
GUARDHOUSE 12. 一期入口岗亭
FUTURE CASCADE 13. 自然式跌水景观
TRELLIS 14. 特色花架
SUSPENDING STAIRS 15. 悬空楼梯景观
STEP 16. 特色台阶空间
FUTURE STREAM 17. 跌水水景空间
FUTURE PAVING 18. 回车场地
FUTURE RETAINING WALL 19. 特色挡墙景观
FUTURE LANDSCAPE SPACE 20. 特色台地式宅间景观
FUTURE WATER 21. 水景空间
LAWN 22. 宅间草坪
STREAM 23. 自然式溪流（泄洪渠）
SUSPENDING TIMBER 24. 悬空式木栈道景观
FUTURE WATER 25. 特色宅间水景

观景休憩平台　　有休憩廊之挡墙（适用高差≥6M）

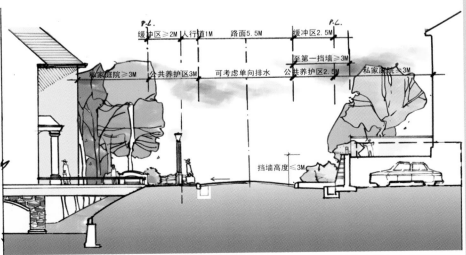

坡地小区入户主道路控制

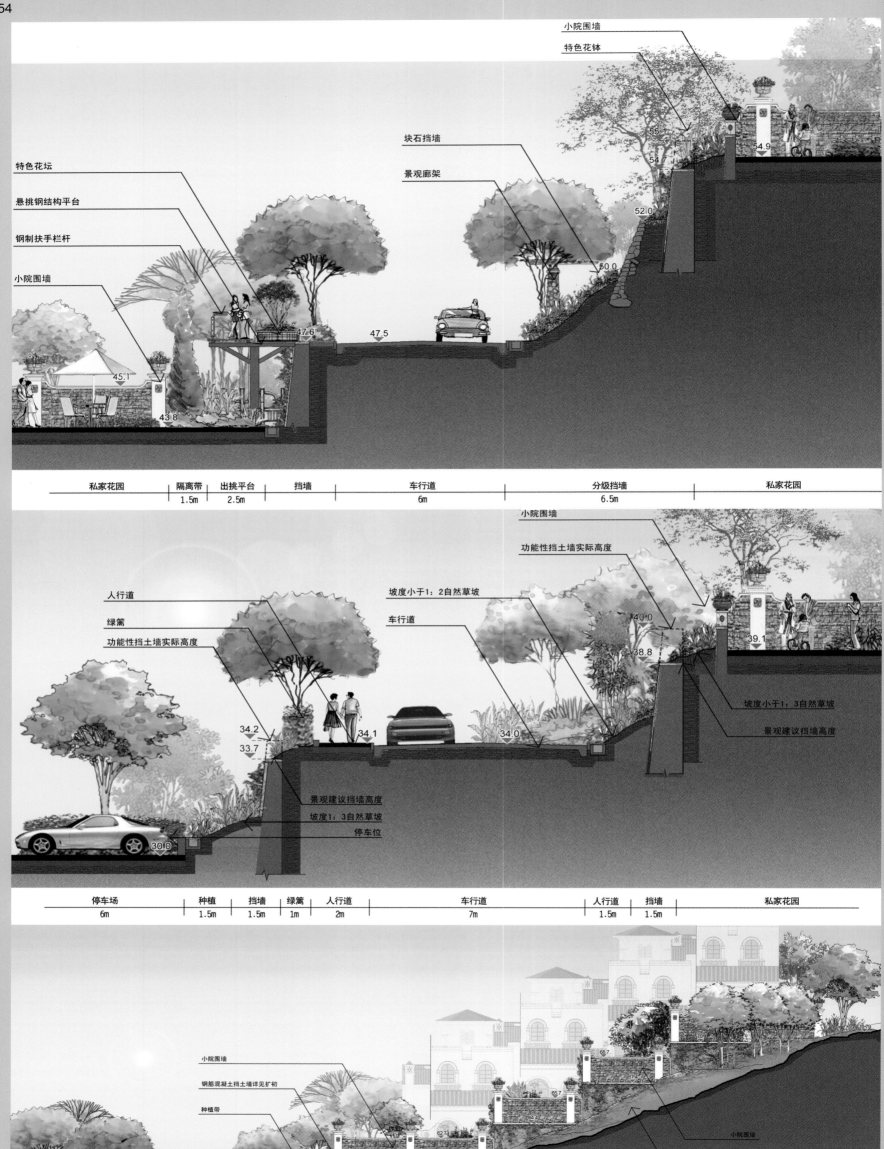

特色花坛
悬挑钢结构平台
钢制扶手栏杆
小院围墙

小院围墙
特色花钵

块石挡墙
景观廊架

55.7
54.7
54.9
52.0
50.0
47.6
47.5
45.1
43.8

私家花园	隔离带	出挑平台	挡墙	车行道	分级挡墙	私家花园
	1.5m	2.5m		6m	6.5m	

人行道
绿篱
功能性挡土墙实际高度

小院围墙
功能性挡土墙实际高度

坡度小于1：2自然草坡
车行道

40.0
39.1
38.8
34.2
34.1
34.0
33.7
30.0

坡度小于1；3自然草坡
景观建议挡墙高度

景观建议挡墙高度
坡度1：3自然草坡
停车位

停车场	种植	挡墙	绿篱	人行道	车行道	人行道	挡墙	私家花园
6m	1.5m	1.5m	1m	2m	7m	1.5m	1.5m	

小院围墙
钢筋混凝土挡土墙详见扩初
种植带

小院围墙
自然山体

58.0

停车位	车行道	停车位	架空停车	私家花园	私家花园（高差3M）	私家花园	草坡
6m	6m	6.0m	1.2-3.3m	9m-12m	4.5m×2	9.1m	

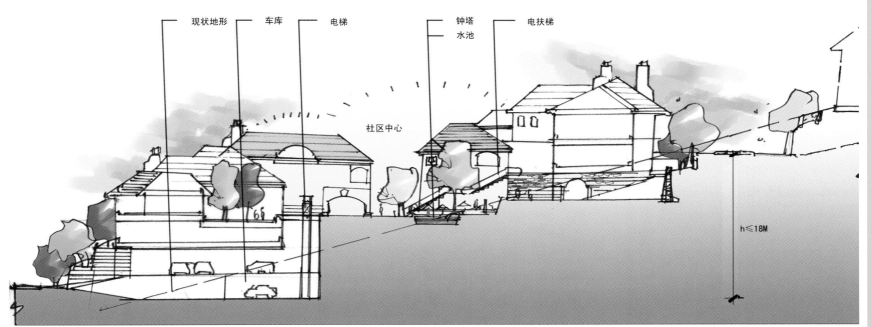

现状地形　车库　电梯　　钟塔　电扶梯
　　　　　　　　　　　水池

社区中心

h≤18M

步行化有摄取中心之组图

北向坡基地之南向坡的塑造

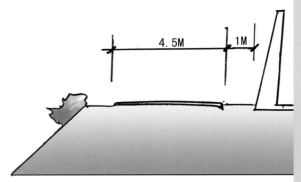

4.5M　1M

单向车行道路

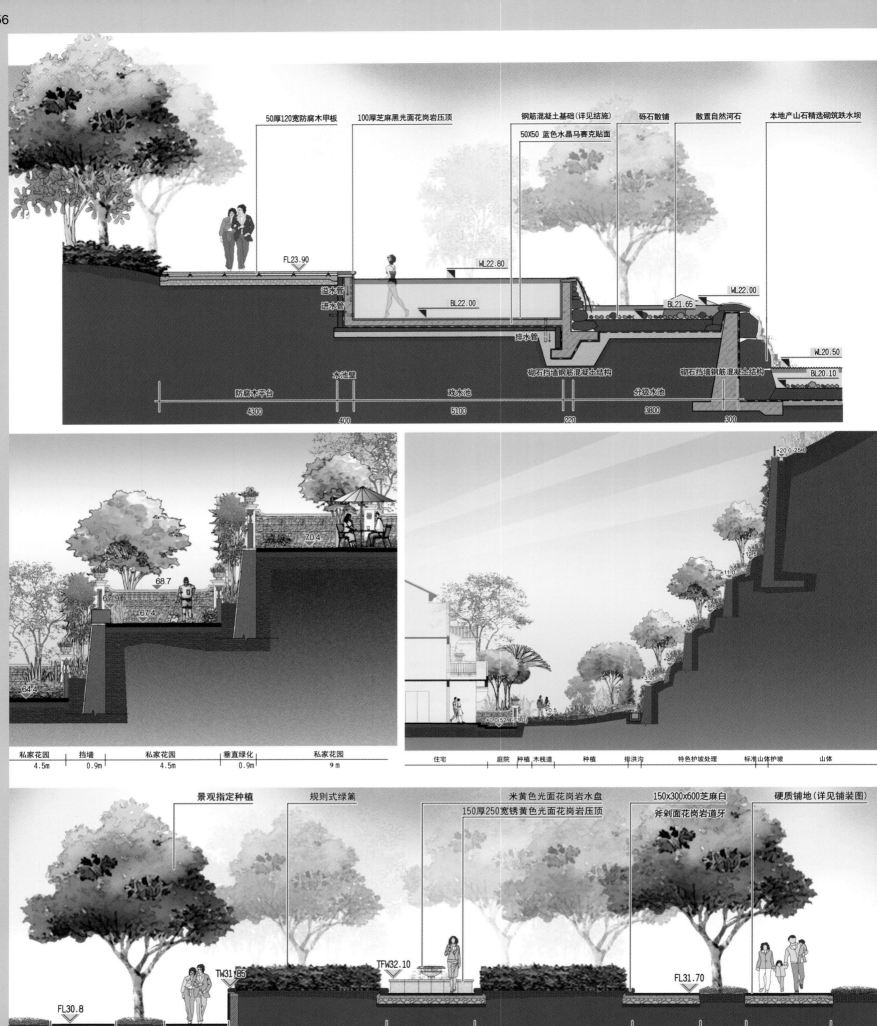

50厚120宽防腐木甲板　100厚芝麻黑光面花岗岩压顶　钢筋混凝土基础(详见结施)　砾石散铺　散置自然河石　本地产山石精选砌筑跌水坝

50X50 蓝色水晶马赛克贴面

FL23.90

WL22.80

BL22.00

WL22.00

进水管

进水管

BL21.65

排水管

WL20.50

砌石挡墙钢筋混凝土结构

砌石挡墙钢筋混凝土结构

BL20.10

防腐木平台	水池壁	戏水池	分级水池		
4300	400	5100	220	3800	300

私家花园　挡墙　私家花园　垂直绿化　私家花园
4.5m　0.9m　4.5m　0.9m　9 m

70.4

68.7

67.9

67.4

64.4

+20.0-25.0

+13.5

+11.0

+8.5

+7.0

+4.5

+3.0

±0.0(52.47-10)

+0.5

住宅　庭院　种植　木栈道　种植　排洪沟　特色护坡处理　标准山体护坡　山体

景观指定种植　规则式绿篱　米黄色光面花岗岩水盘　150x300x600芝麻白　硬质铺地(详见铺装图)

150厚250宽锈黄色光面花岗岩压顶　斧剁面花岗岩道牙

TW31.85　TFW32.10　FL31.70

FL30.8

人行道	种植区	人行道	种植区	人行道	种植区	人行道	种植区	人行道
1800	1400	1800	4550	2400	4550	1800	1370	2400

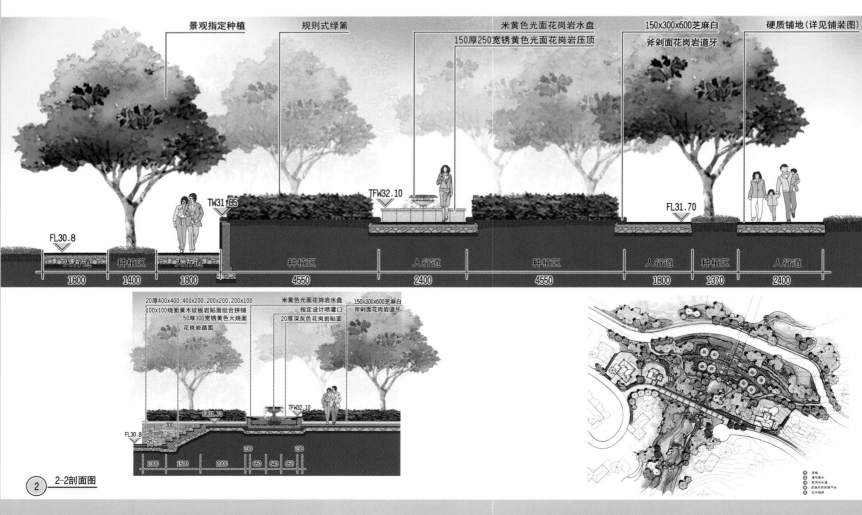

20厚400X400;400X200;200X200;200X100　米黄色光面花岗岩水盘　150x300x600芝麻白
400x100烧面黄木纹板岩贴面组合拼铺　指定设计喷灌口　斧剁面花岗岩道牙
50厚300宽锈黄色火烧面　20厚深灰色花岗岩贴面
花岗岩踏面

FL31.70

TFW32.10

FL30.8

1000	1500	2000	230	650	640	650	220

300

② 2-2剖面图

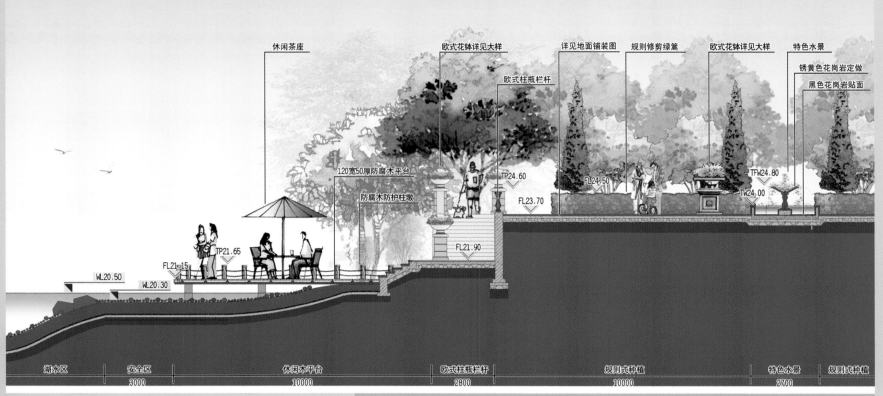

休闲茶座
欧式花钵详见大样
详见地面铺装图
规则修剪绿篱
欧式花钵详见大样
特色水景
锈黄色花岗岩定做
黑色花岗岩贴面
欧式柱瓶栏杆
120宽50厚防腐木平台
防腐木防护柱墩

TP24.60
TFW24.80
FL24.50
TW24.00

TP21.65
FL21.15
FL23.70
FL21.90

WL20.50
WL20.30

湖水区	安全区	休闲木平台	欧式柱瓶栏杆	规则式种植	特色水景	规则式种植
	3000	10000	2800	10000	2700	

100厚荒料石压顶
铁艺栏杆
铁艺栏杆
150x300x600浅灰色斧剁面花岗岩道牙
详见地面铺装图
排水管道
详见地面铺装图

TP36.70
TW35.60
FL35.30
TP33.70
TW32.60
FL32.30
TW30.00
TS30.50
TS28.00
FL25.50

园路	坡地绿化种植区	挡墙	坡地绿化	硬质铺地	挡墙	活动空间	圆形特色种植池	活动空间
1500	7200	700	1500	350	1500 350	4000	7800	

欧式花钵详见大样
100厚荒料石压顶
欧式花钵详见大样
20厚锈黄色花岗岩贴面

TW37.00
TW36.50
TSW31.10
FL30.70

园路	休闲平台	坡地种植区	挡墙	坡地种植区	道边绿化
	2000	17000	750	5500	

宁静、自然、质朴的西班牙园林景观
——济南蓝石大溪地

项目位置：山东 济南

景观设计：EADG泛亚国际

该项目设计以"自然、艺术、生活"为主题进行发散，"自然"是指场地中"湖、岛、溪、河流、池塘"等多元的生态自然条件；艺术是指将西班牙人文景观融合，精美的雕塑，水景，修剪整齐的灌木乔木，彩色瓷片铺地等；"生活"点出了设计主导精神即"大隐隐于市"，浮华表面的炫耀之后，低调、内敛的回归，这往往成为社会顶级圈层的居住所求。

西班牙园林的历史非常悠久，受到不同时期的文化影响，风格本身是多元的。面对客户提出的要求，设计师不是拘泥于风格的传达，而是表现风格之后更为深刻的西班牙人民生活的智慧与情趣，例如运用跌级的水景、雕塑群、细长或十字交错的水带、肌理涂料、精致的铁花、陶罐、彩色瓷片铺贴、台地、无边界泳池、阳光草坪、整齐的乔木、溪流等。置身其中让人忘记所谓风格，而是体会阳光下的自然浪漫。从而成就本案的独特气质；湿地花园住宅形成宁静、自然、质朴的人文景观空间西班牙园林。

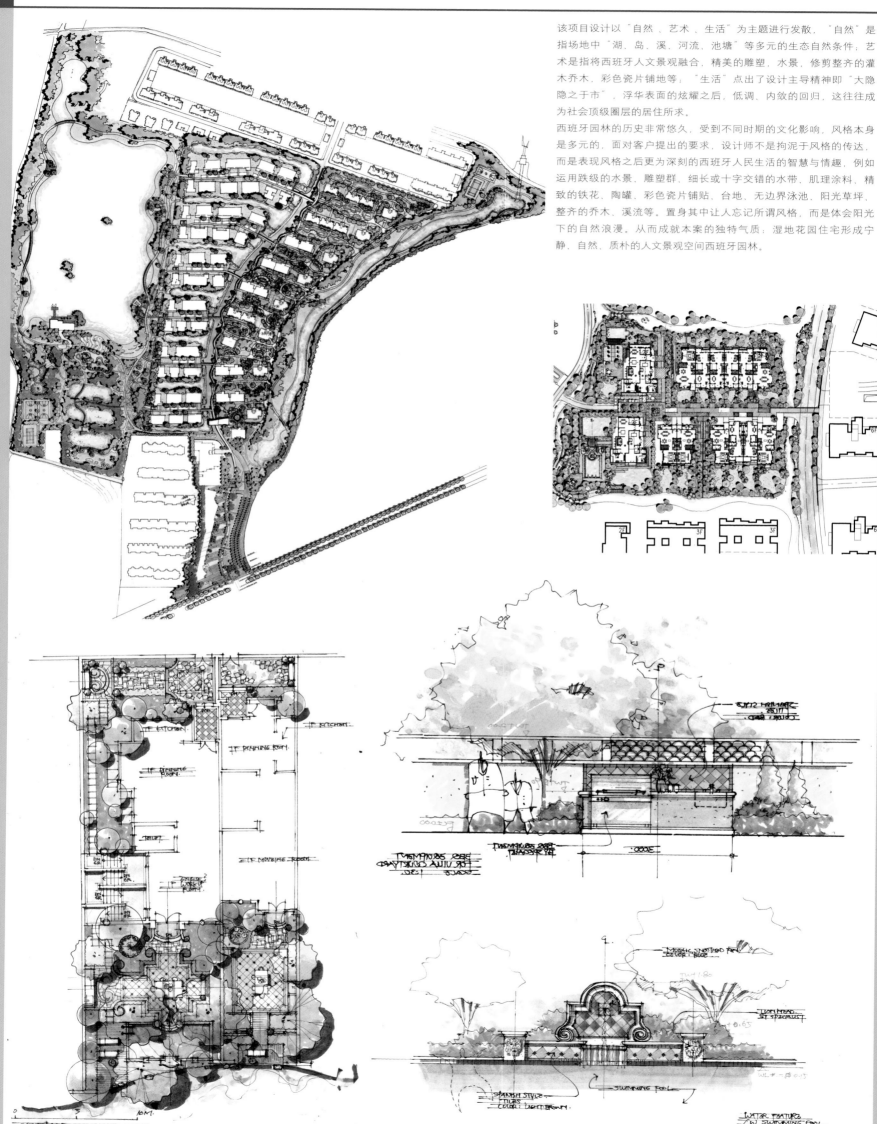

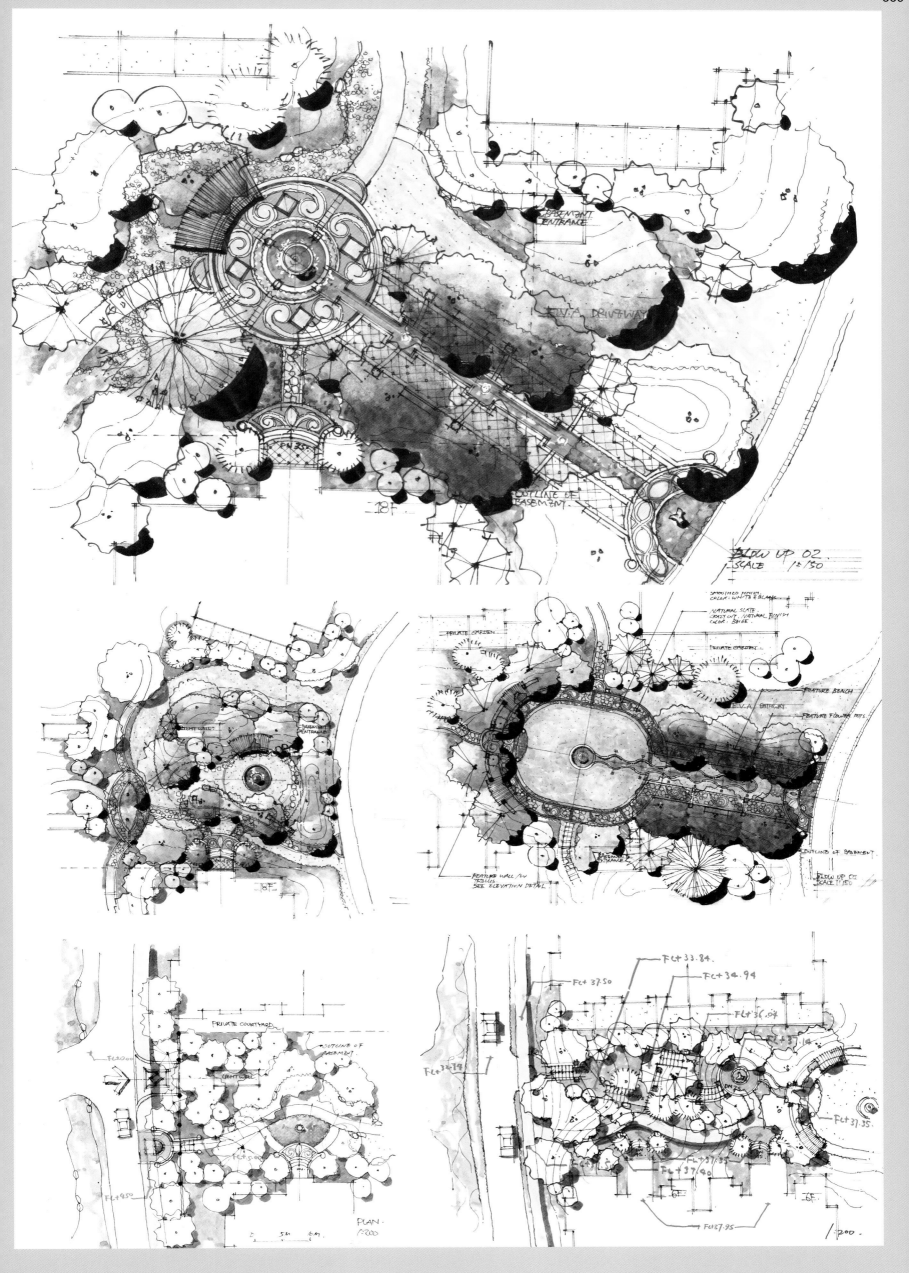

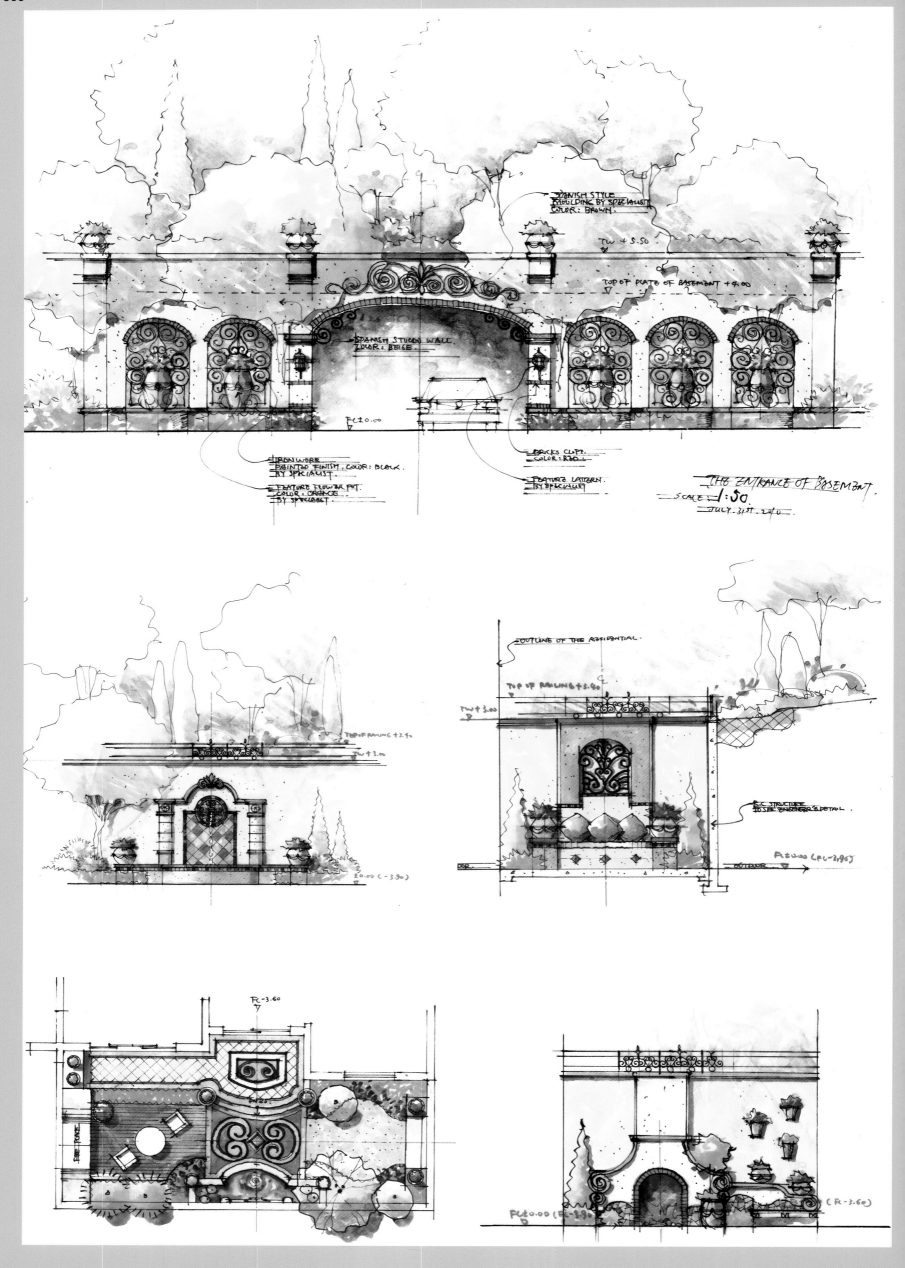

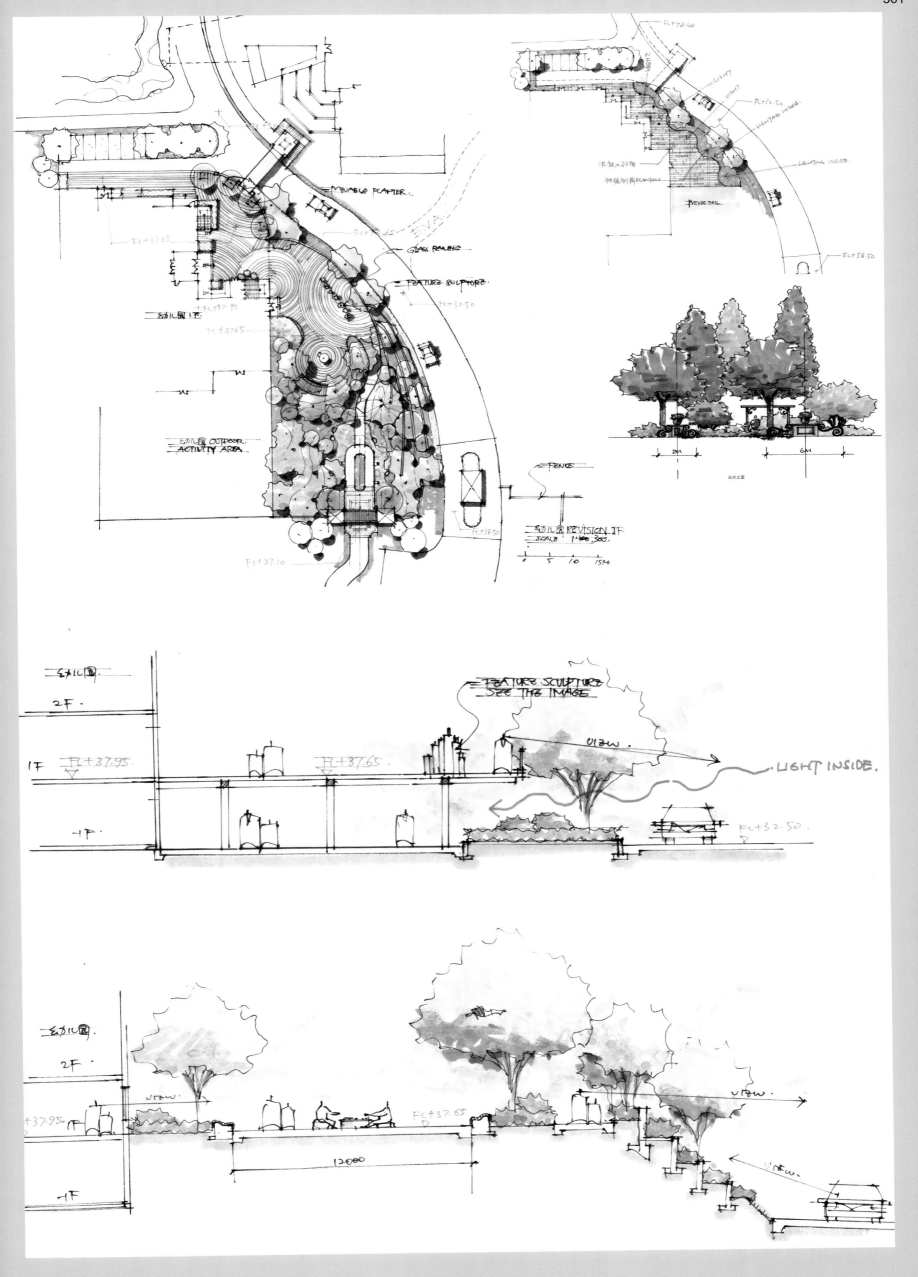

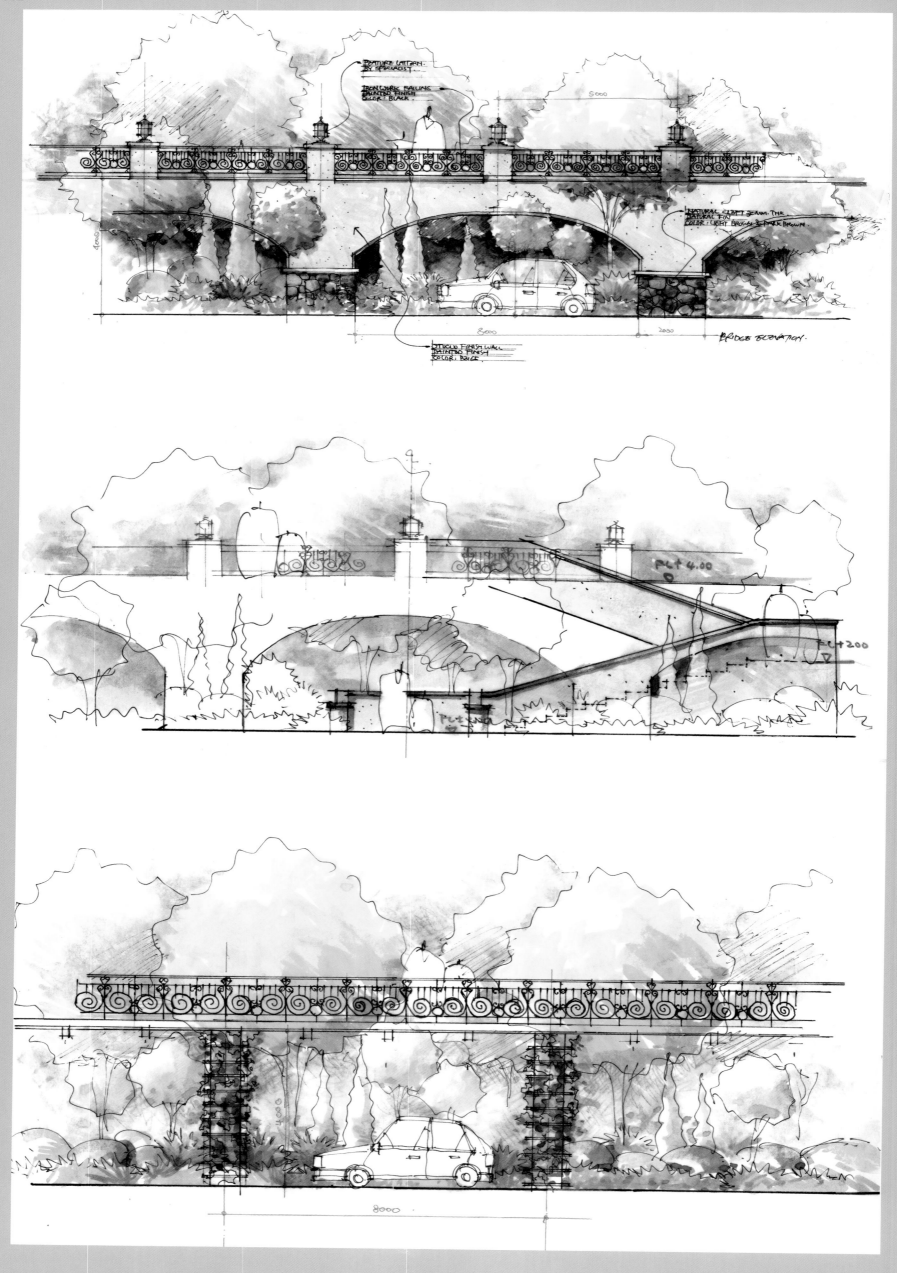

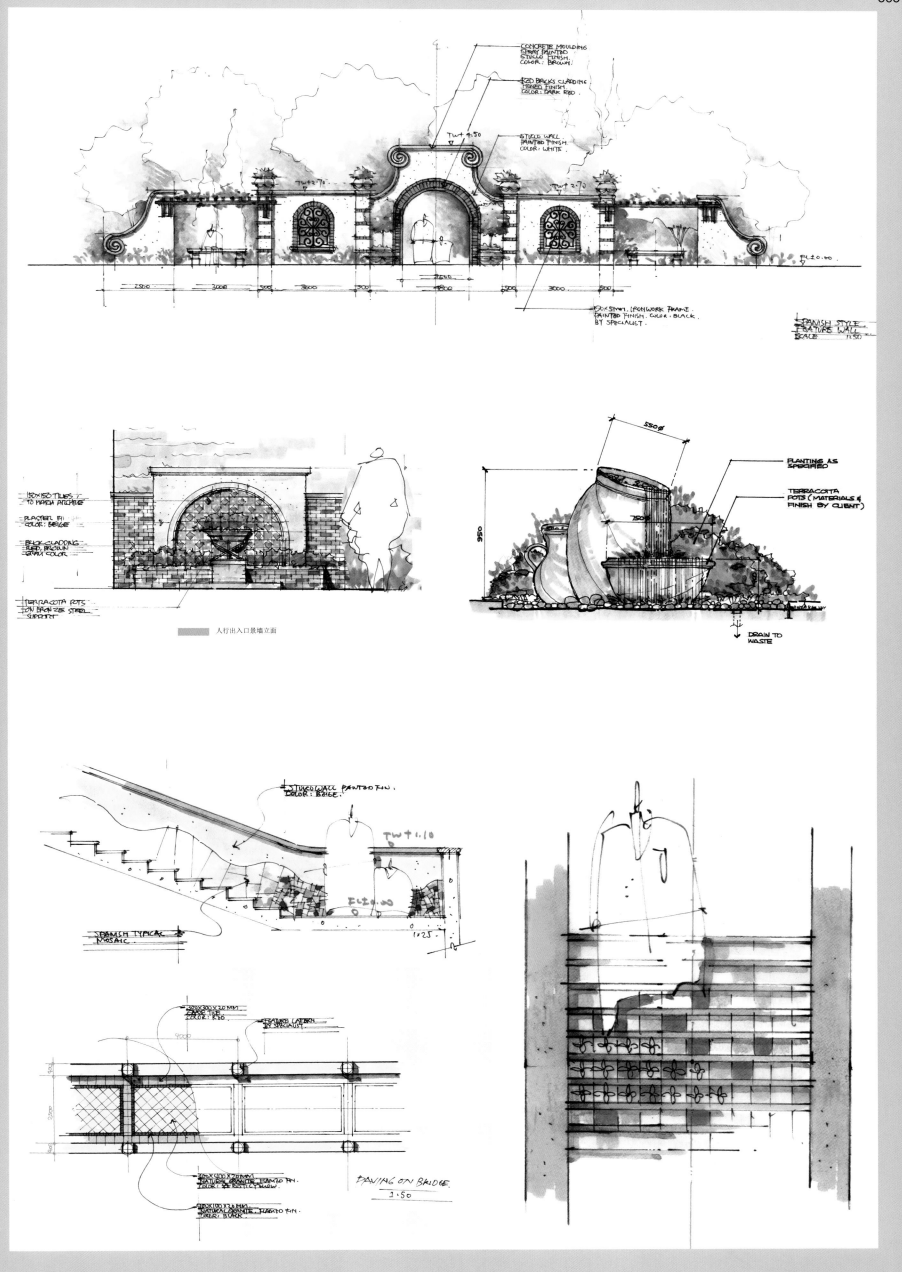

人行出入口景墙立面

打造纯正的乡村西班牙居住氛围
——北京·万通·天竺新新家园设计

项目位置：北京
景观设计：奥雅设计集团
委托单位：北京广厦富城置业有限公司

该项目社区整体分三部分：高层区湖景，一区绿溪，二区花园。

高层区湖景：位于社区入口的湖景，雍容地表达了社区的热情与亲和，配以西班牙式的建筑语言和舒展开朗的景观形式，呈现出住户精致优雅的生活情趣。

一区绿溪：溪流环抱村落的景观处理模式，体现出住户恬淡自然的生活方式，迎合现代人追求宁静的心理状态，喧嚣中由溪流营造出淡淡的休闲感，让人沉迷，宁静而致远。由植物和自然溪流围合的私家庭院，形式质朴，景观卓越，沉稳内敛的社区风格随汩汩溪流不胫而走。

二区花园：二区着重打造纯正的乡村西班牙居住氛围，倡导高品质的生活体验空间，凸显院落生活情调，封闭的南院和开敞的北院被确定为最终的设计实施方向，北院，将狭小的

院落景观资源优势最大化，花园分享，景观分享，让业主的北花园成为令人满足和羡慕的景观。是半私密的花园。

南花园则结合高差变化，配合绿化实现软性封闭，院内结合地库柱梁配植乔灌木，较有效地阻碍垂直视觉干扰，形成独享的私密庭院，成为生活家的小天地。

公共景观巷道着力渲染托斯卡纳小镇风情，利用拱门形式提高单元的可识别性和导向性，为社区居民提供休闲、散步的风情巷道景观。

环绕二区的边沿绿化中，设置了一些景观功能场所，例如儿童活动区，休闲草坪，健身器械区域等，满足了一定的公共活动使用功能，整个二区框架清晰，单元明确，景观布局合理，归属性，识别性均好，加上风情植物的配合，成就舒适惬意的生活家院落。

营造浓郁西班牙风情的别墅区
——上海奉贤招商海湾

项目位置：上海
景观设计：老圃（上海）景观建筑工程咨询有限公司

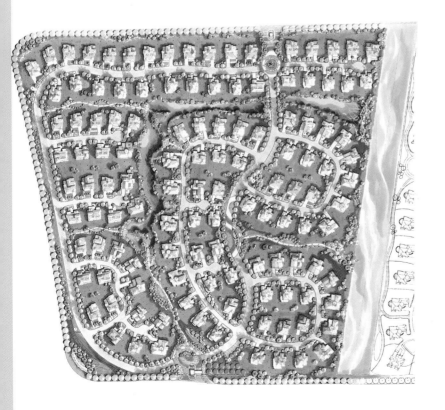

该项目面积约95 000平方米，设计主要以红瓦、白墙、彩色玻璃瓷砖、弗拉明戈舞者及斗牛士雕塑等营造浓郁西班牙风情的别墅区。

打造典雅舒适的西班牙式坡地经典花园
——大连阳光海岸

项目位置：辽宁 大连
景观设计：老圃（上海）景观建筑工程咨询有限公司

该项目面积约55 300平方米，西班牙式坡地经典花园设计，包括西班牙人文艺术主题广场及花园，利用丰富多层次园林植栽及优美的线脚造型、丰富而亲和的材质，打造典雅舒适的闲适空间。

东方土地上展现的异域风情
——佳兆业长沙水岸新都

项目位置：湖南 长沙
景观设计：城设园林设计有限公司
委托单位：湖南佳兆业房地产开发有限公司

该项目景观设计沿用西班牙建筑风格，使其在东方的土地上展现出异域风情。另从地方特色人文习俗中挖掘思路，在环境设计上加以继承和延续。设计在形式及细节上符合现代人的思维模式和审美情趣，体现对住区人与自然的重新思考和定位。

最大限度地尊重自然生态环境，充分利用现有水体资源，并通过合理的水生植物搭配来实现景观水体的自然净化。以多层次的绿化生态环境组织人与自然、建筑与自然交融的生态空间，提倡"复层混交"的立体空间景观绿化模式，合理搭配乔木、灌木及地被植物。

人本主义思考

应对住区不同人群均设有相应的聚散活动空间，做到动静分区，配有完善的娱乐休憩设施以满足不同人的心理生理需求。以明晰的交通流线组织空间，各景观节点均有可观性、可达性，为业主创造优越的生活环境，真正体现人与自然和谐对话、人与自然共存共处。

景观总体布局

生活在绿色天堂、呼吸着永远清新的空气是无数都市人的梦想。精心搭配的植物精美大气而富有创意，细致修葺的水岸新都宛如优美的伊甸园，使业主能尊享一个高雅、多彩且充满绿意的空间，远离闹市污浊的空气和喧嚣。

这个低密度的项目，提供了独一无二的环境——葱翠的绿地，两个地块都有壮观的湖水水景主题，合理利用现有水体，采用人工挖湖手法，创造局部地形可变化性，增添小区园林的活力，而设计将生命之源——水作为主要的设计元素，却源自不经意的创意。

西地块现场西北角一个采石场留下了约10米深的坑，日久形成了深潭，水质良好，业主要求保留深潭。设计师则巧妙地把其作为生态人工湖体的水源，一条潺潺流动的小溪巧妙地将现有的深潭和人工湖水景观连为一体，成为一条水轴线，直接流向会所主园林区，水系大者辽阔、狭者萦绕，水岸线千回百转，曲折迂回，婀娜多姿，与原有项目西部之自然深潭水体连为一体，总体上园林呈放射状布局；

而东地块高层区的一眼泉水，长年有源源不断的水源，则成就了东地块带状水体，以水系为景观轴线，向四周带状开展景观序列，各个景点交叉穿插，构成一幅完美的图画，做到时时处处皆有景。加之泥底的生态湖体以及水生植物的净化作用，一年后出现了天生天养的小鱼虾，颇出乎工程师们的意料。生态自然的水系社区不仅给周边的别墅及镇屋营造了绝佳的景色，亦是整个项目丰富而和谐的园林景观的重要组成部分。

充裕的绿化带沿街边边划分了各个花园，为这片精心规划的世外桃源增添了私密尊享的氛围。这种独特的景观处理手法也强化了绿色伊甸园的概念：在一大片令人心旷神怡、放飞思绪的绿地上，保留着原生树林，流淌着潺潺清泉。

沿水岸布置各种景观建筑元素如塔楼、亭子、凉棚、木平台、公园长椅、铺装广场等。景观的绿化毫不吝啬地渗透入每一个住宅组团以及散步道或小径。

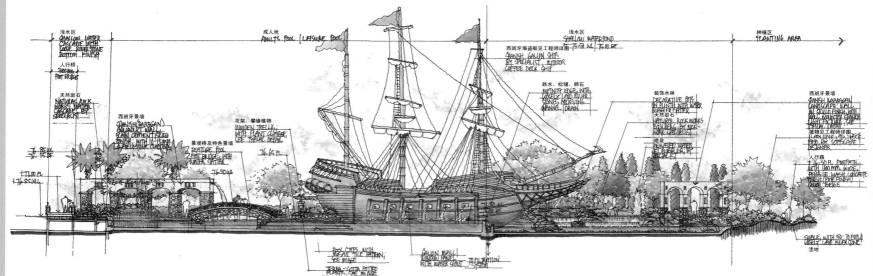

重现南加州小镇生活
——佛山万科兰乔圣菲高尚居住区景观设计

项目位置：广东 佛山
景观设计：SED新西林景观国际
设 计 师：黄剑锋 李昆
委托单位：佛山市顺德区万科置业有限公司

低坡屋顶下，那种平和淡泊的心境氛围，只有真正的名士巨贾才能心领神会，视为知己。由南加州Rancho Santa Fe建筑风格演绎而来的兰乔圣菲别墅，不像古典式豪宅那样复杂与张扬，没有任何刻意与炫耀的形式，唯有质朴纯粹，充满手工与时间痕迹的建筑语汇，仿佛在平静中述说一段悠长久远的历史，一个意味深长的传奇，一种阅尽辉煌的人生。

兰乔圣菲，得名于美国最富有的小镇Rancho Santa Fe。Rancho Santa Fe位于南加州镇圣迭戈北部，拥有500余年贵族传统，原是西班牙属殖民地小镇。佛山兰乔圣菲住宅区项目位于广东省佛山市顺德新城区，总占地约13万平方米，是以联排别墅（TOWN HOUSE）和高层住宅为主的综合居住区。建筑风格取向有意打造西班牙小镇式居住氛围。环境景观设计营造出一种阳光灿烂，既雍容古典又不失自然亲切之美的风情小镇风格。它代表了一种阳光、悠闲、亲近自然的小镇生活方式。

小镇住宅主要是由公共建筑区域（包括会所和社区幼儿园），TOWN HOUSE住宅区域，有底层商业的高层住宅区域，有架空层的高层住宅区域几部分构成。针对每部分的建筑特点和功能，在景观设计上，进行了有所侧重的详细考量。

功能先行的道路设计

社区双向行车道路5.5米，由主要景观轴线道路和社区外环构成，轴线景观道路将设计重心放在道路的绿化层次设计上，形成绿意盎然的林荫大道（大叶榄仁构成行道树）。结合道路两边适度的活动区域，不失时机地穿插以点状的水景元素，联系整个景观道路的线索水体穿插其间更好地活跃了社区气氛。

社区居民大多配备了私家车，而宁静、缓慢的步行空间是小镇惬意生活的保证。因此，TOWN HOUSE区域设计单行车道3.5米，别墅区道路根据居所的疏密度分布适应街区生活，既避免了过宽的尺度所产生的步行者的疏离感，又可以让车主放慢速度，浏览归家路上的风景。

放缓的速度，让车内的人与车外步行的人形成了一种交流，悠闲的小镇生活，也许就是从清晨的一声招呼开始的。

动静相宜的会所生活

小镇会所是西班牙式建筑，建筑外立面色彩明快，质朴温暖，充满了阳光的地中海味道。以社区会所为背景的中心水景区域，是景观设计的重点。

对称的种植形式（大王椰子、凤凰木）将人们的视线引导到中心水景区域。这个区域里热情奔放的地面铺装颜色，热力动感的喷水景观与自然而浓密的油棕结合在一起，相映成趣，共同构筑了西班牙式的主入口景观。

在景观构思上，从以下几个方面考虑：

(1)从竖向空间上，中心水景区域略低于周边道路标高，在层次丰富的植物的围合掩映下形成了一个闭合的亲水漫步环线。漫步其间可以观景、亲水、闻花香、听鸟语，一派自然景致享受。

(2)水景两侧以植物围合，只打开会所与主入口轴线方向的视线，并在这条轴线上适度的设置亲水平台、喷水雕塑景观、特色景墙等，很好地营造了会所的景观气氛。

(3)喷水雕塑作为水景的中心：一方面，具有西班牙风情的雕塑能更好地烘托楼盘风格。

主题；另一方面，美学上讲求"有破才有立"，雕塑从竖向空间上适当打破建筑会所产生的大体量感，以环境结合建筑，重新组合了景观立面的竖向关系。

（4）水面分为两个部分，外环为有铺装的浅水面（200毫米），把水放走后亦可形成环状闭合的场地；内环为以暗色卵石为池底肌理的水面（300~400毫米），水体较外环深，围绕池壁的一组圆形树池将水体内环、外环自然地联结起来，起到空间上起承转合的微妙作用。炎炎夏日，双层水面带来惬意凉爽的微气候小环境；冬日煦阳，放空了水面的场地，可以成为居民活动、晒太阳的理想广场。

（5）周边环行道路：环绕中心水景的绿化带，分隔车行道与人行道的绿化带，以及人行环道以外的场地绿化共同构筑了中心水景区的绿化体系——生机盎然的绿色通道。人行走在树影斑驳之中倍感清爽、惬意。

观者由主入口进入行至水景区便可看到远处影影绰绰的风情会所，一切在自然景致中若隐若现，待您走近才能看清其庐山真面目。经过中心水景进入到会所区域，西班牙欧式建筑映入眼帘。会所门前的几棵银海枣的点缀使得会所更具朝气和活力。夜晚，华灯初上，会所的灯火通明更使得植物呈现剪影效果，成为进入会所前的另一道风景线。

地中海式的露天泳池

从会所的二楼露台俯瞰，一片蔚蓝的露天泳池，阳伞、躺椅、摇曳的热带棕榈，穿比基尼的妙龄女子，让你忍不住想去加入，拥抱这碧海蓝天。

会所泳池由成人泳池、儿童嬉水池、按摩池等构成，特色景桥形成巧妙分割，又增添了趣味性。西班牙式构件，陶罐、黏土砖和卵石的原生材料，质朴厚重的廊柱，奢华的布幔，

仿旧铁艺装饰门，呈现出纯粹的西班牙风情。

放飞梦想的阳光草坪

社区西南角是一块亲近自然的阳光草坪，圆形廊架，绿地、景观树，适宜周末开展社区活动、打羽毛球、放风筝，享受阳光。

联排别墅：联排别墅每户都有两个庭院，迎宾庭院和家庭庭院，迎宾庭院突出了迎接客人的气氛，院门为仿旧铁艺门，家庭庭院则体现了家人交流空间的特点，同时有一定的私密性。双重院落分隔出与众不同的生活空间，这样的设计对于来客是美景的享受，对于家人则是舒适的生活空间。有阳光、鲜花的陪衬，把前后园的景观考虑得很周全，通过庭院与道路及植物、小品的结合营造出四季有景的生活环境。

庭院围墙墙角抹圆，圆角厚墙给人安全柔和的感觉，提高了居住的舒适度，值得一提的是，为了丰富步行者的视觉体验，设计师把每户迎宾庭院辟出了一块区域做种植设计，形成序列变化的景观观感。

高层区域：高层架空层景观区域既增加了住户的户外活动空间（安置儿童游戏架、成人健身器材等），又使景观视线通透，将不同的住户单元用连廊串联起来，也是出于安全角度的考量，既能有效防范高空抛物的危险，又能很好地满足高层住户的户外活动需求。

细节体现生活品质

纯粹的才是永恒的，好的景观作品，需要精致的细节来体现。

铺装：在入口地面，回纹图案的使用，深浅两色的陶砖，构成了鲜明的西班牙符号。宅间小面积铺装，采用了马赛克彩色瓷片镶拼的形式，也是西班牙符号的应用。

欧 式 风 格
European Style

风格特征：整体上给人以豪华、大气、奢侈个感觉。具有北部欧洲凝炼庄重的厚实感，色调深沉，气势宏大，植被浓密丰富，适用于长江以北地区以打造欧陆风情为主的大面积项目。奢华却不累赘是欧陆风格所追求的目标，为了在简约中营造一种类似于欧洲宫廷般的贵族气息，欧陆风情代表的更是一种生活态度：精致、舒适、豪华、经得起推敲，又带一点点不经意，使它更具历史的沧桑感。

一般元素：木屋、明镜的湖水、木栈道，原石散布的广场、宽阔的草坪、茂密的森林以及湛蓝的天空和清新的空气等等。园林中的四大要素山石、水、植物、建筑，以最自然、最纯粹的方式展现与人们的视野中，所以现代设计中，多是在保持自然风貌的前提下再做人工雕琢。

特   点：除了考虑历史背景因素外，还应考虑西方的哲学思想、宗教信仰以及神化人物。希腊文明孕育了西方民族的个性，加之北欧特有的气候因素，乐天、充满人性是北欧民族的性格特征。北欧人也在征服自然、改造自然的艰苦生活中寻找了快乐的人本心态。其生活理念也延伸演绎到了欧式风格中并逐渐形成了现今的特点"重于自然"。从尊重自然出发的北欧园林就是一切空间都自然化，一切环境都生态化，一切尺度都宜人化，一切细节都人性化，一切功能都人本化。

欧式风格表现形式

欧式风格按不同的地域文化可分为北欧、简欧和传统欧式。意大利、法国、英国、德国、荷兰、西班牙欧洲国家都有鲜明的风格表现，它们在形式上以浪漫主义为基础，整个风格豪华、富丽，充满强烈的动感效果。以下是代表性的两种风格：

英式风格

风格特征：通常传统英式园林形成于17世纪布郎式园林基础之上，并不断加以发展变化，撒满落叶的草地、自然起伏的草坡、高大乔木，有着自然草岸的宁静水面，具有欧式特征的建筑与庭院点缀于其间，洋溢出一种世外桃源般田园生活的欧陆风情，适用于低容积率、最好无地库顶板的低层大中型项目。

一般元素：阳光草坪、造型灌木、鲜花水系、喷泉、英式廊柱、英式雕塑、英式花架、景观小品、皇家林荫道、英式柱廊、雕塑、广场、花坛、蔷薇花篱、独特的景观轴线，规则工整的英式园林、洋溢经典的英伦风雅。

特   点：水系、喷泉、英式廊柱、英式雕塑、英式花架等景观小品；并有机结合地块的天然高差进行景区转换和植物高低层次的布局，形成明显浪漫的英伦情调和坡式园林景观特点。大气、浪漫、简洁，是对欧式风格的综合化和简约化。丰富的自然：森林、草原、沼泽、溪流、大湖、草地、灌木、参天大树，构成了广阔景观。在英式风格设计中，植物和建筑浑然一体，结合的天衣无缝，人身处于这样的环境之中，不仅是身心的一种放松，更是对心灵的一次洗礼。英式风格一向追求自然效果，除了前期规划，后期无需过多打理。因此，保留植物自然生长的痕迹，将其打造成犹如大自然的一部分，并由时光来加以完善是英式景观的设计理念。英式景观对植物和道路等处理也较为自由，植物多选择茂盛的绿叶植物和季节性草本植物，如蔷薇、雏菊、风铃草等等。而道路也可随意、任意的曲直多变。只要将园内打造得绿荫丛生，造型错落有致，并以季节性花卉点缀其中，缀以散布在各个角落的趣味小品雕像。

德式风格

风格特征：在德意志民族的性格里好像有种大森林的气质：深沉、内向、稳重和静穆。歌德曾说过：德意志人就个体而言十分理智，而整体却经常迷路。理性主义、思辨精神和严谨而秩序，这已经成为德意志民族精神中的一部分。从二十世纪初的包豪斯学派到后来的现代主义运动，我们都能清晰而深切地体会到德国理性主义的力量。

一般元素：森林、河流、充满了理性主义色彩的搭配，简洁的几何线、形、体块的对比。

特   点：人为痕迹重，突出线条和设计，德式风格的景观设计充满了理性主义的色彩。德国到处都是森林河流，墨绿色延绵无际。在保护和合理利用自然资源的同时，他们更尊重生态环境，景观设计从宏观的角度去把握规划，使景观确实体现真正冥想的空间或"静思之场所"，它迫使观者去进行思考，超越文学、历史、文化常规，不断地对景观进行理性分析，辨析出设计者的意图及思想。德式的景观是综合的理性化的，按各种需求、功能以理性分析、逻辑秩序进行设计，景观简约，反映出清晰的观念和思考。简洁的几何线、形、体块的对比，按照既定的原则推导演绎，它不可能产生热烈自由随意的景象，而表现出严格的逻辑，清晰的观念，深沉、内向、静穆。自然的元素被看成几何的片断组合，但这种理性透出了质朴的天性，来自黑森林民族对自然的热爱，自然中有更多的人工痕迹表达，自然与人工的冲突给人强烈的印象，思想也同时得到提升。简约、舒适，在花草种植与景观有意布置中，让您无意间体验到她的浪漫与轻松，让智者疲惫的大脑在此得到重生，获得灵感。漫步于德式风格花园中，一切看起来那么的仅仅有序，能让你的心情慢慢地平静下来，放下现实生活中的嘈杂与不安，她所带给你的是一次心灵的洗礼与情感的升华。德国人的理性是与生俱来的，在他们的生活里面，不管遇到什么样的事情，总是能够理智地面对，做事细致入微。这样的性格在德式庭院设计中就可见一斑。在花园设计中，修剪整齐，种植考究的植物，喷水池的设计等。德国人在花园设计中把自己的性格表现得淋漓尽致。

高雅、尊贵、精致的"宫廷格调"
——沈阳中海·寰宇天下

项目位置：辽宁 沈阳
景观设计：EADG泛亚国际
委托单位：中海地产

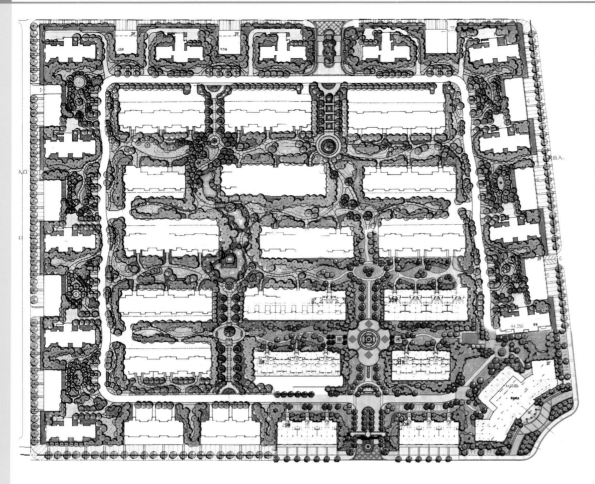

该项目位于皇姑区，西临塔湾街，东临天山路，北临昆山西路，南临火车轨道，地理位置优越。规划占地面积为73.96万平方米，1925年沈阳车辆厂在此建成，历经百年于2009年搬迁，现规划用途为住宅、商业。因为这是中海集团在沈阳的第一个住宅项目，因此要求非常严格，前后出过4~5稿方案，最后根据新古典风格的建筑提出"印象·凡尔赛——绿荫中的皇室花园"概念，利用中轴对称打造层层递进的宫廷式格局，强化长轴的水景，以古典小品奠定风格基础，利用丰富的植物层次，粉色系花卉呼应欧洲的植物色彩。简洁的体感与高贵的环境散发出官邸的气息。高雅统一的色彩体现整体的尊贵感和精致化；大小不一的景观元素缔造强烈线条感及完美比例感。这种"宫廷格调"在当时非常受当地人的欢迎，开盘时创造了沈阳楼盘销售的奇迹。

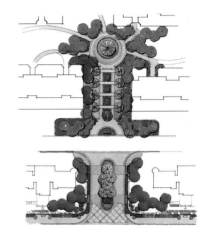

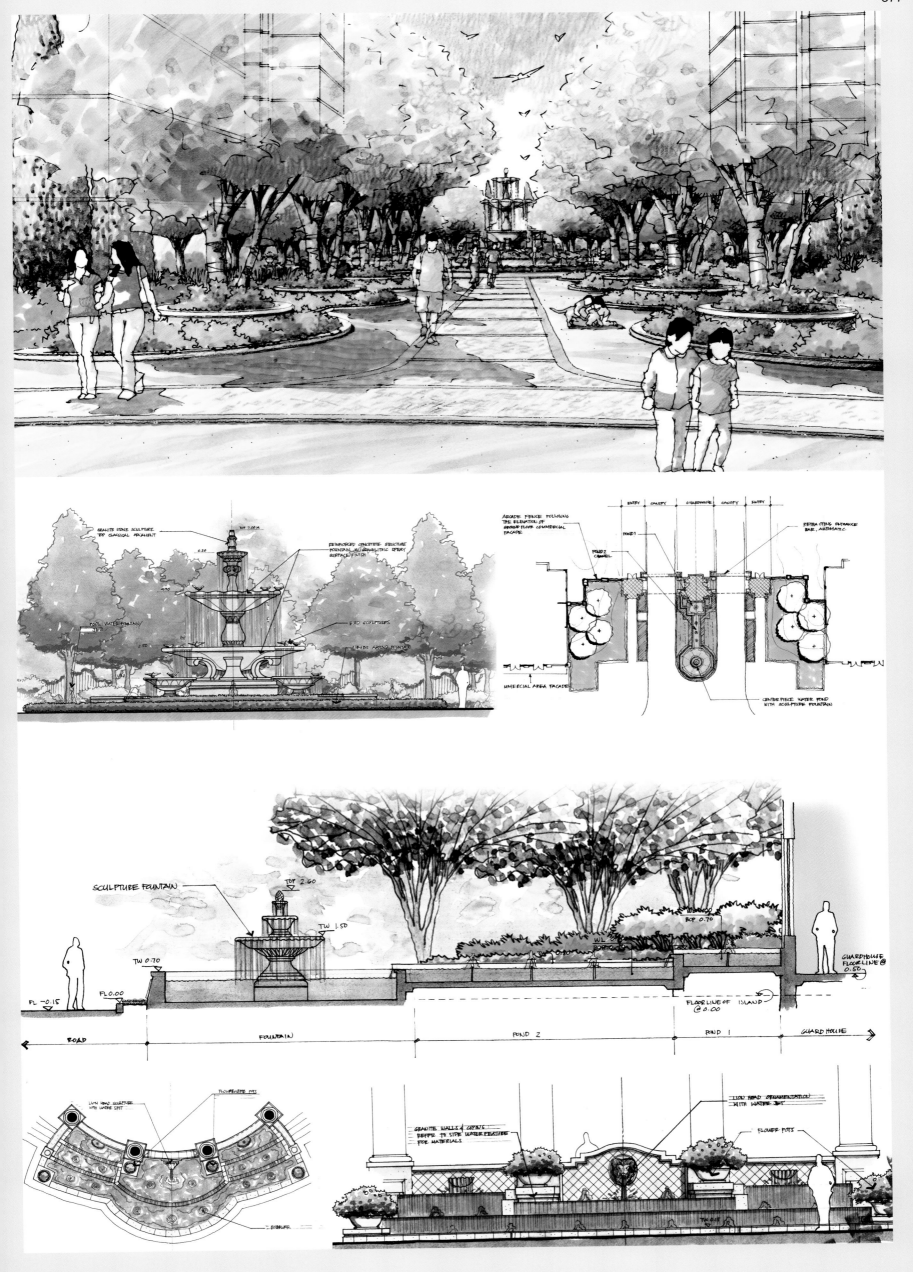

CURVED ARCADE WALL FEATURE

WATER WALL CASCADE FEATURE

WATER FOUNTAIN

WINDOW ARCHES WHERE VIEWERS CAN HAVE A PEEK OF THE LANDSCAPE FEATURES OUTSIDE

POTTED PLANTS

FL 0.00

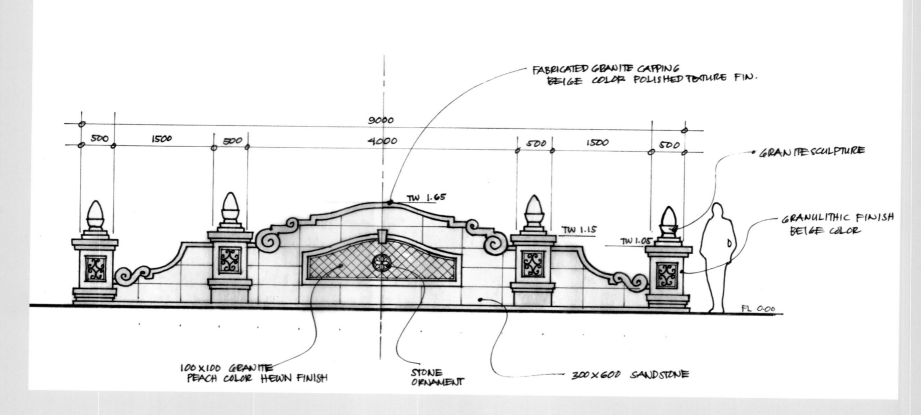

FABRICATED GRANITE CAPPING
BEIGE COLOR POLISHED TEXTURE FIN.

GRANITE SCULPTURE

GRANULITHIC FINISH
BEIGE COLOR

9000

500   1500   500   4000   500   1500   500

TW 1.65

TW 1.15

TW 1.05

FL 0.00

100 X 100 GRANITE
PEACH COLOR HEWN FINISH

STONE
ORNAMENT

300 X 600 SANDSTONE

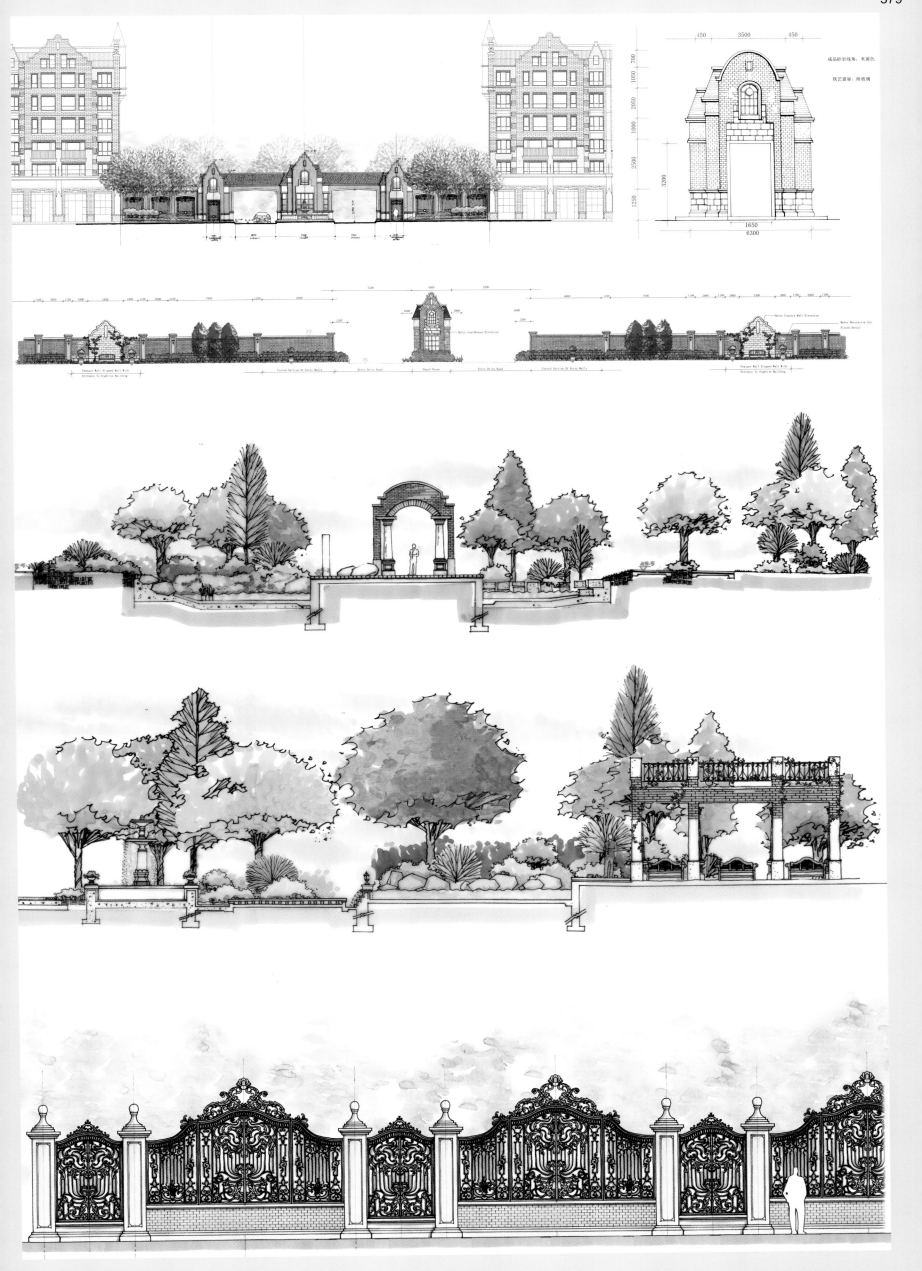

与天然的美景紧密相融合的生态社区
——杭州大华西溪风情

项目位置：浙江 杭州

景观设计：EADG泛亚国际

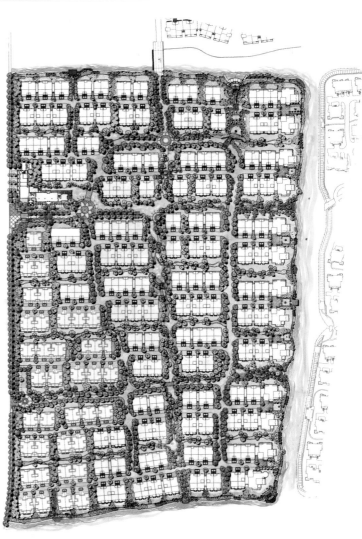

该项目位于杭州市区西郊，周边天然河道环绕，水系完整，自然环境优美，是现存极少几处保存完好的自然生态地块之一。

大自然的美是现代人所向往的，追求的，保护生态环境，最好地利用现有良好的自然条件在这个项目上变得尤为重要。设计师从自然中获取设计元素"雨、水、云、彩虹"，以不同的表现方式包围着由北至南的湖景生态走廊，为天然的美景更增添了一份情趣和内涵。这条生态走廊就像是社区的天然绿肺，贯穿基地南北，形成一条集中的主题观景带。

源于生活，高于生活的社区景观设计也应该融于自然，高于自然，这是我们在此项目景观设计中始终坚持的原 则。对西溪生态地块进行设计改造的过程中，以尊重生态与可持续发展为设计理念，关注人类活动对场地生态环境的干扰，使改造自然与 生态自然和谐统一。

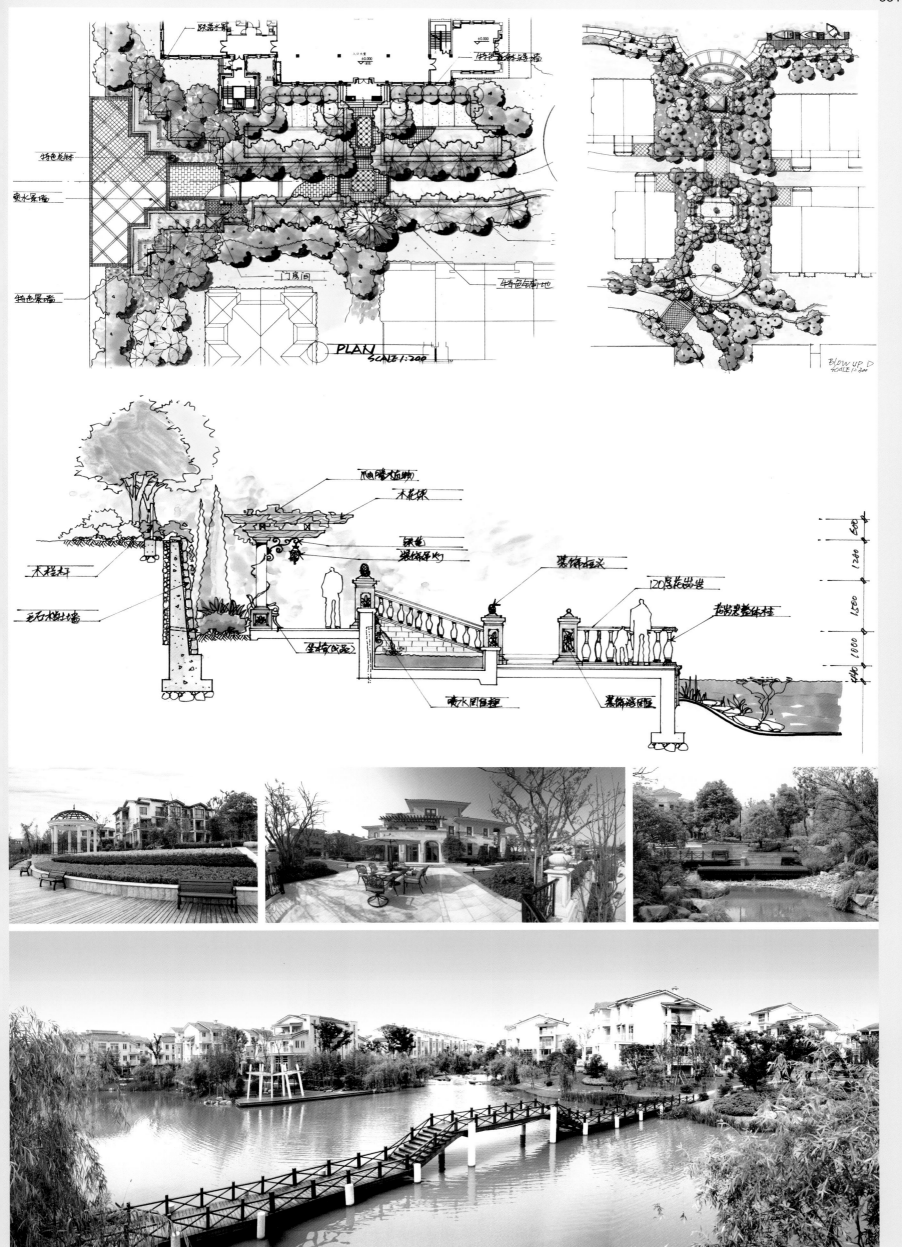

江南丝竹流水　芜湖秀景雅趣
——芜湖艺江南

项目位置：安徽　芜湖
景观设计：上海北半秋景观设计咨询有限公司
委托单位：安徽杰成集团

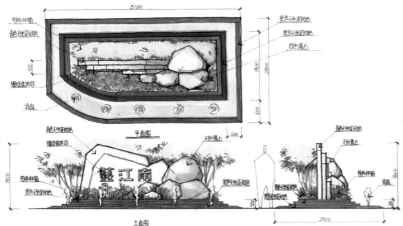

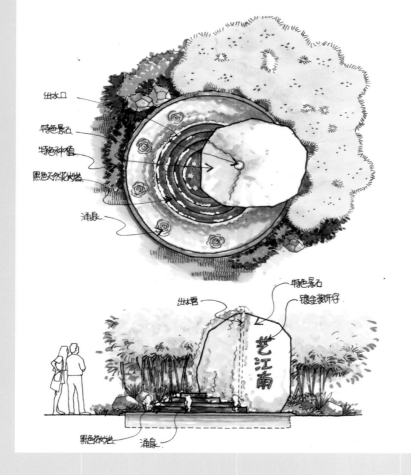

景观设计可以优化和丰富人民的生活方式。它不只是建筑的延伸，更是向悠闲生活方式转化的过程。

该项目充分体现了地域特征，因此在景观设计上以"巧于因借，精在体宜"为设计原则，在景观空间组织上运用多种景观设计手法增加景观深度，通过借景、对景等手法来实现视觉与景物的巧妙结合。

"艺江南"水景别墅与莲花湖隔岛相望，自然的地域环境给了水景别墅绝佳的创作空间。"引水入园，借水映彩"打造细腻、精致、现代及幽雅的江南生活环境。

从西入口入园，特色的景墙形成入口玄关引领序曲，以江南特有的紫竹为玄关配饰，紫竹随风摇曳，舞摆江南风情。通过玄关进入园区，视线豁然开朗，潺缓的溪水波光粼粼，伴随至中心景观区。无边际的泳池让业主的视觉无限扩张，使得本是狭窄的地域空间视觉上相对增大。泳池边以简约而细致的落水作为配饰，激起阵阵涟漪，跳跃静谧的碧水清池是泳池的活跃因素。泳池中舒适的、造型独特的按摩池是业主驱逐疲劳的好去处，入池的走阶给予业主强烈的亲水诱惑去感受轻柔的碰触。

沿阶而下来到下沉式广场，中心的微型水景弱化了广场铺装的冷硬，浅水的特性提供孩子戏水的空间。东侧水系也自此为始，绵绵向西流经儿童游戏场，展现于前的是休闲草坪。休闲草坪是东侧园区的景观中心，起伏的坡体产生自然效应增强草坪休闲律动之感。简约的空间构成却蕴藏无限想象，临于水景之侧，赏花怡情。每逢假日业主可以于此陪伴家人游戏、赏园，与朋友谈古论今，增进感情，共度美好时光。在草坪延伸处的日晷广场被特色的植物棚架包围，日照形成的影像丰富了广场的景观看点。

江南水乡，以水为亲，以水为福。艺江南的景观设计将水与人紧密结合，使每户业主都能体会到水的风情，设计做到园区内所有住户均临水而居，似有秦淮河畔之感。

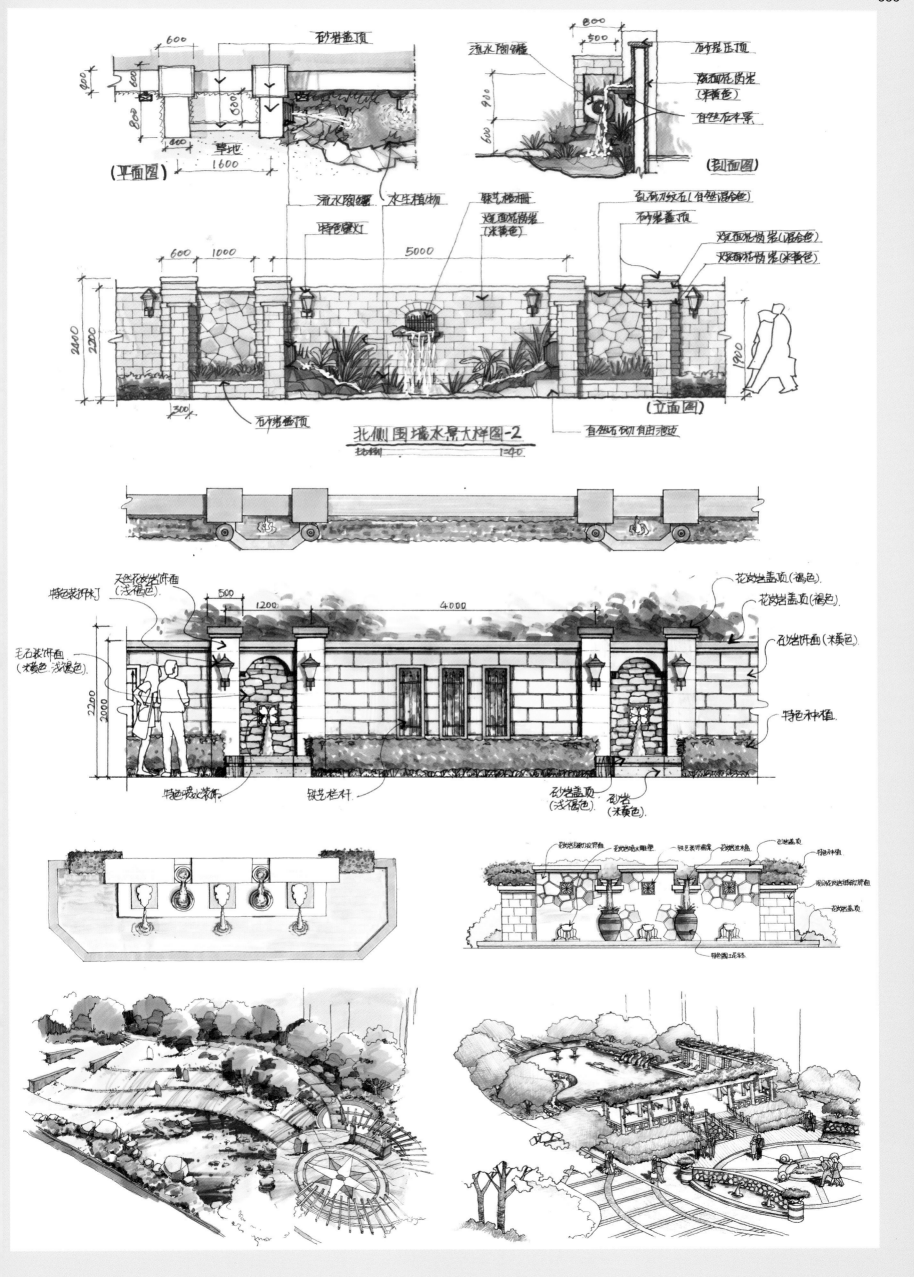

北侧围墙水景大样图-2
比例 1:40

北欧印象景观设计
——西安高科·绿水东城

项目位置：陕西 西安
景观设计：上海地尔景观设计有限公司

该项目位于西安纺织城改造区和浐灞生态结合区内，西临纺桥路，东临纺渭路，北临灞瑞二路，项目包含3#地、5#地、6#地，规划建筑总面积约750 000平方米。

设计定位

从建筑所特有的北欧风格之中汲取灵感，使建筑与环境融为一体，让居住者能感受到生活在人文的大自然中，充分享受主题园林家园的诗情画意。

定位为具有现代都会人居气质的高品质亲水型精品住宅社区，营造一个高尚的、自然的、生态的北欧风情住宅园林景观，打造一个开拓性的人居生活样板。

设计理念

北欧对生态环境保护的重视，在对居住环境的设计上也一如他们的生活个性——朴实而崇尚自然。这种生活态度体现在设计理念上就是将"以人为本"的设计理念做到极致，人们往往在家里交往，"家的气氛"比其他国家都强烈，所以北欧设计被普遍认为是最具人情味的，他们很在意人的感受。

"尽享神秘北欧风情，沐浴清新浪漫之风"。整个景观设计以北欧文化风情和自然生态景

观为主脉，通过"森林、湖泊、海风、蓝天、音乐"对北欧文化风情的浓缩、提炼，营造出清新淡雅之国度。景观设计充分结合建筑风格带给我们那种北欧简约风情感受，运用现代北欧方法，以流畅几何线形，强化带状空间的纵深和扩展感，通过合理的布局，增加绿化覆盖率，注重人性化、细节、品质、人文理念，让身在这里的人可以尽情回归自然，享受北欧经典蓝本的"悠扬慢舞生活"。

设计原则

1. 整体性：注重景观设计的整体性，总体上简洁明快，局部设计在遵循整体风格统一的基础上求变化。

2. 舒适性：遵循"以人为本"的现代设计理念，整体上采用大色块设计手法，减少跳跃感；细部处理则提供适宜人体尺度，丰富的景观层次以及材质和形式的变化。

3. 空间感：以"收放结合"的平面形态配合竖向多层次的景观元素（包括绿化、雕塑、水体、灯具等），塑造景观的多元空间感。

4. 视觉化：充分运用景观设计各类元素，在构图、材料、质感、植物形态及色彩、平面

等各个方面相配合，强化视觉美感。

空间布局

1. 会所前广场景观

整个广场融合会所建筑北欧简约风格，采用线性流畅的台阶布局，几何式的绿化树池，简洁大方的铺地样式，结合仪式感极强的树阵，形成一个主空间序列。同时在入口设置具有现代感的标志、景墙和小品，让人感觉仿佛置身现代艺术馆中，增加业主的归属感和自豪感。树阵在丰富空间层次，提供休憩场所的同时起到一个引导作用，引四面八方的人流涌入我们的销售展示区，使住宅的附加值与销售优势得到提升。

2. LOGO景墙水景景观

作为整个景观设计风格的体现和思想的传达，充分体现视觉化原则，以"水"的形式展露灵动清澈，给人第一眼的感动，同时水景中的美人鱼雕塑通过水雾的烘托，若隐若现，把展示区打造出了丹麦童话的浪漫风情。

3. 阳光草坪景观

作为销售展示区重要景观节点，给人以视觉上的开阔感，打破建筑的空间局促感，同时结合遮阳伞等休息设施的设置，使区域形成一个高绿化率的空间，满足人们休息、游玩、走近绿化、亲近自然的需要。引入台地景观概念，营造多重景观体验，使有限的景观空间更加丰富立体，达到移步易景的境界。

弧形的木栈道，是贯穿会所广场与特色水景的视觉桥梁，弧形的特色水景景墙和开敞的大草坪有机结合，营造了舒适宜人的活动空间，动静结合，让徜徉在其中的人感受环境、感受自然，自然地体验生活的安逸和乐趣，这种北欧式的纯自然接触、清新宁静、绿意盎然的园林风景气息正打动每一个人。

植物设计

项目整体种植风格与建筑风格协调一致，在入口、道路区域采用规则和点状种植，在休闲区域采用自然种植，充分发挥植物的自然姿态美。植物的景色随季节而有变化，每个分区或地段都突出一个季节植物景观主题，在统一中求变化。在重点地区，人集中的地方，四季皆有景可赏，在竖向上注意树冠线，树林中组织透视线，对植物的景观层次、高矮、大小、颜色、叶片的形状等进行合理搭配，在品种选择上尽量选取当地树种。

植物分为五大块：

密林式种植，代表树种有大叶女贞、乐昌含笑、栾树、枇杷；

群落式种植，代表树种有广玉兰、金桂、樱花、石榴、紫薇；

疏林草地式种植，代表树种有香樟、合欢、枫香、朴树；

花镜式种植，代表树种有金桂、八仙花、春鹃、栀子花；

行道树，代表树种有香樟、大叶女贞。

简约的北欧风情社区
——重庆中冶北麓

项目位置：重庆

景观设计：奥雅设计集团

该项目位于重庆市北部新区鸳鸯组团，整体景观面积为80 000平方米，其中示范区景观面积约为15 000平方米。项目地形较复杂，整块用地内高差较大，总体呈西低东高，北高南低。项目建筑为现代风格，性质包括住宅和公建，示范区内的公建包含有主入口区的麦当劳外卖餐厅、临街店铺及公共会所。

景观风格的定义

根据本项目的建筑空间特点，将景观空间定义为简约的北欧风格。既要有层次清晰的空间系统，有简约时尚的景观建筑，又要有像"麓原"一般静谧深秀的植物景观。

设计手法

景观设计在充分尊重基地现状条件和建筑规划各项要求的基础上，创造现代简约、清新自然的北欧风格空间。同时根据特殊的赏景需要，结合地块原有的悬崖地形边缘，设置了特色赏景步道和悬挑的观景平台。

设计内容

将主要景观空间分为主入口区、中心水景区、山地休闲观赏区、会所区四个区，其中会所区基本保留原有设计，山地休闲观赏区为方案设计深度。此次扩充设计重点为主入口区和中心水景区。

1．主入口区：考虑到临近体量庞大的城市轻轨站，如何使主入口构架变得更有标志感。通过综合考虑，结合建筑特征，赋予主入口构筑物以明显的横向线条感，使之呈现连续状，似乎将两侧的商业建筑紧密地连接在一起。整体构筑物明显有效地将主入口进行人车分流。主入口广场设计简洁有序，在素色铺装上合理地布置了种植绿岛，为广场带来荫凉。标志景墙的错落布置，体现了空间进深变化的精致感。

2．中心水景区：中心水景区的设计以自然式水景为主，结合地形，设计一个开阔的空间。在功能上，从主入口进门的方向观赏，视线可以穿过大型乔木树干，看到平静的湖面上的雕塑和山地上的疏林草坡，形成独特的山麓风景，带来一种静谧的、放松身心的享受。

3．山地休闲观赏区：在这个区内，既有开阔的大草坪景观，也有随原地形变化而形成的山地景观。紧密结合地形而设计的步道、悬挑平台以及赏景草阶等景观元素使人们能充分融入和享受此景观空间。

4．会所区：会所正面入口处设计为大草坪的边缘，会所后庭院为简洁干净的树庭，让人们得到宁静舒缓的休闲空间。其侧院利用原地形高差设计了自然跌水式的雨水花园，并在水景一侧设置了伸向悬崖的木平台，供人们眺望、休憩。

388

图例 LEGEND

01 地下车库出入口
BASEMENT ENTRANCE
02 台阶
STEPPING
03 水景
WATER FEATURE
04 木桥
WOOD BRIDGE
05 景观雕塑
FEATURE SCULPTURE
06 座凳
STEP SEATING
07 中心大草坪
CENTER LAWN
08 花海
FLOWERING SPACE
09 挡墙
RETAINING WALL
10 观景平台
VIEWING DECK
11 雕塑
FEATURE SCULPTURE
12 座凳
SEAT
13 开敞草坪
OPEN LAWN
14 雨水花园
RAIN GARDEN
15 特色框景
WINDOW OF VISTA
16 特色景亭
FEATURE PAVILION
17 观景栈桥
VIEWING BRIDGE
18 观景平台
VIEWING DECK
19 电瓶车停放区
BATTERY CAR PARKING
20 风车
WINDMILL

人与空间共存的高品质生态景观
——北京润泽庄园别墅区景观设计

项目位置：北京
景观设计：北京匡形规划设计咨询有限公司
委托单位：北京润泽庄苑房地产开发有限公司

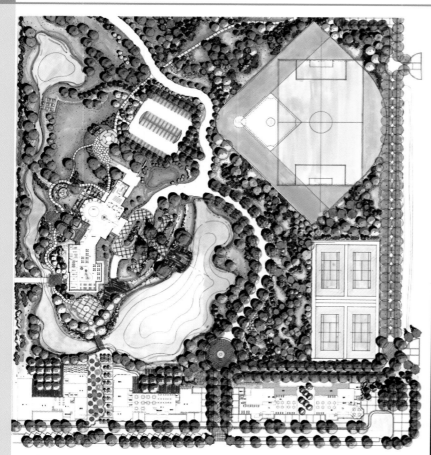

该项目位于北京朝阳区来广营朗乡清河营村。规划用地面积17万平方米。

其中，景观面积约7万平方米。建筑以联排为主，少量双拼及叠拼。

景观设计着重以景观语言表达时代特点，表达该项目所代表的群体化、聚合力和现代感，充分表达其特殊的地位和独特的视觉特征，重点处理入口区、中轴及公共景观林荫道，突出其精致与尊贵的感觉。私人空间以植栽衬托家的亲切、温馨、回归的感觉。

在设计上，我们将充分体现"对人尊重"的人本主义精神，突出表现"以人为本，人与空间共存"的概念，将有限的展示空间和无限的扩展相结合，将自然景观与人工景观空间相结合，使人文空间表现得层次分明。在种植设计上，我们利用植物丰富的形态营造出四季不同的景观效果。

同阳光和花瓣共舞
——临平桂花城

项目位置：浙江 临平
景观设计：上海北半秋景观设计咨询有限公司
委托单位：杭州余杭桂花城房地产开发有限公司

该项目位于杭州临平南苑，东临红丰路，西接体育场，距离规划中的地铁一号线世纪大道站1 000米，位置优越。居住区占地总面积360亩，总建筑面积25万平方米，总建密度为26%，容积率38%，与红丰路交叉的人民大道横亘小区，将小区自然分为南北两区，此方案以南区为设计主体。

南区占桂花城总面积的三分之二，内部区域以会界地，分为组团式公寓区，和联幢式TOWNHOUSE住宅区及幼儿园，两区各有内环道路贯穿其中。

景观设计概念

现代人夜以继日的奔忙为的是为家人赢得更舒适，更可心的生活空间。临平桂花城的景观

设计概念以少有的对女性及幼儿关怀为设计主题，以多样的现代西方园林景观设计手法打造充满"温馨、柔美、自然"又不失气魄的暖意环境空间。

景观设计风格结构

桂花城南区的景观设计以北入口至会所景观轴线为主，各组团间景观节点为辅，结成连续性极强的景观设计框架。景观轴线水银倾泻般一气呵成的气魄中点缀柔美的景观节点，刚柔并济，不同植种为主题的特色园景增添自然生活气息。

整体设计结构表现为：一条景观轴线，二条环线观景带，十处自然生态景园。设计风格流畅，视觉通透，色彩丰富。

别具一格的欧洲风味
——华润重庆二十四城大型社区

项目位置：重庆
景观设计：普梵思洛（亚洲）景观规划设计事务所

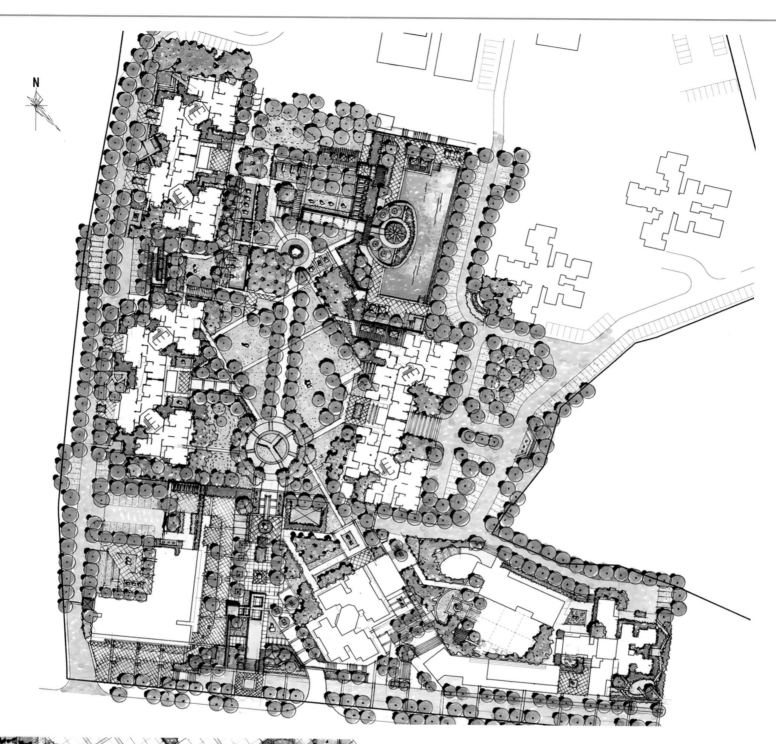

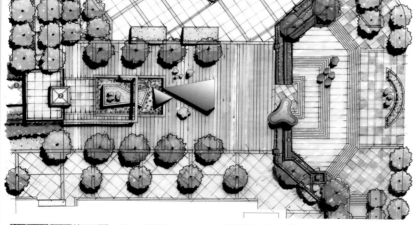

该项目位于重庆市九龙坡区谢家湾，原建设厂厂址。项目总占地1051.3亩，是一个拥有6万居住人口，集万象购物中心、国际酒店、顶级写字楼、滨江高尚住宅群于一体的城市中心大型居住区。项目交通极其便利，将成为未来重庆市"十"字主动脉交通的交叉点。项目自然资源丰富，拥有超过1000米的长江水岸线，紧靠长江重庆段最宽的水域。依托世界级住区的规划，华润二十四城将填补区域内缺乏超大规模高品质居住区的空白。在历史文化传承和保护方面，华润二十四城通过对地块内现有的人文、自然元素的归纳和整理，以现代技术和理念进行创新改造，通过保留、移植、叠加、重构，演绎五种方式，延续传统的城市风貌，使项目与周边的城市肌理和谐而又富有新意地共存，如部分烟囱、防空洞等创新利用的同时，通过重构和演绎方式实现历史文脉的传承。一期占地面积约为130亩，由11栋滨江高层住宅围合而成，总建筑面积约43万平方米，总户数3400户左右，由于紧靠长江重庆段最宽的水域，一期拥有最好的江景资源和36000平方米的超大中庭，景观优势相当明显。我们采用ART DECO的设计手法，结合机械美学，运用鲨鱼纹、斑马纹、曲折锯齿图形、阶梯图形、粗体与弯曲的曲线、放射状图样等等来装饰，形成这个设计的特色。商业街通过长条形的道路解决竖向高差，使整个商业街串联起来，在节点地方出现平台形式的商业广场，有装饰艺术的特色铺装，有一些情景雕塑，丰富了商业的氛围，增加了精神的场所，主入口与商业街连为一体，宽敞的入口，多彩的商业广场，大气的Art DECO形式保安亭，再结合一些城市构成艺术雕塑，形成别具一格的风味。主轴以生态树阵为主，过程中出现不同的节点形式，且轴线与各个宅间空间相连，互相渗透，让人在行走的过程中感受不一样的情趣。无边界泳池无疑是项目的一大特色，大人小孩可尽享其天伦之乐，景亭以庭院的形式出现，远眺、座谈、休闲等集于一体，使人享受到酒店式公寓的待遇，架空层以泛会所的空间形式串联起来，不管刮风下雨，使人都可以在其间进行各类休闲娱乐活动。

尊贵、典雅、浪漫的欧洲别墅社区
——置信·香颐丽都

项目位置：四川 成都
景观设计：奥雅设计集团
委托单位：成都置信实业（集团）有限公司

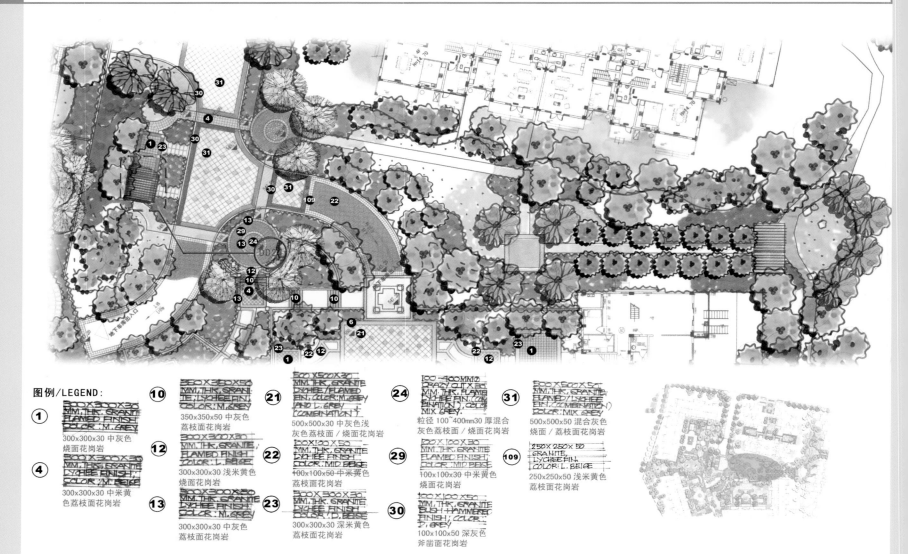

图例/LEGEND：

① 300X300X30 MM. THK. GRANITE FLAMED FINISH COLOR：M. GREY
300x300x30 中灰色 烧面花岗岩

④ 300X300X30 MM. THK. GRANITE FLAMED FINISH COLOR：M. BEIGE
300x300x30 中米黄色荔枝面花岗岩

⑩ 350X350X50 MM. THK. GRANITE LYCHEE FINISH COLOR：M. GREY
350x350x50 中灰色荔枝面花岗岩

⑫ 300X300X30 MM. THK. GRANITE FLAMED FINISH COLOR：L. BEIGE
300x300x30 浅米黄色烧面花岗岩

⑬ 300X300X30 MM. THK. GRANITE LYCHEE FINISH COLOR：M. GREY
300x300x30 中灰色荔枝面花岗岩

㉑ 500X500X30 MM. THK. GRANITE LYCHEE FIN. COLOR：M. GREY AND L. GREY (COMBINATION)
500x500x30 中灰色浅灰色荔枝面花岗岩/烧面花岗岩

㉒ 300X300X30 MM. THK. GRANITE FLAMED FINISH COLOR：MID BEIGE
300x300x30 浅米黄色烧面花岗岩

㉓ 500X300X30 MM. THK. GRANITE LYCHEE FINISH COLOR：D. BEIGE
300x300x30 深米黄色荔枝面花岗岩

㉔ 100~400MM THK. CRAZY CUT X30 MM. THK. FLAMED LYCHEE FIN. (COMBINATION) COLOR：MIX GREY
粒径100~400mm30 厚混合灰色荔枝面/烧面花岗岩

㉙ 100X100X30 MM. THK. GRANITE LYCHEE FINISH COLOR：MID BEIGE
100x100x30 中米黄色荔枝面花岗岩

㉚ 100X100X50 MM. THK. GRANITE BUSH+HAMMERED FINISH COLOR：D. GREY
100x100x50 深灰色斧凿面花岗岩

㉛ 500X500X50 MM. THK. GRANITE FLAMED/LYCHEE FIN. COLOR：MIX GREY
500x500x50 混合灰色烧面/荔枝面花岗岩

⑩⑨ 250X250X50 GRANITE LYCHEE FIN. COLOR：L. BEIGE
250x250x50 浅米黄色荔枝面花岗岩

奥雅设计师结合该项目的特征，营造出具有17、18世纪欧洲文艺复兴时期特点的别墅社区，彰显出尊贵、典雅、浪漫的品质，使之成为成都唯一一个纯正欧洲宫邸风格的高档别墅社区。

整个方案按沿河部分、叠拼部分、独栋部分和联排部分划分为四个板块，将相互渗透和对立的设计手法灵活运用，形成更多层次、更多理性、更多生态的景观空间。沿河部分以道路和节点广场为骨架，以明快的米黄色、桃红色、蔚蓝色为主调，配合部分热带植物，制造出轻松、浪漫的地中海氛围。叠拼部分以新古典主义方式为主，将更多的公共空间提供给住户，有效合理设计具文化底蕴的欧式雕塑和水景，各具特色又相互联系，营造出尊贵、典雅的景观空间。独栋部分以蜿蜒水系为中心布局，四周采用叠级的景观挡墙合理解决地形高差，轻松有序地加以处理形成前院、后院和亲水空间，联排部分公共活动空间的划分简单大方，融入独特的文艺复兴时期的景观细节，简约又不失精致，而后院部分则以小溪分割空间，保证私有空间的私密性和安全性。

如今，该项目已成为江安河上游的水岸宫邸，它以生活的复兴和文艺的复兴为本源，再现了华丽典雅的欧洲风格。

主入口方案-02

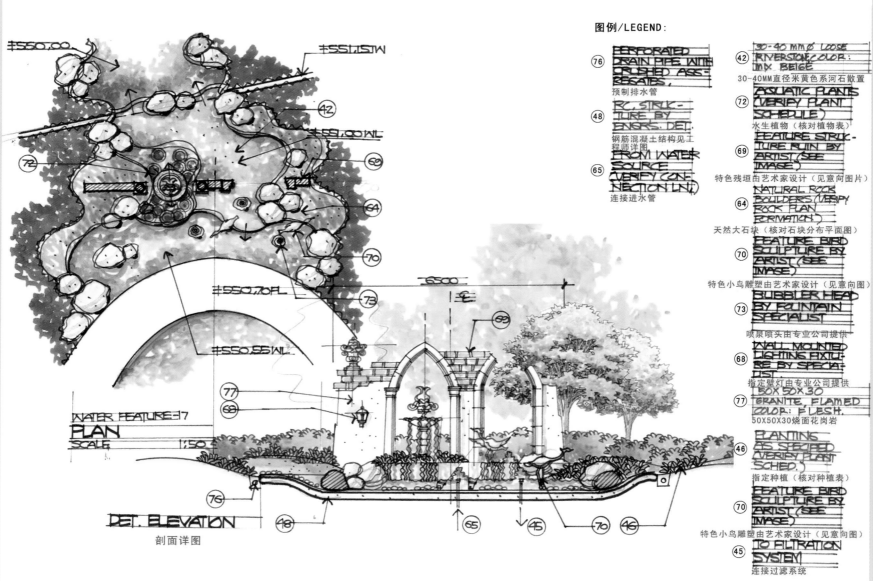

图例／LEGEND：

76 PERFORATED DRAIN PIPE WITH CRUSHED AGG. REBATES.
预制排水管

48 R.C. STRUC-TURE BY ENGRS. DET.
钢筋混凝土结构见工程师详图

65 FROM WATER SOURCE VERIFY CON-NECTION LN.)
连接进水管

42 30-40 MM Ø LOOSE RIVERSTONE COLOR: MIX BEIGE
30-40MM直径米黄色系河石散置

72 AQUATIC PLANTS (VERIFY PLANT SCHEDULE)
水生植物（核对植物表）

69 FEATURE STRUC-TURE RUIN BY ARTIST (SEE IMAGE)
特色残垣由艺术家设计（见意向图片）

64 NATURAL ROCK BOULDERS (VERIFY ROCK PLAN FORMATION)
天然大石块（核对石块分布平面图）

70 FEATURE BIRD SCULPTURE BY ARTIST (SEE IMAGE)
特色小鸟雕塑由艺术家设计（见意向图）

73 BUBBLER HEAD BY FOUNTAIN SPECIALIST
喷泉喷头由专业公司提供

68 WALL MOUNTED LIGHTING FIXTURE BY SPECIAL-IST
指定壁灯由专业公司提供

77 50X 50 X 30 GRANITE FLAMED COLOR: FLESH.
50X50X30烧面花岗岩

46 PLANTING AS SPECIFIED (VERIFY PLANT SCHED.)
指定种植（核对种植表）

70 FEATURE BIRD SCULPTURE BY ARTIST (SEE IMAGE.)
特色小鸟雕塑由艺术家设计（见意向图）

45 TO FILTRATION SYSTEM
连接过滤系统

WATER FEATURE 7
PLAN
SCALE 1:50

DET. ELEVATION
剖面详图

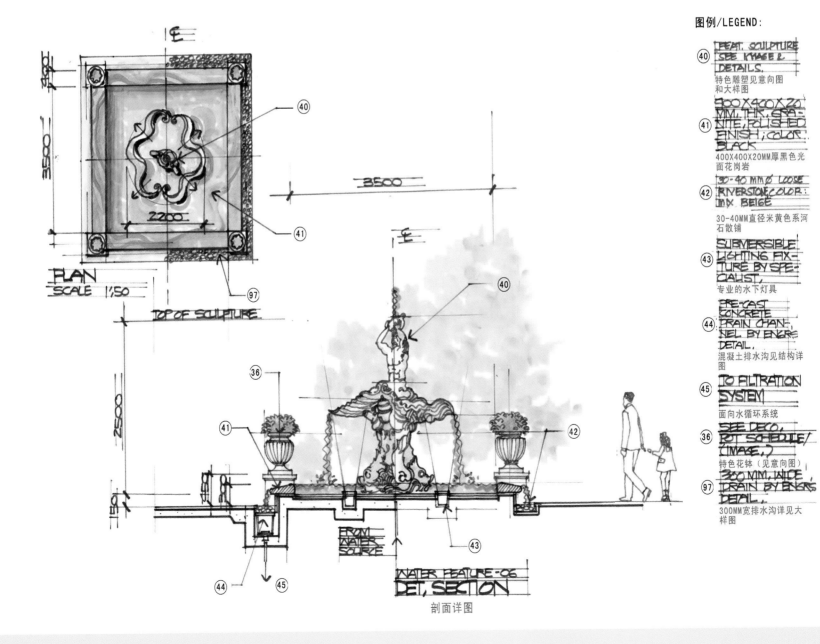

图例/LEGEND:

40 FEAT. SCULPTURE SEE KHASE 2 DETAILS.
特色雕塑见意向图和大样图

41 400 X 400 X 20 MM. THK. GRANITE; POLISHED FINISH; COLOR BLACK
400X400X20MM厚黑色光面花岗岩

42 30-40 MM Ø LOOSE RIVERSTONE; COLOR: MIX. BEIGE
30-40MM直径米黄色系河石散铺

43 SUBMERSIBLE LIGHTING FIXTURE BY SPECIALIST.
专业的水下灯具

44 PRECAST CONCRETE DRAIN CHANNEL BY ENGRS. DETAIL.
混凝土排水沟见结构详图

45 TO FILTRATION SYSTEM.
面向水循环系统

36 SEE DECO. POT SCHEDULE/ IMAGE.
特色花钵（见意向图）

97 300 MM. WIDE DRAIN BY ENGRS. DETAIL.
300MM宽排水沟详见大样图

PLAN
SCALE 1:50

TOP OF SCULPTURE

FROM WATER SOURCE

WATER FEATURE-06
DET. SECTION
剖面详图

尊贵、大气的欧式风情景观空间
——沭阳欧洲城

项目位置：江苏 宿迁
景观设计：禾泽都林设计机构

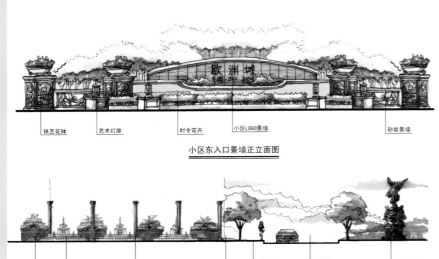

铁艺花钵　　艺术灯座　　时令花卉　　小区LOGO景墙　　砂岩景墙

小区东入口景墙正立面图

原形树池　　涌泉　　罗马柱廊　　球场　　1.5米人行道　　6米车行道　　金色人物雕塑

小区主入口剖面图

该项目位于沭阳县美好家园南侧，地块东临长安路，南至杭州西路，西至上海南路，北面为美好家园，地块占地约155.93亩（其中代征城市道路6.63亩）。地块现状为空地，地势平坦。本地块交通便利，地理位置优越，具有良好的区位优势。

设计理念：一心、一带、三入口、三组团。

一心：中心坡地花园

从主入口金色雕塑广场，菱形花草坪树池小广场，跌水景墙，喷泉水池到欧式圆亭，汇聚了经典欧式构筑，无不体现小区欧式风格的定位，每一个驻足点都互为对景，结合高差起伏的生态坡地，显得尊贵、大气。

一带：商业街一带（商业绿化带及停车位，酒店前景观跌水，农贸市场前广场）

1．小区东、南、西三面为商业街，为了交通需要，主要以硬质为主。

2．在普通商铺景观考虑停车位，绿化带每8个车位为一个，一带可停116辆车，中间留出步行通道。建筑一侧设计成品花箱和广告灯柱。

3．酒店前景观考虑设计一个跌水景墙水池，水池背景以自然草坡连接。

三入口：南主入口、北次入口、东次入口

南主入口：商业街入口考虑人流车流，主要以欧式拼花铺地为主，入口连接广场的道路，设计动感的喷泉水池花坛，也是作为中心景观跌水的呼应，连接东西车行道的是直径30米的金色雕塑广场，也是整个小区最标志性的雕塑所在地，雕塑为金色，高约5米左右。

北次入口：入口宽7米的车行道，两边对称树阵，一个直径8米的花池作为交通枢纽，四季可种植时令花卉和点缀一些小品。花池的背景是一组对称的雕塑矮凳景墙，凸显出欧洲的文化底蕴。

东次入口：也是商业出入口，在前端设置一个两层的花池，配以花钵、植物，经过有系列感的树池，陶罐流水景墙，夜晚景墙可以提供适当的照明，潺潺流水，也给回家的人带来亲切的感觉。往里走，是一个特色铺装广场，背景为一个标志景墙。黄色系砂岩，花钵和各色植物搭配使景墙十分的显眼，成为小区的入口对景。

三组团：雅典花园、马赛花园、罗马花园

小区内部组团按照道路和中心景观的分隔，形成三个均匀的组团。为了从整体上体现欧洲城独特的异国风情，把三个区域分别用欧洲著名的城市命名，从组团设计上充分体现各个区域的特色，使组团也充满个性。道路以西区块为雅典花园；中心景观以西，道路以东区块为马赛花园；中心景观以东为罗马花园。

图例

雅典花园-神秘、圣洁
马赛花园-法式浪漫
罗马花园-尊贵、奢华

小区植物配置以自然式与规则式相结合，乔灌木高低错落有致搭配。通过空间疏密的变化，植物丰富的季相变化、不同的活动空间营造丰富多变的植物群落空间，中轴以规则式种植为主，两侧组团较大的绿化区域以自然式的配置手法来表现，展现尊贵大气同时又能表现欧式风格的浪漫与奢华。

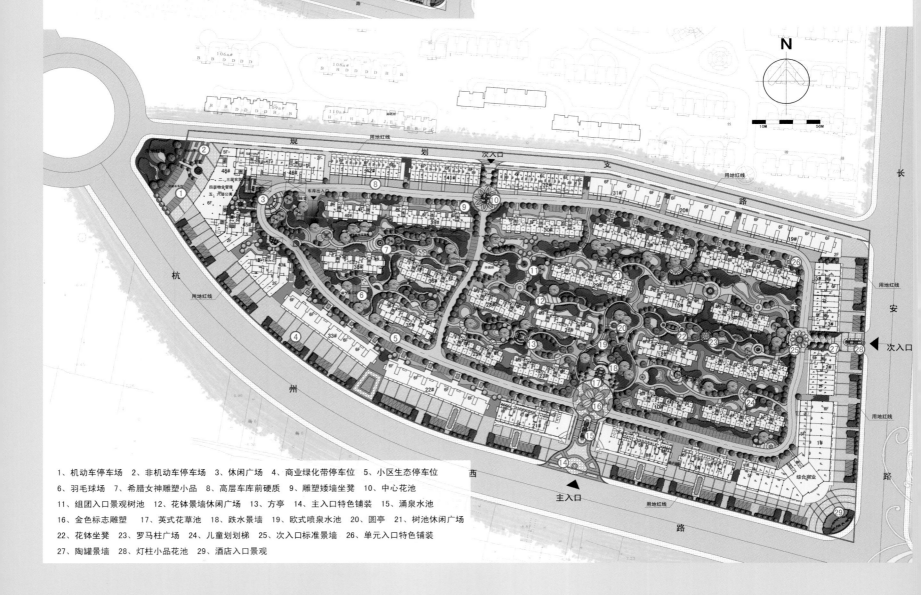

1、机动车停车场　2、非机动车停车场　3、休闲广场　4、商业绿化带停车位　5、小区生态停车位
6、羽毛球场　7、希腊女神雕塑小品　8、高层车库前硬质　9、雕塑矮墙坐凳　10、中心花池
11、组团入口景观树池　12、花钵景墙休闲广场　13、方亭　14、主入口特色铺装　15、涌泉水池
16、金色标志雕塑　17、英式花草池　18、跌水景墙　19、欧式喷泉水池　20、圆亭　21、树池休闲广场
22、花钵坐凳　23、罗马柱广场　24、儿童划滑梯　25、次入口标准景墙　26、单元入口特色铺装
27、陶罐景墙　28、灯柱小品花池　29、酒店入口景观

| 铁艺花钵 | 树池 | 小灌木池 | 草坡 | 罗马柱小广场 | 草坡 |

罗马花园立面图一

| 成品花钵 | 花池景墙 | 休息伞架 |

罗马花园立面图二

洋溢着绅士风度的英伦小镇
——无锡奥林匹克花园景观设计

项目位置：江苏 无锡
景观设计：奥雅设计集团
委托单位：无锡生命置业有限公司

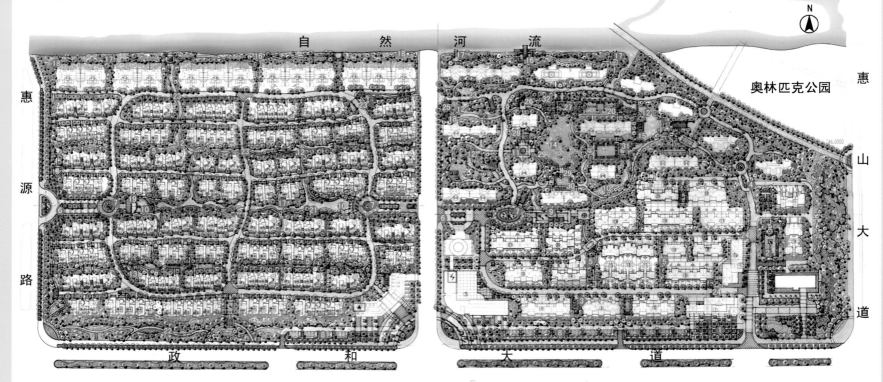

LENGEND 注释：

1. COMMERCIAL PLAZA 商业广场
2. SUNKEN GARDEN 下沉花园
3. POCKET GARDENS 小花园
4. VEHICULAR NODE WITH FEATURE SCULPTURE 有特色雕塑车行节点
5. NEIGHBORHOOD GARDEN LINKAGE 相邻花园联接
6. ENTRY WITH GUARDHOUSE 岗亭入口
7. ENTRY WATER FEATURE 入口水景
8. PROPOSED CARPARK 建议停车场

9. GRAND CANAL 大河渠
10. NATURE LAKE 天然湖
11. PAVING PLAZA 铺装小广场
12. MEANDERING STREAM 蜿蜒的河流
13. KID'S PLAY AREA 儿童游乐区
14. SUNSHINE LAWN 阳光草坪
15. WATERSIDE PLATFORM 亲水平台
16. FEATURE PAVILION 特色景亭

17. VIEWING DECK 观景平台
18. LEISURE TIMBER DECK 休闲木平台
19. FEATURE SHED STRUCTURE 特色构架
20. CLASSICAL COURT 古典庭院
21. WATER PAVILION 水景亭
22. GREEN BELT PARK 绿化带公园
23. BRIDGE 景观桥
24. CONTROL POINT 控制点

25. ENTRY GUARD HOUSE 入口岗亭
26. SEATING COURT 休憩庭院
27. SULPTURE COURT 雕塑庭院
28. FEATURE SULPTURE 特色雕塑
29. BRITISH STYLE PAVILION 英式景亭
30. STEPPING STONE WITH GRASS 嵌草汀步
31. WATERSIDE COURT 临水庭院
32. PROMENADE TRAIL 散步小径

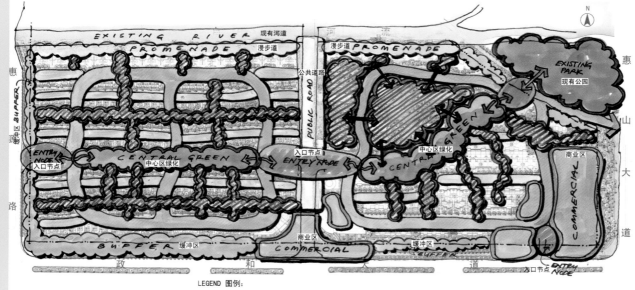

LEGEND 图例：
- NEIGHBORHOOD GARDEN 邻里花园
- MAIN ROAD STREETSCAPE 主干道街景
- NEIGHBORHOOD STREETSCAPE 邻里街道景观

该项目以英式风情格为主线展开设计。主入口的商业街将形成洋溢着绅士风度的英伦小镇，小镇的商业氛围，店面装饰，广场铺装形式及小品淋漓尽致地反映英式气质。

在内街和公园的入口之间设置三个英式系列园，以轴线和点景构筑物形成富有韵律感的视线和步径系统的连接。

其中主园（英式婚礼园）以英式皇家造园的手法展开，由主轴和次轴交错形成。白色英式圆亭位于主轴线上与反映奥运主题的人体健美雕塑遥相呼应，下沉的草坪上有小水池和柱状喷水。花园的次轴以英式皇家喜爱的马球运动雕塑点景，背景是"小白宫"和六合院的私家花园围墙。与英式婚礼园隔路相望的是英式秋千构筑，构筑上的玫瑰花藤增加了花园的浪漫色彩，园中花池的中央设有小水钵，用来吸引鸟类前来喝水和洗澡。花园的边缘以五连排的墙面为衬托，有小天使雕塑和白色的英式木椅。在"高尔夫击球者"英式雕塑的引领下，来到英式花卉园，几何图纹构成的草坪是花园的中央部分。周边的四个角植有烘托

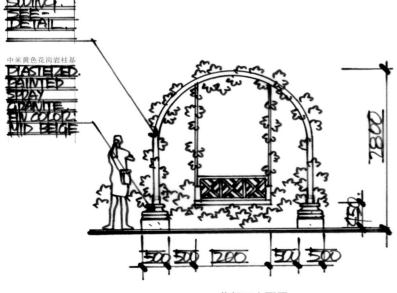

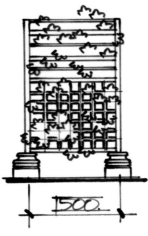

英式对称式花园的高大桂花树，其中数个高脚花钵点缀花园的边角。

一期英式风情联排别墅区在配合前期规划的私家院墙和通往入户前庭的空间处理上，采用精致的英式风格院墙，选择高大优雅的乔木树种，附有英式修剪植物及英式花钵。围墙和入口岗亭的设置将保证该区的私密性和安全性。道路铺装将选择英式风情浓郁的图纹和陶土砖材料。在片状种植空间里点缀小品和雕塑。通往小区中轴线的公共空间将采用林荫小径的处理手法。

二．四期联排别墅区风格与一期基本相同，不同的是本期中央水带空间丰富，主景空间设在两个主要入口处。滨河绿色通廊与五期高层的滨水通廊构成滨河绿带休闲空间。

三期高层区拥有较为宽阔的景观绿地花园系统，面对奥林匹克花园的次入口将与三期的入口形成主轴线景观带。数个风情绅士花园围绕中央游泳池（中央草坪）布置，并以视线轴遥相呼应，将会是奥林匹克花园小区的主要活动空间。

花架正立面图 花架侧立面图

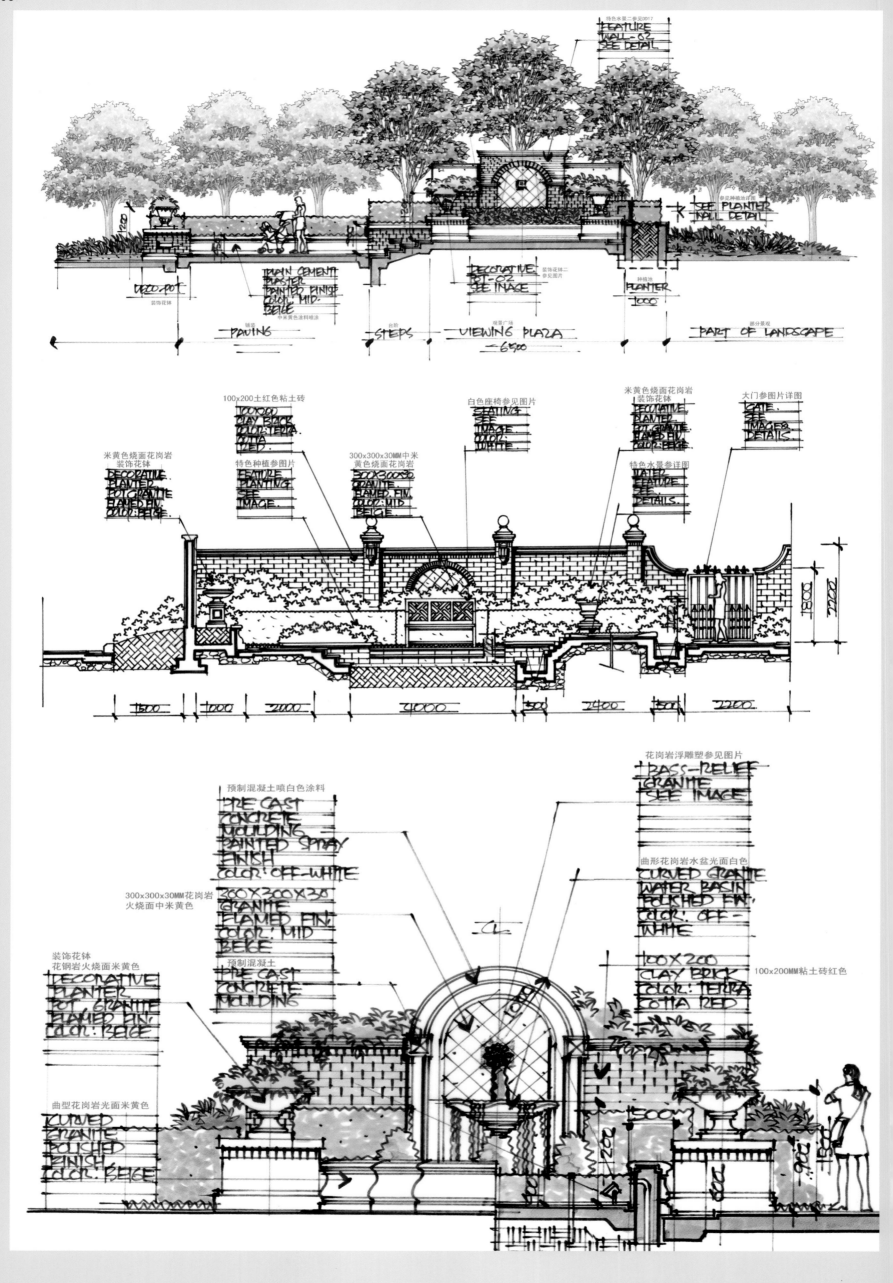

PAVING · STEPS · VIEWING PLAZA · PART OF LANDSCAPE
-6500

PLAIN CEMENT PLASTER PAINTED FINISH COLOR: MID-BEIGE
DECORATIVE POT-02 SEE IMAGE
FEATURE WALL-02 SEE DETAIL
SEE PLANTER WALL DETAIL
PLANTER 7000
DECO POT

100x200土红色粘土砖
100x200 CLAY BLOCK COLOR: TERRA COTTA
白色座椅参见图片
SEATING SEE IMAGE COLOR: WHITE
米黄色烧面花岗岩 装饰花钵
DECORATIVE PLANTER POT GRANITE FLAMED FIN. COLOR: BEIGE
大门参图片详图
GATE SEE IMAGE & DETAILS.
米黄色烧面花岗岩 装饰花钵
DECORATIVE PLANTER POT GRANITE FLAMED FIN. COLOR: BEIGE
特色种植参见图片
FEATURE PLANTING SEE IMAGE.
300x300x30MM中米黄色烧面花岗岩
300x300x30 GRANITE FLAMED FIN. COLOR: MID BEIGE
特色水景参详图
WATER FEATURE SEE DETAILS.

1500 · 1000 · 2000 · 4000 · 500 · 2400 · 1500 · 2200

预制混凝土喷白色涂料
PRE CAST CONCRETE MOULDING PAINTED SPRAY FINISH COLOR: OFF-WHITE
花岗岩浮雕塑参见图片
BASS-RELIEF GRANITE SEE IMAGE
300x300x30MM花岗岩 火烧面中米黄色
300x300x30 GRANITE FLAMED FIN. COLOR: MID BEIGE
曲形花岗岩水盆光面白色
CURVED GRANITE WATER BASIN POLISHED FIN. COLOR: OFF-WHITE
装饰花钵 花钢岩火烧面米黄色
DECORATIVE PLANTER POT GRANITE FLAMED FIN. COLOR: BEIGE
预制混凝土
PRE CAST CONCRETE MOULDING
100x200 CLAY BRICK COLOR: TERRA COTTA RED
100x200MM粘土砖红色
曲型花岗岩光面米黄色
CURVED GRANITE POLISHED FINISH COLOR: BEIGE

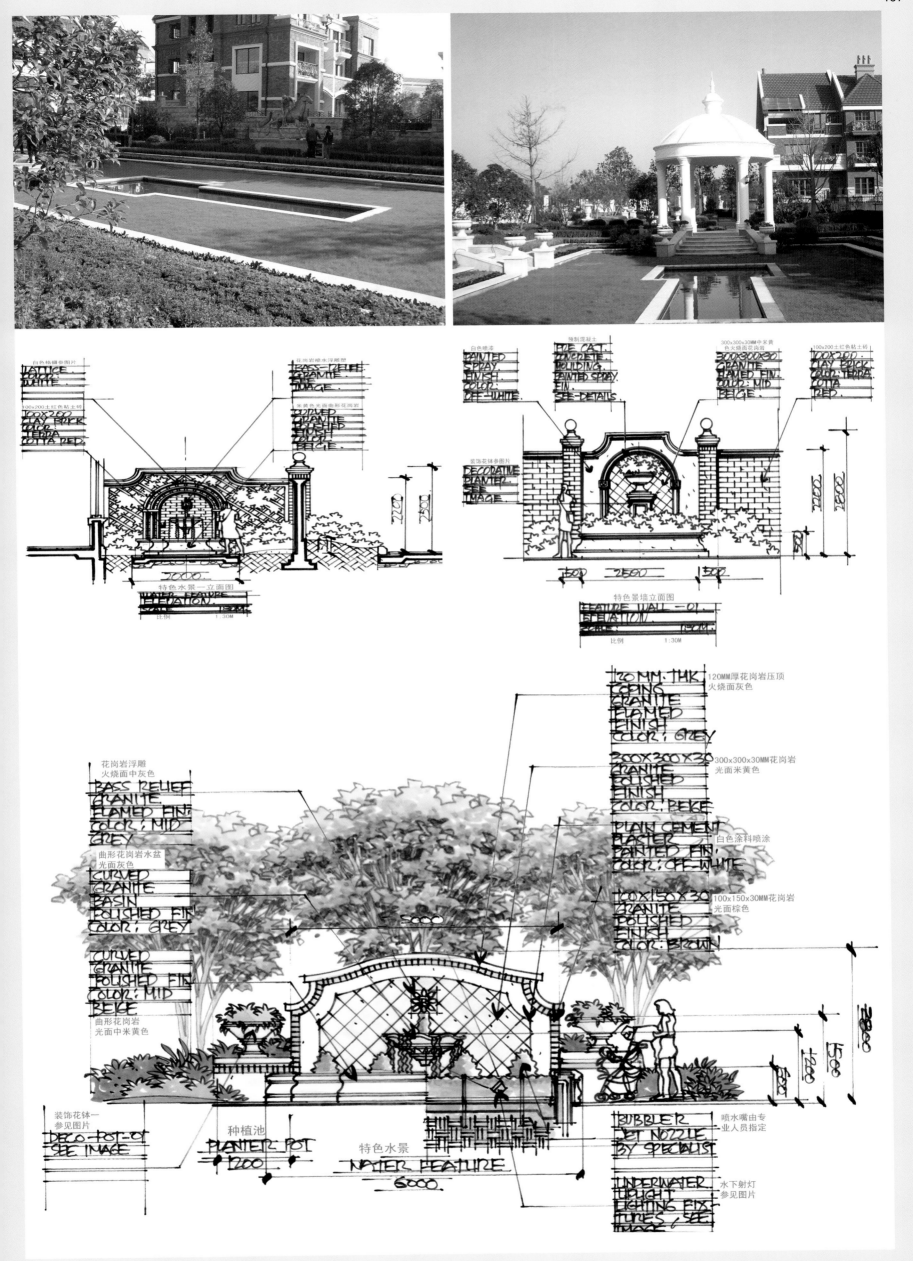

白色格栅参见图片
LATTICE COLOR: WHITE.

花岗岩喷水浮雕塑
BASS-RELIEF GRANITE IMAGE

100x200土红色粘土砖
100x200 CLAY BRICK COLOR: TERRA COTTA RED.

米黄色光面曲形花岗岩
CURVED GRANITE POLISHED FIN: COLOR: BEIGE.

特色水景一立面图
WATER FEATURE ELEVATION. SCALE 比例 1:30M

白色喷漆
PAINTED SPRAY FINISH. COLOR: OFF-WHITE.

预制混凝土
PRE CAST CONCRETE BUILDING. PAINTED SPRAY FIN: SEE DETAILS

300x300x30MM中米黄色火烧面花岗岩
300x300x30 GRANITE FLAMED FIN: COLOR: MID BEIGE.

100x200土红色粘土砖
100x200 CLAY BRICK COLOR: TERRA COTTA RED.

装饰花钵参见图片
DECORATIVE PLANTER SEE IMAGE

特色景墙立面图
FEATURE WALL-01. ELEVATION. SCALE 比例 1:30M

花岗岩浮雕火烧面中灰色
BASS RELIEF GRANITE FLAMED FIN: COLOR: MID GREY

曲形花岗岩水盆光面灰色
CURVED GRANITE BASIN POLISHED FIN: COLOR: GREY

CURVED GRANITE POLISHED FIN: COLOR: MID BEIGE

曲形花岗岩光面中米黄色

120MM厚花岗岩压顶火烧面灰色
120 MM. THK COPING GRANITE FLAMED FINISH COLOR: GREY

300x300x30MM花岗岩光面米黄色
300x300x30 GRANITE POLISHED FINISH COLOR: BEIGE

白色涂料喷涂
PLAIN CEMENT PLASTER PAINTED FIN: COLOR: OFF-WHITE

100x150x30MM花岗岩光面棕色
100x150x30 GRANITE POLISHED FINISH COLOR: BROWN

装饰花钵一参见图片
DECO POT-01 SEE IMAGE

种植池
PLANTER POT 1200

特色水景
WATER FEATURE 6000

喷水嘴由专业人员指定
BUBBLER JET NOZZLE BY SPECIALIST

水下射灯参见图片
UNDERWATER UPLIGHT LIGHTING FIXTURES SEE IMAGE

英式风情再现的自明性生活空间
——上海奉贤绿地南桥新苑

项目位置：上海

景观设计：老圃（上海）景观建筑工程咨询有限公司

该项目面积约359 400平方米，再现上海里弄生活记忆，透过环境教育，提升居民人文素养，强化生活空间自明性，提升居民归属感。

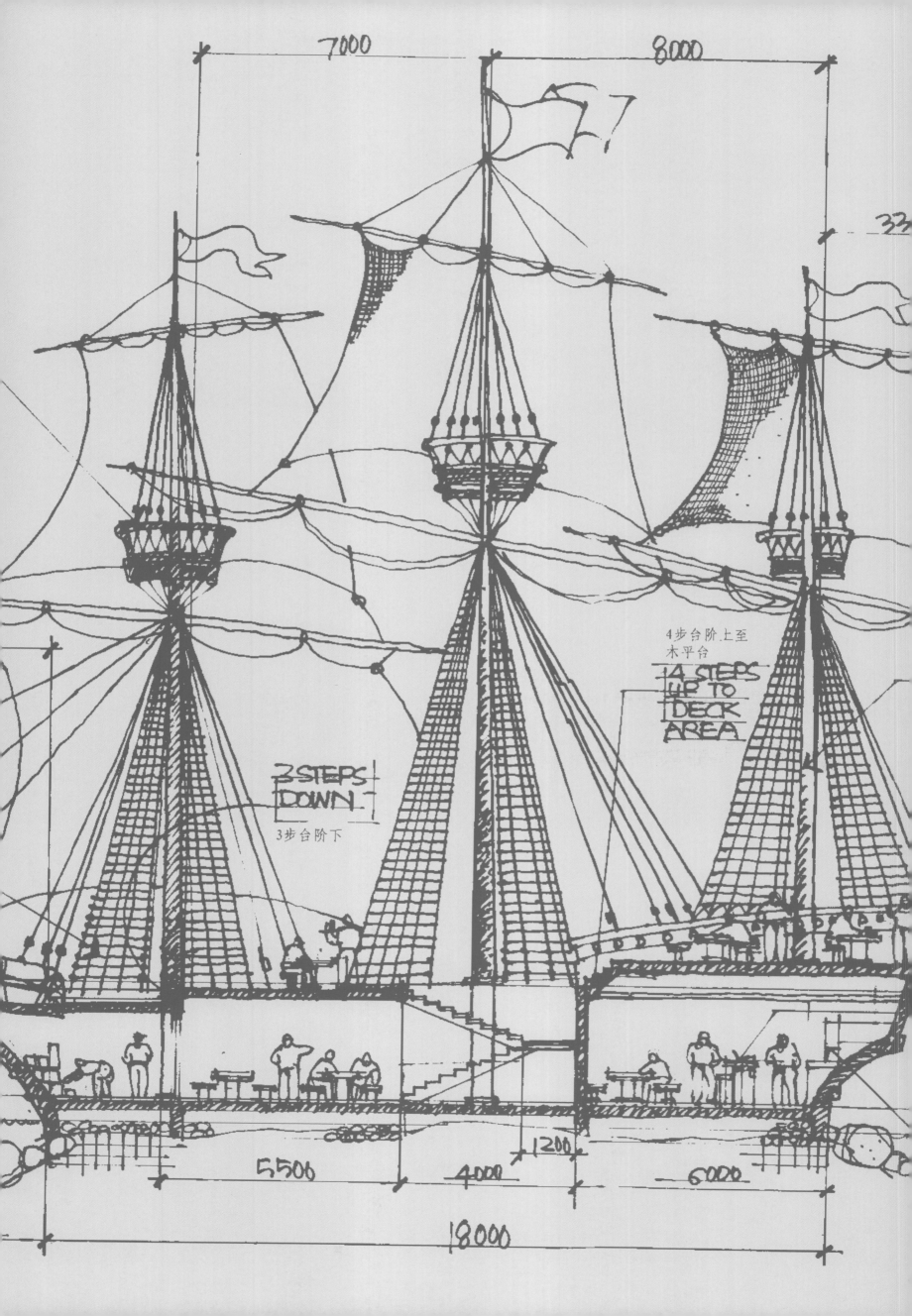

7000

8000

33

3 STEPS
DOWN

3步台阶下

4步台阶上至
木平台

4 STEPS
UP TO
DECK
AREA

5500

4000

1200

6000

18000

东南亚风格
Southeast-Asian Style

风格特征：还原最自然的风情，充分运用当地材料，就如植物、桌椅、石材等都取材当地，强调简谱、舒适的度假风情。婀娜多姿的热带植物，讲究植物的多种形态，表达手法非常人性化，有四季花常开，眼花缭乱的效果。东南亚风格对建筑材料的运用也很有代表性，如黄木纹理、青石板、鹅卵石、麻石等，很接近真正的大自然。它继承自然、健康和休闲的特质，大到空间打造，小到细节装饰，都体现了对自然的尊重，和对手工艺制作的崇尚。主要以宗教色彩浓郁的神色系为主，如深棕色、黑色、褐色、金色等，令人感觉沉稳大气，同时还有鲜艳的陶红和庙黄色等。另外受到西式设计风格影响后浅色系也比较常见，如珍珠色，奶白色等。

风格演变：早期的东南亚风格太过阴柔、妩媚，甚至充满着纸醉金迷的奢靡气息，又不怎么实用，极少有人愿意完全按照这种风格来装饰，但是随着生活在积累中沉淀，东南亚风格也摒弃了一些浮华，把耐看的经典元素沉淀下来，逐渐发展出如今的"新东南亚风"，或者可以称之为"经典东南亚风"。

东南亚经典风格介绍：

泰式风情

风格特征：形成于东南亚风情度假酒店基础之上，具相当高的环境品质，空间富于变化，植被茂密丰富，水景穿插其中，小品精致生动，廊亭较多且体量较大，具有显著特征。

一般元素：多层屋顶、高耸的塔尖，用木雕、金箔、瓷器、彩色玻璃、珍珠等镶嵌装饰，宗教题材雕塑、职务题材的花器、泰式凉亭、茂盛的热带植物。

特　　点：由于泰国是北方文化和南方文化接轨碰撞的地区，因此泰式风格既有南方的清秀、典雅，又有北方的雄浑、简朴。既有北方居民喜欢私密的格局，又有南方宅第活泼的艺术风格，豪华的皇家园林风格、瑞象金壁与水榭曲廊相谐成趣，古木奇石同亭台楼阁常入其景。

巴厘岛风情

风格特征：形成于东南亚风情度假基础之上，具相当高环境品质，空间富于变化、植被茂密丰富，水景穿插其中，小品精致生动，廊亭较多，具有显著热带滨海风情度假特征，相对泰式来说，巴厘岛风格更显自然、朴素及轻松随意。

一般元素：花园水景、游泳池、瀑布、喷泉，还有大大小小的百合花池、莲花池、气势宏大的无边水池。雕塑花园，种有莲花或百合的水院，或以种植花卉为主的花园、巴里亭阁，莲花池畔的亭阁、茅草屋顶、木材、大量热带植物以椰子树为主。

特　　点：传统建议形式与现代观念的空间组织。在外部空间组织上，集中表现为杆栏式建筑和院落式建筑的组织方式。利用水院来组织建筑，各个功能房间以百合花池、莲花池隔开，铺着木地板的连廊如桥一般将它们连接起来。独特、浪漫的建筑元素——巴里亭。简单的茅草屋顶遮盖着一个方形的木平台，这种形如帐篷的亭是巴厘岛古老的传统建筑。它是全开敞的，非常适合炎热的热带气候，人们聚集在这里聊天、纳凉甚至睡觉。

东南亚风格常见元素表现：

1.热带乔木　以大型的棕榈树及攀藤植物效果最佳。在东南亚热带园林中，绿色植物也是突显热带风情关键的一笔，尤其以热带大型的棕榈树及攀藤植物效果最佳，目前最常见的热带乔木还有椰子树、绿萝、铁树、橡皮树、鱼尾葵、菠萝蜜等等，其形态极富热带风情，是设计师常用来营造东南亚热带园林的"必备"品。

2.人造泳池、人造沙滩　在泳池底部铺上天蓝色的瓷砖，往往能营造热带海洋的感觉。人造沙滩大多设在游泳池旁边，面积大小跟泳池成正比，几平方米左右的小沙滩也能找出休闲的意味，可以摆上两张休闲椅、撑一把太阳伞，是闲暇时晒晒太阳、聊聊天的绝好场所，也是最能体现热带风情的"道具"。

3.纳凉亭　在东南亚热带园林中，比较常见的一些茅草篷屋或原木的小亭台，大都为了休闲、纳凉所用，既美观又实用，而且在建造上并不复杂，因此也被广州的一些楼盘或家庭所接受。如果不做纳凉亭，也可以用一方原

木平台代替，然后选择一套休闲桌椅，一家人在原木平台上闲聊也是很惬意的事。当然，平台旁最好有高低错落的植物陪衬，才更有情趣。

4.园林小径　目前在花园里设计一条原木或鹅卵石的小道比较多见。如果采用原木，最好跟纳凉亭或平台的材质一致，也可以原木与鹅卵石结合，以突出东南亚的自然、质朴为原则。

5.特色装饰　庭院中适当点缀富有宗教特色的雕塑和手工艺品。

东南亚风格与其他元素的融合：

在东南亚风格之中适当加入一些岭南园林元素，如天然的黄蜡石、英石等等，散落于植物根部或原木小道的两侧，更具本土化的热带风情。由于东南亚国家在历史上多受到西方社会的影响，而其本身又凝结着浓郁的东方文化色彩，因此所呈现出来的样貌也往往具有将各种风格浑融于一体之妙。并因其注重细节，喜欢通过对比达到强烈效果的特点，特别适合于作为一种元素混搭在整体环境里，或者作为一种风格基调而将其他元素统一于其中。无论是应对中式或欧式，简约还是古典，都能游刃有余。比如东南亚风格的许多景观小品的材质都是很朴实的，但是善于使用各种色彩，其绚烂与华丽全靠软景来体现，总体效果看起来层次分明、有主有次，搭配得非常合适。因此，把住了它的精髓，要营造东南亚格调的居住环境。某些东南亚传统小品具有非常强烈的性格，往往一件就能为整个空间定性：比方一尊泰国镀金小佛像，引入的瞬间便使整个空间改变了格调。而有时候在一个看似典型东南亚风的空间里，所运用的却只是些非典型元素。而有时候在一个看似典型东南亚风的空间里，所运用的却只是些非典型元素：欧式乡村味道的家具或者中式手绘风格的饰品，此时所依靠的便是以色彩、植物、灯光等各种元素营造起来的整体氛围了。这种氛围，正是东南亚风的精髓所在，代表着一种气息、一种味道、一种引人遐思的生活格调。

感悟香堤雅境神秘魅力的泰式设计
——万科深圳金域蓝湾三期

项目位置：广东 深圳
景观设计：SED新西林景观国际

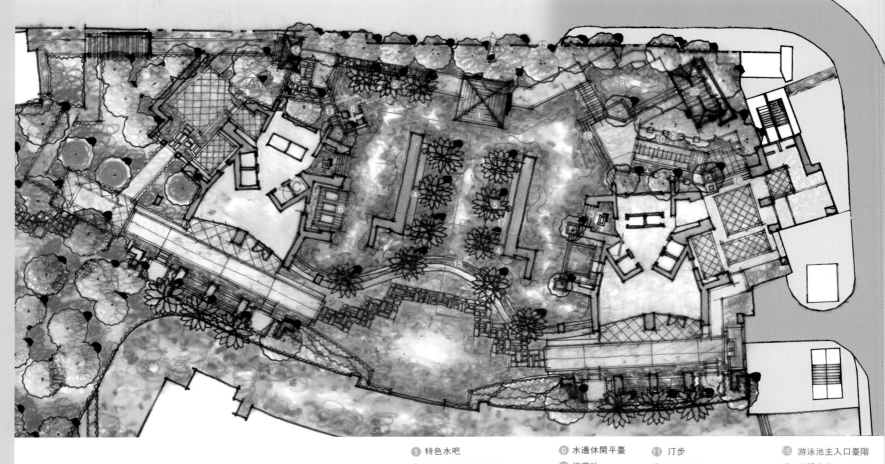

① 特色水吧　⑥ 水边休闲平台　⑪ 汀步　⑯ 游泳池主入口臺階
② 主入口特色噴水景牆　⑦ 按摩池　⑫ 嵌草場地　⑰ 休閑水床
③ 跌水景觀　⑧ 景觀柱　⑬ 特色景牆　⑱ 水中臺階
④ 水中花鉢　⑨ 消毒池　⑭ 泳池景觀次入口　⑲ 兒童泳池
⑤ 水中樹池　⑩ 特色雕塑　⑮ 無邊界泳池　⑳ 保留原設計景觀亭

① 200x400x100光面銹石壓頂
② 100x50x60墻面銹石壓頂
③ 150x300x20板岩黃木紋
④ 100x50x60墻面銹石
⑤ 200x400x20光面銹石壓頂
⑥ 特色種植池
⑦ 景牆（貼有青銅浮雕）
⑧ 青銅浮雕

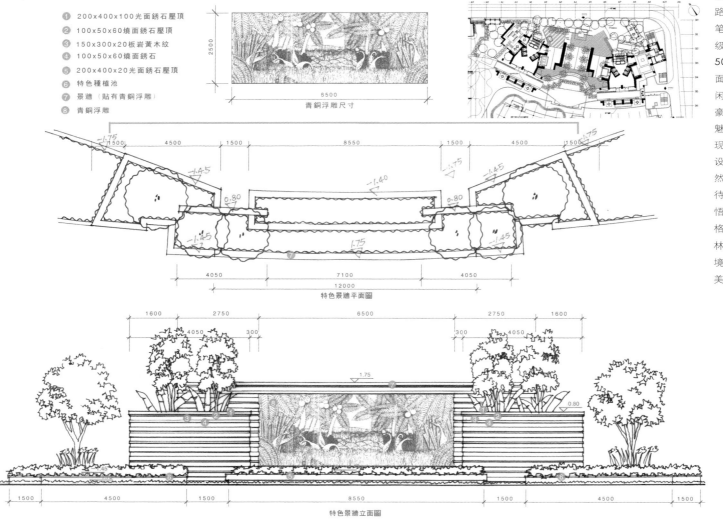

该项目位于深圳市福田区福荣路北侧，是深圳金域蓝湾收笔之作，独拥368公顷"国家级自然保护区"红树林海景和500米海岸线海景，是一个全面创新、高科技含量、度假休闲风格、国际水准的高尚滨海豪宅社区。感悟香堤雅境神秘魅力的泰式设计风格，完美实现生态空间的再创造，在景观设计上体现文化认同，完成自然生态和古老文明的回归和期待，融入对东方文化的深刻体悟，演绎成饱满纯粹的泰式风格，并加入许多含蓄的中式园林元素，成为一个东方优雅意境和西方优质设施及服务的完美结合体。

青銅浮雕尺寸

特色景牆平面圖

特色景牆立面圖

① 噴水雕塑
② 陶磚貼面
③ 動物雕塑
④ 消毒池
⑤ 入口特色景牆
⑥ 種植池
⑦ 休息坐凳

① 噴水雕塑
② 400x400x20米白色砂岩貼面
③ 藝術陶罐
④ 鐵藝花窗
⑤ 300x15x20石材壓頂　同水庭鋪裝

⑥ 旅人蕉
⑦ 幼兒園入口喬木種植
⑧ 圍牆詳見三期圍牆施工圖
⑨ 3厚編織種植機
⑩ 2-4雜色鵝卵石

① 調羹花
② 200x200x20黃木紋貼面
③ 萬科公司logo
④ 杏籬
⑤ 森林綠屋頂按型加工
⑥ 雜色河卵石橋鋪

噴水雕塑立面

以现代设计手法恢复自然的现代生活休闲社区
——南京世茂外滩滨江新城

项目位置：江苏 南京
景观设计：奥雅设计集团
委托单位：福建世茂投资发展有限公司

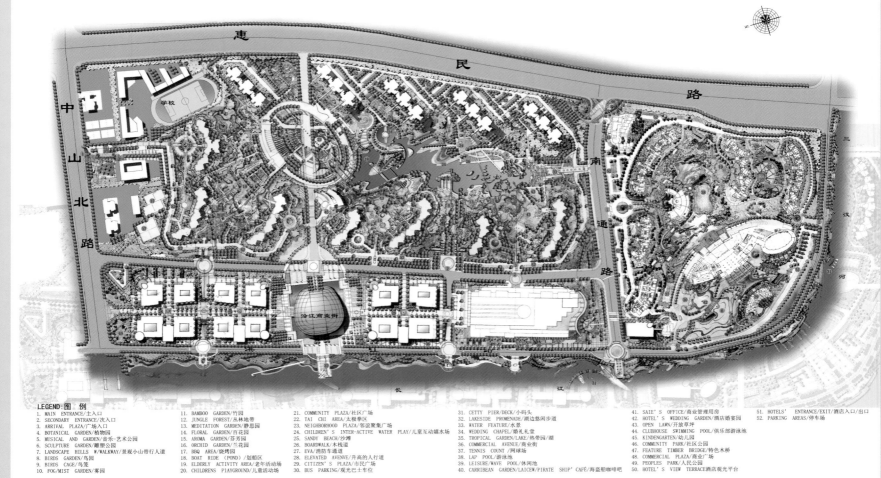

LEGEND：图 例
1. MAIN ENTRANCE/主入口
2. SECONDARY ENTRANCE/次入口
3. ARRIVAL PLAZA/广场入口
4. BOTANICAL GARDEN/植物园
5. MUSICAL AND GARDEN/音乐-艺术公园
6. SCULPTURE GARDEN/雕塑公园
7. LANDSCAPE HILLS W/WALKWAY/景观小山带行人道
8. BIRDS GARDEN/鸟园
9. BIRDS CAGE/鸟笼
10. FOG/MIST GARDEN/雾园
11. BAMBOO GARDEN/竹园
12. JUNGLE FOREST/丛林地带
13. MEDITATION GARDEN/静思园
14. FLORAL GARDEN/百花园
15. AROMA GARDEN/芬芳园
16. ORCHID GARDEN/兰花园
17. BBQ AREA/烧烤园
18. BOAT RIDE (POND) /划船区
19. ELDERLY ACTIVITY AREA/老年活动场
20. CHILDRENS PLAYGROUND/儿童活动场
21. COMMUNITY PLAZA/社区广场
22. TAI CHI AREA/太极拳区
23. NEIGHBORHOOD PLAZA/邻里聚集广场
24. CHILDREN'S INTER-ACTIVE WATER PLAY/儿童互动嬉水场
25. SANDY BEACH/沙滩
26. BOARDWALK/木栈道
27. EVA/消防车通道
28. ELEVATED AVENVE/升高的人行道
29. CITIZEN'S PLAZA/市民广场
30. BUS PARKING/观光巴士车位
31. CETTY PIER/DECK/小码头
32. LAKESIDE PROMENADE/湖边悠闲步道
33. WATER FEATURE/水景
34. WEDDING CHAPEL/婚礼教堂
35. TROPICAL GARDEN/LAKE/热带园/湖
36. COMMERCIAL AVENUE/商业街
37. TENNIS COUNT/网球场
38. LAP POOL/游泳池
39. LEISURE/WAVE POOL/休闲池
40. CARRIBEAN GARDEN/LAICEW/PIRATE SHIP' CAFÉ/海盗船咖啡吧
41. SAIE'S OFFICE/商业管理用房
42. HOTEL'S WEDDING GARDEN/酒店婚礼园
43. OPEN LAWN/开放草坪
44. CLUBHOUSE SWIMMING POOL/俱乐部游泳池
45. KINDENGARTEN/幼儿园
46. COMMUNITY PARK/社区公园
47. FEATURE TIMBER BRIDGE/特色木桥
48. COMMERCIAL PLAZA/商业广场
49. PEOPLES PARK/人民公园
50. HOTEL'S VIEW TERRACE/酒店观光平台
51. HOTELS' ENTRANCE/EXIT/酒店入口/出口
52. PARKING AREAS/停车场

该项目位于南京市下关区滨江带，两面临水，西侧隔滨江大道与长江相邻，南侧为秦淮河与长江的交叉口。奥雅公司在充分研究本案的特殊地理、人文条件之后，结合本案的总体规划及建筑设计，从文脉和地脉出发，引入国际化的生活理念，提出了适合于居住、旅游、休闲及商务等社会活动，并承载与南京文化古城相契合的富有人文气息的现代生活的休闲社区，体现出人性化的关爱、亲切感，自然的身心感受和返璞归真的设计理念。

在公共区域的设计中我们充分利用江堤两侧，用现代设计手法，以恢复自然堤岸为设计主导，在滨江自然环境的再造中增加观赏性，纪念性和参与性，作为南京外滩的景观依托和突破口，结合游艇码头、沙滩、亲水平台、休闲步道、户外剧场，建成融景观、生态、休闲、健身、娱乐为一体的综合性滨水带。

组织出丰富的步行流线和停留空间。在山水之间，塑造可停、可行、可留、可望、可思、可叹，融合历史又张扬现代，既可参观又能参与的公共空间。

奥雅在整体的环境设计中也体现出自然通风、自然采光、雨水收集等环境保护和可持续发展的理念，充分地考虑了广场、街道与建筑、滨江带的延续和结合，通过空间的组织，融合长江、秦淮河的独特风光，打造了独具魅力的国际水岸生活模式。

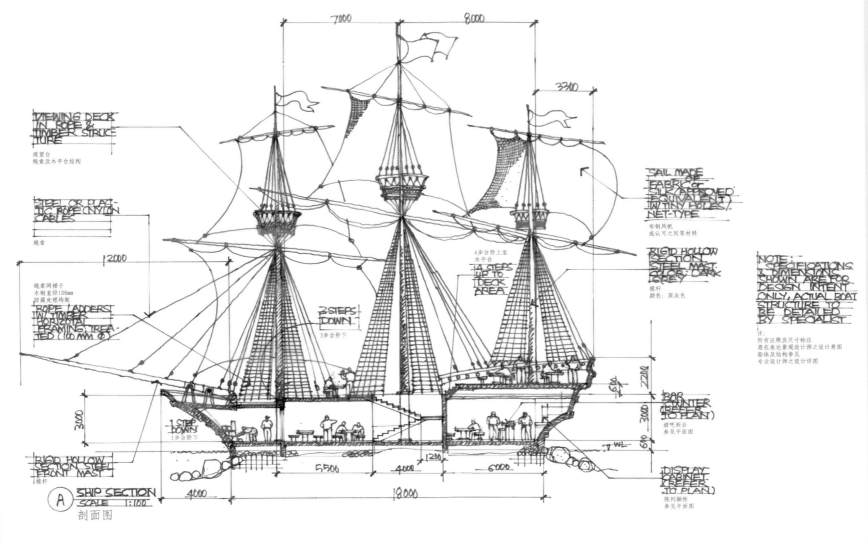

VIEWING DECK IN ROPE & TIMBER STRUCTURE
观望台
绳索及木平台结构

STEEL OR PLASTIC ROPE (NYLON) CABLES
绳索

ROPE LADDERS (IN TIMBER) OR APPROVED BEARING TREATED (100 MM Ø)
绳索网梯于
木制直径100mm
防腐处理构架

RIGID HOLLOW SECTION STEEL FRONT MAST
樯杆

7000   8000   3300

12000

SAIL MADE OF FABRIC OR APPROVED EQUIVALENT (W/TINY HOLES) NET-TYPE
布制风帆
或认可之同等材料

4 STEPS UP TO DECK AREA
4步台阶上至
木平台

2 STEPS DOWN
3步台阶下

RIGID HOLLOW SECTION STEEL MAST (COLORS: DARK GREY)
樯杆
颜色: 深灰色

NOTE: SPECIFICATIONS & DIMENSIONS SHOWN ARE FOR DESIGN INTENT ONLY, ACTUAL BOAT STRUCTURE TO BE DETAILED BY SPECIALIST
注:
所有注释及尺寸标注
意在表达景观设计师之设计意图
船体及结构参见
专业设计师之设计详图

2200
600
3000
600

BAR COUNTER (REFER TO PLAN)
酒吧柜台
参见平面图

1 STEP DOWN
1步台阶下

DISPLAY CABINET (REFER TO PLAN)
陈列橱柜
参见平面图

3000

5500   1200   4000   6000
4000   18000

A SHIP SECTION SCALE 1:100
剖面图

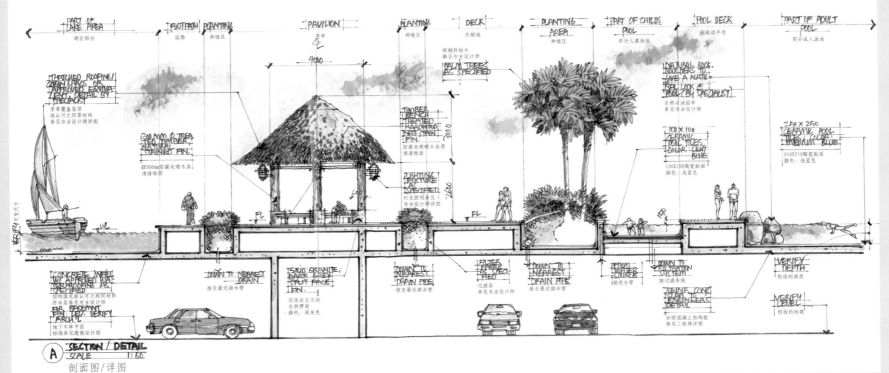

PART OF LAKE AREA 湖区部分 | FOOTPATH 园路 | PLANTING 种植区 | PAVILION 景亭 | PLANTING 种植区 | DECK 木铺地 | PLANTING AREA 种植区 | PART OF CHILDS POOL 部分儿童泳池 | POOL DECK 泳池边平台 | PART OF ADULT POOL 部分成人泳池

THATCHED ROOFING / PALM LEAVES OR APPROVED EQUIVALENT (SEE DETAIL BY SPECIALIST)
茅草覆盖屋顶
或认可之同等材料
参见专业设计师详图

200 MM Ø TREATED TIMBER, NATURAL STAINED FIN.
Ø300mm防腐处理木杆
清漆饰面

TIMBER BENCH TREATED HARDWOOD, NAT. STAIN FIN.
防腐处理硬木坐凳
清漆饰面

LIGHTING FIXTURE AS SPECIFIED
灯光照明灯具
专业设计师详图

4000

200
2400

PALM TREES AS SPECIFIED
棕榈科树木
参见专业设计师

NATURAL ROCKS / BOULDERS TO GIVE A NATURAL POOL LOOK (BY SPECIALIST)
自然岩石
参见专业设计师

100 X 100 CERAMIC POOL TILES, COLOR: LIGHT BLUE
100X100陶瓷贴面
颜色: 浅蓝色

250 X 250 CERAMIC POOL TILES COLOR: BLUE
250X250陶瓷贴面
颜色: 浅蓝色

CONCRETE INFILL (WATERPROOFING AS SPECIFIED)
防水处理建筑部分
参见建筑设计图

FIN TO VERIFY ARCH'L

SOLID GRANITE, DARK GREY, SPLIT FACE FIN.
花岗岩立方块
自然劈面
颜色: 深灰色

DOWN TO NEAREST DRAIN PIPE
接至最近排水管

FILTER FABRIC / BED
过滤材料

DOWN TO NEAREST DRAIN PIPE
接至最近排水管

FROM SOURCE
接进水管

DOWN TO FILTRATION SYSTEM
接进过滤系统

REINF. CONC. (ENGINEERS DETAIL)
加厚混凝土结构板
参见工程师详图

VERIFY DEPTH
校检之深度

VERIFY LEVEL
校检之标高

A SECTION / DETAIL SCALE 1:60
剖面图/详图

感受热情浪漫的新加坡风情设计
——江西丰城丰邑中央景观设计

项目位置：江西 丰城
景观设计：奥雅设计集团
委托单位：金马房地产发展有限公司

该项目建筑风格以色彩明快、立面丰富的新加坡风格为整个社区的风格走向。据此景观设计以度假酒店式的新加坡风情园林为设计方向，与建筑特征充分结合，并在延续建筑规划设计对环境提示的前提下，使景观轻重有序，且有一定的主题性和序列性，同时强调环境与人的互动，力争使项目建成之后成为高尚社区的代表、都市生活特区的新产品。

设计师力求打造一个充满阳光、水、绿色的生活空间，从热情浪漫的新加坡风情入手，首先将入口商业街表现为色彩缤纷、热闹的节日气氛，使人们充分沐浴阳光。当人们进入小区，会所建筑与大面积的泳池水景，让人感受着建筑与水景的交融，最大限度地渲染景观的浪漫，淋漓尽致地表达出水的韵味。走进中央公园区，浓密的绿荫和开放的草坪渗透到楼间，在小径上漫步，呼吸着清新空气的同时倍感舒适。

"阳光、水、绿色"的空间形成一条贯穿整个项目的纽带，在视线上形成连续不断的网络，在保证景观均好性的同时将空间合理分布，使空间中的每个地方各不相同，并且给人以良好的方位感，老人和孩子在其中也不容易迷路。

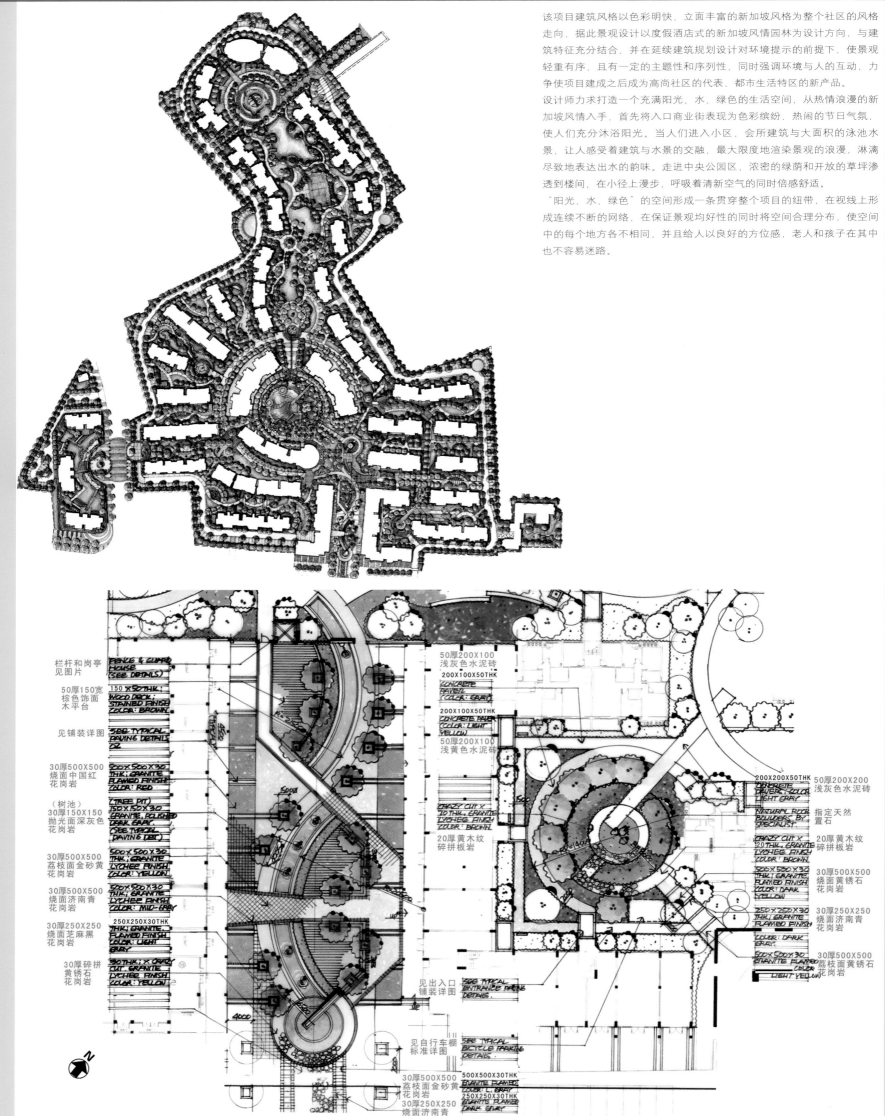

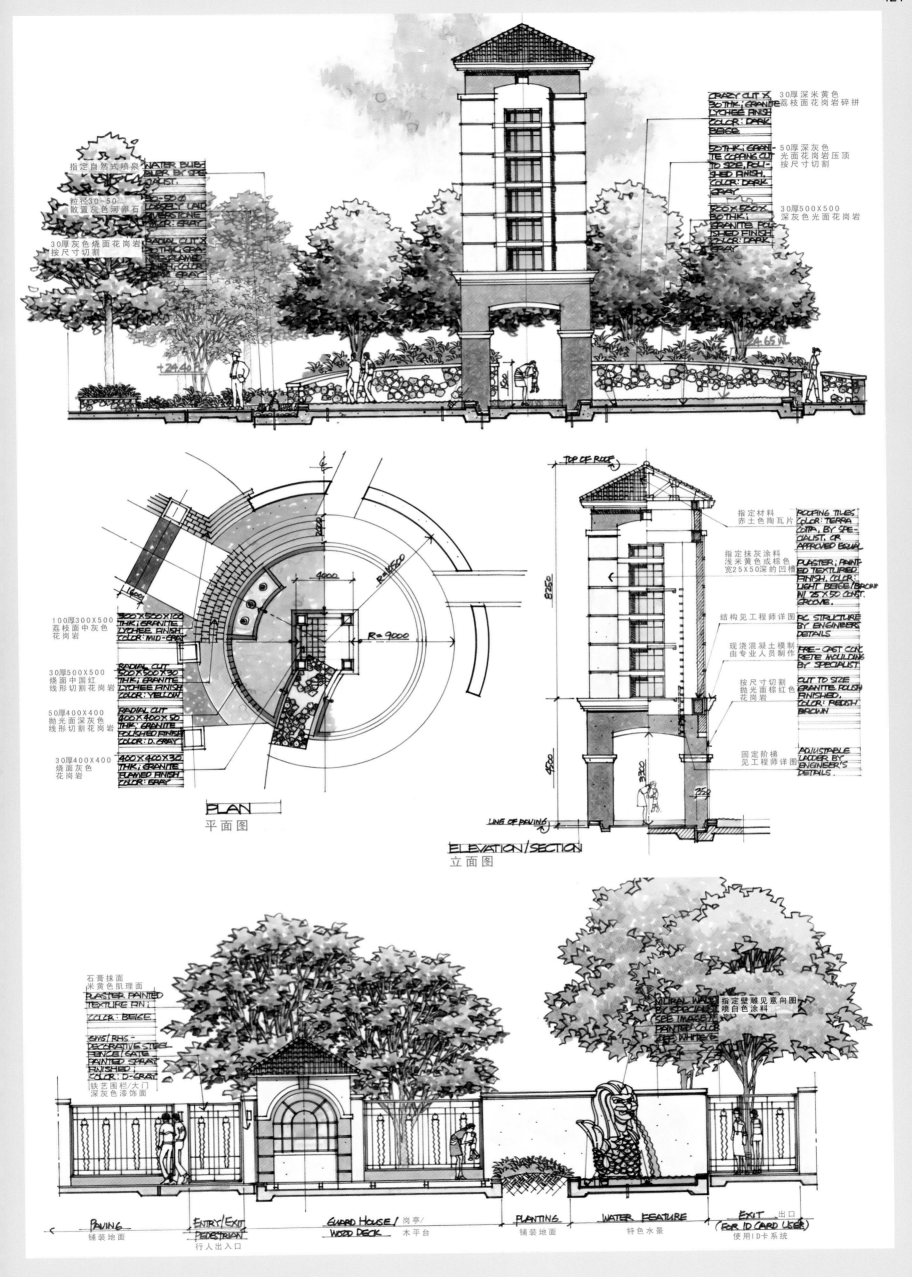

指定自然式喷泉 WATER BUBBLER BY SPECIALIST

粒径30-50 散置灰色河卵石

30厚灰色烧面花岗岩 按尺寸切割

50-500Ø LOOSELY LAID RIVERSTONE COLOR: GRAY

RADIAL CUT X 30 THK; GRANITE FRAMED COLOR: GRAY

CRAZY CUT X 30 THK; GRANITE LYCHEE FINISH COLOR: DARK BEIGE

50 THK; GRANITE COPING CUT TO SIZE, POLISHED FINISH, COLOR: DARK GRAY

500 X 500 X 30 THK; GRANITE POLISHED FINISH COLOR: DARK GRAY

30厚深米黄色 荔枝面花岗岩碎拼

50厚深灰色 光面花岗岩压顶 按尺寸切割

30厚500X500 深灰色光面花岗岩

+24.40

+24.65 WL

PLAN
平面图

100厚300X500 荔枝面中灰色 花岗岩

300 X 500 X 100 THK; GRANITE LYCHEE FINISH COLOR: MID-GRAY

30厚500X500 烧面中国红 线形切割花岗岩

RADIAL CUT 500 X 500 X 30 THK; GRANITE LYCHEE FINISH COLOR: YELLOW

50厚400X400 抛光面深灰色 线形切割花岗岩

RADIAL CUT 400 X 400 X 50 THK; GRANITE POLISHED FINISH COLOR: D. GRAY

30厚400X400 烧面灰色 花岗岩

400 X 400 X 30 THK; GRANITE FLAMED FINISH COLOR: GRAY

R=10500

R = 9000

9000

TOP OF ROOF

8250

450

320

350

LINE OF PAVING

ELEVATION/SECTION
立面图

指定材料 赤土色陶瓦片

ROOFING TILES COLOR: TERRA COTTA, BY SPECIALIST, OR APPROVED EQUAL

指定抹灰涂料 浅米黄色或棕色 宽25X50深的凹槽

PLASTER; PAINTED TEXTURED FINISH, COLOR: LIGHT BEIGE/BROWN; 25 X 50 CONST. GROOVE.

结构见工程师详图

RC STRUCTURE BY ENGINEERS DETAILS

现浇混凝土模制 由专业人员制作

PRE-CAST CONCRETE MOULDING BY SPECIALIST

按尺寸切割 抛光面棕红色 花岗岩

CUT TO SIZE GRANITE POLISH FINISHED, COLOR: REDISH BROWN

固定阶梯 见工程师详图

ADJUSTABLE LADDER BY ENGINEER'S DETAILS.

石膏抹面 米黄色肌理面

PLASTER PAINTED TEXTURE FIN; COLOR: BEIGE

SHS/RHS - DECORATIVE STEEL FENCE/GATE PAINTED SPRAY FINISHED COLOR: D-GRAY

铁艺围栏/大门 深灰色漆饰面

MURAL WALL BY SPECIALIST, SEE IMAGE FOR PAINTED COLOR: WHITE

指定壁雕见意向图 喷白色涂料

PAVING
铺装地面

ENTRY/EXIT PEDESTRIAN
行人出入口

GUARD HOUSE/ 岗亭/
WOOD DECK 木平台

PLANTINGS
铺装地面

WATER FEATURE
特色水景

EXIT 出口
(FOR ID CARD USER)
使用ID卡系统

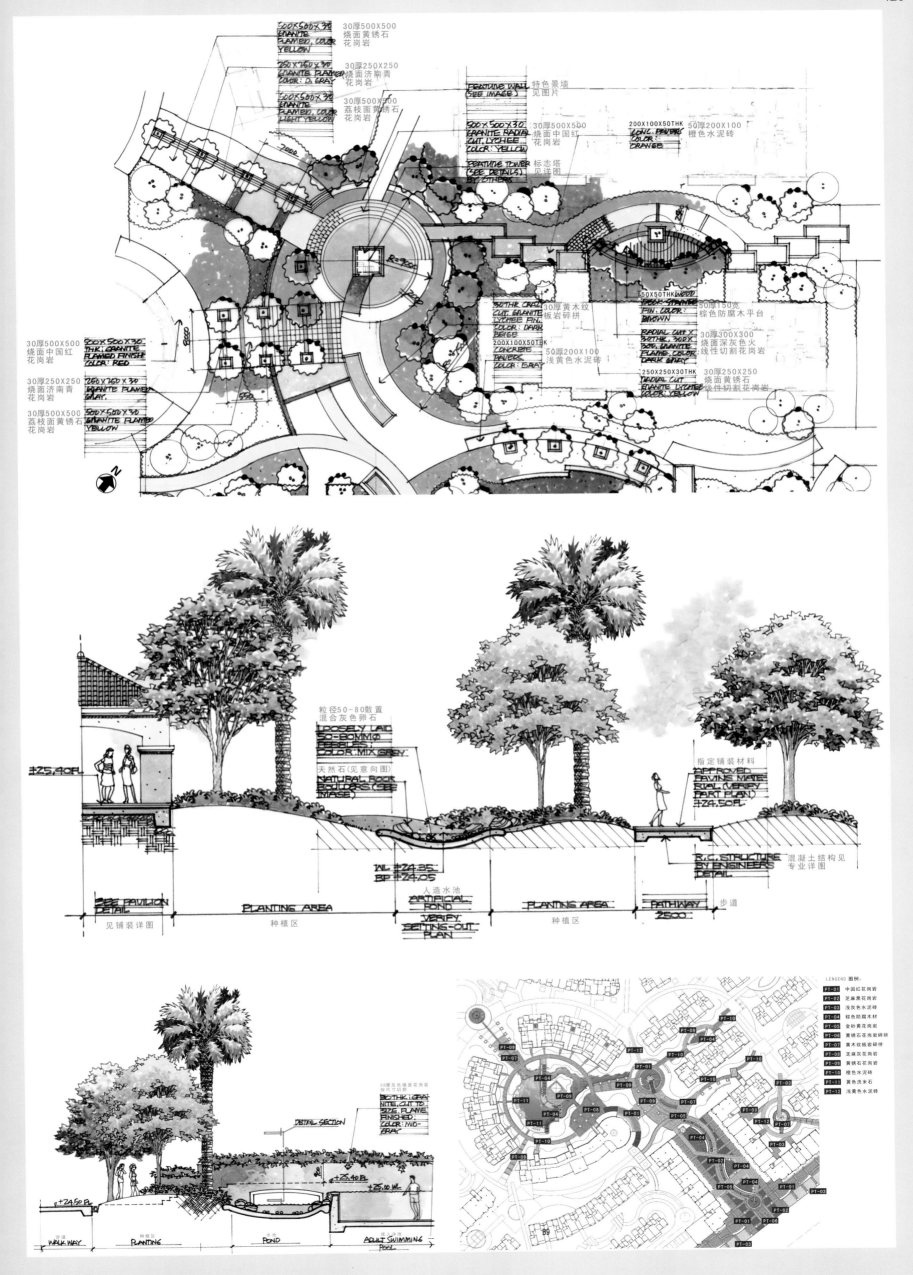

个性独特、质朴高尚的山庄式环境景观
——广州东宇山庄

项目位置：广东 广州
景观设计：奥雅设计集团
委托单位：广州合生创展房地产有限公司

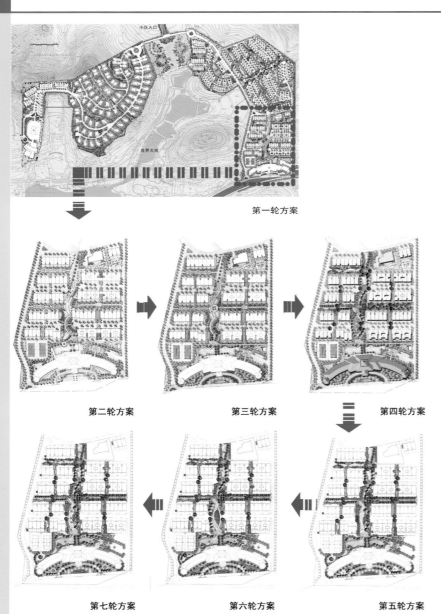

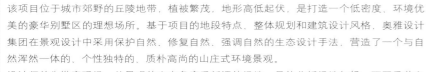

第一轮方案

第二轮方案　　第三轮方案　　第四轮方案

第七轮方案　　第六轮方案　　第五轮方案

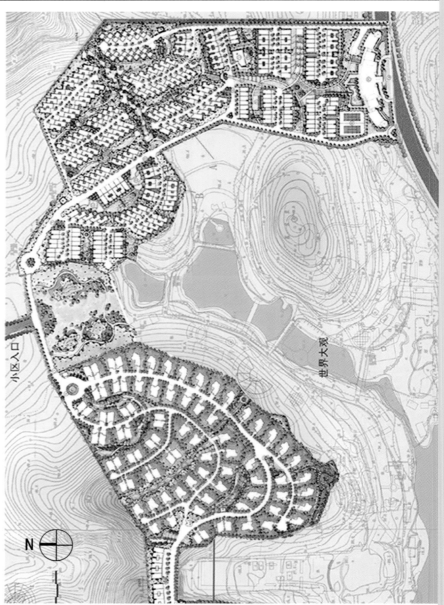

该项目位于城市郊野的丘陵地带，植被繁茂，地形高低起伏，是打造一个低密度，环境优美的豪华别墅区的理想场所。基于项目的地段特点，整体规划和建筑设计风格，奥雅设计集团在景观设计中采用保护自然、修复自然、强调自然的生态设计手法，营造了一个与自然浑然一体的、个性独特的、质朴高尚的山庄式环境景观。

设计师首先勘察现场，从景观的生态角度重新评估场地，具体分析场地气候，不同季节主导风向，植物习性以及地形特点，并在东宇山庄的环境设计中尽量做到融于自然环境，实现师法自然的指导思想。东宇山庄的总体规划充分尊重自然，依山而建，依地势开发，将

高品质的建筑融于山林绿野之中，从而满足了现代成功人士回归自然的渴望。

规划总平面给住宅区提供了一个清晰及布置合理的基本结构，同时又保留了整体的自然生态和休闲娱乐的基调，加强了周边环境的可观性。清晰的山坡树林奠定了项目自然生态的特点，同时与市政区域的连接使其像一条"绿色的河流"一般流进了密集的住宅区，并把广场和街道变得更绿。随着绿色流入各组团，整个小区的景观将因此更加自然及富有热带风情。

打造神秘自然、灵动精致的新泰式园林景观
——佛山滨海御庭景观设计

项目位置： 广州 佛山
景观设计： 奥雅设计集团
委托单位： 九鼎房地产有限公司

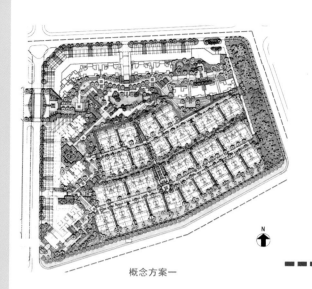

概念方案一

概念方案总平面

概念方案二

该项目设计充分利用地块得天独厚的景观资源，分析建筑规划对环境可形成的景观空间结构，营造一个轻松、愉悦而又富有多空间层次的景观来满足人们交流、休憩、娱乐等需要，坚持人车分流的基本原则，合理细分人流动线，划分商业步道、游园休闲步道、回家便捷路线等多层次的交通体系，公共区内力求无障碍设计，注重人文关怀，小景观尺度的把控遵循人体工程学的设计要求。以高尚的艺术品来装点我们的居住环境，用艺术家的眼光来精心设计每一个景观细节，将滨海御庭打造为佛山地区一流的景观豪宅，使其尽显大气尊贵的品质。

结合现代人的生活方式将东方的审美情趣与浓郁的异域风情相融合，营造出品位独特的现代泰式园林景观。糅合泰国热情、浪漫的异域风情，以形态各异的水池、叠泉和喷泉为中心，以浓密的热带植物、粗犷石材和抽象而又富有东南亚特色的亭廊为内容，以充满海滨岛屿色彩的雕塑、小品为点缀，再融合中式园林的虚实空间变化，营造出神秘自然而灵动精致的新泰式园林景观。

本案设置了较大面积的水景，水景的形式也有多样性的表现，选择合适的水处理系统以保证小区水体水质及生态环境。设计选择一项综合水处理的技术，采用生态方法维持水质，又采用一定的人工干预措施来确保污染物的浓度在生态系统的承受能力下，两种方法相辅相成，使系统的适应能力得到很大的提高，最终达到节能环保净化的要求及生态的效果。

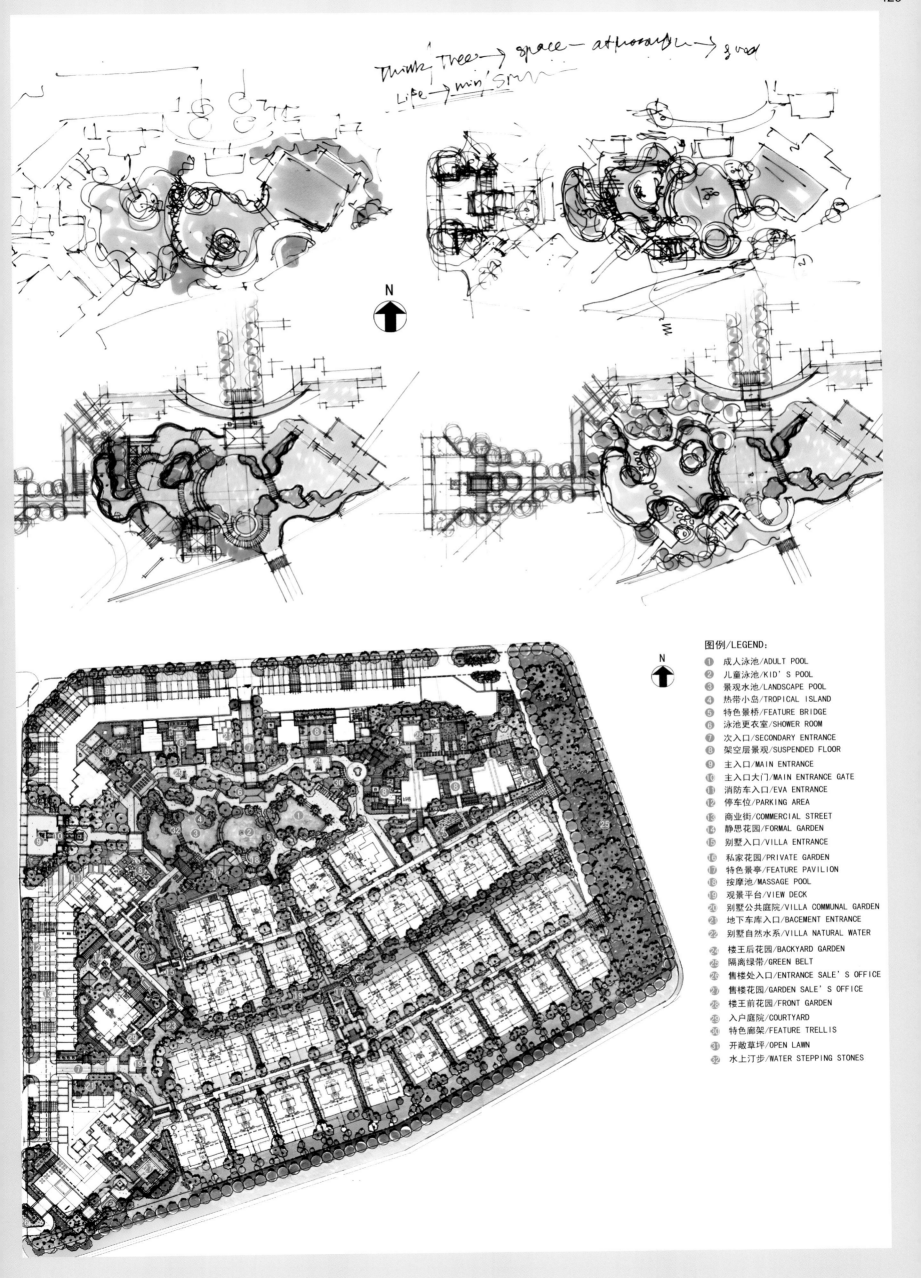

图例/LEGEND:

1. 成人泳池/ADULT POOL
2. 儿童泳池/KID'S POOL
3. 景观水池/LANDSCAPE POOL
4. 热带小岛/TROPICAL ISLAND
5. 特色景桥/FEATURE BRIDGE
6. 泳池更衣室/SHOWER ROOM
7. 次入口/SECONDARY ENTRANCE
8. 架空层景观/SUSPENDED FLOOR
9. 主入口/MAIN ENTRANCE
10. 主入口大门/MAIN ENTRANCE GATE
11. 消防车入口/EVA ENTRANCE
12. 停车位/PARKING AREA
13. 商业街/COMMERCIAL STREET
14. 静思花园/FORMAL GARDEN
15. 别墅入口/VILLA ENTRANCE
16. 私家花园/PRIVATE GARDEN
17. 特色景亭/FEATURE PAVILION
18. 按摩池/MASSAGE POOL
19. 观景平台/VIEW DECK
20. 别墅公共庭院/VILLA COMMUNAL GARDEN
21. 地下车库入口/BACEMENT ENTRANCE
22. 别墅自然水系/VILLA NATURAL WATER
24. 楼王后花园/BACKYARD GARDEN
25. 隔离绿带/GREEN BELT
26. 售楼处入口/ENTRANCE SALE'S OFFICE
27. 售楼花园/GARDEN SALE'S OFFICE
28. 楼王前花园/FRONT GARDEN
29. 入户庭院/COURTYARD
30. 特色廊架/FEATURE TRELLIS
31. 开敞草坪/OPEN LAWN
32. 水上汀步/WATER STEPPING STONES

"池水碧透，碧草葱葱"的"家"
——成都高地景观设计

项目位置：四川 成都

景观设计：上海地尔景观设计有限公司

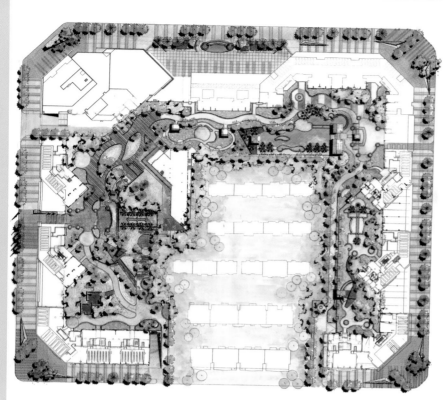

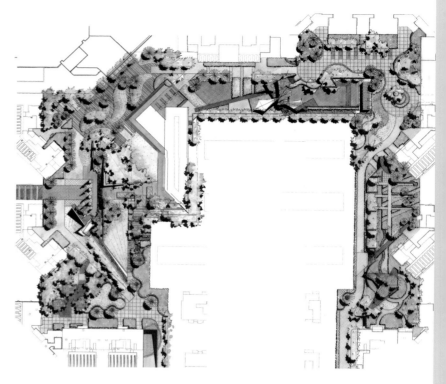

该项目位于成都市东北方位。北临建设路，南临规划路，西临建设南新街，东临建设南路。总占地面积54 439.91平方米，平面呈凹字形。

开发者们希望能够充分利用这个面积不大的空间，设计成多功能的多层次绿化空间。为了实现这一目标，景观设计针对水景、草坪、泳池及休闲运动等功能场所进行精心的规划布局，并且配合材质的对比、小品的设置和植物的协调搭配，使这个小区的各个小景点融和成一个和谐的整体景观。

首先进入主入口，便被眼前的景象所吸引。迎面而来的是一方池水顺阶而下，水池两边对称布置了笔直而高大的银海藻形成纵列树阵，其粗壮的树干和优美的冠幅给入口增添了轩昂宏伟的气势。水池中央两组对称的喷水海马雕塑为平静的水面陡添了生动与美感。雕塑的弧线形水柱，喷射出庭院的生生不息的活力，至此，居者被这份平和与细腻所引导——到家了！而这个动静皆宜的水景只是个开端，它向前跌入入口小广场的木平台，向后跌至

会所，并环绕会所西侧。狭长的水带加上静谧而不张扬的涌泉，再辅以刚竹为背景，尽显会所的优雅气质。水景也并非孤立，一方池水的两侧是两片茵茵的草坡，草坪烘托了大树，水景映衬了雕塑，这些无一不投射出"池水碧透，碧草葱葱"的"家"的质感。在右侧绿草如茵的草坪上，一条笔直小径与大卵石铺就的石墙通向了草坡的最高点，花架以展翅大鹏的姿态矗立其上，仿佛欲振翅高飞。驻留此地，既可欣赏对面富有韵味的水景，又能观望坡底充满活力的儿童游乐场。不远处孤植的大桂花，零星点缀的落石，让这片草坪丰满而不单调，随意而又美好。

深入左侧草坪，走过3个水滴状小"绿岛"，便由喧嚣热闹的入口步入宁静休闲的居住社区缓冲空间，这是一个由动走向静的过渡空间。经过幽幽的休闲小径，穿越聆听微风的凉亭，我们来到了另一大功能区——泳池区。笔直的池边，曲线的种植槽，几何形状的池边木平台，掩映在婆娑树影中的凉亭、廊架、更衣室等功能设置自成一家，使整个泳池不仅

自然流畅，优美惬意，也做到了功能最大化。

小区东侧车行道紧靠半地下车库，因此，设计师利用狭长的屋顶空间创造了简洁而雅致的空中花园。入口广场中间，设置了一条狭长而左右对称的小水景，源头以喷水雕塑开始，其后以圆形树池收尾，两点一线的水系吸引游走其中的人们停下脚步，静坐在两侧的座凳上，感受流水带来的灵动。为了提供驻留花园的人们一个相互交流休息的空间，设计师特意辟出两块形状自由、围线流畅的小广场，并贴心地布置了一个凉亭，提供人们遮阳避雨时观景的场所。

如果说白天这里的景观让居者心旷神怡，那么夜晚这里就更加散发出神采奕奕的表情。那水面上四盏富有古典气息的灯笼，加上水下点点射灯，把水幕照射得晶莹剔透。草坪上原本不起眼的一排灯柱，在夜晚亦发出夺目的光芒，每棵树在灯光的照耀下，都愈加焕发出生命的活力。

一步一景，博物开朗，化实为虚，享受从无到有的景观文化之旅
——福州融侨观邸二期景观设计

项目位置：福建 福州
景观设计：上海地尔景观设计有限公司

该项目独据660米南江滨休闲道，置身南、北江滨公园遥相呼应的绝版风景长廊，望燕尾山、西山二山苍翠山景，江、山、园三景合一。融侨观邸2期以17万平主米不可复制的南江滨公园为自然视界，传承一期的新古典建筑风格以及东南亚卡尼岛精致园林，建筑以"L"型布局，以4栋23~33F高层创造出户户观江的稀世尊邸。

景观设计构思

一步一景，博物开朗，化实为虚，从无到有的文化景观之旅

注重建筑与园地的布局形式结合，多重开合创休闲尺度，并重点通过装饰艺术的灵活创造打开空间与文化内涵的相互渗透，将独特的城市文化予以图案、雕塑及园林景观的构成方法，点滴细化到一墙、一瓦、一草、一木之中，取其精髓之神韵，将其表现为具体的可观赏的景观作品，营造出丰富和谐的美学与文化环境景观，造就了一座"没有围墙的博物馆"。

设计特色

独创多维空间，精致错落的"园立方"

独创东南亚与简欧混搭的景观风格，让弱水、风林、阳光的亲切空间气质与形式上独特新颖的欧式园林交相辉映，营造着称于世的卡尼岛居住体验，领略生命的不凡格调和尊贵礼遇。利用高差的平台构建出高低错落的立体景观空间，通过用心的堆坡台地、各式叠水等，制造起伏有致的动感曲线，从而将景观由二维变成多维空间，大大加强社区景观的生动感和丰富层次感。弧形生态小溪，芬兰木栈道，勾画圆润的道路，组成圆弧的世界，满足圆满人生；无论哪个方向，都能感受自然情趣带来的舒畅……即使走到地下停车场，也像是不经意地在公园流连。

景点设计

独特的借景手法使空间往复循环形成视觉的无尽流动

以中部集中绿化为重点，结合泳池会所及地形跌落高差，设置疏密有度、层次丰富、流线及功能合理的重要景观空间形态。主要景观空间被周围住宅围合为"L"形，并向宅间放射渗透，同时有竖向的垂直落差。结构上在高层建筑周围采用围合的设计，营造向内的积极景观空间，降低被架空的居住空间尺度，形成具有功能指向性的室外空间。而水景与活动广场相连接的地方，将人防出入口与景观构架相结合，形成一个既满足功能又满足观赏的多功能空间。本案将车行安排在小区外围，特意营造出人车分流的人性化设计。主入口的台地式水景设计，增加了竖向的绿化层次更加彰显了王者的尊贵感。圆形的回车场设计灵感来源于福州的土楼建筑圆顶，园内水景的曲线构图，通过弧线的廊架形成了空间上的延续和视觉上的连贯。人们可以在蜿蜒的小径上慢跑观景，也可以在茂密的林荫道上散步。多重空间的构成既分割了公共空间与居住区空间影响，也形成了富有文化特色的景观中庭。

1. "复水弹花"——主入口跌水

入口水景的水流成阶梯式跌落，溅起层层水花，构成入口环境景观的中心，展示水体的活力和动态，满足人的亲水需求。

2. "步上青云"——旋转楼梯

游览者通过逐层抬高的旋转阶梯，体会到平步上青云的心理愉悦感，同时伴随着观景视角的旋转变换，亦能感受到景随步移的特殊效果。

3. "水天一色"——组合木平台

于木栈台上极目远眺对岸，水天相接处的江面上，偶尔腾飞起的水鸟闯入了视线，恍惚之中让观者融入到《滕王阁序》"落霞与孤鹜齐飞，秋水共长天一色"的情境中。

4. "在水一方"——中央水景

源自诗经《秦风》中"所谓伊人，在水一方"的名句，以此借喻观者在水景的一方遥望对岸美好景色时心中企慕的心理。

5. "稚子游园"——儿童游戏沙坑

唐诗《小儿垂钓》对蓬头稚子天真可爱形象的描绘仿佛跃然于纸上，借用"稚子"之

说，更能恰如其分地表现孩子们在乐园中欢快嬉戏的生动场景。

种植设计

多元化植物造景设计

本案植物取材以本地土生植物为主，配合建筑风格，充分利用地形，采用灵活多变的手法，创造独特的景观效果。绿化种植以乔木、灌木、花卉及地被植物搭配多层次绿化；常绿树种、落叶树种互相搭配，创造四季不同的景观；通过层次空间的设计，创造多个多功能、多体验的公共空间，最大限度地美化景观。

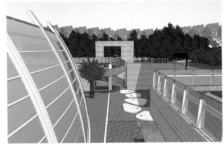

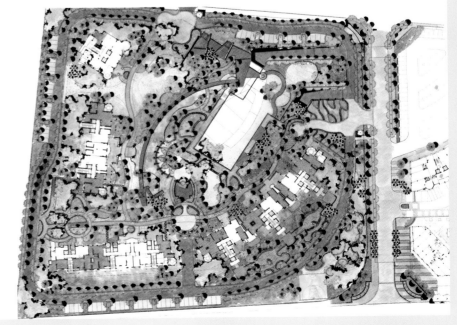

月上枝头花皎洁 满城桂香人流连
——安徽合肥桂花城

项目位置：安徽 合肥
景观设计：上海北半秋景观设计咨询有限公司
委托单位：安徽绿城房地产开发有限公司

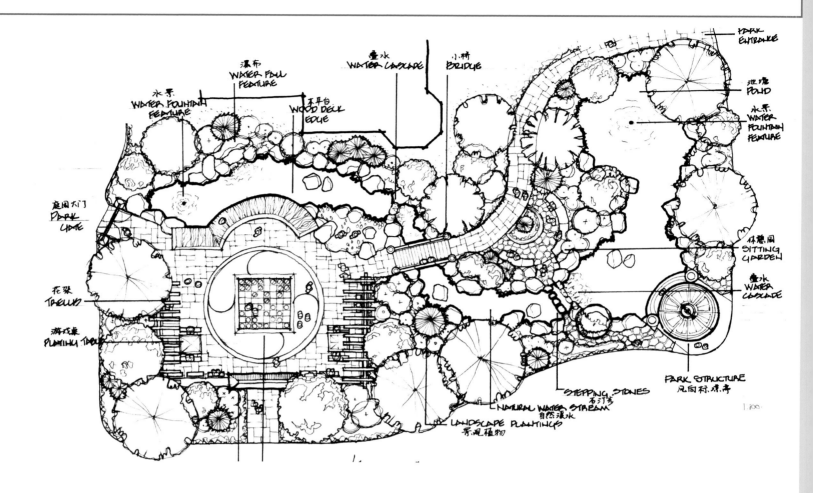

古人云："宅者，人之本"，"人因宅而立，宅因人而存"。居住，自古以来就在改变着人类自身和周边一切，从亘古洪荒时的穴居到现代的四合院，林林总总的居住小区。随着人类文明的不断进步，人们对居住的环境有了新的认识：紧张快节奏的工作环境使人们渐渐意识到家的温馨和包容，渴求拥有恬静、自然的生活环境，返璞归真远离城市的喧嚣与烦躁，桂花园的景观设计方案正是在这些基本点上立意的。

根据桂花园的建筑规划的多层次、小组团、半开放式的基本原则，利用天然的自然景观、软景与硬景的配合、丰富的植物配置以及灯光的夜视效果给社区带来全方位的景观环境气氛。"自然、古朴、典雅"是桂花园的主要特点并贯穿于设计的始终，在桂花园的任何一处景观设计上您都能体会设计师在方案的整体上力求建筑与景观完美结合的意向。

园区北侧为主入口，由从北至南的人文活动空间带和由东至西的绿化景观休闲带相互交织形成的"十"字形公共空间为小区规划结构的主体骨架和统领。顺经百米休闲商业街、抬升的喷泉广场以及道路两侧的点点喷泉，将人的视线指向既具传统感又具现代感的会所建筑群。结合会所的风格以及社区西侧的山水，在会所前形成一个自然风光的泳池区，在游泳区的深浅不同水区处分别设有三处沙滩，隔离的儿童嬉水区，小型滑水梯下的叠水水景将游泳区分成若干小岛，坐落于游泳区中轴线上的雕塑给活力四射的空间平添了几许静意。

游泳区周围做起一个空间坡度，使游泳区与居住区形成自然的分隔，建于坡下的花架又可让中心泳池与外界相互观望，时断时续既起到隔断的作用也更自然更加人性化。游泳区还设有供人们放松的按摩池、休闲躺椅、吧台，动静结合。游泳区南侧的小山坡为整个区域的制高点，坐在亭中，周围的景色尽收眼底。作为静态的环境，宜人优美的自然风光无论在商业上，还是在欣赏角度上都更增添了桂花园的价值。

设计将桂花园西侧的天然湖水从西门中引入，有落差的水系走道和具有安徽风土人情的水车自西向东形成人工水系景观带，直至会所的游泳区，并与游泳区的池水汇合于池塘，从而让桂花园地块西边的大蜀山下湖水的天然景致在桂花园中得到了延伸。高大的乔木和由不同季花组成的花坛将灵巧的水景包容于其中，打破了流水自东向西的规律是这一设计的精妙之处。自西向东的流水、波光粼粼的水面、高大参天的水杉构造，成为桂花园中一处奇异的景象，桂花园业主们于此散步、散心之时自会有"问渠哪得清如许，为有源头活水来"的感叹。

园区以会所为中心通过"十"字形景观轴线的中央环境景色向周围放射，将整个社区分为：兰桂春园、紫桂夏园、菊桂秋园、梅桂冬园四个园区。分别以展现春夏秋冬景色为各园区特色，每园中必有桂花以体现园区的主题。春园的迎春与桂花相衬出春的活力；夏园中紫薇与桂给炎夏带来凉意；秋园中的桂菊飘香油然而生"采菊东篱"之感；纵然是在

冰冷沉寂的冬季也一样会姹紫嫣红，花香四溢。贯穿东西、南北方向，环绕组团周围的绿化带将四个组团有机划分，同时又紧密将其结合。

南向入口以一个古朴的花架引领，途经硬质广场景观，硬景区以不同季花装点与花架相呼应，又以典雅的花架为结束进而步入园区，前后使用花架体现了设计的完整性。为更好地为业主提供服务，将幼稚园设置在南门区域，此区域远离水系，植被平整安全，适合儿童嬉戏。

桂花园整体设计无论在景观设计上，还是在植物的配置上均力求表现娴静、古朴，讲求绿化、生态之和谐。东西方向结合了坡地、绿化、水体等自然景观的主题性自然开放空间；通向大蜀山的水系自由流动的景观线，以动态健身为主的会所景观区，学校与学校南侧的运动场地将社区各个不同景观有机地结合为一个整体。

住宅是科学、艺术和哲学的集大成者，最关乎人生命过程，最影响大众的审美立场，因而受到人们最普遍和深入的关注。该项目设计以人为本，将桂花园设计成为舒适而静谧的良好居住空间。"有此良居，缘何别觅它处！"

现代城市中心的泰式桃花源
——正荣福州润城高档居住区景观设计

项目位置：福建 福州

景观设计：普梵思洛（亚洲）景观规划设计事务所

委托单位：福建正荣集团

该项目由正荣集团旗下子公司正荣福州置业开发，是正荣集团在福州的第一个市中心品质楼盘，在福州市中心倾力巨献的号召力之作。项目用地面积为22 778平方米，总建筑面积8.2万平方米，位于福州西二环南路东侧，南临宁化支路，行政隶属台江区，处于工业路万宝商圈旁，正对规划中祥坂片区，西面是闽江北岸中央商务区（台西CBD），拥有将来福州最大的20万平方米城市广场，它将会是福州市规划起点和中心档次最高、配套最全的项目：建成后将拥有市图书馆、省科技馆、广电中心。项目雄踞四心之心：于CBD商务中心推动福州城市的都市化进程；于万宝商圈中心，享受繁华都市的多重礼遇，领略时尚与流行风华；于闽江沿岸景观中心，汇聚江滨生活形态，独享闽江都市风情；于二环路交通枢纽中心，感受榕城走廊性主干道的多维交通。项目聚焦城市政经双核价值，尽享城市24小时国际都会生活。

设计理念

规划设计从福州的社会、经济、环境与文化特点出发，充分考虑现代社会住宅使用者对居住环境的多层次需求，用品质创造属于时代同时也属于地方的经典社区。项目的建设将以其优美的空间环境、生态环境为居住空间的和谐因子，并以高雅、庄重的新古典主义建筑传承百年。规划有28~33层高层建筑，建筑主要采用Art-DECO的新古典设计风格，这种风格令建筑显得高耸挺拔，具有很强的观赏性，塔楼与板房相结合的设计，让建筑在外观上更加多样化。该项目倡导低碳生活理念，采用Low-E中空玻璃，其高科技含量令热量控制、制冷成本和内部阳光投射舒适平衡等问题得到完美的解决。新风系统及同层排水的设计令居住更为舒适便利。5幢新古典主义经典建筑风格匹配都市向上气质，与乌山、五一广场远远对望，将台西CBD壮阔建筑群尽收眼底，尤为可贵，闽江北江滨沿线景观更是一笔无价的财富。

正荣集团倡导的居住理念是"为未来而来"，不仅仅希望为我们的居者营造一个美好的居住空间，更是要营造一个居住的未来，也就是说使将来居住在润城的业主，真正享受到城市中心发展的优越配套以及超前的产品设计所带来的全新生活体验。2010年该项目荣获"中国品质典范住宅"。

设计手法

正荣·润城是目前福州首个全地形"纯泰式"景观项目，延伸"低层有园，高层望景"，泰式的廊架，热带的植被，水中特色景观，展现纯正泰式风范，尽显中心居住优越品味。

项目最大亮点就是景观设计，拥有目前福州市场上的第一个全地形泰式景观，让业主足不出户就可以享受到泰国风情，回家就像度假。景观设计主打泰式风情园林，以浓郁泰式风情营造出与众不同的内环境，柔化建筑线条及压迫感，创造适合人居尺度的空间。

风情就是想象空间，有想象就会触景生情，好的景观是能与人共鸣的，带人去想象的就是好的共鸣。异域风情化的环境更能带给人新奇的感受，让人向往与愿意停留，更有家的亲情感。

项目景观样板区，泰式韵味十足的景观，开合转折的设计中，浓郁热带植被构筑的泰式

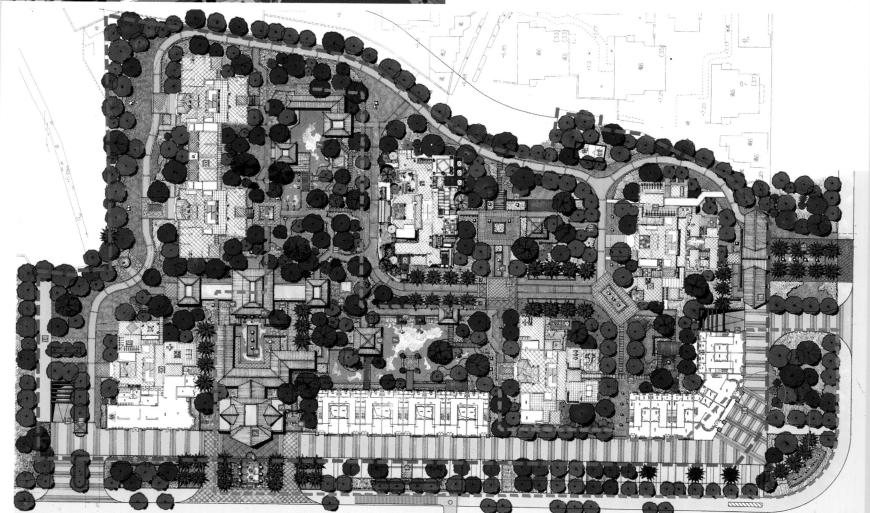

亭廊，精致瑰丽的雕塑小品，移步异景的庭院景观为福州打造出一道别出心裁的生活景观。项目以每平方米高昂的成本引入纯泰式全地形精装园林，在寸土寸金的市中心打造了幽静的生活地，社区建筑点式的布阵，为园林节约出大量的土地空间，打造了30%绿化率的社区自然生活环境，充分体现泰式园林的"小中见大，景中有别"的最大特色，这样的园林非常适合土地紧张的城市中心，而且不同的异域风情能为居者带来不一样的生活体验。

本项目泰式园林分五大部分：

芭堤邪境：是泰国著名度假胜地，有许多豪华酒店、度假屋和公寓，本区域重点突出华丽富贵的芭提泰气氛。位于社区主入口，设计大型泰式建筑物、特色泰式植被种植池、曲径通幽的泰式廊架、泰式特色小品、水景，营造纯泰式宜居时尚，让业主第一步就开始犹如身处泰国异境，为生活添加无限新奇。

湄南香苑：湄南河是泰国最具佛教文化气息的母亲河，也是泰国最长的河流，散发出浓郁民俗文化的香味和气息。位于社区中心，将水中特色水品巧妙融合于景观水体，风情十足的景观廊亭，穿梭其间的精致水景，让社区的每位来访者都能体会润城高端而有品位的社区形象。

甘蓬碧湾：（泰语）"甘蓬碧"的意思就是像钻石构筑的城堡一样的坚固与华贵。它同时也作为泰国一个府的地名来用。位于社区景观中心的喷泉雕塑独具浓郁的异域风情，在茶余饭后的闲暇时光，营造与家人一起漫步林荫小道，与孩子分享童年的快乐的意境。

东芭乐园：东芭是泰国的一个小村庄，因遍地种植兰花而出名，"兰园"享誉世界。我们取其绿茵生态的特色来为该组团命名。社区最丰富的景观区，将架空层建成不同主题的泛会所，与景观、休闲会所巧妙相连，与组团景观进行有效互动，将社区景观面无限拓展，为业主提供纯粹的植被天堂，体验自然的秀色可餐。

1、运动健身泛会所（开辟社区专属健身运动区域，同时可延续水景空间，包括儿童运动休闲：滑梯，秋千，组合休闲器材等。成人运动休闲：成人运动设备，乒乓球桌，健身器材等。）

2、景观休闲泛会所（作为景观延伸部分，扩大组团景观面，保持良好景观展示面，包括植物绿化，水景观，异域风情展示，景观艺术长廊）

3、娱乐休闲泛会所（与景观带相连，可以使休闲生活更为丰满，包括棋牌休闲座位，咖啡休闲茶座、吊床，秋千休闲、太阳伞等，进行地面高档仿古砖、梁柱包裹处理，保证社

区的私密性，用景观绿化对沿街部分进行一定的装饰。）

施东姆街：湄赛位于缅泰边界，坐落于泰国最北端，是泰国最北部城镇，也是游客从缅甸进入金三角的必经之地。城中只有一条主要街道，街道西边几十米处有一座小山，站在山顶的观景亭上可以一览全镇风光。街道尽头是泰缅两国的国境线——湄赛河上的桥，河对岸就是缅甸的在其力镇。每天有许多人经此桥来来往往。由于来往人员的增多，桥两旁的餐馆、商店应运而生，在这里可以买到有泰缅两国特色的纪念品、当地少数民族的服饰、缅甸的玉器等。我们取其名来作为润城商街的命名，凸显异域特色。社区最外围的景观带，将整体景观布局带入围而不合的意境，置身于绿色林荫绿道，接受大自然的洗礼，在自然中还原生活。

五大景观组团确保了每位住户有不同的风景可赏，每个景观区有不同的生活体验，将生活的优雅、从容、新奇、趣味安放其中，营造城市繁华中心的桃花源。

现代中的幽雅
——万科厦门金域蓝湾景观设计

项目位置：福建 厦门
景观设计：SED新西林景观国际
设 计 师：黄剑锋 李昆
委托单位：厦门市万科房地产有限公司

该项目总占地约5.6万平方米，作为万科进入第25个城市"厦门"的开山之作，引入万科•金域蓝湾系高档产品。该产品以"关注城市文化，建筑人文生活"为主旨，是曾荣获第10届"中华建筑金石奖"的高品质特色产品。项目提倡一种全景观阳光住宅，强调居住空间的利用，将人的活动空间塑造成一个全阳光、全景观、全通风的环境，力求打造成一个自然环境优越、生活配套完备、城市文化汇聚、新兴科技集纳的全新城市生态景观高尚居住区。

项目北邻吕岭路，西接洪文路；南侧与西侧的规划道路将上述两条市政道路贯通，将项目A、B地块分隔开来，这样的平面布局方式一方面不利于项目A、B地块空间上的贯通与连接，另一方面又有利于加强项目区域外的联系，对于项目A、B地块的外围商业起到一个有力的促进作用。

我们想找到人们希望的居住与生活环境，在其中可以找到繁华与时尚、自由与幽雅，这些因素自然而又从容地结合，以自然的手法打造出充满现代风情的东南亚风尚。

在平凡的细致里说明我们的设计语言

自然与人文景观相得益彰，同时也要考虑到整个空间的尺度、规模，设计风格在平凡中用细节和简洁创造更宜人的空间感受，使景观在平凡中消除表面的棱角，用朴实与人性化说明现代与人们生活的感动。

现代建筑中简洁的东南亚风格

现代的东南亚风格创造出鲜明的社区形象，利用景墙、水景、特色的雕塑、肌理变化、空间变化等讲述了现代的东南亚风情与简洁时尚的幽雅精彩。

小区主入口区域由一个相对紧凑的轴线空间作为引导，将观者引入小区的入口洗礼区域。在设计轴线上考虑到景观的移步异景效果和人对事物追求新奇的心理，将市政入口轴线与小区入口轴线做了适度的错位处理。人们通过一个紧凑狭长的空间看到的对景是一组有万科项目LOGO的喷水景墙，走出这一区域眼前豁然开朗，小区入口洗礼区就出现在眼前，一张一弛、一开一合中体现了东南亚风情园林的趣味所在，利用景墙，营造出"收、放、开、合"的绿化空间。

用自然和绿化营造诗意空间

市政绿化带区域：考虑到市政设计对绿化覆盖率60%~70%的设计要求，我们将这个区域定义为集中的绿化区域，保留原有市政人行道及两排凤凰木的前提下增加绿化面积及大型乔木的种植空间。只有两处设有尺度适宜的人行入口，与绿化带中的人行步道连接，形成漫步体系。考虑到绿化带与项目商业街相连，在设计中尽量减少中层次的灌木渲染，转而强调草坪与大型乔木形成的开阔型视线空间。一方面保证市政绿化带在视觉层次上的丰富性，另一方面也使得商业界面与外界在空间上是通透的、联系的。商业广场区域是以硬质铺装为主的开敞商业空间，在设计中以有涌泉肌理的带状水体作为引导，以景墙与热带植物作为映衬，将人流引导向项目的商业空间。另外，以矩形的旱喷下沉广场与枝干有较强肌理的棕榈科植物矩阵穿插结合的景观，丰富广场景观层次，再将遮阳伞与休闲座椅设置其间，使得广场景观在设计内容上更为丰满。

在项目分期上分为三个层次：

一期联系市政主入口，通过现代的设计语言和材料结合东南亚风情的主入口构筑物与一组括号型的景墙共同形成了小区主入口的洗礼空间。进入这一空间，浅米色的景墙、平静的水面立刻跃然映入眼帘，水中的睡莲、雕塑与水中的倒影交相辉映。水面从空间上延展了洗礼区域，使得整个空间分外通透、清晰，令人不禁想起"半亩方塘一鉴开，天光云影共徘徊。问渠哪得清如许，为有源头活水来。"的诗句！

洗礼区的南面以密集的植物作为背景，适度放置一个与休闲空间结合的小水面，起到画龙点睛作用。向小区西侧漫步，是组团的景观泳池区域，由成人泳池和儿童泳池组成。为保证住户安全，在视线开阔的区域设有救生人员瞭望台。在这个区域中存在着一个消防登高面，考虑到它的宽度及与泳池的关系，我们在东西两侧设置门禁对泳池区域进行管理。通过步道、休闲平台及关系丰富的泳池线形将其矩形轮廓打破，并在不同标高的休闲平台设置楼梯进行联系，将这一区域作为泳池南侧的一个休闲平台区域，使其在功能与景观上得到一个平衡。

二期景观区域是以绿化种植为主的区域，其中点缀以点状水景，风情雕塑增强漫步其中的观赏性。在植物设计层次上使用了有收有放的设计手法，乔木密植区域与绿化开敞空间相结合，使得空间张弛有度、充满活力。泳池的西侧设计为儿童开放活动空间，设置有沙坑、滑梯、秋千、跷跷板等活动设施。

三期景观为项目的次入口区，与项目B地块紧密相连，在设计中主要的问题是如何将小区出入口与人防出入口结合进行设计，我们通过空间中设计元素的穿插关系，解构巨大的形体，再以简约、风尚的设计语言将其重构为小区入口，形成其不可分割的景观部分，满足功能的同时为住户提供休闲、娱乐的空间，可谓一举两得。

彰显国际休闲度假港独特的魅力
——创维集团鸿洲地产海南三亚时代海岸

项目位置：海南 三亚

景观设计：SED新西林景观国际

该项目占地约34万平方米，总建筑面积逾51万平方米，集休闲、度假、商务和娱乐于一体，包括高尚住宅、别墅、酒店式公寓、超五星级酒店、休闲健康城、游艇名车俱乐部、写字楼、大型购物广场、风情酒吧街、海鲜街、大型游乐场等，是按国际标准整体规划的中国唯一热带滨海度假港。项目规划上引入全新"e·豪布斯卡"概念，在功能布局、交通流线、建筑体及公共空间的关系之间，集中多种城市功能空间因素为一体，并在此基础上增加了休闲、娱乐、智能化等元素，追求一种人与自然、建筑最完美的艺术空间，彰显国际休闲度假港的独特魅力。

营造泰式禅意，感受高贵殿堂式洗礼
——抚顺万科金域蓝湾

项目位置：辽宁 抚顺
景观设计：SED新西林景观国际
委托单位：抚顺万科房地产开发有限公司

1. 岛
钓鱼岛
观鸟岛
绿洲岛

2. 公园
滨水公园
健身公园
雕塑公园
湿地公园
儿童公园

3. 走廊
滨水观湖走廊
水中栈道

4. 步道
森林步道
花径
空中飘带
自行车道

5. 服务设施
游船码头
咖啡吧
酒吧街

6. 运动类型
皮划艇
垂钓
跳舞
极限运动
健身
慢跑
散步

7. 娱乐
草坪音乐会
户外电影
风筝假日

种植区　人行道　市政道路　种植区　人行主干道　花卉种植区　休闲漫步道　花卉种植区　湿地景观区　木栈道　湿地景观区　湖面

市政道路　人行道　广场入口区　观湖台阶　城市广场区　阳光草坪　湖面

该项目是对金域蓝湾东南亚风情泰式园林的延续传承。SED新西林景观国际将景观定位于"现代都市下的滨湖宜居，造就生态核心高品质泰式风情住宅。"倾力打造休闲度假生态核心的高品质泰式风情社区，主轴景观营造泰式禅意，感受高贵殿堂式洗礼；公共景观组团造景手法师从自然，建筑小品精雕细琢，打造自然野趣生态景观；滨湖公园人工生态湖景观，坐拥完美湖光春色。生态，自然，野趣，设计中强调以人为本的原则，体现居民的参与性和互动性，五大景观组团空间组织丰盈灵动，景观倾注异域风情，诠释东南亚经典。

点、线、面对立而又和谐统一的社区
——海南航空集团恒实地产海阔天空景观设计

项目位置：海南 三亚
景观设计：匡形（国际）规划设计公司
委托单位：海南海巷恒实房地产有限公司

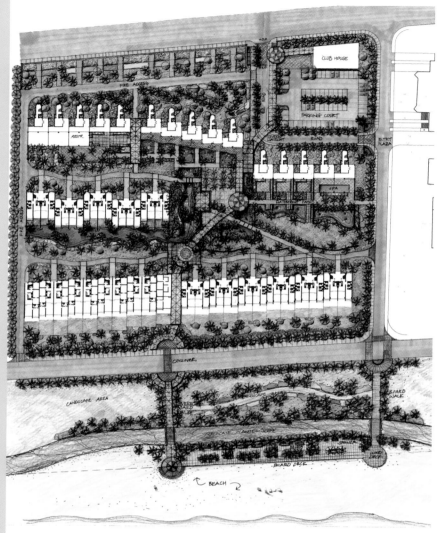

该项目的园林总体布局以东方崇尚自然为原则，结合欧式园林强调轴线、对称等几何图案美的布局。将公寓前庭广场与不规则的游泳池、不同质材的步入式走道结合起来，表达出园林点、线、面之间对比与和谐的统一关系。

整片园林景观既是可亲的功能场地，又为优雅的艺术空间。景观规划中合理配比中心广场、楼间庭院、青石步道、花园、水池、儿童戏水区、景观小品等。园景与海景交相辉映，看景与看海互成依托，构成海阔天空独具特色的景观空间。独特的七层园林，品位卓绝。第一层是海，第二层是沙滩，第三层是椰林，第四层是翠绿灌木，第五层是热带园林，第六层是退台式观景阳台，第七层是内庭花园。绿化系统中注重水系的营造，小区内部引入水系，碧波荡漾，水面四季清澈透明。同时结合建筑的多种体态，创造出亲水性诗意空间。更在绿地上开辟了步行系统，形成多格局的花园地带。

具有温暖人文感受的东南亚地域景观
——武汉华润置地凤凰城景观设计

项目位置：湖北 武汉
景观设计：北京创翌高峰园林工程咨询有限责任公司
委托单位：华润置地(武汉)有限公司

该项目位于武汉市武昌积玉桥地区，南邻中山路，西邻和平大道，北侧及东侧有规划城市道路与相邻地块间隔。地段周边现状城市形态较为陈旧，但有若干新兴项目在建。规划净用地面积50464平方米，其中绿化面积26746平方米，绿化率53%。规划中根据用地竖向条件，西部绿地设置为有种植覆土的车库屋顶绿化用地，东部为实土绿地。建筑形态以高层短板住宅围合中部绿地为主间有低层联排住宅及沿街商业建筑，社区会所为双会所布局，一处位于西侧出入口，一处位于社区绿地中部。社区规划中设有三处出入口；在南出入口东侧的绿地中规划有建筑形态新颖独特的小型展馆一座。

本项目整体定位为武汉地区高端住宅区域精品，在旧有城市肌理中形成具有地标性的城市复兴居住建筑群。与住宅的高品质形态相呼应，景观也定位于具有高品质形态的空间。丰富、尺度宜人，具有温暖人文感受的东南亚地域景观风格，并以泰国地区景观形态为主要基调，使之既有东方园林的亲切空间气质，也具有形式上的独特新颖感受，成为武汉地区住宅项目中的高品质特色景观。

公共景观空间

以中部集中绿地为重点，结合会所及地形跌落高差，设置疏密有度、层次丰富、空间宜人、流线及功能合理的主要空间景观形态。在场地分析中可以发现：主要景观空间被周边住宅围合为"7"形，并向宅间放射渗透，同时有竖向的垂直落差。作为社区主要室内公共交往场所的双会所，布局于社区的主要绿地空间的节点上，一处位于景观轴线西端，一处位于景观轴线转折与高差跌落处，成为景观空间布局的重要因素。以此为前提，在景观设计的策略上采用围合与开敞相结合的形式：围合，是在高层建筑环抱的井状空间中营造内向的积极景观空间，降低被夸张了的居住空间尺度，形成近人及具有功能指向性的室外空间场所；开敞，是在适当的地段环境中提供可灵

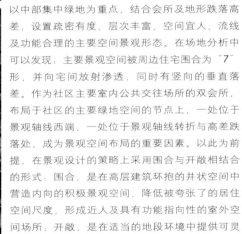

活使用、非明确功能指向的开放性空间，既与会所结合具有使用的灵活性，也为会所建筑提供了适当的观赏与被观赏空间。围合与开敞空间交错设置，形成完整的主要序列景观。从南入口进入社区，东南亚风情的落水雕塑景墙及葱郁的林荫植被导引人们向前行，经过具有景观特色的围合式入口空间，迎面是通往社区中心景观区的石板步道，步道一侧是浓荫的标志性景观大树，一侧是造型别致的装饰灯柱序列，具有特色浮雕装饰的绿色庭院成为路径的第一处穿越式围合景观，在两栋高层建筑夹径的消极空间中创造出宜人的积极空间。穿过小院，是一条凌水路台，沿路台前行，水平方向造型的运动会所及出挑的栈桥成为此处具有特色的景观对景，而伴随着路台下潺潺的水流缓缓向会所东侧的下沉水院跌落。

在会所挑出栈桥的水平线条后侧，又建于高台上的特色亭台，成为垂直线条造型的背景，与水景，栈桥共同构成层次分明，饱满和谐的主要景观视野。路径向东、向北转折，沿或宽或窄的水面，途经木桥，水中休闲岛，景亭等丰富的景观空间，感受独特的东南亚园林情趣；而会所的东南侧绿地被蜿蜒的水系围合出一片开敞的林荫空间。通过会所的栈道或北侧的层叠亭台，人们可以来到西侧的集中景观空间，此处场所被东西两处会所围合，处

理成为开敞的林荫砂庭，成为社区的良好室外公共交往空间，而临近南侧联排住宅与北侧高层住宅的边界被处理成为丰富景观界面，既区隔了公共空间与居住空间的影响，也形成了景观中庭宜人尺度的围合形态。

架空层景观

该项目另一处特色景观空间是位于部分住宅建筑底层的开放性架空空间，此空间不仅使绿色景观与建筑的融合渗透成为可能，也提供了居民方便使用的特色景观场所。在此，我们利用植物，水景与铺装功能空间相结合，并通过有趣味性的路径相联络，为居民提供安静休憩、亲子活动、健身场所等不同的功能空间。

植物造景原则

本项目的植物景观取材于本地适于生长的乡土品种，以乔木、灌木、地被、常绿、落叶、水生及季相的不同植物特点相组合，同时结合整体景观布局的特点，或上、中、下数层植物复合种植，形成葱郁欲滴的饱满绿色视野；或通透疏朗形成可步入的林荫绿地空间。挺拔而树冠完整的高大乔木、有姿态特点的大型花灌木，丰富多彩的地被层次与适当的水畔植物，是最终实现本项目绿色景观效果的重点。

感受到生命成长与季节变化带来的自然之美
——福建郦景阳光花园设计

项目位置：福建 宁德
景观设计：广州太合景观设计有限公司
委托单位：福建宝信企业有限公司

A-A入口岗亭立面示意图　　B-B入口岗亭侧立面示意图

种植区　　喷水景墙　　景门　　喷水景墙　　种植区

B喷水景墙剖面示意图

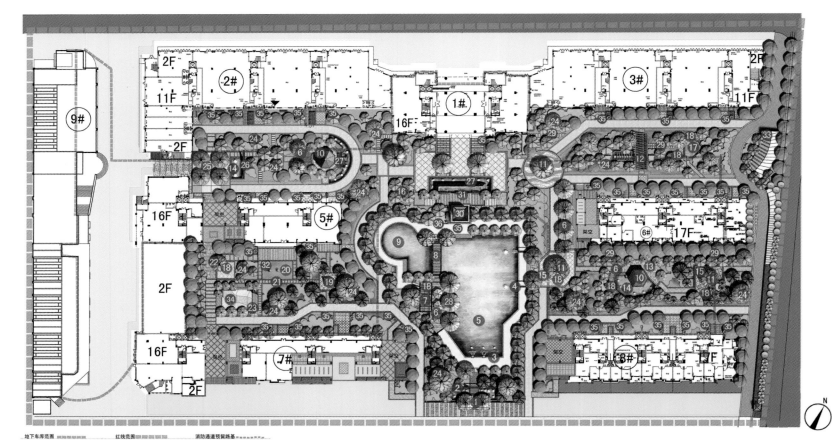

1. 入口水景广场　　2. 景门　　3. 喷水雕塑　　4. 喷水景墙　　5. 成人池　　6. 休闲木平台　　7. 休息长廊　　8. 木桥　　9. 儿童池
10. 观景亭　　11. 景观大树池　　12. 花架　　13. 林荫小广场　　14. 涌泉水景　　15. 休息平台　　16. 景观树阵　　17. 健身区　　18. 休息座凳
19. 景观雕塑　　20. 特色灯柱　　21. 休闲园路　　22. 景观树池　　23. 座凳与花钵　　24. 植物组景　　25. 树阵小广场　　26. 特色景墙　　27. 跌水景观
28. 水边树池　　29. 林荫汀步　　30. 塔楼　　31. 组合景墙　　32. 阳光草坪　　33. 地下车库出入口　　34. 儿童乐园　　35. 花钵　　36. 淋浴喷头

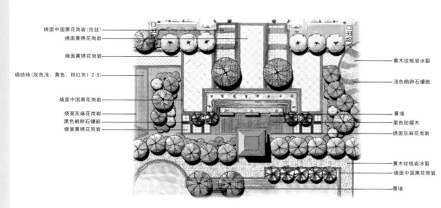

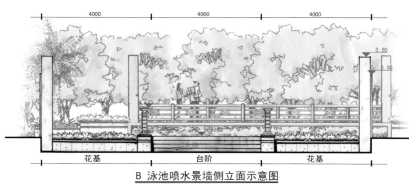

B 泳池喷水景墙侧立面示意图

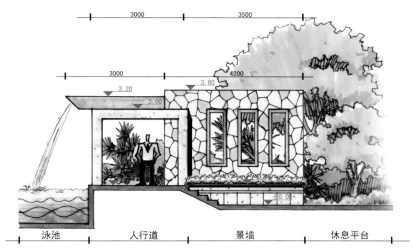

A 泳池喷水景墙立面示意图

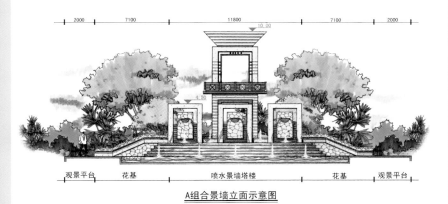

A组合景墙立面示意图

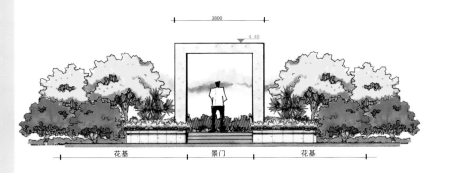

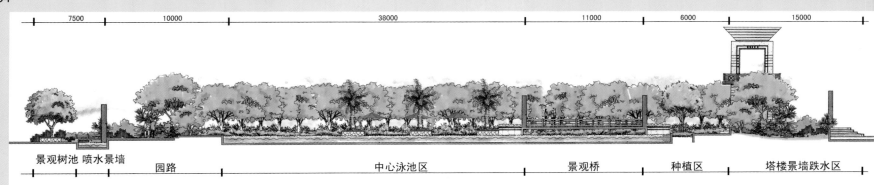

| 7500 | 10000 | 38000 | 11000 | 6000 | 15000 |

景观树池 喷水景墙　　园路　　　　　　　中心泳池区　　　　　景观桥　　种植区　　塔楼景墙跌水区

A中心景观区剖面图

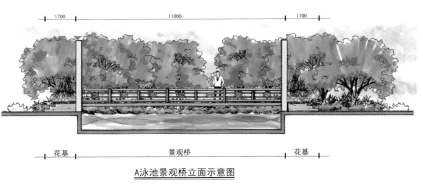

| 1700 | 11000 | 1700 |

花基　　　　　景观桥　　　　　花基

A泳池景观桥立面示意图

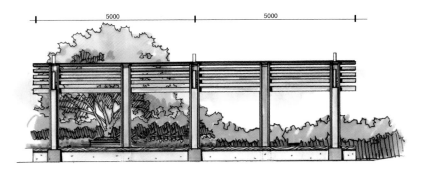

| 5000 | 5000 |

4000

3200

2500

设计理念

小区的各个组团环布在"立体式"中心泳池区的四周，本着"阳光、怡静、休闲、运动"的理念。以泳池、喷水景墙、观景塔楼、叠水、花架廊、特色树池、景观桥、观景平台、休闲园路、阳光草坪、特色雕塑小品等景观元素来营造浓厚的现代风情园林，把五星级度假酒店的优美环境带到社区，使它配合了鄱景阳光花园的楼盘名称，整个创意融中国园林、欧洲园林及东南亚风格的园林精华，其中色块片片，芳草丛丛，相映成趣。

设计原则

1. 景观规划的规范性和合理性
2. 景观设计的实用性和经济性

3. 景点分布的均好性和景观效果的持续性

规划意向

总体设计构图以简洁、明快为主，利用几何线条的曲直、收放变化来构成总体景观，并形成景观节点，主次分明，聚散有度。总景观主要有五大景。

观节点：入口小广场、中心泳池景观区、六角亭跌水景观区、儿童活动广场、花架喷泉休闲区。其中中心泳池景观区为总体设计的景观中心点，范围相对较大，考虑到地下车库影响，使之抬高，形成"立体式"中心泳池景观，独具特色，我们采用了现代主义的设计手法。

以直线为主要景观构成元素，利用直线的干练，直接反映出现代居住小区充满活力的一面，几何规则形的泳池，就如山一般的硬朗线条，与水的柔和相互结合，少了几分随意，多了一些理性，这样的空间给人以更自由、自我、轻松闲适的感觉。入口跌水小广场作为交通节点，以特色铺装与组合景墙跌水和观景塔楼相结合。

其中最引人注目的是正对广场的仿东南亚式样的观景塔楼，在天高云淡时，于塔楼上观赏，美景尽收眼底，以其美丽的景观演绎一个小区独立的姿态。同时考虑到景观的均好性，其他景观节点也结合雕塑小品构成优美的人性化空间，在六角亭跌水景观区和花架喷泉休闲区，延续水的流动，让水景在此形成阳光活力的氛围，并保障居民户户有景可观。道路以直线为主，结合地形、空间等的变化将各个景观节点相连，形成一个景观整体。

在景观植物的选择中除了与园建、建筑相配合外，还考虑了植物的物质特性，包括色、香、形以及自然气息和光线作用于花草树木而产生的艺术效果。在纹理、花期、树池等方面精心的配种，在观赏性与实用性之间取得平衡，并考虑到不同时节的植物形态在季节更替时营造出不同的花草园林景致，清晰感受到生命成长与季节变化带来的自然之美，让住户感受到生活在自然之中，自然在生活之中……

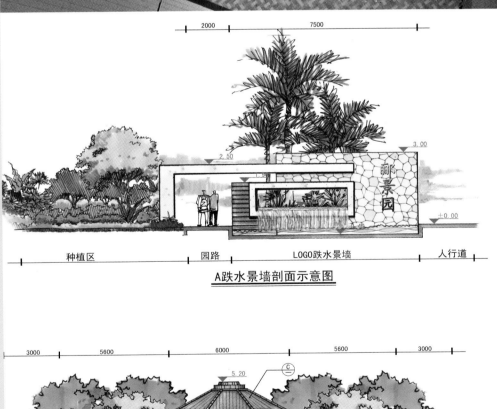

种植区　　　　园路　　　　LOGO跌水景墙　　　　人行道

A跌水景墙剖面示意图

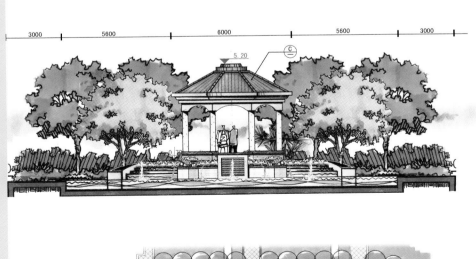

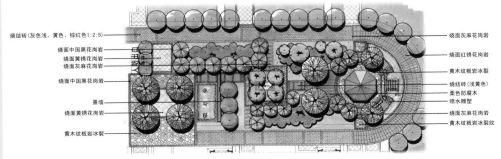

标准树池大样示意图

烧面黄锈石花岗岩

525

1550

镂空仿古铜球

光面中国黑花岗岩

1500

1200

B小广场雕塑正立面示意图

栗色山樟木

米白色艺术涂料

光面黄锈石花岗岩压顶
烧面福建青花岗岩
烧面中国黑花岗岩
烧面黄锈石花岗岩

5#架空层B向立面图   注：A向立面参考8#架空层A向立面

栗色山樟木

米白色艺术涂料

光面黄锈石花岗岩压顶
烧面福建青花岗岩
烧面中国黑花岗岩
烧面黄锈石花岗岩

5#架空层C向立面图

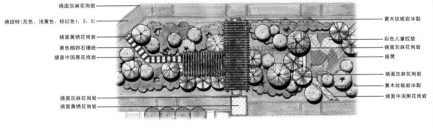

烧面灰麻花岗岩
烧结砖(灰色、浅黄色、棕红色1：2：5)
烧面黄锈花岗岩
黑色鹅卵石镶嵌
烧面中国黑花岗岩
烧面灰麻花岗岩
烧面黄锈花岗岩

黄木纹板岩冰裂
彩色儿童胶垫
烧面灰麻花岗岩
座凳
烧面灰麻花岗岩
黄木纹板岩冰裂
烧面中国黑花岗岩

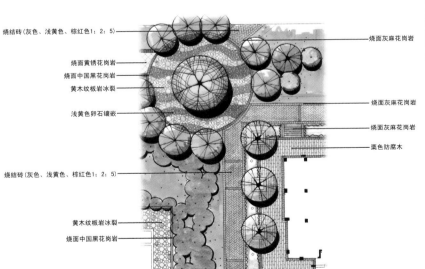

烧结砖(灰色、浅黄色、棕红色1：2：5)
烧面黄锈花岗岩
烧面中国黑花岗岩
黄木纹板岩冰裂
浅黄色卵石镶嵌

烧面灰麻花岗岩
烧面灰麻花岗岩
栗色防腐木

烧结砖(灰色、浅黄色、棕红色1：2：5)
黄木纹板岩冰裂
烧面中国黑花岗岩

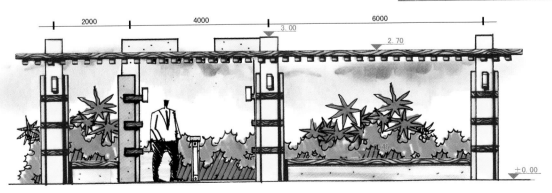

B弧形花架正立面示意图

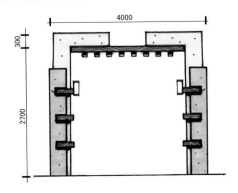

C弧形花架侧立面示意图

A水边亭立面示意图

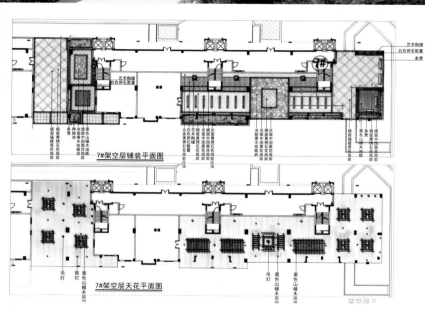

7#架空层铺装平面图

7#架空层天花平面图

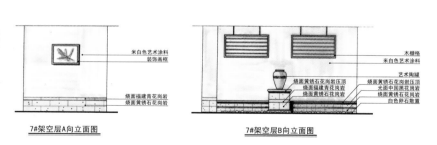

7#架空层A向立面图

7#架空层B向立面图

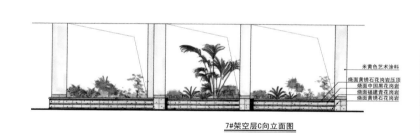

7#架空层C向立面图

8#架空层B向立面图

7#架空层D向立面图

7#架空层E向立面图

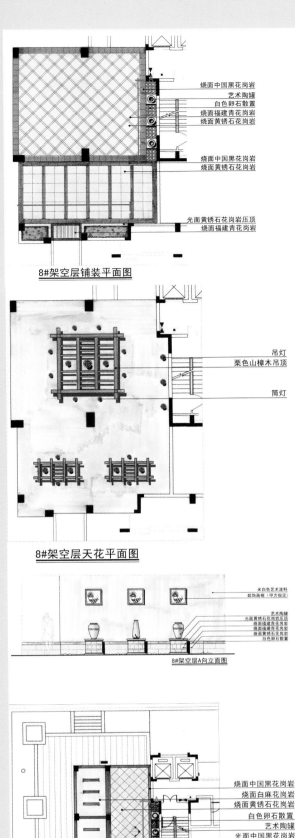

烧面中国黑花岗岩
艺术陶罐
白色卵石散置
烧面福建青花岗岩
烧面黄锈石花岗岩

烧面中国黑花岗岩
烧面黄锈石花岗岩

光面黄锈石花岗岩压顶
烧面福建青花岗岩

8#架空层铺装平面图

吊灯
栗色山樟木吊顶

筒灯

8#架空层天花平面图

米白色艺术涂料
装饰画框（甲方指定）

艺术陶罐
光面黄锈石花岗岩压顶
烧面福建青花岗岩
烧面福建青花岗岩
烧面黄锈石花岗岩
白色卵石散置

8#架空层A向立面图

烧面中国黑花岗岩
烧面白麻石花岗岩
烧面黄锈石花岗岩
白色卵石散置
艺术陶罐
光面中国黑花岗岩

烧面福建青花岗岩
烧面白麻石花岗岩
烧面中国黑花岗岩

6#架空层铺装平面图

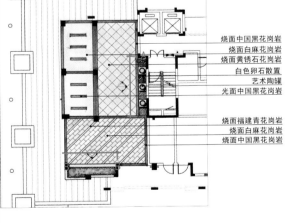

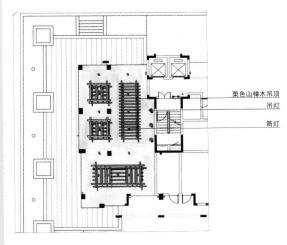

栗色山樟木吊顶
吊灯

筒灯

6#架空层天花平面图

米白色艺术涂料

烧面黄锈石花岗岩压顶
烧面中国黑花岗岩
烧面福建青花岗岩
烧面黄锈石花岗岩

6#架空层B向立面图

注：A向立面参考8#架空层A向立面

"动"与"静"、"开"与"合"的园中园
——武汉金地国际花园景观设计

项目位置：湖北 武汉
景观设计：北京创翌高峰园林工程咨询有限责任公司
委托单位：金地集团武汉房地产开发有限公司

该项目位于武汉武昌区积玉桥地段，是城市中心的黄金地段，东临和平大道，北临前进路，南面及东面为未来规划道路。未来规划地铁站也紧邻小区地块，各种交通网路发达畅通，周边各类生活设施完善，同时整个地块又拥有相对安静的东、南界面，从而使小区既享有现代都市的方便快捷，又能拥有在城市中难得的僻静一隅。国际花园项目地块规划用地为6.48公顷，容积率3.0，计容积率总建筑面积194 525平方米。绿地率25%。国际花园地块周边东南侧被现有住宅小区所围合，仅南面局部临规划道路，住宅远退城市界面，形成非常安静的区域。地块东北角被现状公共建筑占据，将北、西两侧分为相对独立的、紧临城市界面的两段，整体形成一个斜"甲"字形。整个建筑规划与园林景观的设计，充分考虑此地块的现状条件，扬长避短，将这种"动"与"静"、"开"与"合"的特点充分发挥。原创性地将地块划分为两大区域：北、西两侧及南侧局部，形成外部围合的"C"形，东、南部为被围合在其中的"园中园"。整个园林景观的风格也由热烈、精致、人工

逐步过渡到幽静、简洁、自然。两大区域巧妙的通过地形高差的处理，精致细腻的景观元素过渡衔接，使人游憩其间时不知不觉地既已穿越动、静两大景观区域。
国际花园景观地块地形比较丰富，整个地块西北高、东南低。和平大街侧，人流可以直接进入小区，车流直接向下开入地库；而前进路人流则要通过大台阶上到高差两米多的小区内广场。在这个界面上，小区内居民与沿街商铺人流通过不同的标高形成自然分界；南侧车行入口主要为花园洋房服务，车辆可利用花园洋房与道路高差直接开入有采光的半地下车库。花园洋房区域高出北面及西面高层公寓景观广场一米多，利用此高差形成了变化丰富的景观界面。为了在高层公共区域突显南方亚热带园林风情，我们更多地采用了圆、曲线这样的设计元素来营造景观空间，通过水来引导人流，并贯穿重要景区，在中央广场处汇集成集中水面。渐变的蓝色马赛克水景池与水中棕榈树池配合，营造出浓郁的热带海岸景象。

集中水面之上耸立的景观塔高九米左右，成为全园的最高点，同时成为人行主入口—主轴线与花园洋房—主轴线的端景景观。而在宅间景观的设计上，更是在现有地形变化上做了丰富的高差变化，把高差处理得更加景观化，时而台地景观，时而缓坡草坪，时而花坛嵌入点缀，时而平台悬挑，时而流水跌景，再以直路曲路交替穿插其间，同时配以亚热带季相植物，使人走在其间不仅感觉到时间变化，更是充分地享受空间的丰富变化。花园洋房区域则尽可能地压缩硬质景观面积，从而争取更多的绿化面积，配以曲折的路径，汀步，入户铺装，镶嵌进葱郁的浓荫之中，给回家的人们以安静、亲切的感觉，使整个区域与高层区域形成对比的风格。

国际花园的种植设计与景观主题相呼应，体现亚热带风情。在植物品种的选择与用量上，做了谨慎的选择，选用了一定量的棕榈科植物，苏铁及大叶观赏植物。由于场地覆土的限制，在植物的选择上受到了一定的限制，对于车库顶板的位置，我们选择了大花灌木，小乔木及浅根性的乔木营造气氛，植物生长的同时不会破坏车库顶板；而对于实土区，结合

景观的需要，尽量选择大乔木，才可以与高层建筑的体量相配，弥补了广场的空旷。在植物运用上，常绿与落叶搭配，常绿比例大。对于现状保留下来的大树，我们在适当的景观位置给予了考虑。

总体上植物的设计构思是：公共区域，高层公寓区域突出体现亚热带风情，精致、细腻、层次丰富。公共化、人工化较强；花园洋房景观区域相对更加突出植物的茂密葱郁，在多层次的基础上强调私密性，营造幽静私密的气氛。

整体园林内植物的基本的设计原则是：体形高低错落，季相变化丰富，颜色对比和谐，大小叶对比分明，入口有明显丰富的提示景观。墙角植物遮挡，着重考虑山墙的立面效果等。整个小区的景观环境设计原则是人工与生态并重，硬景与绿化互为依托，创造宜人的人文社区；强调人性化的尺度设计来满足人对户外体验生活的要求；尤其注重设计细节的表现，最终成为精致、细腻、丰富与高雅、简洁、大气并存的现代风格的山水园林。

以科学来演绎人居，以艺术来升华生活
——金地格林上院

项目位置：广东 东莞
景观设计：SED新西林景观国际

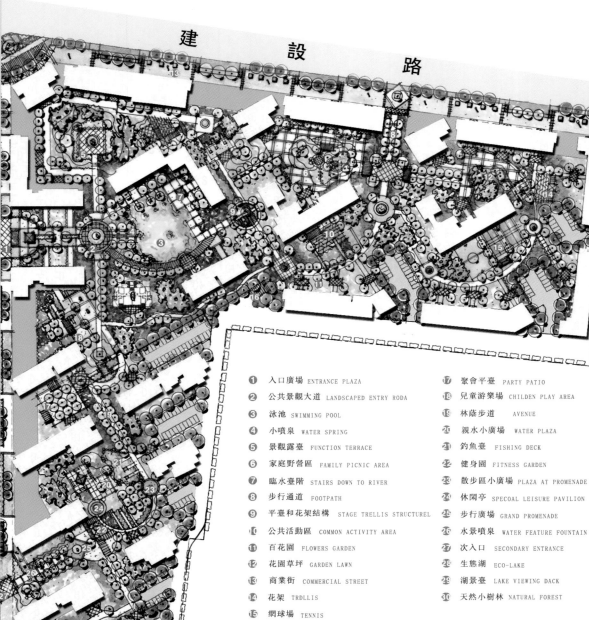

该项目位于东莞市大岭山镇新城镇中心区，总占地9.5万平方米，分三期开发，是金地集团继格林小城之后为东莞城市中坚阶层打造的又一个高尚人文居住社区。项目规划设计以"新城市主义"为设计理念思想，主张以科学来演绎人居，以艺术来升华生活，运用亲切、温情的尺度去设计城市与居住空间，以简约明快的北欧风格为基调，在建筑规划上突破格林小城半围合的院落形态，创新设计更具居住优势的开放式"半院"形态，提高各个户型的通风、采光效果，同时通过建筑尺度营造出最适合住户交流与沟通的院落感。现代东南亚风情的园林景观将标志性主题景观入口广场、绿地、水体有机贯穿，通过空间规划组织的再创造，为小区创造层次丰富，内容、功能和景观丰富的公共活动空间，让居住者从社区入口开始就能逐步充分体验具有强烈异国情调的景观氛围。

① 入口廣場 ENTRANCE PLAZA	⑰ 聚會平臺 PARTY PATIO
② 公共景觀大道 LANDSCAPED ENTRY RODA	⑱ 兒童游樂場 CHILDEN PLAY AREA
③ 泳池 SWIMMING POOL	⑲ 林蔭步道 AVENUE
④ 小噴泉 WATER SPRING	⑳ 親水小廣場 WATER PLAZA
⑤ 景觀露臺 FUNCTION TERRACE	㉑ 釣魚臺 FISHING DECK
⑥ 家庭野營區 FAMILY PICNIC AREA	㉒ 健身園 FITNESS GARDEN
⑦ 臨水臺階 STAIRS DOWN TO RIVER	㉓ 散步區小廣場 PLAZA AT PROMENADE
⑧ 步行通道 FOOTPATH	㉔ 休閑亭 SPECOAL LEISURE PAVILION
⑨ 平臺和花架結構 STAGE TRELLIS STRUCTUREL	㉕ 步行廣場 GRAND PROMENADE
⑩ 公共活動區 COMMON ACTIVITY AREA	㉖ 水景噴泉 WATER FEATURE FOUNTAIN
⑪ 百花園 FLOWERS GARDEN	㉗ 次入口 SECONDARY ENTRANCE
⑫ 花園草坪 GARDEN LAWN	㉘ 生態湖 ECO-LAKE
⑬ 商業街 COMMERCIAL STREET	㉙ 湖景臺 LAKE VIEWING DACK
⑭ 花架 TRDLLIS	㉚ 天然小樹林 NATURAL FOREST
⑮ 網球場 TENNIS	
⑯ 地下車庫入口 BASEMENT GARAGE ENTRANCE	

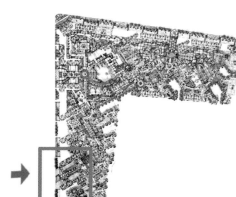

特色堆坡種植	特色樹池	噴水景牆	保安亭	次入口大門	特色堆坡樹池

商業街 　　　　 特色入口水景 　　　　 主入口及保安亭 　　　　 特色入口水景 　　　　 商業街

入口保安亭及景牆 　　　　　　 特色雕塑中心水景 　　　　　　 柱陣及景觀水帶

特色植物 　　　　　　 特色泳池 　　　　 特色水吧 　　 特色水岸（休息區）

"禀赋阳光的灵感，纯粹休闲的栖居"
——万科佛山伦教沁园项目

项目位置：广东 佛山
景观设计：SED 新西林景观国际
委托单位：万科房地产集团

该项目坐落在佛山伦教世纪路以北，伦常北路以西，为了营造一个高品质的居住社区，SED新西林景观国际以简约东南亚风格打造中心庭院景观，整体园林强调休闲度假风格，将阳光、草坪、大树完美融合到园林景观中，力求创造出整个社区休闲轻松的氛围。在8万平方米的占地上，设计者充分考虑地域气候等因素，从居住者生活习惯的角度进行创新，设计出4万平方米的生态绿化，绿化率高达50%，营造出一种崭新的居住模式。而四大组团纳雅丹堤、普吉岛风情园、泰曼风情园、清莱风情园的景观设计和1 500平方米SPA度假风情泳池，将万科沁园项目的东南亚风情完美极致展现，让居者领略"最美的地方"，以领袖气质引领居住理念，改变居住模式和环境。

风情主入口，跌水律动间的泰式禅意

作为社区对外的景观焦点，构筑了一个宽阔雄厚的构筑物，以此减少高层建筑所带来的压抑感，同时设计师借助地形高差，营造大跌级种植、水景及丰富的景墙，使用镜面水景、大台阶、构筑物，以简洁的手法营造主入口别致的景观空间。

通过入口桥及大台阶的人行体验，逐步把人们带入一个充满泰式禅意的景观空间——镜面水景加上阵列雕塑，开阔水面上的点点烛火，石阶尽头的泰式木亭，在轻松的游赏中人们也感受了隆重的仪式感，让居者的尊崇感油然而生。

灵动泳池区，自由奔放的异域情调

经过分析，宅间庭院现状平坦，立面景观资源缺乏，针对单一的竖向，设计师在景观设计时结合建筑概念设计，做出合理的竖向变化，抬高游泳池、景观堆坡、景观构筑物，将亚洲SPA水景的多样形态与原创泰式园林完美糅合，椰林水影，使园林空间极致灵动，达到丰富的竖向视觉景观效果与空间效果。

景观泳池承接主入口的良好品质形象，以曲直结合的手法打造处处有景，开合有度又足够

私密的泳池景观空间，同时整合多种休闲功能于其中，泳池空间整体抬高后，利用景墙、水景打造出空间丰富的景观环境，并且集合了游泳、SPA、戏水、水吧等多种功能。火山熔岩石、东南亚风情感的亭阁、木质的地面装饰等都置于自然景色之中，和谐地融入了郁郁葱葱的绿意与绵绵不绝的水景，将美丽的自然景致、独特的植物、东南亚风情特色融合在当代设计之中，让人们充分体会热带度假般的闲适轻松。

开敞式宅间活动区，时尚灵活的空间感受

宅间活动区延续自北向南的空间关系，将开敞性、功能型的场地加以结合，中间草坪空间作为联系两个空间的纽带，在两边辅以不同形式的活动空间，通过道路的转折和小空间的收放形成错落有致、充满趣味的住宅景观。现代的东南亚风格创出鲜明的社区形象，利用景墙、水景、特色雕塑、肌理变化、空间变换等演绎了现代的东南亚风情与简洁时尚的幽雅精彩。

绿化坪地区，疏密有致的浪漫庭院意境

绿化坪地区以两个水景小庭园为主，结合开放草坪及自然堆坡绿化，营造掩映于山林绿树中的景观意境。大面积的堆坡绿化为主，辅以活动场地和围合而成的草坪区，营造一个实用的庭院空间。同时，水景小庭园包含了儿童游乐及休憩多种功能，以便于家长对游玩小孩的看顾。阳光草坪下的奔跑，儿童游乐场上的打闹，纳荫凉亭处的倾谈，水流的声响，树影的摇曳共同构成了这处热带庭园的温馨与浪漫。

SED新西林景观国际以东南亚现代、艺术、繁华的都市为目标，设计拥有亲水性、自然性、创造性的生活景观；营造"禀赋阳光的灵感，纯粹休闲的栖居"的意境，为佛山顺德塑造了一座理想的、符合文化价值取向的生活之城。

居住区环境景观设计导则

（2006正式版）

1.总则

1.1本导则是为了贯彻科学发展观，适应全面建设小康社会的发展要求，满足21世纪居住生活水平的日益提高，促进我国环境景观设计尽早达到国际先进水平而编制的。旨在指导设计单位和开发单位的技术人员正确掌握居住区环境景观设计的理念、原则和方法。通过导则的实施让广大城乡居民在更舒适、更优美、更健康的环境中安居乐业，并为我国的相关规范的制定创造条件。

1.2本导则遵循国内现行的居住规划设计规范、住宅设计规范和其他法规，并参考国外相关文献资料编制而成的，具有适用性和指导性。

1.3居住区环境景观设计应坚持一下原则：

1.3.1坚持社会性原则。赋予环境景观亲切宜人的艺术感召力，通过美化生活环境，体现社区文化，促进人及交往和精神文明建设，并提倡公共参与设计、建设和管理。

1.3.2坚持经济性原则。顺应市场发展需求及地方经济状况，注重节能、节材，注重合理实用土地资源。提倡朴实简约，反对浮华铺张，并尽可能采用新技术、新材料、新设备，达到优良的性价比。

1.3.3坚持生态原则。应尽量保持现存的良好生态环境，改善原有的不良生态环境。提倡将先进的生态技术运用到环境景观的塑造中去，利于人类的可持续发展。

1.3.4坚持地域性原则。应体现所在地域的自然环境特征，因地制宜地创造出具有时代特点和地域特征的空间环境，避免盲目移植。

1.3.5坚持历史性原则。要尊重历史，保护和利用历史性景观，对于历史保护地区的住宅景观设计，更要注重整体的协调统一，做到保留在先，改造在后。

2.住区环境的综合营造

2.1总体环境

2.1.1环境景观规划必须符合城市总体规划、分区规划和详细规划的要求。要从场地的基本条件、地形地貌、土质水文、气候条件、动植物生长状况和市政配套设施等方面分析设计的可行性和经济性。

2.1.2宜居住区的规模和建筑形态，从平面和空间两方面入手，通过合理的用地配置，适宜的景观层次安排，必备的设施配套，达到公共空间和私密空间的优化，达到住区整体意境及风格塑造的和谐。

2.1.3通过借景、组景、分景、添景等多种手法，使住区内外环境协调。濒临城市河道的住区宜充分利用自然水资源，设置亲水景观，临近公园或其他类型景观资源的住区，应有意识地景观资源的住区，应有意识地留设景观实现通廊，促成内外景观的交融；毗邻历史古迹保护区的住区应尊重历史景观，让珍贵的历史文脉融于当今的景观设计元素中，使其具有鲜明的个性，并为保护区的开发建设创造更高的经济价值。

2.1.4住区环境景观结构布局如下表所示。

表2.1.4 住区环境景观结构布局

住区分类	景观空间密度	景观布局	地形及竖向处理
高层住区	高	采用立体景观集中景观布局形式。高层住区的景观总体布局可适当图案化，既要满足居民在近处观赏的审美要求，又需要重居民在居室中向下俯瞰时的景观艺术效果。	通过多层次的地形塑造来增强绿视率。
多层住区	中	采用相对集中、多层下的景观布局形式，保证集中景观空间的服务半径，尽可能满足不同年龄结构、不同心理取向的居民的群体景观需求，具体布局手法可根据住区规模和现状条件灵活多样，不拘一格，以营造出有自身特色的景观空间。	因地制宜，结合住区规模及现状条件适度地形处理。
低层住区	低	采用较分散的景观布局，使住区景观尽可能接近每户居民，景观的散点布局可结合庭园塑造尺度适人的半围合景观。	地形塑造的规模不宜过大，以不影响低层住户的景观视野又可满足其私密度要求为宜。
综合住区	不确定	宜根据住区总体规划及建筑形式选用合理的布局形式。	适度地形处理。

2.2光环境

2.2.1住区休闲空间争取良好的采光环境，有助于居民的户外活动，在其后气候炎热的地区，需考虑足够的荫蔽构筑物，以方便居民交往活动。

2.2.2选择硬质、软质材料时需考虑对光的不同反射程度，并用以调节室外居住空间受光面与背光面的不同光线要求；住区小品设施设计时宜避免采用大面积的金属、玻璃等反射性材料，减少住区光污染；户外活动场地布置时，其朝向需考虑减少眩光。

2.2.3在满足基本照度要求的前提下，住区室外灯光设计营造舒适、温和、优雅的生活气氛，不宜盲目强调灯光亮度；光线充足的住区宜利用日光生产到的光影变化来形成外部空间的独特景观。

2.3通风环境

2.3.1住区住宅建筑的排列有利于自然通风，不宜形成过于封闭的围合空间，做到疏密有致，通透开敞。

2.3.2为调节住区内部通风排浊效果，应尽可能扩大绿化种植面积，适当增加水面面积，有利于调节通风量的强弱。

2.3.3 户外活动场的设置应该根据当地不同季节的主导风向，并有意识地通过建筑、植物、景观设计来疏导自然气流。

2.3.4 住区的大气环境质量标准宜达到二级。

2.4 声环境

2.4.1 城市住区的白天噪声允许值宜≤45dB，夜间噪声允许值宜≤40dB。靠近噪声污染源的住区应通过设置隔音墙、人工筑坡、植物种植、水景造型、建筑屏障等进行防噪。

2.4.2 住区环境设计中宜考虑用优美轻快的背景音乐来增强居住生活的情趣。

2.5 温、湿度环境

2.5.1 温度环境 环境景观配置对住区温度会产生较大影响。北方地区冬季要从保温的角度考虑硬质景观设计；南方地区夏季要从降温的角度考虑软质景观设计。

2.5.2 湿度环境 通过景观水量调节和植物呼吸作用，使住区的相对湿度保持在30%—60%。

2.6 嗅觉环境

2.6.1 住区内部应引进芳香类植物，排斥散发异味、臭味和引起过敏、感冒的植物。

2.6.2 必须避免废异物对环境造成的不良影响，应在住区内设置垃圾收集装置，推广垃圾无毒处理方式，防止垃圾及卫生设备气味的排放。

2.7 视觉环境

2.7.1 以视觉控制环境景观是一个重要而有效的设计方法，如对景、衬景、框景等设置景观视廊都会产生独特的视觉效果，由此而提升环境的景观价值。

2.7.2 要综合研究视觉景观的多种元素组合，达到色彩适人、质感亲切、比例恰当、尺度事宜、韵律优美的动态和静态观赏效果。

2.8 人文环境

2.8.1 应十分重视保护当地的文物古迹，并对保留建筑物妥善修缮，发挥其文物价值和景观价值。

2.8.2 要重视对古树名木的保护，提倡就地保护，避免异地移植，也不提倡从居住区外大量移入名贵树种，造成树木存活率降低。

2.8.3 保护地域原有的人文环境特征，发扬优秀的民间习俗，从中提炼代表性设计元素，创造出新的景观场景，引导新的居住模式。

2.9 建筑环境

2.9.1 建筑设计应考虑建筑空间结合，建筑造型等与整体景观环境的整合，并通过建筑自身形体的高低组合变化和与住区内、外山水环境的结合，塑造具有个性特征和可识别性的住区整体景观。

2.9.2 建筑外立面处理

（1）形体 住区建筑的里面设计提倡简介的线条和现代风格，并反映出个性特点。

（2）材质 鼓励建筑设计中选用美观经济的新材料，通过材质变化及对比来丰富外立面。建筑底层部分外墙处理宜细。外请材料选择时需注重防水处理。

（3）色彩 住区建筑宜以淡雅、明快为主。在景观单调处，可通过建筑外墙面的色彩变或适宜的壁画来丰富外部环境。

（4）住宅建筑外立面设计应考虑室外设施的位置，保持住区景观的整体效果。

3.景观设计分类

3.1 分类原则

本导则的景观设计分类是依据住区的居住功能特点和环境景观的组成元素而划分的，不同于狭义的"云林绿化"，是以景观来塑造人的交往空间形态，突出了"场所＋景观"的设计原则，具有概念明确、简练实用的特点。有助于工程技术人员对居住区环境景观的总体把握和判断。

3.2 设计元素

景观设计元素是组成居住区环境景观的素材。本导则列出的景观设计元素仅是诸多素材中的常见部分，其中一些重要的量化指标可作为设计参考依据。设计元素根据其不同特分为：功能类元素、园艺类元素和表象类元素。

3.3 景观设计分类详见表3.3

表3.3 景观设计分类表

序号	设计分类	设计元素		
		功能类元素	园艺类元素	表象类元素
1	绿化种植景观		植物配置、宅旁绿地、隔离绿地、架空层绿地、平台绿地、屋顶绿地、绿篱绿地、古树名木保护	
2	道路景观	机动车道、步行道、路缘、车档、揽柱		
3	场所景观	健身运动场、游乐场、休闲场所		
4	硬质景观	便民设施、信息标志、栏杆、扶手、围栏、栅栏挡土墙、坡道、台阶、种植容器、入口造型	雕塑小品	
5	水景景观	1.自然水景（驳岸、景观桥、木栈道） 2.泳池景观 3.景观用水	1.庭院水景（瀑布、溪流、跌水、生态水池、汀步池）2.装饰水景（喷泉、倒影池）	
6	庇护性景观	亭、廊、棚架、		
7	模拟化景观			
8	高视点景观			图案、色块、屋顶、色彩、层次、密度、阴影、轮廓
9	照明景观	车行照明、人行照明、场地照明、安全照明		特写照明、装饰照明

4.绿化种植景观

4.1 居住区公共绿地设置

居住区公共绿地设置根据居住区不同的规划组织结构类型,设置相应的中心公共绿地,包括居住区公园(居住区级),小游园(小区级)和组团绿地(组团级),以及儿童游戏场和其他的块状\带状公共绿地等.并应符合下表规定。（详见表4.1）（表内"设置内容"可根据具体条件选用）

注：①居住区公共绿地至少有一边与相应级别的道路相邻。②应满足有不少于1/3的绿地面积在标准日照阴影范围之外。③块状、带状公共绿地同地满足宽度不小于8米，面积不少于400m²的要求。④参见《城市居住区规划设计规范》。

表4.1 居住区各级中心公共绿地设置规定

中心绿地名称	设置内容	要求	最小规格(ha)	最大服务半径(m)
居住区公园	花木草坪，花坛水面，凉亭雕塑，小卖茶座，老幼设施，停车场地和铺装地面等	园内布局应有明确的功能划分	1.0	800-1000
小游园	花木草坪，花坛水面，雕塑，儿童设施和铺装地面等	园内布局应有一定的功能划分	0.4	400-500
组团绿地	花木草坪，桌椅，简易儿童设施等	可灵活布局	0.04	

4.2公共绿地指标

公共绿地指标应根据居住人口规模分别达到：组团级不少于0.5m²/人；小区（含组团）不少于1m²/人；居住区（含小区或组团）不少于1.5m²/人。

4.3绿地率

新区建设应≥30%；
旧区改造宜≥25%；
种植成活率≥98%.

4.4院落组团绿地

其中：L-南北两搂正面间距（m）；L₂-当地住宅的标准日照间距（m）；S₁-北侧为多层楼的组团绿地面积（m²）；S₂-北侧为高层楼的组团绿地面积（m²）。（见表4.4）

表4.4 院落组团绿地设置规定

封闭型绿地		开敞型绿地	
南侧多层楼	南侧高层楼	南侧多层楼	南侧高层楼
L≥1.5（L₂）	L≥1.5（L₂）	L≥1.5（L₂）	L≥1.5（L₂）
L≥30（m）	L≥50（m）	L≥30（m）	L≥50（m）
S₁≥800（m²）	S₁≥1200（m²）	S₁≥800（m²）	S₁≥1200（m²）
S₂≥800（m²）	S₂≥800（m²）	S₂≥800（m²）	S₂≥1200（m²）

4.5绿化种植相关间距控制规定

4.5.1绿化植物栽植间距和绿化带最小宽度规定见表4.5.1。

表4.5.1 绿化植物栽植间距

名称	不宜小于（中-中）（m）	不宜大于（中-中）（m）
一行行道树	4.00	6.00
两行行道树（棋盘式栽植）	3.00	5.00
乔木群栽	2.00	/
乔木与灌木	0.50	/
灌木群栽（大灌木）（中灌木）（小灌木）	1.00 0.75 0.30	3.00 0.50 0.80

4.5.2绿化带最小宽度规定见表4.5.2。

表4.5.2 绿化带最小宽度

名称	最小宽度(m)	名称	最小宽度(m)
一行乔木	2.00	一行灌木带(大灌木)	2.50
两行乔木(并列栽植)	6.00	一行乔木与一行绿篱	2.50
两行乔木(棋盘式栽植)	5.00	一行乔木与两行绿篱	3.00
一行灌木带(小灌木)	1.50		

4.5.3绿化植物与建筑物、构筑物最小间距见表4.5.3。

表4.5.3 植物与建筑物、构筑物的最小间距

建筑物、构筑物名称	最小间距（m）	
	至乔木中心	至灌木中心
建筑物外墙：有窗	3.0-5.0	1.5
无窗	2.0	1.5
挡土墙顶内和墙脚外	2.0	0.5
围墙	2.0	1.0
铁路中心线	5.0	3.5
道路路面边缘	0.75	0.5
人行道道路边缘	0.75	0.5
排水沟边缘	1.0	0.5
体育用场地	3.0	3.0
喷水冷却池外缘	40.0	
塔式冷却塔外缘	1.5倍塔高	

4.5.4绿化植物与管线的最小间距详见表4.5.4。

表4.5.4 绿化植物和管线的最小间距

管线名称	最小间距（m）	
	乔木（至中心）	灌木（至中心）
给水管、闸井	1.5	不限
污水管、雨水管、探井	1.0	不限
煤气罐、探井	1.5	1.5
电力电缆、电信电缆、电信管道	1.5	1.0
热力管（沟）	1.5	1.5
地上杆柱（中心）	2.0	不限
消防龙头	2.0	1.2

4.6道路交叉口植物布置规定

道路交叉口种植树木时，必须留出非种植区，以保证行车安全视距，即在该视野范围内不应栽植高于1米的植物，而且不得妨碍交叉路口灯的照明，为交通安全创造良好条件。（见表4.6）

表4.6 道路交叉口植物布置规定

行车速度≤40km/h	非植树区不应小于30m
行车速度≤25km/h	非植树区不应小于14m
机动车道与非机动车道交叉口	非植树区不应小于10m
机动车道与铁路交叉口	非植树区不应小于50m

4.7植物配置

4.7.1植物配置的原则。

（1）视影绿化的功能要求，适应所在地区的气候、土壤条件和自然植被分布特点，选择抗病虫害强、易养护管理的植物，体现良好的生态环境和地域特点。

（2）从分发挥植物的各种功能和观赏特点，合理配置，常绿与落叶、速生与慢生相结合，构成多层次的复合生态结构，达到人工配置的植物群落自然和谐。

（3）植物品种的选择要在统一的基调上力求丰富多样。

（4）要注重种植位置的选择，一面影响室内的采光通风和其他设施的管理维护。

4.7.2适用居住区种植的植物分为六类：乔木、灌木、藤本植物、草本植物、花卉及竹类。

4.3.7植物配置按形式分为规则式和自由式，配置组合基本有如下几种：（详见表4.7.3）

表4.7.3 道路交叉口植物布置规定

组合名称	组合形态及效果	种植方式
孤植	突出树木的个体美，可形成开阔空间的主景。	多选用粗壮高大、体形优美，树冠较大的乔木。
对植	突出树木的整体美，外形整齐美观，高矮大小基本一致。	以乔灌木为主，在轴线两侧对称种植。
丛植	以多种植物组合成的观赏主体，形成多层次绿化结构。	由遮阳为主的丛植多由数株乔木组成。以观赏为主的多由乔灌木混交组成。
树群	以观赏树组成，表现整体造型美，产生起伏变化的背景效果，衬托前景或建筑物。	由数株同类或异类树种混合种植，一般树群长宽比不超过3:1，长度不超过60m。
草坪	分观赏草坪、游憩草坪、运动草坪、交通安全草坪、护坡草坪，主要种植矮小草本植物，通常为绿地景观的前景。	按草坪用途选择品种，一般容许坡度为1-5%，适宜坡度为2-3%。

4.8植物组合的空间效果

植物作为三维空间的实体，以各种方式交互形成多种空间效果，植物的高度和密度影响空间的塑造。（详见表4.8）

表4.8 道路交叉口植物布置规定

植物分类	植物高度（cm）	空间效果
花卉、草坪	13-15	能覆盖地表，美化开敞空间，在平面上暗示空间。
灌木、花卉	40-45	产生引导效果，界定空间范围。
灌木、竹类、藤本类	90-100	产生屏障功能，改变暗示空间的边缘、限定交通流线。
乔木、灌木、藤本类、竹类	135-140	分隔空间，形成连续完整的围合空间。
乔木、藤本类	高于人水平视线	产生较强的视线引导作用，可形成较私密的交往空间。
乔木、藤本类	高大树冠	形成顶面的封闭空间，具有遮蔽功能，并改变天际线的轮廓。

4.9绿篱设置

4.9.1绿篱有组成边界、围合空间、分隔和遮阳场地的作用，也可作为雕塑小品的背景。

4.9.2绿篱以行列式密植植物为主，分为整形绿篱和自然绿篱。整形绿篱常用生长缓慢、分枝点低、枝叶结构紧密的低矮乔灌木，适合人工修剪整形。自然绿篱选用植物体量则相对较高大。绿篱地上生长空间要求一般高度为0.5-1.6m，宽度为0.5-1.8m。

4.9.3绿篱树的行距和株距（详见表4.9.3）

表4.9.3 绿篱树的行距和株距

栽植类型	绿篱高度（m）	株行距（m）		绿篱计算宽度（m）
		株距	行距	
一行中灌木	1-2	0.40-0.60	/	1.00
两行中灌木		0.50-0.70	0.40-0.60	1.40-1.60
一行小灌木	<1	0.25-0.35	/	0.80
两行小灌木		0.25-0.35	0.25-0.30	1.10

4.10宅旁绿化

4.10.1宅旁绿地贴近居民，特别是具有通达性和实用观赏性。宅旁绿地的种植应考虑建筑物的朝向(如在华北地区，建筑物南面不宜种植过密，以致影响通风和采光)。在近窗不宜种植高大灌木；而在建筑物的西面，需要种高大阔叶乔木，对夏季降温有明显效果。

4.10.2宅旁绿地应设计方便居民行走及滞留的适量硬质铺地，并配置耐践踏的草坪。阴影区宜种植耐阴植物。

4.11隔离绿化

4.11.1居住区道路两侧应栽种乔木、灌木和草本植物，以减少交通造成的尘土、噪音及有害气体，有利于沿街住宅室内保持安静和卫生。行道树应尽量选择枝冠水平伸展的乔木，起到遮阳降温作用。

4.11.2公共建筑与住宅之间应设置隔离绿地，多用乔木和灌木构成浓密绿色屏障，以保持居住区的安静，居住区内的垃圾站、锅炉房、变电站、变电箱等欠美观地区可用灌木或乔木加以隐蔽。

4.12架空空间绿化

4.12.1住宅低层架空广泛适用于南方亚热带气候区的住宅，利于居住院落的通风和小气候的调节，方便居住者遮阳避雨，并起到绿化景观的相互渗透作用。

4.12.2架空层内宜种植耐阴性的花草灌木，局部不通风的地段可布置枯山水景观。

4.12.3架空层作为居住者在户外活动的半公共空间，可配置适量的活动和休闲设施。

4.13平台绿化

4.13.1平台绿化一般要结合地形特点及使用要求设计，平台下部空间可作为停车库、辅助设备用房、商场或活动健身场地等；平台上部空间作为安全美观的行人活动场所。要把握"人流居中，绿地靠窗"的原则即将人流限制在平台中部，以防止对平台首层居民的干扰，绿地靠窗设置，并种植一定数量的灌木和乔木，减少户外人员对室内居民的视线干扰。

4.13.2平台绿地应根据平台结构的承载力及小气候条件进行种植设计，要解决好排水和草木浇灌问题，可结合采光口或采光罩进行统一规划。

4.13.3 平台上种植土厚度必须满足植物生长的要求，一般参考控制厚度（详见表4.13.3），对于较高大的树木，可在平台上设置树池栽植。

表4.13.3　土层控制厚度

种植物	种植土最小厚度（cm）		
	南方地区	中部地区	北方地区
花卉草坪地	20	40	50
灌木	30	60	80
乔木、藤本植物	60	80	100
中高乔木	80	100	150

4.14 屋顶绿化

4.14.1 建筑屋顶自然环境与地面有所不同，日照、温度、风力和空气成分等随建筑物高度而变化。

（1）屋顶接受太阳辐射强，光照时间长，对植物生长有利。

（2）温差变化大，夏季白天温度比地面高3-5℃，夜间又比地面地2-3℃；冬季屋面温度比地面高，有利植物生长。

（3）屋顶风力比地面大1-2级，对植物发育不利。

（4）相对适度比地面低10-20%，植物蒸腾作用强，更需保水。

4.14.2 屋顶绿地分为坡屋面和平屋面两种，应根据上述生态条件种植耐旱、耐移栽、生命力强、抗风力强、外形较低矮的植物。坡屋面多选择贴伏状藤本或攀援植物。平屋顶以种植观赏性较强的花木为主，并适当配置水池、花架等小品，形成周边式和庭园式绿化。

4.14.3 屋顶绿化数量和建筑小品放置位置，需要景观荷载计算却确定。考虑绿化的平屋顶荷载为500-1000kg/m²，为了减轻屋顶的荷载，栽培介质常用轻质材料按需要比例混合而成（如营养土、土屑、蛭石等）。

4.14.4 屋顶绿化可用人工浇灌，也可采用小型喷灌系统和低压滴灌系统。屋顶多采用我面找坡，设排水沟和排水管的方式解决排水问题，避免积水造成植物根系腐烂。

4.15 停车场绿化

车厂的绿化景观可分为：周界绿化、车位间绿化和地面绿化及铺装。（详见表4.15）。

表4.15　停车场绿化

绿化部位	景观及功能效果	设计要点
周界绿化	形成分隔带，减少视线干扰和居民的随意穿越。遮挡车辆反光对居室内的影响。增加了车场的领域感，同时美化了周边环境。	较密集排列种植灌木和乔木，乔木树干要求挺直；车场周边也可围合装饰景墙，或种植攀援植物进行垂直绿化。
车位间绿化	多条带状绿化种植产生陈列式韵律感，改变车场内环境，并形成庇荫，避免阳光直射车辆。	车位间绿化带由于受车辆尾气排放影响，不宜种植花卉。为满足车辆的垂直停放和植物保水要求，绿化带一般宽为1.5-2m左右，乔木沿绿带排列，间距应≥2.5m，以保证车辆在其间停放。
地面绿化及铺装	地面铺装和植草砖使场地色彩产生变化，减弱大面积硬质地面的生硬感。	采用混凝土或塑料植草砖铺地。种植耐碾压草种，选择满足碾压要求具有透水功能的实心砌砖铺装材料。

4.16 古树名木保护

4.16.1 古树，指树龄在100年以上的树木；名木，指国内外稀有的以及具有历史价值和纪念意义等重要科研值的树木。

古树名木分为一级和二级。凡是树龄在300年以上，或特别珍贵稀有，具有重要历史价值和纪念意义、重要科研价值的古树名木为一级；其余为二级。

古树名木是人类的财富，也是国家的活文物，一级古树名木要报国务院建设行政主管部门备案；二级古树名木要报省、自治区、直辖市建设行政部门备案。

新建、改建、扩建的建设工程影响古树名木生长的，建设单位必须提出避让和保护措施。

4.16.2 古树名木的保护必须符合下列要求

（1）古树名木保护范围的划定必须符合下列要求：成行地带外绿树树冠垂直投影及其外侧5m款和树干基部外缘水平距离为树胸径20倍以内。

（2）保护范围内不得损坏表土层和改变地表高程,除保护和加固设施外,不得设置建筑物、构筑物及架（埋）设备种过境管线，不得栽植缠绕古树名木的藤本植物。

（3）保护维护附近，不得设置造成古树名木的有害水、气的设施。

（4）采取有效的工程技术设施和创造良好的生态环境，维护其正常生长。

国家严禁砍伐、移植古树名木，或转让买卖古树名木。

在绿化设施中要尽量发挥古树名木的文化历史价值的作用，丰富环境的文化内涵。

5.道路景观

5.1 景观功能

5.1.1 道路作为车辆和人员的汇流途径，具有明确的导向性，道路两侧的环境景观应符合导向要求，并达到步移景异的视觉效果。到路边的绿化种植及路面质地色彩的选择应具有韵律感和观赏性。

5.1.2 在满足交通需求的同时，道路可形成重要的视线走廊，因此，要注意道路的对景和远景设计，以强化视线集中的观景。

5.1.3 休闲性人行道、园道两侧的绿化种植，要尽可能形成绿荫带，并串联花台、亭廊、水景、游乐场等，形成休闲空间的有序开展，增强环境景观的层次。

5.1.4 居住区内的消防车道占人行道、院落车行道合并使用时，可设计成隐蔽式车道，即在4米幅宽的消防车道内种植不妨碍消防车通行的草坪花卉，铺设人行步道，平日作为绿地实用，应及时供消防车使用，有效地弱化了单纯消防车道的生硬感，提高了环境和景观效果。

表5.2 居住区道路宽度

道路名称	道路宽度
居住区道路	红线宽度不宜小于20m
小区路	路面宽5-8m，建筑控制线之间的宽度，采暖区不宜小于14m，非采暖区不宜小于10m。
组团路	路面宽3-5m，建筑控制线之间的宽度，采暖区不宜小于10m，非采暖区不宜小于8m。
宅间小路	路面宽不宜小于2.5m。
园路（甬路）	不宜小于1.2m。

5.3道路及绿地最大坡度详见表5.3

表5.3 道路及绿地最大坡道

道路及绿地		最大坡道
道路	普通道路	17%（1／6）
	自行车专用道	5%
	轮椅专用道	8.5%（1／12）
	轮椅园路	4%
	路面排水	1-2%
绿地	草皮坡度	45%
	中高木绿化种植	30%
	草坪修剪机作业	15%

5.2居住区道路宽度详见表5.2

5.4路面分类及适用场地详见表5.4

表5.4 路面分类及适用场地

序号	道路分类		主要路面特点	适用场地								
				车道	人行道	停车场	广场	园路	游乐园	露台	屋顶广场	体育场
1	沥青	不透水沥青路面	①热辐射低，光反射弱，全年使用，耐久，维护成本低。②表面不吸水，不吸尘。遇溶剂可溶解。③弹性随混合比例而变化，遇热变软。	✓	✓		✓					
		透水性沥青路面			✓		✓					
		彩色沥青路面			✓			✓				
2	混凝土	混凝土路面	坚硬，无弹性，铺装容易，耐久，全年使用，维护成本低。撞击易碎。	✓	✓		✓	✓				
		水磨石路面	表面光滑，可配成多种色彩，有一定硬度，可组成图案装饰。		✓			✓	✓	✓		
		膜压路面	易成形，铺装时间短。分坚硬、柔软两种，面层纹理色泽可变。		✓			✓	✓			
		混凝土预制砌块路面	有防滑性。步行舒适，施工简单，修正容易，价格低廉，色彩式样丰富。		✓		✓	✓	✓			
		水刷石路面	表面砾石均匀露明，有防滑性，观赏性强，砾石粒径可变。不易清扫。		✓			✓	✓			
3	花砖	釉面砖路面	表面光滑，铺筑成本较高，色彩鲜明。撞击易碎，不适应寒冷气温。		✓				✓			
		陶瓷砖路面	有防滑性，有一定的透水性，成本适中。撞击易碎，吸尘，不易清扫。		✓				✓	✓	✓	
		透水花砖路面	表面有微孔，形状多样，相互咬合，反光较弱。		✓		✓				✓	
		粘土砖路面	价格低廉，施工简单。分平砌和竖砌，接缝多可渗水。平整度差，不易清扫。		✓			✓	✓			
4	天然石材	石块路面	坚硬密实，耐久，抗风化强，承重大。加工成本高，易受化学腐蚀，粗表面，不易清扫；光表面，防滑差。	✓			✓	✓				
		碎石、卵石路面	在道路基底上用水粘铺，有防滑性能，观赏性强。成本较高，不易清扫。					✓				
		砂石路面	砂石级配合，碾压成路面，价格低，易维修无光反射，质感自然，透水性强。						✓			
5	砂土	砂土路面	用天然砂或级配砂铺成软性路面，价格低，无光反射，质感自然，透水性强。需常湿润。						✓			
		粘土路面	用混合粘土或三七灰土铺成，有透水性，价格低，无光反射，易维修。						✓			

序号	材质	名称	特点						
6	木	木地板路面	有一定弹性，步行舒适，防滑，透水性强。成本较高，不耐腐蚀。应选耐潮湿木料。					✓	✓
		木砖路面	步行舒适，防滑，不易起翘。成本较高，需做防腐处理。应选耐潮湿木料。				✓		✓
		木屑路面	质地松软，透水性强，取材方便，价格低廉，表面铺树皮具有装饰性。				✓		
7	合成材料	人工草皮路面	无尘土，排水良好，行走舒适，成本适中。负荷较轻，维护费用高。		✓	✓			
		弹性橡胶路面	具有良好的弹性，排水良好。成本较高，易受损坏，清洗费时。				✓	✓	✓
		合成树脂路面	行走舒适、安静，排水良好。分弹性和硬性，适于轻载。需要定期修补。					✓	✓

5.5 路缘石及边沟

5.5.1 路缘石设置功能：确保行人安全，进行交通引导。保持水土，保护种植，分区路面铺装。

5.5.2 路缘石可采用预制混凝土、砖、石料和合成树脂材料，高度为100~150mm为宜。

5.5.3 区分路面的路缘，要求铺设高度整齐统一，局部可采用与路面材料相搭配的花砖或石料；绿地与混凝土路面、花砖路面、石路面交界处可不设路缘；与沥青路面交界处应设路缘。

5.5.4 边沟是用于道路或地面排水的，车行道排水多用带铁篦子的L形边沟和U形边沟；广场路面多用蝶形状和缝形边沟；铺地砖的地面多用加装饰的边沟，要注重色彩的搭配；平面形边沟水篦格栅宽度要参考排水量和排水坡度确定，一般采用250~300mm；缝形边沟一般缝隙不小于20mm。

5.6 道路车档、揽柱

5.6.1 车档和缆柱是限制车辆通行和停放的路障设施，其造型设置地点应与道路的景观相协调。车档和缆柱氛固定和可移动式的，固定车档可加锁由私人管理。

5.6.2 车档材料一般采用钢管和不锈钢制作，高度为70cm左右；通常设计间距为60cm；但有轮椅和其他残疾人用车地区，一般按90~120cm的间距设置，并在车档前后设置约150cm左右的平路，以便车轮的通行。

5.6.3 缆柱分为有链条式和无链条式两种。缆柱可用铸铁、不锈钢、混凝土、石材等材料制作，缆柱高度一般为40~50cm左右，可作为街道坐凳使用；缆柱间距宜为120cm左右。带链条的缆柱间距也可由链条长度决定，一般不超过2m。缆柱链条可采用铁链、塑料链和粗麻绳制作。

6. 场所景观

6.1 健身运动场

6.1.1 居住小区的运动场所分为专用运动场和一般的健身运动场，小区的专用运动场多指网球场、羽毛球场、门球场和室外游泳场，这些运动场应按其技术要求由专业人员进行设计。健身运动场应分散在住区方便居民就近使用又不扰民的区域。不允许有机动车和非机动车穿越运动场地。

6.1.2 健身运动场包括运动区和休闲区。运动区应保证良好的日照和通风，地面宜选用平整防滑适于运动的铺装材料，同时满足易清洗、耐腐蚀的要求。室外健身器材要考虑老年人的使用特点，要采取防跌倒措施。休息区布置在运动区周围，供健身运动的居民休息和存放物品。休息区宜种植遮阳乔木，并设置适量的座椅。有条件的小区可设置直饮水装置（饮泉）。

6.2 休闲广场

6.2.1 休闲广场应设于住区的人流集散地（如中心区、主入口处）。面积应根据规模和规划设计要求确定，形式宜结合地方特色和建筑风格考虑。广场上应保证大部分面积有日照和遮风条件。

6.2.2 广场周边宜种植适量庭荫树和休息座椅，为居民提供休息、活动交往的设施，在不干扰临近居民休息的前提下保证适度的灯光照度。

6.2.3 广场铺装以硬质材料为主，形式及色彩搭配应具有一定得图案感，不宜采用无防滑措施的光面石材、地砖、玻璃等。广场出入口应符合无障碍设计要求。（广场地面材料选择可参考5.4路面分类及使用场地）

6.3 游乐场

6.3.1 儿童游乐场应该在景观绿地中划出固定的区域，一般均为开敞式。游乐场地必须阳光充足，空气清洁，能避开强风的袭扰。应与住区的主要交通道路相隔一定距离，减少汽车噪声的影响并保障儿童的安全。游乐场的选址还应充分考虑儿童活动产生的嘈杂声对附近居民的影响，离开居民窗户10m远为宜。

6.3.2 儿童游乐场周围不宜种植遮挡视线的树木，保持较好的可通视性，便于成人对儿童进行目光监护。

6.3.3 儿童游乐场设施的选择应能吸引和调动儿童参与游戏的热情，兼顾实用性与美观。色彩可鲜艳但应与周围环境相协调。游戏机械选择和设计应尺度适宜，避免儿童被机械划伤或从高处跌落，可设置保护栏、柔软地垫、警示牌等。

6.3.4 居住区中心较具规模的游乐场附近应为儿童提供饮用水和游戏水，便于儿童饮用、冲洗和进行筑沙游戏等。

6.3.5 儿童游乐设施设计要点见表6.3.5。

表6.3.5 儿童游乐设施设计要点

序号	设施名称	设计要点	适用年龄
1	砂坑	①住区砂坑一般规模为10~20m²，砂坑中安置游乐器具的要适当加大，以确保基本活动空间，利于儿童之间的相互接触。②砂坑深40~45cm，砂子必须以中细砂为主，并经过冲洗。砂坑四周应竖10~15cm的围沿，防止砂土流失或雨水灌入。围沿一般采用混凝土、塑料和木制，上可铺橡胶软垫。③砂坑内应敷设暗沟排水，防止动物在坑内排泄。	3-6岁

2	滑梯	①滑梯由攀登段、平台段和下滑段组成，一般采用木材、不锈钢、人造水磨石、玻璃纤维、增强塑料制作，保证滑梯表面平滑。②滑梯攀登梯架倾角为70°左右，宽40cm，踢板高6cm，双侧设扶手栏杆。休息平台周围设80cm高防护栏杆。滑板倾角30°~35°，宽40cm，两侧直缘为18cm，便于儿童双脚制动。③成品滑板和自制滑梯都应在梯下部铺厚度不小于3cm的胶垫，或40cm的砂土，防止儿童坠落受伤。	3-6岁
3	秋千	①秋千分板式、座椅式、轮胎式几种，其场地尺寸根据秋千摆动幅度及与周围游乐设施间距确定。②秋千一般高2.5m，长3.5~6.7m（分单座、双座、多座），周边安全护栏高60cm，踏板距地35~45cm。幼儿用距地为25cm。③地面需设排水系统和铺设柔性材料。	6-15岁
4	攀登架	①攀登架标准尺寸为2.5×2.5m（高×宽），格架宽为50cm，架杆选用钢骨和木制。多组格架可组成攀登架式迷宫。②架下必须铺装柔性材料。	8-12岁
5	蹺蹺板	①普通双连式蹺蹺板宽为1.8m，长3.6m，中心轴高45cm。②蹺蹺板端部应放置旧轮胎等设备作缓冲垫。	8-12岁
6	游戏墙	①墙体高控制在1.2m以下，供儿童跨越或骑乘，厚度为15~35cm。②墙上可适当开孔洞，供儿童穿越和窥视产生游乐兴趣。③墙体顶部边沿应做成圆角，墙下铺软垫。④墙上绘制的图案不易退色。	6-10岁
7	滑板场	①滑板场为专用场地，要利用绿化种植、栏杆等与其他休闲区分隔开。②场地用硬质材料铺装，表面平整，并具有较好的摩擦力。③设置固定的滑板练习器具，铁管滑架，曲面滑道和台阶总高度不宜超过60cm，并留出足够的滑跑安全距离。	10-15岁
8	迷宫	①迷宫由灌木丛墙或实墙组成，强高一般在0.9~1.5m之间，以能遮挡儿童视线为准，通道宽为1.2m。②灌木丛墙需进行修剪以免划伤儿童。③地面以碎石、卵石、水刷石等材料铺成。	6-12岁

7.硬质景观

7.1 雕塑小品

7.1.1硬质景观是相对种植绿化这类软质景观而确定的名称，泛指用质地较硬的材料组成的景观。硬质景观主要包括雕塑小品、围墙栅栏、挡墙、坡道、台阶及一些便民设施等。

7.1.2雕塑小品与周围环境共同塑造出一个完整的视觉形象，同时赋予景观空间环境以生气和主题，通常以其小巧的格局、精美的造型来点缀空间，使空间诱人而富于意境，从而提高整体环境景观的艺术境界。

7.1.3雕塑按使用功能分为纪念性、主题性、功能性与装饰性雕塑等。从表现形式上可分为具象和抽象、动态和静态雕塑等。

7.1.4雕塑在布局上一定要注意与周围环境的关系，恰如其分地确定雕塑的材质、色彩、体量、尺度、题材、位置等，展示其整体美、协调美。

应配合住区内建筑、道路、绿化及其他公共服务设施而设置，起到点缀、装饰和丰富景观的作用。特殊场合的中心广场或主要公共建筑区域，可考虑主题性或纪念性雕塑。

7.1.5雕塑应具有时代感，要以美化环境保护生态为主题，体现住区人文精神。以贴近人为原则，切忌尺度超长过大。更不宜采用金属光泽的材料制作。

7.2 便民设施

7.2.1居住区便民设施包括有音响设施、自行车架、饮水器、垃圾容器、座椅（具），以及书报亭、公用电话、邮政信报箱等。

便民设施应容易辨认，其选址应注意减少混乱且方便易达。

在居住区内，宜将多种便民设施组合为一个较大单体，以节省户外空间和增强场所的视景特征。

7.2.2音响设施

在居住区户外空间中，宜在距住宅单位较远地带设置小型音响设施，并适时地播放轻柔的背景音乐，以增强居住空间的轻松气氛。

音响设计外形可结合景物元素设计。音响高度应在0.4-0.8之间为宜，保证生源均匀扩放，无明显强弱变化。音响放置位置一般应相对隐蔽。

7.2.3自行车架

自行车在露天场所停放，应划分出专用场地并安装车架。自行车架分为槽式单元支架、管状支架和装饰性单元支架，占地紧张的时候可采用双层自行车架，自行车架尺寸按下列尺寸制作。（详见表7.2.3）

表7.2.3 自行车架尺寸

车辆类型	停车方式	停车通道宽（m）	停车带宽（m）	停车车架位宽（m）
自行车	垂直停放	2	2	0.6
	错位停放	2	2	0.45
摩托车	垂直停放	2.5	2.5	0.9
	错位停放	2	2	0.9

7.2.4饮水器(饮泉)

饮水器是居住区街道及公共场所为满足人的生理卫生要求经常设置的供水设施，同时也是街道上的重要装点之一。

饮水器分为悬挂式饮水设备，独立式饮水设备和雕塑式水龙头等。

饮水器的高度宜在800mm左右，供儿童使用的饮水器高度宜在650mm左右，并应安装在高度100-200mm左右的踏台上。

饮水器的结构和高度还应考虑轮椅使用者的方便。

7.2.5垃圾容器

（1）垃圾容器一般设置在道路两侧和居住单元出入口附近的位置，其外观色彩及标志应符合垃圾分类收集的要求。

（2）垃圾容器分为固定式和移动式两种。普通垃圾箱的规格为高60~80cm，宽50~60cm。放置在公共场所的要求较大，高宜为90cm左右，直径不宜超过75cm。

（3）垃圾容器应选择美观与功能兼备，并且与周围景观相协调产品，要求兼顾耐用，不易倾倒。一般可采用不锈钢、木材、石材、混凝土、GRC、陶瓷材料制作。

7.2.6座椅(具)

（1）座椅(具)是住区内提供人们休闲的不可缺少的设施，同时也可作为重要的装点景观进行设计。应结合环境规划来考虑座椅的造型和色彩，力争简洁适用。室外座椅(具)的选址应注重居民的休息和观景。

（2）室外座椅(具)的设计应满足人体舒适度要求，普通座椅高38~40cm，座面宽40~45cm，标准长度：单人椅60cm左右，双人椅120cm左右，3人椅180cm左右，靠背座椅的靠背倾角为100°~110°为宜。

（3）座椅(具)材料多为木材、石材、混凝土、陶瓷、金属、塑料等，应优先采用触感好的木材，木材应作防腐处理，座椅转角处应作磨边倒角处理。

7.3信息标志

7.3.1居住区信息标志可分为四类：名称标志、环境标志、指示标志、警示标志。

信息标志的位置应醒目，且不对行人交通及景观环境造成妨害。

标志的色彩、造型设计应充分考虑其所在地区建筑、景观环境以及自身功能的需要。

标志的用材应经久耐用，不易破损，方便维修。

各种标志应确定统一的格调和背景色调以突出物业管理形象。

7.3.2居住区主要标志项目表见表7.3.2。

表7.3.2 居住区主要标志项目表

标志类别	标志内容	适用场所
名称标志	• 标志牌 • 楼号牌 • 树木名称牌	
环境标志	• 小区示意图	小区入口大门
	• 街区示意图	小区入口大门
	• 住区组团示意图	组团入口
	• 停车场向牌 • 公共设施分布示意图 • 自行车停放处示意图 • 垃圾站示意图	
	• 告示牌	会所，物业楼
指示标志	• 出入口标志 • 导向标志 • 机动车导向标志 • 自行车导向标志 • 步道标志 • 定点标志	
警示标志	• 禁止入内标志	变电所、变压器等
	• 禁止踏入标志	草坪

7.4栏杆/扶手

7.4.1栏杆具有拦阻功能，也是分隔空间的一个重要构件。设计时应结合不同的使用场所，首先要充分考虑栏杆的强度、稳定性和耐久性；其次要考虑栏杆的造型美，突出其功能性和装饰性。常用材料有铸铁、铝合金、不锈钢、木材、竹子、混凝土等。

7.4.2栏杆大致分为一下3种：

（1）矮栏杆，高度为30～40cm，不妨碍视线，多用于绿地边缘。也用于场地空间领域的划分。

（2）高栏杆，高度为90cm左右，有较强的分隔与拦阻作用。

（3）防护栏杆,高度在100～120cm以上，超过人的重心，以起防护围挡作用。一般设置在高台的边缘，可使人产生安全感。

7.4.3扶手，设置在坡道，台阶两侧，高度为90cm左右，室外踏步级数超过了3级时必须设置扶手，以方便老人和残障人使用。供轮椅使用的坡道应设高度0.65m与0.85m两道扶手。

7.5围栏/栅栏

7.5.1围栏，栅栏具有限入、防护、分界等多种功能，里面构造多为栅状和网状，透空和半透空等几种形式。围栏一般采用铁制、钢制、木制、铝合金制、竹制等。栅栏竖杆的间距不大于110mm。

7.5.2围栏、栅栏设计高度见表7.5.2。

7.5.2 围栏、栅栏设计高度

功能要求	高度（m）
隔离绿化植物	0.4
限制车辆进出	0.5-0.7
表明分界区域	1.2-1.5
限制人员进出	1.8-2.0
供植物攀援	2.0左右
隔噪声实栏	3.0-4.5

7.6挡土墙

7.6.1挡土墙的形式根据建设用地的实际情况经过结构设计确定。从结构形式分主要有重力式、半重力式、悬臂式和扶臂式挡土墙，从形态上分有直墙式和坡面式。

7.6.2挡土墙的外观质感由材料确定，直接影响到挡墙的景观效果。毛石和条石砌筑的挡土墙要注重砌缝的交错排列方式和宽度；预制混凝土预制块挡土墙应设计出图案效果；嵌草皮的坡面上需铺上一定厚度的种植土，并加入改善土壤保温性的材料，利于草根系的生长。

7.6.3常见挡土墙技术要求及适用场地见表7.6.3。

表7.6.3 常见挡土墙技术要求及适用场地

挡墙类型	技术要求及适用场地
干砌石墙	强高不超过3m，墙体顶部宽度宜在450~600mm，适用于可就地取材处。
预制砌块墙	强高不应超过6m，这种模块形式还适用与弧形或曲线形走向的挡墙。
土方锚固式挡墙	用金属片或聚合物将片将松散回填土方锚固在连锁的预制混凝土面板上。适用于挡墙面积较大时或需要进行填方处。
仓式挡土墙 格间挡土墙	由钢筋混凝土连锁砌块和粒状填方组成，模块面层可有多种选择，如平滑面层、骨料外露面层、锤凿混凝土面层和条纹面层等。这种挡墙适用于使用特定挖举设备的大型项目以及空间有限的填方边缘。
混凝土垛式挡土墙	用混凝土砌块垛砌成挡墙，然后立即进行土方回填。垛式支架与填方部分的高差不应大于900mm，以保证挡墙的稳固。
木制垛式挡土墙	用于需要表现木制材料的景观设计。这种挡土墙不宜用于潮湿或寒冷地区，适宜用于乡村、干热地区。
绿色挡土墙	结合挡土墙种植草坪植被。砌体倾斜度宜在25°～70°。尤适于雨量充足的气候带和有喷灌设备的场地。

7.6.4挡土墙必须设置排水孔，一般为3m²设一个直径75mm的排水孔，墙内宜敷设渗水管，防止墙体内存水。钢筋混凝土挡土墙必须设伸缩缝，配筋墙体每30m设一道，无筋墙体每10m设一道。

7.7坡道

7.7.1坡道是交通和绿化系统中重要的设计元素之一，直接影响到使用和感观效果。居住区道路最大纵坡不应大于8%；原路不应大于4%，自行车专用道路最大纵坡控制在5%以内；轮椅坡道一般为6%，最大不超过8.5%，并采用防滑路面；行人道纵坡不宜大于2.5%。

7.7.2 坡道的视觉感受与适用场所见表7.7.2。

表7.7.2　坡度的视觉感受与适用场所

坡度（%）	视觉感受	适用场所	选择材料
1	平坡，行走方便，排水困难	渗水路面，局部活动场	地砖，料石
2~3	微坡，较平坦，活动方便	室外场地，车道，草皮路，绿化种植区，园路	混凝土，沥青，水刷石
4~10	缓坡，导向性强	草坪广场，自行车道	种植砖，砌块
10~25	陡坡，坡形明显	坡面草皮	种植砖，砌块

7.7.3 园路、人行道坡道宽一般为1.2m，但考虑到轮椅的通行，可设定为1.5m以上，有轮椅交错的地方其宽度应达到1.8m。

7.8 台阶

7.8.1 台阶在园林设计中起到不同高程之间的连接作用和引导视线的作用，可丰富空间的层次感，尤其是高差较大的台阶会形成不同的近景和远景的效果。

7.8.2 台阶的踏步高度（h）和宽度（b）是决定台阶舒适性的主要参数，两者的关系如下：$2h+b=60-66cm$ 为宜，一般室外踏步高度设计为12cm~16cm，踏步宽度30cm~35cm，低于10cm的高差，不宜设置台阶，可以考虑做成坡道。

7.8.3 台阶长度超过3米或需要改变攀登方向的地方，应在中间设置休息平台，平台宽度应大于1.2m，台阶坡度一般控制在1/4-1/7范围内，踏面应做防滑处理，并保持1%的排水坡度。

7.8.4 为了方便晚间人们行走，台阶附近应设照明装置，人员集中的场所可在台阶踏步上暗装地灯。

7.8.5 过水台阶和跌流台阶的阶高可依据水流效果确定。同时也要考虑儿童进入时的防滑处理。

7.9 种植容器

7.9.1 花盆

（1）花盆是景观设计中传统种植器的一种形式。花盆具有可以动性和可组合性，能巧妙地点缀环境，烘托气氛。花盆的尺寸应适合所栽种植物的生长特性，有利于根茎的发育，一般可按以下标准选择：花草类盆深20cm以上，灌木类盆深40以上，中木类盆深45cm以上。

（2）花盆用材，应具备有一定的吸水保温能力，不易引起盆内过热和干燥。花盆可独立摆放，也可成套摆放，采用模数化设计能够使单体组合成整体，形成大花坛。

（3）花盆用栽培土，应具有保湿性，渗水性和蓄肥性，其上部可铺设树皮屑作覆盖层，起到保湿装饰作用。

7.9.2 树池　树池箅

（1）树池是树木移动时根球（根钵）的所需空间，一般由树高、树径、根系的大小所决定。

树池深度至少深于树根球以下250mm。

树池箅是树木根部的保护装置，它既可保护树木根部免受践踏，又方便雨水的渗透和步行人的安全。

（2）树池箅应选择能渗水的石材、卵石、砾石等天然材料，也可选择具有图案拼装的人工预制材料，如铸铁、混凝土、塑料等，这些护树面层宜做成格栅装，并能承受一般的车辆荷载。

7.9.3 树池及树池箅选用见表7.9.3。

表7.9.3　树池及树池箅选用见表

树高	树池尺寸（m）		树池箅尺寸（直径）（m）
	直径	深度	
3m左右	0.6	0.5	0.75
4-5m	0.8	0.6	1.2
6m左右	1.2	0.9	1.5
7m左右	1.5	1.0	1.8
8-10m	1.8	1.2	2.0

7.10 入口造型

7.10.1 居住区入口的空间形态应具有一定的开敞性，入口标志性造型（如门廊、门架、门柱、门洞等）应与居住区整体环境及建筑风格相协调，避免盲目追求豪华和气派。应根据住区规模和周围环境特点确定入口标志造型的体量尺度，达到新颖简单、轻巧美观的要求。同时要考虑与保安值班等用房的形体关系，构成有机的景观组合。

7.10.2 住区单元入口是住区内体现院落人特色的重要部位，入口造型设计（如门头、门廊、连接单元之间的连廊）除了功能要求外，还要突出装饰性和可识别性。要考虑安防、照明设备的位置和与障碍坡道之间的相互关系，达到色彩和材质上的统一。所用建筑材料应具有易清洗不易碰损等特点。

8. 水景景观

水景景观以水为主。水景设计应结合场地气候、地形及水源条件。南方干热地区应尽可能为居住区居民提供亲水环境，北方地区在设计不结冰期的水景时，还必须考虑结冰期的枯水景观。

8.1 自然水景

8.1.1 自然水景与海、河、江、湖、溪相关联。这类水景设计必须服从原有自然生态景观，自然水景线与局部环境水体的空间关系，正确利用借景、对景等手法，充分发挥自然条件，形成的纵向景观、横向景观和鸟瞰景观。。应能融合居住区内部和外部的景观元素，创造出新的亲水居住形态。

8.1.2 自然水景的构成元素见表8.1.2。

表8.1.2　自然水景的构成元素

景观元素	内容
水体	水体流向，水体色彩，随提倒影，溪流，水源
沿水驳岸	沿水道路，沿岸建筑（码头，古建筑等），沙漠，雕石
水上跨越结构	桥梁栈桥，索道
水边山水树木（远景）	山岳，丘陵，削壁，林木
水生动植物（近景）	水面浮生植物，水下植物，鱼鸟类
水面天光映衬	光线折射漫射，水雾，云彩

8.1.3 驳岸

（1）驳岸是亲水景观中应重点处理的部位。驳岸与水线形成的连续景观线是否能与环境相协调，不但取决于驳岸与水面间的高差关系，还取决于驳岸的类型及用材的选择。驳岸类型见表8.1.3。

表8.1.3　驳岸类型

序号	驳岸类型	材质选用
1	普通驳岸	砌块（砖、石、混凝土）
2	缓坡驳岸	砌块、砌石（卵石、石块），人工海滩砂石
3	带河岸群墙的驳岸	边框式绿化，木桩锚固卵石
4	阶梯驳岸	踏步砌块，仿木阶梯
5	带平台的驳岸	石砌平台

6	缓坡、阶梯复合驳岸	阶梯砌石、缓坡种植保护

（2）对居住区中的沿水驳岸（池岸），无论规模大小，无论是规则几何式驳岸（池岸）还是不规则驳岸（池岸），驳岸的高度，水的深浅设计都应满足人的亲水性要求，驳岸（池岸）尽可能贴近水面，以人手能触摸到水为最佳。亲水环境中的其他设施（如水上平台、汀步、栈桥、栏索等），也应以人与水体的尺度关系为基准进行设计。

8.1.4 景观桥

（1）桥在自然水景和人工水景中都起到不可缺少的景观作用，其功能作用主要有：形成交通跨越点；横向分隔河流和水面空间；形成地区标志物和视线集合点；眺望河流和水面的良好景观场所，其独特的造型具有自身的艺术价值。

（2）景观桥分为钢制桥、混凝土桥、拱桥、原木桥、锯材木桥、仿木桥、吊桥等。居住区一般采用木桥、仿木桥和石拱桥为主，体量不宜过大，应追求自然简洁，精工细作。

8.1.5 木栈道

（1）邻水木栈道为人们提供了行走、休息观景和交流的多功能场所。由于木板材料具有一定的弹性和粗朴的质感，因此行走其上比一般石铺砖砌的栈道更为舒适。多用于要求较高的居住环境中。

（2）木栈道由表面平铺的面板(或密集排列的木条)和木方架空层两部分组成。木面板常用按木、柚木、冷杉木、松木等木材，其厚度要根据下部木架空层的支撑点间距而定，一般为10~20cm之间，板与板之间宜留出3~5mm宽的缝隙。不应采用企口拼接方式。版面不应直接铺在地面上，下部要有至少2cm的空架层，以避免雨水的浸泡，保持木材底部的干燥通风。设在水面上的空架层其木方的断面选用要经计算确定。

（3）木栈道所用木料必须进行严格的防腐和干燥处理。为了保持木质的本色和增强耐久性，用材在使用前应浸泡在透明的防腐液中6~15天，然后进行烘干或自然干燥，使含水量不大于8%，以确保在长期使用中不产生形变。个别地区由于条件所限，也可采用涂刷桐油和防腐剂的方式进行防腐处理。

（4）连接和固定木板和木方的金属配件（如螺栓、支架等）应采用不锈钢或镀锌材料制作。

8.2 庭院水景

8.2.1 庭院水景通常为人工化水景为多。根据庭院空间的不同，采取多种手法进行引水造景（如叠水、溪流、汀水池等），在场地中有自然水体的景观要保留利用，进行综合设计，使自然水景与人工水景融为一体。

8.2.2 庭院水景设计要借助水的动态效果营造充满活力的居住氛围。水景效果见表8.2.2。

表8.2.2　水景效果特点

水体形态		水景效果			
		视觉	声响	飞溅	风中稳定性
静水	表面有干扰反射体（镜面水）	好	无	无	极好
	表面无干扰反射体（波纹）	好	无	无	极好
	表面无干扰反射体（鱼鳞波）	中等	无	无	极好
落水	水流速度快的水幕水堰	好	高	较大	好
	水流速度低的水幕水堰	中等	低	中等	尚可
	间断水流的水幕水堰	好	中等	较大	好
	动力喷涌，喷射水流	好	中等	较大	好
流淌	低流速平滑水墙	中等	小	无	极好
	中流速有纹路的水墙	极好	中等	中等	好
	低流速水溪，浅池	中等	无	无	极好
	高流速水溪，浅池	好	中等	无	极好
跌水	垂直方向瀑布跌水	好	中等	较大	极好
	不规则台阶状瀑布跌水	极好	中等	中等	好
	规则台阶瀑布跌水	极好	中等	中等	好
	阶梯水池	好	中等	中等	极好
喷涌	水柱	好	中等	较大	尚可
	水雾	好	小	小	差
	水幕	好	小	小	差

8.2.3 瀑布

（1）瀑布按其跌落形式分为滑落式、阶梯式、幕布式、丝带式等多种，并模仿自然水景，采用天然石材或仿石材料设置瀑布的背景和引导水的流向（如景石、分流石、承瀑石等），考虑到观赏效果，不宜采用平整饰面的白色花岗石作为落水墙体。为了确保瀑布沿墙体、山体平稳滑落，应对落水口处山石作卷边处理，或对墙面作坡面处理。

（2）瀑布因其水量不同，会产生不同视觉、听觉效果，因此，落水口的水流量和落水高差的控制成为设计的关键参数，居住区的人工瀑布落差宜在1m以下。

（3）跌水是呈阶梯式的多级跌落瀑布，其梯级宽高比宜在3:2-1:1之间，梯面宽度宜在0.3~1.0之间。

8.2.4 溪流

（1）溪流的形态应根据环境条件、水量、流速、水深、水面宽和所用材料进行合理的设计。溪流分可涉入式和不可涉入式两种。可涉入式溪流的水深应小于0.3m，以防止儿童溺水，同时水底做作防滑处理。可供儿童嬉水的溪流，应安装水循环和过滤装置。不可涉入式溪流宜种养适应当地气候条件的水生动植物，增强观赏性和趣味性。

（2）溪流配以山石可充分展现其自然风格，石景在溪流中所起的景观效果见表8.2.4。

表8.2.4　石景景观效果列表

序号	名称	效果	应用部位
1	主景石	形成视线焦点，起到对景作用，点题，说明溪流名称及内涵	细流的首位或转向处
2	隔水石	形成局部小落差和细流声响	铺在局部水线变化位置
3	切水石	使水产生分流和波动	不规则布置在细流中间
4	破浪石	使水产生分流和飞溅	坡度较大，水面较宽的溪流
5	河床石	观赏石材的自然造型和纹理	设在水面下
6	垫脚石	具有力度感和稳定感	用于支撑大石块
7	横卧石	调节水速和水流方向，形成隘口	溪流宽度变窄和转向处
8	铺底石	美化水底，种植苔藻	多采用卵石、砾石、水刷石、瓷砖铺在基底上
9	踏步石	装点水面，方便步行	横贯溪流，自然布置

（3）溪流的坡度应根据地理条件及排水要求而定。普通溪流的坡度宜为0.5%，急流处为3%左右，缓流处不超过1%。溪流宽度宜在1-2m，水深一般为0.3-1m左右，超过0.4m时，应在溪流边采取防护措施（如石栏、木栏、矮墙等）。为了使居住区内环境景观在视觉上更为开阔，可适当增大宽度或使溪流蜿蜒曲折。溪流水岸宜采用散石和块石，并与水生或湿地植物的配置相结合，减少人工造景的痕迹。

8.2.5 生态水池/汀水池

（1）生态水池是适于水下动植物生长，又能美化环境、调节小气候供人观赏的水景。在居住区里的生态水池多饲养观赏鱼虫和习水性植物（如鱼草、芦苇、荷花、莲花等），营造动物和植物互生互养的生态环境。

（2）水池的深度应根据饲养鱼的种类、数量和水草在水下生存的深度而确定。一般在0.3~1.5m，为了防止陆上动物的侵扰，池边平面与水面需保证有0.15m的高差。水池壁与池底需平整以免伤鱼。池壁与池底以深色为佳，池底可做艺术处理，显示水的清澈透明。池底与池畔宜设隔水层，池底隔水层上覆盖0.3~0.5m厚土，种植水草。

（3）汀水池

汀水池可分为水面下汀水和水面上汀水两种。水面下汀水主要用于儿童嬉水，其深度不得超过0.3m，池底必须进行防滑处理，不得种植苔藓类植物。水面上汀水主要用于跨越水面，应设置安全可靠的踏步平台和踏步石（汀步），面积不小于0.4×4.4m²，并满足连续跨越的要求。上述两种汀水方式应设水质过滤装置，保持水的清洁，以防儿童误饮池水。

8.3 泳池水景

8.3.1 泳池水景以静为主，营造一个让居住者在心理和体能上的放松环境，同时突出人的参与性特征（如游泳池、水上乐园、海滨浴场等）。居住区内设置的露天泳池不仅是锻炼身体和游乐的场所，也是邻里之间的重要交往场所。泳池的造型和水面也极具观赏价值。

8.3.2 游泳池

（1）居住区泳池设计必须符合游泳池设计的相关规定。泳池平面不宜做成正规比赛用池，池边尽可能采用优美的曲线，以加强水的动感。泳池根据功能需要尽可能分为儿童泳池和成人泳池，儿童泳池深度为0.6~0.9m为宜，成人泳池为1.2~2m。儿童池与成人池可统一考虑设计，一般将儿童池放在较高位置，水经阶梯式或斜坡式跌水流入成人泳池，既保证了安全又可丰富池水的造型。

（2）池岸必须作圆角处理，铺设软质渗水地面或防滑地砖。泳池周围有多种灌木和乔木，并提供休息和遮阳设施，有条件的小区可设计更衣室和供野餐的设备及区域。

8.3.3 人工海滩浅水池

人工海滩浅水池主要让人领略日光浴的锻炼。池底基层上多铺白色细砂，坡度由浅至深，一般为0.2~0.6之间，驳岸需做成缓坡，以木桩固定细砂，水池附近应设计冲砂池，以便于更衣。

8.4 装饰水景

8.4.1 装饰水景不附带其他功能，起到赏心悦目，烘托环境的作用，这种水景往往构成环境景观的中心。装饰水景是通过人工对水流的控制（如排列、疏密、粗细、高低、大小、时间差等）达到艺术效果，并借助音乐和灯光的变化产生视觉上的冲击，进一步展现水体的活力和动态美，满足人的亲水要求。

8.4.2 喷泉

（1）喷泉完全是完全靠设备制造出的水量，对水的射流控制是关键环节，采用不同的手法进行组合，会出现多姿多彩的变化形态。

（2）喷泉景观的分类和适用场所详见表8.4.2。

表8.4.2 喷泉景观的分类和适用场所

名称	主要特点	适用场所
壁泉	由墙壁、石壁和玻璃板上喷出，顺流而下形成水帘和多股水流。	广场、居住区入口、景观墙、挡土墙、庭院
涌泉	水由下而上喷出，呈水柱状，高度0.6-0.8m左右，可独立设置也可组成图案。	广场、居住区入口、庭院、假山、水池
间歇泉	模拟自然界的地质现象，每隔一定时间喷出水柱和柱	溪流、小径、游泳池、假山
旱地泉	将喷泉管道和喷头下沉到地面以下，喷水时流回落到广场硬质铺装上，沿地面坡度排出。	广场、居住区入口
跳泉	射流非常光滑稳定，可以准确落在受水孔中，在计算机控制下，生成可变化长度和跳跃时间的水流。	庭院、园路边、休闲场所
跳球喷泉	射流呈光滑的水球，水球大小和间歇时间可控制。	庭院、园路边、休闲场所
雾化喷泉	由多组微孔喷管组成，水流通过微孔喷出，看似雾状，多呈柱状和球形。	庭院、广场、休闲场所
喷水盆	外观呈盆状，下有支柱，可分多级、出水系统简单，多为独立设置。	园路边、庭院、休闲场所
小品喷泉	从雕塑伤口中的器具（罐、盆）和动物（鱼、龙）口中出水，形象有趣。	广场、群雕、庭院
组合喷泉	具有一定规模，喷水形式多样，有层次，有气势，喷射高度高。	广场、居住区、入口

8.4.3 倒影池

（1）光和水的相互作用是水景景观的精华所在，倒影池就是利用光影在水面形成的倒影，扩大视觉空间，丰富景物的空间层次，增加景观的美感。倒影池极具装饰性，可做得十分精致，无论水池大小都能产生特殊的借景效果，花草、树木、小品、岩石前都可设置倒影池。

（2）倒影池的设计首先要保证池水一直处于平静状态，尽可能避免风的干扰。其次是池底要采用黑色和深绿色材料铺装(如黑色塑料、沥青胶泥、黑色面砖等)，以增强水的镜面效果。

8.5 景观用水

8.5.1 给水排水

（1）景观给水一般用水点较分散，高程变化较大，通常采用树枝式管网和环状式管网布置。管网干管尽可能靠近供水点和水量调节设施，干管应避开道路（包括人行路）铺设，一般不超出绿化用地范围。

（2）要充分利用地形，采用拦、阻、蓄、分、导等方式进行有效用水，并考虑土壤对水分的吸收，注重保水保湿，利于植物生长。与天然河渠相通的排水口，必须高于最高水位控制线，防止出现倒灌现象。

（3）给排水管宜用UPVC管，有条件的则采用铜管和不锈钢管，优先使用离心式水泵，采用潜水泵的必须严防绝缘破坏导致水体带电。

8.5.2 浇灌水方式

（1）对面积较小的绿化种植区和行道树使用人工洒水喷灌。

（2）对面积较大的绿化种植区通常使用移动式喷灌系统和固定喷灌系统。

（3）对人工基地的栽植地面（如屋顶、平台）宜使用高效节能的滴灌系统。

8.5.3 水位控制。景观水位控制直接关系到造景效果，尤其对于喷射式水景更为敏感。在进行设计时，应考虑设置可靠的自动补水装置和溢流管路。较好的作法是采用独立的水位平衡水池和液压式水位控制阀，用连通管与水景水池连接。溢流管路应设置在水位平衡井中，保证景观水位的升降和射流的变化。

8.5.4 水体净化

（1）居住区水景的水质要求主要是确保景观性（如水的透明度、色度和浊度）和功能性（如养鱼、嬉水等）。水景水处理的方法通常有物理法、化学法、生物法三种。

（2）水处理分类和工艺原理详见表8.5.4。

表8.5.4 水处理分类和工艺原理

分类名称		工艺原理	适用水体
物理法	定期换水	稀释水体中的有害污染物浓度，防止水体变质和富营养化发生。	适用于各种不同类型的水体
	曝气法	①向水体中补充氧气，以保证水生生物生命活动及微生物氧化分解有机物所需氧量，同时搅动水体达到循环。②曝气方式主要有自然跌水曝气和机械曝气。	适用于较大型水体（如湖、养鱼池、水洼）
化学法	格栅-过滤-加药	通过机械过滤去除颗粒杂质，降低浊度，采用直接向水中投化学药剂，杀死藻类，以防止水体富营养化。	适用于水面面积和水量较小的场合
	格栅-气浮-过滤	通过气浮工艺去除藻类和其他污染物质，兼有向水中充氧曝气作用。	适用于水面面积和水量较大的场合
	格栅-生物处理-气浮-过滤	在格栅-气浮-过滤工艺中增加了生物处理工艺，技术先进，处理效率高。	适用于水面面积和水量较大的场合
生物法	种植水生植物 养殖水生鱼类	以生态学原理为指导，将生态系统结构与功能应用于水质净化，充分利用自然净化与生物间的相克作用和食物链关系改善水质。	适用于观赏用水等多种场合

9.庇护性景观

9.1概念

（1）庇护性景观构筑物是住区中重要的交往空间，是居民户外活动的集散点，既有开放性，又有遮蔽性。主要包括亭、廊、棚架、膜结构等。

（2）庇护性景观构筑物应邻近居民主要步行活动路线布置，易于通达；并作为一个景观点在视觉效果上加以认真推敲，确定其体量大小。

9.2亭

9.2.1亭是供人休息、遮阴、避雨的建筑，个别属于纪念性建筑和标志性建筑。亭的形式、尺寸、色彩、题材等应与所在居住区景观相适应、协调。亭的高度宜在2.4-3m，宽度宜在2.4-3.6m，立柱间距宜在3m左右。木制凉亭应选用经过防腐处理的耐久性强的木材。

9.2.2亭的形式和特点见表9.2.2。

表9.2.2 亭的形式和特点

名称	特　　点
山亭	设置在山顶和人造假山石上，多属标志性。
靠山半停	靠山体，假山石建造，显露半个亭身，多用于中式园林
靠墙半停	靠墙体建造，显露半个亭身，多用于中式园林
桥亭	建在桥中部或桥头，具有遮蔽风雨和观赏功能
廊亭	与廊相连接的亭，形成连续景观的节点
群亭	由多个亭有机组成，具有一定的体量和韵律
纪念亭	具有特点意义和誉名，或代表院落名称
凉亭	以木制、竹制或其他轻质材料建造，多用于盘结悬垂类蔓生植物，亦常作为外部空间通道使用

9.3廊

9.3.1廊以有顶盖为主，可分为单层廊、双层廊和多层廊。

廊具有引导人流、引导实现、连接景观节点和供人休息的功能，其造型和长度也形成了自身有韵律感的连续景观效果。廊与景墙、花墙相结合增加了观赏价值和文化内涵。

9.3.2廊的宽度和高度设定应按人的尺度比例关系加以控制，避免过宽过高，一般高度宜在2.2～2.5m之间，宽度宜在1.8～2.5m之间。居住区内建筑与建筑之间的连廊尺度控制必须与主体建筑相适应。

9.3.3柱廊是以柱构成的廊式空间，是一个既有开放性、又有限定性的空间，能增加环境景观的层次感。柱廊一般无顶盖或在柱头上加设装饰构架，靠柱子的排列产生效果，柱间距较大，纵列间距4～6m为宜，横列间距6～8m为宜，柱廊多用于广场、居住区主入口处。

9.4棚架

9.4.1棚架有分隔空间、连接景点、引导视线的作用，由于棚架顶部由植物覆盖而产生庇护作用，同时减少太阳对人的热辐射。有遮雨功能的棚架，可局部采用玻璃和透光塑料覆盖。适用于棚架的植物多为藤本植物。

9.2.4棚架形式可分为门式、悬臂式和组合式。棚架高宜2.2～2.5m，宽宜2.5～4m，长度宜5～10m，立柱间距2.4～2.7m。

棚架下应设置供休息用的椅凳。

9.5膜结构

9.5.1张拉膜结构由于其材料的特殊性，能塑造出轻巧多变，优雅飘逸的建筑形态。作为标志建筑，应用于居住区的入口与广场上；作为遮阳庇护建筑，应用于露天平台、水池区域；作为建筑小品，应用于绿地中心、河湖附近及休闲场所。联体膜结构可模拟风帆海浪形成起伏的建筑轮廓。

9.5.2居住区内的膜结构设计应适应周围环境空间的要求，不宜做得过于夸张，位置选择需避开消防通道。膜结构的悬索拉线埋点要隐蔽并远离人流活动区。

9.5.3必须重视膜结构的前景和背景设计。膜结构一般为银白反光色，醒目鲜明，因此要以蓝天、较高的绿树，或颜色偏冷偏暖的建筑物为背景，形成较强烈的对比。前景要留出较开阔的场地，并设计水面，突出其倒影效果。如结合泛光照明可营造出富于想象的夜景。

10.模拟化景观

10.1概念

模拟化景观是现代造园手法的重要组成部分，它是以替代材料模仿真实材料，以人造景观模仿自然景观，以凝固模仿流动，是对自然景观的提炼和补充，运用得当会超越自然景观的局限，达到特有的景观效果。

10.2模拟景观分类及设计要点见表10.2。

表10.2 模拟景观分类及设计要点

分类名称	模仿对象	设计区要点
假山石	模仿自然山体	①用天然石材进行人工堆砌再造。分观赏性假山和可攀登假山，后者必须 采取安全措施。②居住区堆山置石的体量不宜太大，构图应错落有致，选址一般在居住区入口，中心绿化区。③适应配置花草，树木和水流。
人造山石	模仿天然山石	①人造山石采用钢筋、钢丝网或玻璃网作内衬，外喷抹水泥做成石材纹理褶皱，喷色后似山石或海石，喷色是仿石的关键环节。②人造石以观赏为主，在人经常踏踏的部位需加厚填实，以增加其耐久性。③人造山石覆盖层下宜设计为渗水地面，以利于保持干燥。

人造树木	模仿天然树木	①人造树木一般采用塑料做树枝，枯叶和钢丝网抹灰做树干，可用于居住区入口和较干旱地区，具有一定的观赏性，可烘托局部的环境景观，但不宜大量采用。②在建筑小品中应用仿木工艺，做成梁柱、绿竹小桥、木凳、树桩等，达到以假代真的目的，增强小品的耐久性和艺术性。③方针树木的表皮装饰要求细致，切忌色彩夸张。
枯水	模仿水流	①多采用细砂和细石铺成流动的水状，应用于去居住区的草坪和凹地中，砂石以纯白为佳。②可与石块、石板桥、石井及盆景植物组合，成为枯山水景观区。卵石的自然石块作为驳岸使用材料，塑造枯水的浸润痕迹。③以枯水形成的水渠河溪，也是供儿童游戏玩砂的场所，可设计出"过水"的汀步，方便活动人员的踩踏。
人工草坪	模仿自然草坪	①用塑料及织物制作，适用于小区广场的临时绿化区和屋顶上部。②具有良好的渗水性，但不宜大面积使用。
人工坡地	模仿波浪	①将绿地草坪做成高低起伏，层次分明的造型，并在坡尖上铺带状白砂石，形成浪花。②必须选择靠路和广场的适当位置，用矮墙砌出波浪起伏的断面形状，突出浪的动感。
人工铺地	模仿水纹、海滩	①采用灰瓦或小卵石，有层次有规律地铺装成鱼鳞水纹，多用于庭院间园路。②采用彩色面砖，并由浅变深逐步退晕，造成海滩效果，多用于水池和泳池边岸。

11.高视点景观

11.1概念

随着居住区密度的增加，住宅楼的层数也愈建愈多，居住者在很大程度上都处在由高点向下观景的位置，即形成高视点景观。这种设计不但要考虑地面景观序列沿水平方向展开，同时还要充分考虑垂直方面的景观序列和特有的视觉效果。

11.2设计要点

11.2.1高视点景观平面设计强调悦目和形式美，大致可分为两种布局。
（1）图案布局。具有明显的轴线，对称关系和几何形状，通过基地上的道路、花卉、绿化种植物及硬铺装等组合而成，突出韵律及节奏感。
（2）自由布局无明显的轴线和几何图案，通过基地上的园路、绿化种植、水面等组成（如高尔夫球练习场），突出场地的自然化。

11.2.2在点线面的布置上，高视点设计尽少地采用点和线，更多地采用面，即色块和色调的对比。色块，由草坪色、水面色、铺地色、植物覆盖色等组成，相互之间需搭配合理，并以大色块为主，色块轮廓尽可能清晰。

11.2.3植物搭配要突出疏密之间的对比。种植物应形成簇团状，不宜散点布置。草坪和铺地作为树木的背景要求显露出一定比例的面积，不宜采用灌木和乔木进行大面积覆盖。树木在光照下形成的阴影轮廓应能较完整地投在草坪上。

11.2.4水面在高视点设计中占重要地位，只有在高点上才能看到水体的全貌或水池的优美造型。因而要对水池和泳池的底部色彩和图案进行精心地艺术处理（如贴反光片或勾画出海洋动物形象），充分发挥水的光感和动感，给人以意境之美。

11.2.5视线之内的屋顶、平台（如亭、廊等）必须进行色彩处理遮盖（如盖有色瓦或绿化），改善其视觉效果。基地内的活动场所（如儿童游乐场、运动场等）的地面铺装要求做色彩处理。

12.照明景观

12.1概念

12.1.1居住区室外景观照明的目的主要有4个方面：（1）增强对物体的辨别性；（2）提高夜间出行的安全度；（3）保证居民晚间活动的正常展开；（4）营造环境氛围。

12.1.2照明作为景观素材进行设计，既要符合夜间使用功能，又要考虑白天的造景效果，必须设计或选择造型优美别致的灯具，使之成为一道亮丽的风景线。

12.2照明分类及适用场所见表12.2。

表12.2　照明分类及适用场所

照明分类	适用场所	参考照度（Lx）	安装高度（m）	注意事项
车行照明	居住区主次道路	10-20	4.0~6.0	①灯具应选用带遮光罩下照明式。②避免强光直射到住户屋内。③光线投射在路面上要均匀。
	自行车、汽车厂	10-30	2.5-~.0	
人行照明	步行台阶（小径）	10-20	0.6-1.2	①避免弦光，采用较低处照明。②光线宜柔和。
	园路、草坪	10-50	0.3-1.2	
场地照明	运动场	100-200	4.0-6.0	①多采用向下照明方式。②灯具的选择应有艺术性。
	休闲广场	50-100	2.5-4.0	
	广场	150-300		
装饰照明	水下照明	150-400		①水下照明应防水，防漏电，参与性较强的水池和泳池使用12伏安全电压。②应禁用或少用宽虹灯和广告灯箱。
	树木绿化	150-300		
	花坛、围墙	30-50		
	标志、门灯	200-300		
安全照明	交通出入口（单元门）	50-70		①灯具应设在醒目位置。②为了方便疏散，应急灯设在侧壁为好。
	疏散口	50-70		
	浮雕	100-200		
特写照明	雕塑、小品	150-500		①采用侧光、投光和泛光等多种形式。②灯光色彩不宜太多。③泛光不应直接射入室内。
	建筑立面	150-200		

13.景观绿化种植物分类选用表（略）

13.1常见绿化树种分类见表（略）

13.2常见树木选用见表（略）

13.3常见花草选用见表（略）

附录2

北京居住区绿地设计规范

（北京市地方标准）

前言

为加强对北京地区居住区绿地设计质量技术指导和监督，提高北京地区城市居住区绿化设计质量和水平，依据GB 50180-93《城市居住区规划设计规范》（2002-04-01）、CJJ 48-92《公园设计规范》（1993-01-01）、CJJ 75-97《城市道路绿化规划与设计规范》（1998-05-01）、CJJ/ T91-2002《园林基本术语标准》（2002-12-01）、《北京市城市绿化条例》、《北京市公园条例》，特制定本标准。本标准适用于北京地区城市新建和改建的多层、高层楼居住区和居住小区，包括城市规划中零散居住用地内的绿化设计。非城市地区的居住区绿化设计可参照执行。

居住用地内地下设施覆土绿化设计和屋顶绿化设计按照相关规范或指导书执行。

本标准附录A、附录B为资料性附录。

本标准由北京市园林局提出。

本标准起草单位：北京市园林科学研究所。

本标准主要起草人：韩丽莉、朱虹。

1.范围

本标准规定了居住区绿地规划原则、居住区绿地设计一般要求、开放式绿地设计、封闭式绿地设计、和居住区道路和停车场绿化设计。

本标准适用于北京市新建和改建居住区绿地的规划设计和工程验收。

2.规范性引用文件

下列文件中的条款通过本标准的引用而成为本标准的条款。凡是注日期的引用文件，其随后所有的修改单（不包括勘误的内容）或修订版均不适用于本标准，然而，鼓励根据本标准达成协议的各方研究是否可使用这些文件的最新版本。凡是不注日期的引用文件，其最新版本适用于本标准。

GBJ 85 灌工程技术规范

CJJ 48-92 公园设计规范（1993-01-01）

CJJ 75-97 城市道路绿化规划与设计规范（1998-05-01）

3.术语和定义

下列术语和定义适用于本标准。

3.1 居住区绿地

在城市规划中确定的居住用地范围内的绿地和居住区公园。包括居住区、居住小区以及城市规划中零散居住用地内的绿地。

3.2 开放式绿地

引导居民进入，为居民提供休憩的绿地。一般包括居住区公园、小区游园、组团绿地以及按开放式绿地设计的宅间绿地等。

3.3 封闭式（装饰性）绿地

以观赏为主，不引导居民进入，主要用于改善居住区局部生态环境和美化居住环境的绿地。一般包括宅间绿地和建筑基础绿地。

3.4 居住区公园

在城市规划中，按居住区规模建设的，具有一定活动内容和设施的配套公共绿地。

3.5 小区游园

为一个居住小区配套建设的，具有一定活动内容和设施的集中绿地。

3.6 组团绿地

直接靠近住宅建筑，结合居住建筑组群布置的绿地。具有一定的休憩功能。

3.7 宅间绿地

在居住用地内，住宅建筑之间的绿化用地。通常以封闭观赏绿地为主。

3.8 建筑基础绿地

在居住区内各种建筑物（构筑物）散水以外，用于建筑基础美化和防护的绿化用地。

3.9 居住区道路

为居住区交通服务，并用于划分和联系居住区内的各个小区的道路。

4.居住区绿地规划原则

4.1 居住用地内的各种绿地应在居住区规划中按照有关规定进行配套，并在居住区详细规划指导下进行规划设计。居住区规划确定的绿化用地应当作为永久性绿地进行建设。必须满足居住区绿地功能，布局合理，方便居民使用。

4.2 小区以上规模的居住用地应当首先进行绿地总体规划，确定居住用地内不同绿地的功能和使用性质；划分开放式绿地各种功能区，确定开放式绿地出入口位置等，并协调相关的各种市政设施，如用地内小区道路、各种管线、地上、地下设施及其出入口位置等；进行植物规划和竖向规划。

4.3 居住区开放式绿地应设置在小区游园、组团绿地中，可安排儿童游戏场、老人活动区、健身场地等。如居住区规划未设置小区游园，或小区游园、组团绿地的规模满足不了居民使用时，可在具有开放条件的宅间绿地内设置开放式绿地。

4.4 组团绿地的面积一般在1000m²以上，宜设置在小区中央，最多有两边与小区主要干道相接。

4.5 宅间绿地及建筑基础绿地一般应按封闭式绿地进行设计。宅间绿地宽度应在20m以上。

4.6 居住区绿地应以植物造景为主。必须根据居住区内外的环境特征、立地条件，结合景观规划、防护功能等，按照适地适树的原则进行植物规划，强调植物分布的地域性和地方特色。植物种植的选择应符合以下原则：

4.6.1 适应北京地区气候和该居住区的区域环境条件，具有一定的观赏价值和防护作用的植物。

4.6.2 应以改善居住区生态环境为主，不宜大量使用边缘树种、整形色带和冷季型观赏草坪等。

5. 居住区绿地设计一般要求

5.1 在居住区绿地总体规划的指导下，进行开放式绿地或封闭式绿地的设计。绿地设计的内容包括：绿地布局形式、功能分区、景观分析、竖向设计、地形处理、绿地内各类设施的布局和定位、种植设计等，提出种植土壤的改良方案，处理好地上和地下市政设施的关系等。

5.2 居住区内如以高层住宅楼为主，则绿地设计应考虑鸟瞰效果。

5.3 居住区绿地种植设计应按照以下要求进行：

5.3.1 充分保护和利用绿地内现状树木。

5.3.2 因地制宜，采取以植物群落为主，乔木、灌木和草坪地被植物相结合的多种植物配置形式。

5.3.3 选择寿命较长、病虫害少、无针刺、无落果、无飞絮、无毒、无花粉污染的植物种类。

5.3.4 合理确定快、慢长树的比例。慢长树所占比例一般不少于树木总量的40%。

5.3.5 合理确定常绿植物和落叶植物的种植比例。其中，常绿乔木与落叶乔木种植数量的比例应控制在1:3～1:4之间。

5.3.6 在绿地中乔木、灌木的种植面积比例一般应控制在70%，非林下草坪、地被植物种植面积比例宜控制在30%左右。

5.4　根据不同绿地的条件和景观要求，在以植物造景为主的前提下，可设置适当的园林小品，但不宜过分追求豪华性和怪异性。

5.5　绿化用地栽植土壤条件应符合CJJ 48-92的有关规定。

5.6　居住区绿地内的灌溉系统应采用节水灌溉技术，如喷灌或滴灌系统，也可安装上水接口灌溉。喷灌设计应符合GBJ 85的规定。

5.7　绿地范围内一般按地表泾流的方式进行排水设计，雨水一般不宜排入市政雨水管线，提倡雨水回收利用。雨水的利用可采取设置集水设施的方式，如设置地下渗水井等收集雨水并渗入地下。

5.8　绿地内乔、灌木的种植位置与建筑及各类地上或地下市政设施的关系，应符合以下规定：

5.8.1　乔、灌木栽植位置距各种市政管线的距离应符合表1的规定。

表1　树木距地下管线外缘最小水平距离

单位：m

名　称	新植乔木	现状乔木	灌木或绿篱外缘
电力电缆	1.50	3.50	0.50
通讯电缆	1.50	3.50	0.50
给水管	1.50	2.00	--
排水管	1.50	3.00	--
排水盲沟	1.00	3.00	--
消防笼头	1.20	2.00	1.20
煤气管道（低中压）	1.20	3.00	1.00
热力管	2.00	5.00	2.00

注：乔木与地下管线的距离是指乔木树干基部的外缘与管线外缘的净距离。灌木或绿篱与地下管线的距离是指地表处分蘖枝干中最外的枝干基部的外缘与管线外缘的净距。

5.8.2　落叶乔木栽植位置应距离住宅建筑有窗立面5.0 m以外，满足住宅建筑对通风、采光的要求。

5.8.3　在居住区架空线路下，应种植耐修剪的植物种类。植物与架空电力线路导线的最小垂直距离应符合CJJ 75－97中表6.1.2的规定。

5.8.4　居住区绿化乔灌木与其它基础设施的最小水平距离应符合表2的规定。

表2　乔灌木与其他基础设施的最小水平距离

单位：m

设施名称	新植乔木	现状乔木	灌木或绿篱外缘
测量水准点	2.00	2.00	1.00
地上杆柱	2.00	2.00	--
挡土墙	1.00	3.00	0.50
楼房	5.0	5.00	1.50
平房	2.00	5.00	--
围墙（高度小于2m）	1.00	2.00	0.75
排水明沟	1.00	1.00	0.50

注：乔木与地下管线的距离是指乔木树干基部的外缘与管线外缘的净距离。灌木或绿篱与地下管线的距离是指地表处分蘖枝干中最外的枝干基部的外缘与管线外缘的净距。

5.9　居住区绿化苗木的规格和质量均应符合国家或本市苗木质量标准的规定，同时应符合下列要求：

5.9.1　落叶乔木干径应不小于8 cm。

5.9.2　常绿乔木高度应不小于3.0 m。

5.9.3　灌木类不小于三年生。

5.9.4　宿根花卉不小于二年生。

5.10　居住区绿地内绿化用地应全部用绿色植物覆盖，建筑物的墙体可布置垂直绿化。

6. 开放式绿地设计

6.1　开放式绿地的主要功能是为居民提供休憩空间，美化环境，改善局部生态环境。设计中应妥善处理和解决好这三方面问题。

6.2　开放式绿地的总体设计、竖向设计、园路及铺装场地设计、种植设计、园林建筑及其它设施设计等均参照CJJ 48-92要求执行。

6.3　开放式绿地要根据居住区的特点做好总体设计，同时应特别注意以下问题：

6.3.1　根据绿地的规模、位置、周边道路等条件设置功能分区，要满足居民的不同需要，特别是要为老人和儿童的健身锻炼设置相应的活动场地及配套设施。儿童游戏场、健身场地等应远离住宅建筑。

6.3.2　绿地出入口和游步道、广场的设置应综合绿地周围的道路系统、人流方向一并考虑，保证居民安全。出入口不应少于2个。

6.3.3　绿地中不宜穿行架空线路，必须穿行时，居民密集活动区的设计应避开架空线路。

6.4　地形设计可结合自然地形做微地形处理，微地形面积大小和相对高程，必须根据绿地的周边环境、规模和土方基本平衡的原则加以控制。不宜堆砌大规模假山。

6.5　绿地内设置景石时，可结合地形作置石、卧石、抱头石等处理，置石量不宜过大。

6.6　可结合不同居住区的特点，集中布置适当规模的水景设施。占地面积不宜超过绿地总面积的5%。

6.7　园路及铺装场地设计时，应注意以下问题：

6.7.1　绿地内可布置游步道和小型铺装场地，铺装面积一般控制在20%以内。其位置必须距离住宅建筑的前窗8 m以外。

6.7.2　绿地内的道路和铺装场地一般采用透水、透气性铺装，栽植树木的铺装场地必须采用透水、透气性铺装材料。

6.7.3　绿地内的道路和铺装场地应平整耐磨，应有适宜的粗糙度，并做必要的防滑处理。

6.7.4　绿地内主要道路和出入口设计应采取无障碍设计，应符合相关规范的要求。

6.7.5　绿地内的活动场地提倡采取林下铺装的形式。以种植落叶乔木为主，分枝点高度一般应大于2.2m。夏季时的遮荫面积一般应占铺装范围的45%以上。

6.8　绿地内建筑物和其它服务设施等的设计以及绿地内各类用地指标，必须按照CJJ 48-92要求执行，同时应符合下列规定：

6.8.1　小区游园内一般应设置儿童游戏设施和供不同年龄段居民健身锻炼、休憩散步、社交娱乐的铺装场地和供居民使用的公共服务设施，如园亭、花架、坐椅等。

6.8.2　应根据需要设置不同形式的照明系统，一般不设置主要用于景观的夜景照明。

6.8.3　绿地内园林小品的设计，应尽量采取景观与功能相结合的方式，正确处理好实用、美观和经济的关系。

6.9　作为开放式绿地进行设计的宅间绿地除符合CJJ 48-92外，还应符合以下规定：

6.9.1　以绿化为主，功能上只应满足居民的简单活动和休息，布局灵活，设施合理。不宜安排过多的内容。一般不宜设置游戏、健身设施等。

6.9.2　宅间绿地设置的活动休息场地，应有不少于2/3的面积在建筑日照阴影线范围之外。

7. 封闭式绿地设计

7.1　封闭式绿地一般包括宅间绿地和建筑基础绿地。主要功能是改善局部生态环境和美化居住环境，原则上不具有为居民提供休憩空间的功能。

7.2　封闭式绿地以植物种植为主，发挥降温增湿、安全防护、美化环境的作用。

7.3　宅前道路不应在绿地中穿行，应设置在靠近建筑入口一侧，使宅间绿地能够集中布置。

7.4 宅间绿地种植的乔、灌木应选择抗逆性强、生态效益明显、管理便利的种类。

7.5 建筑基础绿地设计

7.5.1 应根据不同朝向和使用性质布置。建筑朝阴面首层住户的窗前，一般宜布置宽度大于2.0m的防护性绿带，宜种植耐荫、抗寒植物。

7.5.2 住宅建筑山墙旁基础绿地应根据现状条件，充分考虑夏季防晒和冬季防风的要求，选择适宜的植物进行绿化。

7.5.3 所有住宅建筑和公用建筑周边有条件的地方应提倡垂直绿化。

7.5.4 居住区用地内高于1.0m的各种隔离围墙或栏杆，提倡进行垂直绿化，宜种植观赏价值较高的攀缘植物。

8. 居住区道路和停车场绿化设计

8.1 居住区道路绿化设计

8.1.1 道路绿化应选择抗逆性强、生长稳定，具有一定观赏价值的植物种类。

8.1.2 有人行步道的道路两侧一般应栽植至少一行以落叶乔木为主的行道树。行道树的选择应遵循以下原则：

8.1.2.1 应选择冠大荫浓、树干通直、养护管理便利的落叶乔木。

8.1.2.2 行道树的定植株距应以其树种壮年期冠径为准，株行距应控制在5 m～7 m之间。

8.1.2.3 行道树下也可设计连续绿带，绿带宽度应大于1.2m，植物配置宜采取乔木、灌木、地被植物相结合的方式。

8.1.3 小区内的主要道路，同一路段应有统一的绿化形式；不同路段的绿化形式应有所变化。

8.1.4 小区道路转弯处半径15m内要保证视线通透，种植灌木时高度应小于0.6m，其枝叶不应伸入至路面空间内。

8.1.5 人行步道全部铺装时所留树池，内径不应小于1.2 m×1.2 m。

8.1.6 居住区内行道树的位置应避免与主要道路路灯和架空线路的位置、高度相互干扰。在特殊情况下应分别采取技术措施。

8.2 居住区停车场绿化设计

8.2.1 居住区停车场绿化是指居住用地中配套建设的停车场用地内的绿化。

8.2.2 居住区停车场绿化包括停车场周边隔离防护绿地和车位间隔绿带，宽度均应大于1.2m。

8.2.3 除用于计算居住区绿地率指标的停车场按相关规定执行外，停车场在主要满足停车使用功能的前提下，应进行充分绿化。

8.2.4 应选择高大庇荫落叶乔木形成林荫停车场。

8.2.5 停车场的种植设计应符合下列规定：

8.2.5.1 树木间距应满足车位、通道、转弯、回车半径的要求。

8.2.5.2 庇荫乔木分枝点高度的标准：

8.2.5.2.1 大、中型汽车停车场应大于4.0m。

8.2.5.2.2 小型汽车停车场应大于2.5m。

8.2.5.2.3 自行车停车场应大于2.2m。

8.2.5.3 停车场内其他种植池宽度应大于1.2m，池壁高度应大于20cm，并应设置保护设施。

附　录　A

（资料性附录）

北京地区居住区绿化常用园林植物种类一览表

园林树木		
重点树种	落叶乔木：银杏（♂）、毛白杨（♂）、垂柳（♂）、旱柳（♂）、馒头柳（♂）、槐树、刺槐、臭椿、栾树、绒毛白蜡、毛泡桐	
	常绿乔木：油松、白皮松、桧柏	
	落叶灌木：珍珠梅、丰花月季、榆叶梅、黄刺玫、碧桃、木槿、紫薇、迎春、连翘、紫丁香、金银木	
	常绿灌木：锦熟黄杨、大叶黄杨、砂地柏	
一般树种	落叶乔木：金丝垂柳、胡桃、榉树、青檀、玉兰、二乔玉兰、杂交马褂木、杜仲、海棠花、紫叶李、樱花、山桃、五叶槐、龙爪槐、红花刺槐、元宝枫、七叶树、柿树、美国白蜡、车梁木	
	常绿乔木：白　、青　、扫帚油松、华山松、雪松、樟子松、蜀桧、龙柏、西安桧、金塔柏、侧柏、圆枝侧柏	
	落叶灌木：紫叶小檗、太平花、贴梗海棠、棣棠、蔷薇类、紫荆、玫瑰、齿叶白鹃梅、紫叶矮樱、水　子、黄栌、花石榴、红瑞木、裂叶丁香、小叶丁香、欧洲丁香、蓝丁香、金叶女贞、金边女贞、海仙花、锦带花、红王子锦带、扶芳藤、胶东卫矛、猥实、糯米条、香荚　、海州常山	
	常绿灌木：金叶桧、万峰桧、粉柏、千头柏、洒金千头柏、朝鲜黄杨、雀舌黄杨	
宿根花卉		
适于花坛的花卉	重点花卉：假龙头、八宝景天、大花萱草、早小菊类、日本小菊、地被菊、鸢尾类、天蓝绣球	
	一般花卉：大花秋葵、常夏石竹、石竹、瞿麦、剪秋萝	
适于花丛、花境的花卉	蜀葵、蛇鞭菊、金光菊、天人菊、大花金鸡菊、黑心菊、大滨菊、火炬花、马蔺、玉簪类	
草坪地被植物		
重点草种	草地早熟禾、高羊茅、野牛草	
一般草种和地被	结缕草、大羊胡子草、崂峪苔草、麦冬、白三叶、小冠花、垂盆草、二月兰、紫花地丁、蛇莓（小面积种植）、甘野菊（墙边、石头边等处种植）、连钱草、葡枝毛茛	
（1）重点树种：是指适应性强，少病虫害，栽培管理简便，易于大树移栽，应用效果好的常见植物。可作为城市绿化骨干植物应用。		
（2）一般树种：是指应用中适当搭配选择的植物。		

附　录　B

（资料性附录）

适宜在北京地区应用的主要攀缘植物栽培管理一览表

植物材料	习　性	园林应用	株　距	栽培管理要点
木本植物				
中国地锦	落叶藤本，耐阴，抗性强	围栏、坡地、花架、假山、墙垣	0.5 m～1.0m	植于建筑物墙体北侧、东侧
五叶地锦	落叶藤本，喜光略耐阴，抗性强	围栏、坡地、花架、假山、墙垣	0.5 m～1.0m	注意及时牵引
美国凌霄	落叶藤本，喜光，耐阴，忌涝，越冬能力强，气生根	围栏、花架、假山、墙垣	0.5 m～1.0m	苗期须置于半阴处，每月施肥1~2次
金银花	常绿或半常绿缠绕藤本，喜光，耐阴，耐旱，忌涝	围栏、花架	0.5 m～1.0m	靠近依附物（载体）栽植
紫藤	落叶藤本，喜光略耐阴，耐寒抗旱	花架、山石	1.5 m～2.0m	定植后设立支架，生长期施肥2~3次
苦皮藤	落叶藤本，喜光耐半阴，抗性强，生长旺盛。花期4月～6月，果期9月～11月。树皮或茎皮含苦质，可杀虫灭菌	围栏、花架、墙垣、山石	0.5 m～1.0m	栽植后须设置支架或依附物
扶芳藤	常绿藤本，不定根，攀附性强，生长快，喜光，耐阴，较耐寒。	山石、墙垣	0.5 m～1.0m	植于背风向阳处
小叶扶芳藤	常绿藤本，不定根多，生长较慢。喜光，耐阴，耐寒性强。地被、护坡亦可。	山石、墙垣	0.5 m～1.0m	植于背风向阳处
花蓼	落叶藤本，喜光，耐阴，抗性强	围栏、坡地、花架	0.5 m～1.0m	枝条50cm长时，需稍加牵引
南蛇藤	落叶藤本，喜光，耐半阴，抗性强。	围栏、花架、墙垣、山石	0.5 m～1.0m	栽植后须设置支架或依附物
葛藤	落叶藤本，喜光略耐阴，抗性强	围栏、坡地、花架	0.5 m～1.0m	植于背风向阳处或稍加保护越冬
葡萄	落叶大藤本，喜光，喜干燥及夏季高温	棚架	1.5 m～2.0m	保持通风透光，土壤肥沃
三叶木通	落叶藤本，喜光略耐阴	围栏、花架	0.5 m～1.0m	修剪时注意保留花枝
蛇葡萄	落叶藤本，抗性强	围栏、坡地、花架	0.5 m～1.0m	生长迅速，注意修剪
中华猕猴桃	落叶藤本，喜光较耐阴	棚架	0.5 m～1.0m	幼苗须保护越冬
杠柳	落叶缠绕藤本，抗性极强	围栏、坡地、	0.5 m～1.0m	靠近依附物（载体）栽植
木香	常绿藤本，喜光，怕寒	花架	0.5 m～1.0m	植于背风向阳处
窄叶络石（石血）	耐阴，适应性强，气生根，与扶芳藤性状相似			
金红久忍冬	落叶缠绕藤本，藤条长可达2 m～5m，花期6月~9月，红花，具香味。耐阴，耐旱，耐寒。也可作地被。	围栏、花架	0.5 m～1.0m	植于半阴处
垂红忍冬	落叶缠绕藤本，藤条长可达2 m～5m，攀缘力强，花期6月~9月，桔红花，具香味。耐阴，耐旱，耐寒。也可作地被。	围栏、花架	0.5 m～1.0m	植于半阴处

苔尔蔓忍冬	耐阴	围栏、花架	0.5 m～1.0m	植于半阴处
藤本月季				
多特蒙德	落叶藤本，喜光，喜温暖。抗病、抗寒性较好	围栏、花架	0.5 m～1.0m	靠近依附物（载体）栽植
怜悯	落叶藤本，喜光，喜温暖。抗寒性、抗病性较强	围栏、花架	0.5 m～1.0m	靠近依附物（载体）栽植
至高无上	落叶藤本，喜光，喜温暖。植株抗病生长旺盛	围栏、花架	0.5 m～1.0m	靠近依附物（载体）栽植
金绣娃	落叶藤本，喜光，喜温暖。抗寒性强	围栏、花架	0.5 m～1.0m	靠近依附物（载体）栽植
瓦尔特大叔	落叶藤本，喜光，喜温暖。抗病性强	围栏、花架	0.5 m～1.0m	靠近依附物（载体）栽植
光谱	落叶藤本，喜光，喜温暖。	围栏、花架	0.5 m～1.0m	靠近依附物（载体）栽植
红梅朗	落叶藤本，可借助人工牵引攀缘栏杆、墙面。喜光喜肥。	围栏、花架	0.5 m～1.0m	靠近依附物（载体）栽植
七姐妹	落叶藤本，喜光，喜温暖。耐寒、耐旱，抗病性强。可借助人工牵引攀缘栏杆、墙面。	围栏、花架	0.5 m～1.0m	靠近依附物（载体）栽植
草本植物				
羽叶茑萝	一年生弱缠绕藤本，喜光，喜温暖，不择土壤	围栏	30 cm～80cm	自播能力强，苗期须间苗
重瓣旋花	一年生弱缠绕藤本，喜光，喜温湿，耐半阴	围栏、棚架、阳台	30 cm～80cm	可直播于棚架、围栏前，苗期6片叶时须摘心
栝楼	多年生弱攀缘藤本，适应性强，开白花	大型棚架、墙垣	30 cm～80cm	播种或扦插繁殖，栽植处应注意排水
观赏葫芦	一年生攀缘藤本，喜光，喜温暖湿润，向阳	廊架	30 cm～80cm	播种繁殖，加底肥
丝瓜	一年生攀缘藤本，喜光，耐热。需搭架生长。	围栏、花架	30 cm～80cm	播种繁殖，加底肥
转枝莲	多年生藤本，喜光，耐半阴，抗寒性强	围栏	30 cm～80cm	分根应在5月前进行
苦瓜	一年生攀缘藤本，喜光，喜温暖，不择土壤，需通风。	廊架	30 cm～80cm	播种繁殖，土壤应深翻，并加足腐熟底肥
蛇瓜	一年生攀缘藤本，喜光，喜温暖，不择土壤，需通风。	廊架	30 cm～80cm	播种繁殖，土壤应深翻，并加足腐熟底肥
观赏南瓜	一年生弱缠绕藤本，喜光，喜温暖，不择土壤，需通风。	围栏	30 cm～80cm	自播能力强，苗期须间苗
眉豆	一年生攀缘藤本，花白色或紫色			
风船葛	一年生攀缘藤本，喜光，喜温暖，不择土壤	围栏、墙垣、挡土墙	30 cm～80cm	播种繁殖，可直播，苗高20cm须定植
蝙蝠葛	多年生落叶半木质或草质藤本，喜阴湿处，砂壤土为宜	墙垣、山石、挡土墙	30 cm～80cm	播种或分根繁殖
草	一年生弱缠绕藤本，喜光，喜温暖，不择土壤	围栏	30 cm～80cm	自播能力强，苗期须间苗
啤酒花	一年生弱缠绕藤本喜温暖，不择土壤	围栏	30 cm～80cm	自播能力强，苗期须间苗
牵牛花	一年生缠绕藤本，喜光，喜温暖，也耐半阴，不择土壤	围栏	30 cm ～80cm	自播能力强，苗期须间苗

附录3 关于《上海市新建住宅环境绿化建设导则》

(2005年修订版)的印发通知

各区、县房地资源局(署)、绿化管理局(处、署、所):

根据《上海市植树造林绿化管理条例》，上海市绿化管理局、上海市房屋土地资源管理局对《上海市新建住宅环境绿化建设导则》(沪住工[2001]214号)进行了修改。现将《上海市新建住宅环境绿化建设导则》(2005修订版)及其附件印发给你们，请遵照执行。原《上海市新建住宅环境绿化建设导则》(沪住工[2001]214号)废止。

前言

本导则修订版是在2001年已出台的由上海市绿化管理局和上海市房屋土地资源管理局编制的《上海市新建住宅环境绿化建设导则》的基础上，充实提高。本导则增加和补充的内容主要有:

1．增加居住环境绿地规划原则和规划技术要点。

2．确定植物配置的指导原则和植物配置比例结构的量化指标。

3．完善绿地规划中各种不同元素的量化控制指标，增加水体、山石、道路地坪、建筑小品、土壤等住宅环境绿化建设要素的设计原则。

4．补充住宅环境绿化施工技术规范和质量技术要求。

5．补充住宅环境绿化养护技术标准和管理技术措施。

本导则主要内容有: 总则、规划导则、设计导则、施工导则、养护导则。

主编单位: 上海市绿化管理局、上海市房屋土地资源管理局。

参编单位: 上海东汇园林有限公司、上海园林建设咨询服务公司。

编辑委员会:

顾　问: 程绪珂、陈　敏

主　任: 夏颖彪、林应清

专家组: 周在春、谢家芬、蒋金贤、张文娟、张　浪

编　委: 梁盘中、刘汉初、杨文悦

编　写: 江　铭、许恩珠、张秀琴、冯　京、杨　健

1.总则

1.0.I为促进新建居住区环境绿化建设的可持续发展，在2001年已出台的由上海市绿化管理局和上海市房屋土地资源管理局编制的《上海市新建住宅环境绿化建设导则》的基础上，结合本市居住区绿化建设的实际情况，于2005年对《上海市新建住宅环境绿化建设导则》进行修订、补充，以适应新建住宅环境绿化建设的需要。

1.0.2本导则中的居住区绿地类型依据建设部绿地分类标准中的G12I、G41，主要有居住区公园和居住区中的组团绿地、宅旁绿地、配套公建绿地、小区道路绿地。

1.0.3本导则中的绿地景观元素分软质景观元素和硬质景观元素。

1.0.4居住区环境与人类生活息息相关，是人类生命活动的主要场所之一，居住区环境建设的总体目标应该做到: 美观、温馨、舒适、健康、节能。

1.0.5在依据国家和本市现行相关绿化标准、规范的前提下，本导则适用于全市居住区的各类绿地。

2.规划导则

2.0.1 居住区绿地规划原则:

2.0.1.1前期介入，同步规划的原则。提倡规划、建筑、园林三合一的同步规划，园林景观规划从前期开始就介入总体规划的策划，以达到景观与居住建筑环境的和谐统一。

2.0.1.2以人为本，可持续发展原则。居住区绿化环境应处处体现为民服务，创造良好的人性化环境。以协调园林景观与住宅环境的关系为基础，营造建筑、环境、人群的良性循环，创造稳定持续的园林景观。

2.0.1.3生态优先、因地制宜原则。以生态学基本理论为指导，合理地规划绿地，最大限度地充分利用土地资源和高效节能措施。保留利用好原有的植被和地形、地貌景观。以强调植物造景为主，最大限度提高住区环境中的绿地率，绿视率和绿化覆盖率，达到改善环境质量，创造生态和谐、养护简便的优美景观。

2.0.1.4突显个性、简洁整体原则。结合居住环境，创造具有环境特色的个性景观，避免不同居住区环境景观的雷同。环境景观应与时俱进，有

时代特征和文化内涵。总体布局提倡自然、简洁、整体性强，使园林景观达到简洁而不单调，丰富而不零乱。

2.0.2居住区绿地规划技术经济指标:

2.0.2.1总体规划指标控制: 居住绿地占住宅建设项目用地总面积的比例(绿地率)为一般住宅≥35%，花园别墅≥50%，其中用于建设公共绿地面积不得低于建设项目用地总面积的10%。每块集中绿地的面积不应小于400m²，且至少有I/3的绿地面积在规定的建筑间距范围之外。绿化覆盖面积(绿化覆盖率) >50%。垂直绿化面积达到总绿地面积的20%。可供居民进入活动休息绿地面积≥30%总绿地面积。

2.0.2.2各种元素指标控制: 合理控制各项指标，其中道路地坪面积≤15%总绿地面积，硬质景观小品面积≤5%总绿地面积，软底水体面积一半控制在绿地总面积的10%~20%，绿化种植面积≥70%总绿地面积。

2.0.3居住区绿地规划技术要点:

2.0.3.1充分发挥住宅环境绿化的健身娱乐和文化休憩功能，以满足各年龄层次的居民需求。老人活动区、儿童活动区的选址不得影响居民的私密性，使居住安静环境不受干扰破坏。

2.0.3.2绿地规划平面构图曲线应注意舒缓流畅，直线应注意简洁大方，平面构图图案应注意复制观赏的整体美观，满足高处俯视观赏效果。

2.0.3.3居住环境中沿城市道路一侧，力求住宅区园林景观的街面化，使住宅区环境园林景观与城市道路景观融为一体。

2.0.3.4充分利用住宅建筑的屋顶、阳台、墙面、车棚、地下车库出入口、地下设施通风口、围墙等进行立体绿化，增加绿化覆盖率和绿视率。

2.0.3.5住宅环境中宅间绿地，在住宅建筑不同朝向布置合适的绿地宽度，以满足防护、美化和基础种植作用。其中住宅建筑南面绿地宽度≥8m，北面绿地宽度≥3m，东面、西面绿地宽度≥2m。

2.0.3.6居住环境中地下、半地下建筑顶板上的绿地，覆土层应≥1.5m，其中>1/3面积必须与地下建筑以外的自然土层相连接。

2.0.3.7住宅环境中道路绿地应统一布置，不同路段的绿化布置形式应有所变化。行道树以不规则的自然种植为主要布置形式。

2.0.3.8住宅环境地面停车场布置应注意有绿化覆盖，力争为75%以上的车辆遮荫。

2.0.3.9住宅环境绿地植物规划必须根据住宅建筑周围环境、立地条件，结合景观要求、实用功能、防护要求综合考虑，按照"适地适树"的原则进行植物配置。植物种类规划应做到多样统一，合理确定基调树种、骨干树种和一般树种。

2.0.3.10植物种类选择以适应上海地区生长的乡土树种为主，强调植物景观的地域性和对环境的适应性。植物种类宜丰富多彩，体现植物材料的多样性。绿地面积小于3000m²以下的，植物种类数量>40种。绿地面积在3000~10000m²的，植物种类数量>60种。绿地面积在10000~20000m²的，植物种类数量>80种。绿地面积大于20000m²以上的，植物种类数量>100种。

2.0.3.11绿地中地形处理，可结合原有自然地形，创造微地形的高低变化，有利地形排水和植物生长。微地形面积大小和相对高程，必须根据住宅绿地周围环境，土方基本就地平衡的原则加以控制，微地形相对高程的变化一般控制在0.5~1.5m，不宜堆叠大规模的人造假山。

2.0.3.12绿地中道路地坪布置，其位置必须距住宅建筑的南窗>8m。活动、休息场地应≥2/3的面积在建筑日照阴影线范围之外，以保证活动、休息场地有充足的阳光。空旷的活动、休息场地乔木覆盖率≥45%场地面积，以落叶乔木为主，保证活动和休息场地夏有庇荫、冬有日照。主要道路、地坪、广场的出入口均应有无障碍设计坡道。

2.0.3.13绿地中建筑小品处理应注意体量与住宅环境空间协调，景观与使用功能相结合，以体现建筑小品实用、装饰、点缀的要求。

3.设计导则

绿地设计的目的是为居住环境创造亲近自然的室外空间，同时必须满足美观、温馨、舒适、健康、节能的要求。

3.0.1地形设计：

3.0.1.1绿地中地形设计应尊重自然规律，符合我国自然地形的基本走势。地形高低变化的顺序一般应遵循：西北高，东南低。水体流动的方向：由西向东。

3.0.1.2绿地中坡地的起伏变化应注意整体性，忌局部小范围的局促变化。坡地的坡度一般应北陡南缓，忌北缓南陡或坡度均匀对称。

3.0.1.3绿地中水体设计应提倡自然软底为主，保持水质清洁。水体的深度应结合功能并注意安全。沿水体近岸2m范围内水深不得大于0.7m，无护栏的园桥、汀步附近2m范围内的水深不得大于0.5m。水体的驳岸应因地制宜结合岸边绿化自然布置，宜采用植被或天然石块等驳岸材料为主。

3.0.1.4绿地中山石设计提倡以自然置石的土包石为主，可结合地形采用卧石与立石的有机结合。人工假山慎用，可结合环境适当点缀，并注意控制人工假山的规模与高度，做到兼顾安全，人工假山应与水体、植物有机结合，与周围环境协调。

3.0.2种植设计：

3.0.2.1植物配植树种选择以体现地域性植被景观的乡土树种为主，适当引进成熟的能适应本地区气候条件的新树种。宜采用观花、观叶、观果植物有机结合，同时兼顾保健植物、鸟嗜植物、香源植物、蜜源植物、固氮植物等。

3.0.2.2合理控制不同植物类型的比例。居住区绿地不同于一般城市绿地，住宅环境冬日需要阳光，酷夏更需遮荫，为此提倡以快长树为主，快长树：慢长树=3:2，常绿乔木：落叶乔木=1:2~1:3，常绿灌木：落叶灌木=1:2~1:3，乔灌木：草坪(乔灌木树冠投影面积中草坪除外)=7:3。

3.0.2.3摒弃植物"大色块"的结构形式，科学配置植物群落结构，以乔木为绿化骨架，乔木量种植≥2~3株/100m²绿地。乔木、灌木、地被、草花、草坪有机结合，形成稳定合理的人工植物群落。群落结构单层与复层(2~5层)的选择应以环境条件和使用功能为依据，复层的人工植物群落面积≥40%~50%绿化种植地面积。人工设计的植物群落应使其具有最佳的生态效益。

3.0.2.4植物配植应合理组织空间，平面疏密有致，结合环境创造优美流畅的林缘线。立面高低错落，结合地形创造起伏变化的林冠线。

3.0.2.5以住宅楼南面居室冬至日满窗日照的连续有效时间不低于1.5小时/日的标准，同时也以不影响住宅建筑通风采光和减弱夏季西晒阳光的要求，大乔木与有窗建筑应保持合适的距离，一般控制：东面≥5m，南面≥8m，西面≥4m，北面≥5m。东面、西面视根据居住建筑具体情况也可适当缩小距离。

3.0.2.6住宅建筑的基础绿化应根据不同朝向和使用性质进行布置。建筑南面种植应能保证建筑的通风采光的要求和创造自然优美的植物景观，选择喜阳、耐旱、花、叶、果、姿优美的乔灌木。建筑北面应布置防护性绿带，选择耐荫、抗寒的花灌木。建筑的西面、东面应充分考虑夏季防晒和冬季防风的要求，选择抗风、耐寒、抗逆性强的常绿乔灌木。

3.0.2.7根据上海市土地资源少、人口多的特点，重视提倡垂直绿化。住宅建筑山墙和公共建筑周边有条件的地方或住宅建筑内高于1m各种隔离围墙或栏杆，宜种植观赏价值较高的攀缘植物。在有限的土地面积内可用各种造型构架种植攀缘植物，增加绿色覆盖率。

3.0.2.8绿地中地下停车场出入口处、地下设施出风口等构筑物，可结合构架、围护设施布置管理较粗放的攀缘植物，以达到美化和屏蔽的作用。

3.0.2.9乔灌木栽植位置距各种市政地下管线水平净距应保持≥1.5m。乔木以树干基部为准，灌木以地表分蘖枝干中最外的枝干基部为准。

3.0.2.10绿地中严格控制种植胸径在0.25m以上的乔木。确属需要可少量点缀胸径在0.15~0.25m的乔木。提倡大量采用胸径在0.08~0.15m的青壮树龄苗木。凡采用的大乔木宜有饱满的树冠，严禁采用无树冠乔木。

3.0.3道路地坪设计：

3.0.3.1绿地中道路宽度应根据居住区绿地面积大小、居民量的多少综合考虑。主要道路的宽度宜采用1.5~2m，小道宽度宜采用0.8~1.2m。道路的竖向应随坡地的变化而变化，纵坡度>12%的道路应设台阶。

3.0.3.2绿地中以活动、休憩为主的地坪，宜采用大块地坪的布置形式，以种植落叶乔木为主，分枝点的高度一般应>2.2m，乔木种植穴的内径>1.5m×1.5m。

3.0.3.3绿地中道路地坪应平整耐磨，且有适宜的粗糙度。一般采用透水、透气性铺装，特别是栽植树木的地坪必须采用透水、透气性铺装，有利于植物的透气和地下水的补充。对儿童与老人的活动场地特别要注意地坪的防滑处理。

3.0.3.4居住区道路两侧宜栽植以落叶乔木为主的行道树，行道树的选择应注意冠大浓密，树干通直，养护管理便利。株行距可控制在5~10m不等，行道树种植穴内径≥1.2m×1.2m，行道树连续绿带的宽度≥1.2m。种植形式可规则种植，也可不等距自然种植。

3.0.3.5居住区道路转弯处半径15m内为保证视线通透，灌木高度应≤0.6m，其枝叶不应伸入至路面空间内。

3.0.3.6提倡设计生态停车场，周边或场地内种植的乔木应具有庇荫、隔离和防护功能。乔木分枝点高度应满足：大、中型汽车停车场>4m，小型汽车停车场>2.5m，自行车停车场>2.2m。为达到隔离防护作用应选择常绿枝叶茂密、耐修剪的灌木。

3.0.3.7地面停车场周边，无法种植庇荫乔木的，可结合棚架，种植攀缘植物，增加一定的庇荫空间。

3.0.3.8地面停车场内种植穴内径≥1.5m×1.5m，种植穴的挡土墙高度>0.2m，并设置相应的保护措施。挡土墙可选耐冲撞的材料和结构。

3.0.3.9地面停车场的地面铺装尽可能采用透水、透气结构的材料，在不影响车辆承重的前提下，提倡用绿色植物结合承重格铺装，构成生态型停车场。

3.0.4建筑小品设计：

3.0.4.1绿地中建筑小品造型应简洁大方，尺度宜人，与住宅环境、住宅建筑相互协调。

3.0.4.2绿地中建筑小品应充分利用本地自然材料和节能、环保的3R材料。其中自然材料用量≥30%建筑小品工程材料总用量。

3.0.4.3绿地中亭、花架、长廊应注意结构牢固，体量得体。在亭、花架、长廊内设置休息座椅。

3.0.4.4绿地中设置座椅、桌凳应选择适当的位置，即上有落叶大乔木覆盖，后有树丛或绿篱依托，前有良好景观供观赏。

3.0.4.5绿地中设置的雕塑其主题必须与居民生活内容或小区命名、立意有关联。雕塑的位置、材料、尺度应与住宅建筑环境融为一体。

3.0.4.6绿地中喷水池要注意水体流动、循环和安全。保持水质的清洁，提倡聚留雨水和利用中水。

3.0.4.7绿地中照明设施宜采用庭园灯，草坪灯与射灯相互结合。庭院灯的设置间距为15~20m，草坪灯的设计间距为8~10m，射灯可采用冷光灯。

3.0.4.8绿地中标识牌、废物箱、音响等配套设施，其造型、体量应与住宅环境相协调。

4.施工导则

居住区绿地施工与一般绿化工程施工有相同亦有不同，不同之处在于居住区绿化是营造美观、温馨、舒适、健康、节能的环境空间，比较强调的是户外空间健康舒适。

4.0.1施工前期准备：

4.0.1.l熟悉设计：了解掌握工程的相关资料，熟悉设计的指导思想、设计意图、设计的质量要求、设计的技术交底。

4.0.1.2现场勘察：组织有关施工人员到现场勘察，主要内容包括：现场周围环境、施工条件、电源、水源、土源、道路交通、堆放场地、生活设施位置以及市政、电讯应配合的部门和定点放线的依据。

4.0.1.3制定施工方案：针对本工程项目制定施工方案，施工方案的编制应包括以下内容：(1)工程概况(2)施工方法(3)编制施工程序(4)安排进度计划(5)编写施工组织(6)制定安全措施、技术规范、质量标准(7)施工现场平面布置图(8)施工方案各种附表。

4.0.1.4编制施工预算：根据设计概算、工程定额和现场施工条件，采取的施工方法等综合因素编制。

4.0.1.5重点材料准备：特殊需要的苗木、材料，事先了解来源、质量、价格和供应情况。

4.0.1.6相关资料准备：事先与市政、电讯、公用、交通等有关单位协调联系，并办理相关手续。

4.0.2施工定点放样：

4.0.2.l根据项目规模和放样内容确定运用仪器法、网格法、交会法定点放样。

4.0.2.2定点顺序为控制点确定、道路地坪范围的确定、水体界面的确定、建筑小品位置确定、地下管线走向的确定、绿化种植位置的界定。

4.0.3场地整理工程：

4.0.3.1保护好原有景观：根据设计保存好原有良好的环境资源，如大树、水体及其他景观。

4.0.3.2建筑垃圾土的清运：根据设计定位图计算建筑垃圾土内部调运的范围及数量和外运范围及数量，并确定好交通流程操作线路。

4.0.3.3表土保存和利用：保存好质地优良的疏松表土，集中堆放保存，回土时充分利用。

4.0.3.4绿化种植上的搬入：根据施工图，算出挖方量、填方量、下沉量，并确认搬入土方的总量。根据地形图，确认搬入土方的分配位置和分配数量并确定交通流程操作线路，同时决定土方施工机种和投入台数。根据土壤质地情况，研究改良土壤和采用客土措施，完成土方地形造型。

4.0.4地下管线工程：

4.0.4.1排水工程的施工流程：(1)准备(施工位置的确认，施上方法及施工量的确认，排水坡度的确认)。(2)材料(成品材料和基础材料的确认)。(3)掘槽、掘削(地槽挖掘量和掘削量的确认)。(4)基础工程(基础地面作业、模板、基础混凝土的浇注、养护)。(5)井的安装。(6)集水进水口的设置。(7)管的铺设。(8)填埋。(9)养护。(10)完工检查。

4.0.4.2给水工程的施工流程：(1)准备(施工位置确认，施工方法及施工量的确认，各种申请的确认)。(2)材料(确认不同材料的数量和质量)。

(3)沟槽挖掘的确认。(4)地下配管(配管的位置、深度、连接部状态的确认)。(5)结构物内配管(配管混凝土保护层厚度的确认)。(6)水压试验的确认。(7)水表、止水阀门确认。(8)埋设标志的确认。(9)填埋。(10)完工检查。

4.0.4.3电力工程的施工流程：(1)准备(配线计划的确认，引入口确认，工程许可申请提交)。(2)材料(材料的调配及确认)。(3)配管(确认配管的埋设深度)。(4)基础工程(确认各基础的质量和尺寸)。(5)配线工程的确认。(6)各种自主检查(确认配电线路，测定绝缘和接地电阻)。(7)功能试验(根据设计图纸，确认功能)。(8)电力公司确认(提交申请，确认竣工)。(9)完工。

4.0.5植物种植工程：

4.0.5.1植物材料选购：按设计要求选择植物材料种类、规格及形态。

4.0.5.2种植穴挖掘：根据设计定位图挖掘乔灌木的种植穴，若遇地下管线和地下设施或有障碍物影响，应及时与设计联系，适当调整。种植穴应根据苗木根系、土球直径和土壤情况而定，一般应比规定的根系或土球直径大0.2~0.3m。种植穴需垂直下挖，上口下底相等，以免造成植树时根系不能舒展或填土不实。土质不好的，应加大种植穴的规格，并将杂物筛出清查，如遇石灰渣、沥青、混凝土等对树木生长不利的物质，则应将穴径加大l~2倍，将有害物清运干净，换上好土。

4.0.5.3苗木运输：运输要遵循"随挖随运"的原则，在装卸过程中要轻提轻放，裸根乔木运输，应保持根系的湿润和毡布遮盖。树根朝前，树稍向后。带土球苗木运输，土球朝前，树稍向后，并用木架将树冠架稳。竹类运输时要保护好竹竿与竹鞭之间的着生点和鞭芽。当日不能种植的苗木，应及时假植，对带土球苗木应适当喷水保持土球湿润。

4.0.5.4种植修剪：对拟种乔灌木根系应剪除劈裂根、病虫根、过长根。种植前对乔木的树冠应根据不同种类，不同季节适量修剪，一般为疏枝、短截、摘叶，总体应保持地上部分和地下部分水分代谢平衡为主。对灌木的蓬冠修剪以短截修剪为主，保持内高外低，较大的剪、锯之伤口，应涂抹防腐剂。

4.0.5.5苗木种植：苗木种植的平面位置和高程必须符合设计规定，树身上下应垂直，种植深度裸根乔木，应将原根颈土痕与原土平，灌木应与原土痕齐，带土球苗木比土球顶部高出原土。较大苗木为了防止被风吹倒，应立支柱支撑。苗木栽好后，在原树坑的外缘部砌地堰，第一遍水要浇透，使土壤与根系紧密结合，第一遍水渗入后，发现树苗有歪倒现象应及时扶直，并用细土将灌水堰内填平。

4.0.6硬质景观工程：

4.0.6.1道路地坪施工：(1)开挖道路地坪槽应按设计宽度，每侧加长0.2m开槽，槽底应夯实或碾压。(2)铺筑基层，应按设计要求备好铺装材料，虚铺厚度宜为实铺厚度的140%~160%，碾压夯实后，表面应坚实平整。(3)铺筑结合层可采用l:3白灰砂浆或采用粗砂垫层。道路地坪的道牙或侧石的基础应与道路地坪槽同时填挖碾压，结合层可采用1:3白灰砂浆砌筑。(4)道路地坪各种面层铺设时应符合下列规定：铺筑各种预制砖块，应轻轻放平，宜用橡皮锤敲打稳定，不得损伤砖的边角。铺筑卵石嵌花，应先铺垫MlO水泥砂浆，再铺水泥砂浆，卵石厚度的60%插入砂浆，待砂浆强度升至70%时，应以30%草酸溶液冲刷石子表面。铺设水泥或沥青，应按设计要求精确配料，搅拌均匀，模板与支撑应垂直牢固，伸缩缝位置应准确，应震捣或碾压，表面应平整坚实。铺设嵌草道路，道路的缝隙应填入培养土，栽植穴深度不宜小于0.08m。

4.0.6.2花坛、树坛挡墙施工：(1)挡墙地基下的素土应夯实。(2)防潮层以1:2.5水泥砂浆，内渗5%防水粉。(3)清水砖挡墙，砖的抗压强度标号应大于或等于MU7.5，水泥砂浆砌筑时标号不低于M5，应以1:2水泥砂浆勾缝。(4)花岗岩石料挡墙，水泥砂浆标号不应低于M5，宜用l:2水泥砂浆勾凹缝。(5)混凝土预制或现浇挡墙，混凝土强度等级不应低于C15，壁厚不宜小于0.08m。

4.0.6.3护栏施工：铁制护栏立柱混凝土土墩的强度等级不低于C15。墩下素土应夯实。墩台的预埋件位置应准确，焊接点应光滑牢固。铁制护栏锈层应打磨干净刷防锈漆一遍，调和漆两遍。木制护栏应注意木材的防腐处理。

4.0.7施工工程验收：

4.0.7.1验收申请：由施工单位向市园林工程质量监督管理部门提出验收申请。

4.0.7.2验收准备工作：验收相关资料的准备，施工场地的清理，保洁准备，苗木的清点和工程量的统计。

4.0.7.3验收的相关资料：开工报告、竣工报告、竣工图、决算书、设计变更文件、土地和水质化验报告、外地苗木购入检疫报告、设施、材料的合格证及试验报告、工程中间验收记录、施工总结报告。

4.0.7.4工程中间验收：植物种植的定点放线验收、种植穴和种植槽的质量验收、种植土壤的质量验收、草坪和花卉的整地质量验收、隐蔽工程的质量验收、附属设施的中间验收。

4.0.7.5工程竣工验收：树木成活率、花卉成活率、草坪覆盖率、绿地整洁与平整、植物的整形修剪、附属设施质量。

5.养护导则

5.0.1园林植物景观养护管理技术措施及要求：

5.0.1.1修剪：(1)乔木主要修除徒长枝、病虫枝、交叉枝、并生枝、下垂枝、扭伤枝及枯枝和烂头。主轴明显的乔木，修剪时应注意保护中央领导枝。(2)灌木的修剪应遵循"先上后下，先内后外，去弱留强，去老留新"的原则进行。修剪应使树形内高外低、形成自然丰富的圆头形或半圆形树形。(3)绿篱修剪应使绿篱轮廓清楚、线条整齐，顶面、侧面平整柔和。每年修剪不少于2次。(4)宿根地表萌芽前应剪除上年残留枯枝、枯叶，同时及时剪除多余萌蘖，花谢后应及时剪除残花、残枝和枯叶。(5)草本花卉花后要及时剪除枯萎的花蒂和黄叶及残枝。(6)草坪的修剪应适时进行，修剪要平整，使草的高度一致。边角无遗漏，路边和树根边的草要修剪整齐。(7)竹类的间伐修剪宜在晚秋或冬季进行。间伐以保留4～5年生以下的新竹。(8)行道树的修剪土干高度控制在3.2m，树冠圆整，分枝均衡，树冠与架空线、庭院灯、变压设备保持足够的安全距离。(9)吸附类藤本，应在生长季剪去未能吸附墙体而下垂的枝条，生长于棚架的藤本，落叶后应疏剪过密枝条，清除枯死枝，成年和老年藤本应常疏枝，并适当进行回缩修剪。

5.0.1.2灌溉：(1)灌溉前应先松土，夏季灌溉宜早、晚进行，冬季灌溉宜在中午进行。灌溉要一次浇透，尤其是春、夏季节。(2)用水车浇灌树木时，应接软管，进行缓流浇灌，保证一次浇足浇透。严禁用高压水流浇灌树木，即最好采用小水灌透的原则。(3)在使用再生水浇灌时，水质必须符合园林植物灌溉水质要求。(4)灌水堰一般应开在树冠垂直投影范围，不要开得太深，以免伤根。堰壁培土要结实，以免被水冲塌，堰底地面平坦，保证渗水均匀。

5.0.1.3排水：(1)在绿地和树坛地势低洼处，平时要防止积水，雨季要做好防涝工作。(2)在雨季可采用开沟、埋管、打孔等排水措施及时对绿地和树坛排水，防止植物因涝而死。(3)绿地和树坛内积水不得超过24小时。

5.0.1.4中耕除草：(1)乔木、灌木下的大型野草必须铲除，特别对树木危害严重的各类藤蔓。(2)树木根部附近的土壤要保持疏松，易板结的土壤，在蒸腾旺季每月松土一次。(3)中耕除草应选在晴朗或初晴天气，土壤不过分潮湿的时候进行，中耕深度以不影响根系生长为限。

5.0.1.5施肥：(1)树木休眠期和栽植前，需施基肥，树木生长期施追肥。(2)施肥量应根据树种、树龄、生长期和肥源以及土壤理化性状等条件而定，树木青壮年期及观花观果植物，应适当增加施肥量。(3)施肥的种类因视树种、生长期及观赏等不同要求而定，早期预扩大冠幅宜施氮肥，观花、观果树种应增施磷、钾肥，逐步推广应用复合肥料。(4)施肥应以施腐熟的有机肥为主，施肥宜在晴天进行，除根外施肥，肥料不得触及树叶。

5.0.1.6更新调整：(1)居住区绿地中，视园林植物的生长状况逐年及时做好更新调整。(2)主要景点的乔灌木应保证有一定的生长空间，一旦过密每年适时抽稀，大规格的苗木调整按规范办理报批手续。(3)对绿地中枯朽、衰老、严重倾斜，对人和物体构成危险的，供电、市政工程需要的植物作适当更新调整。(4)更新调整时，对周围的其它树木要做好保护防护措施。

5.0.1.7有害生物控制：(1)贯彻"预防为主，综合治理"的防治方针，充分利用园林间植被的多样化来保护和增殖天敌，抑制病虫危害。(2)做好园林植物病虫害的预测、预防工作，制定长期和短期的防治计划。(3)及时清理带病虫的落叶、杂草等，消灭病源、虫源，防治病虫扩散、蔓延。(4)严禁使用剧毒化学药剂和有机氯、有机汞、化学农药，化学农药应按有关操作规定执行。

5.0.1.8防寒：(1)加强肥水管理，在冬季土壤宜冻结的地区，灌足"灌冻水"，形成冻土层，以维持根部一定低温的恒定。(2)合理安排修剪时期和修剪量，使树木枝条充分木质化，提高抗寒能力。(3)对不耐寒的树种和树势较弱的植株应分别采取不同的防寒措施。

5.0.2园林水体景观养护管理技术措施及要求：

5.0.2.1硬底水景水体的保洁：(1)定期经常清洁池内水体，包括清除水中垃圾等杂物及更换干净水，减少水中泥沙、污物对设备的损害。(2)每天至少开放一次喷(涌)泉，每次至少持续半小时以上。

5.0.2.2软底水景水体的保洁：(1)严格控制污染源流入水体从而污染水面，及时清除水中垃圾等杂物。(2)有条件的水面增设喷泉、涌泉装置，形成水体的流动和循环，产生曝气富氧，大大增加水中溶解氧的浓度，从而保持水体生态系统的良性循环。(3)在水体中搭配种植抗污水生植物，通过生物净化的方法减少水体中的有机污染物。(4)在自然条件较好的地方，可引入昆虫、鸟类、鱼类等动物生态系统，进一步净化水体，还原水的生物多样性。

5.0.3园林硬质景观养护管理技术措施及要求：

5.0.3.1保洁：(1)及时清除道路地坪中的垃圾及废物，并保持道路地坪中无积水。(2)定期清洁园林建筑及构筑物外观的污垢并及时消除园林建筑及构筑物室内的垃圾和废物。(3)及时清扫园椅、桌凳、标识牌、雕塑等园林小品中的污物和灰尘。(4)定期清除娱乐健身设施中的污垢、垃圾。

5.0.3.2整新：(1)对铸铁构件，每年一次油漆保新，油漆前铲除锈渍，并刷上防锈底漆，再刷面漆。(2)对涂料墙面，每二年整新涂刷，保持硬质景观常用常新。(3)对木结构，不定期对木材进行防腐保护处理，可结合木结构的面层处理，采用防腐剂、桐油、油漆。

5.0.3.3疏通：(1)对下水道的明沟、盲沟、窨井等设施及时疏浚淤泥与沉淀垃圾以保持排水的畅通。(2)经常保持消防通道和其他应急通道的畅通，以应付突发事件的发生。

5.0.3.4维修：(1)及时检查修复园林建筑、构筑物、园椅、桌凳、标识牌等破损结构或装饰。(2)经常检查园林建筑及构筑物、假山、娱乐健身设施等结构上存在的隐患，并及时加以解决。(3)对道路地坪中地砖的残块，高低不平整应及时修复和平整。

5.0.4园林土壤改良的技术措施及要求：

5.0.4.1换土：(1)土壤内瓦砾含量较多，可将大瓦砾拣出，并加一定量的土壤。(2)土壤质地过粘，透气、排水不良的可加入砾土，并多施厩肥、堆肥等有机肥。(3)土壤中含沥青物质太多，则应全部更换成适合植物生长的土壤。

5.0.4.2透气：(1)设置围栏等防护措施，如栏杆、篱笆、绿篱等，避免人踩车轧而使土壤板结，透气性差。(2)改善树穴环境，采用渗水透气结构的铺装形成：有利于土壤透气和降水下渗，以增加土壤水分储量。(3)行道树树穴覆盖，可采用在树穴内铺垫一层坚果硬壳，或卵石、石砾，不仅能承受人踩的压力，还可保温、通气、保护土壤表层免受风吹雨水冲刷的直接作用。

5.0.4.3熟化：将植物残落物重新还给土壤，通过微生物的分解作用，腐殖熟化土壤，不仅增加了土壤中养分，还改善土壤的物理性状。

5.0.4.4排水：在土壤过于粘重而易积水的土层，可挖窨经井或盲沟，窨井内填充砾石或粗砂。盲沟靠近树干的一头，以接到松土层又不伤害主根为准，另一头与暗井或附近的透水层接通，沟心填进卵石、砖头，四周填上粗砂、碎石等。

附录4

上海市居住区绿化调整实施办法

（试行版）

第一条 目的和依据

为了加强本市居住区绿化的管理，规范居住区绿化调整行为，优化绿地的结构和景观，提高市民生活质量，根据《上海市植树造林绿化管理条例》、《上海市住宅物业管理规定》和有关法律、法规的规定，结合本市实际情况，制定本办法。

第二条 适用范围

本市行政区域内居住绿化调整适用本办法。

第三条 定义

本办法所称绿化调整，是指为有利于居住区绿化生长或解决居住区绿化生长影响居民居室通风、采光和安全等问题，采取的修剪、迁移、砍伐、补种等行为。

第四条 管理职责

上海市绿化管理局和各区（县）绿化管理部门按照《上海市植树造林绿化管理条例》的规定对居住区绿化实施行业管理，负责居住区绿化工作的监督与指导。

上海市房屋土地资源管理局和各区（县）房地行政管理部门按照《上海市住宅物业管理规定》，负责物业管理企业实施绿化维护的监督管理。

本市相关部门和区（县）政府、街道办事处、居委会应配合和协助实施本办法。

第五条 经费来源

物业管理区域内的绿化调整经费由全体业主承担。但本市公有住房（含售后公房）的绿化调整资金，采取多方筹集的办法予以解决。原则上采取市有关部门补贴一点，各区（县）政府部门配套一点，业主自己承担一点的方式解决。

第六条 调整的基本条件

居住区绿化调整应以保证房屋安全为前提，尽量保护现有绿化，综合考虑日照、采光、通风、通行、安全、配件设施及管理要求。

（一）凡符合下列条件之一的，可申报树木迁移调整。

1．房屋四周乔木树冠外缘距住宅楼阳台或窗户（指主要采光面）2米以内，或能承受人体重量的距外墙面或窗户1.5米以内的主干或主干枝，易造成攀登入室等安全隐患的；

2．植物生长过密郁闭影响居室采光，住宅楼南面底楼居室冬至日满窗日照的连续有效时间因受树木遮挡低于1小时/日；

3．受台风等不可抗力影响，树木已发生或易发生倒伏或倾斜影响居民生命和财产安全；

4．植物生长影响房屋安全、社会治安和其他设施的正常使用和运行的情况。

（二）对符合树木迁移标准同时符合下列条件之一的，可申报树木砍伐。

1．严重影响居室通风、采光和居民人身、财产安全；

2．植株生长不良，病虫害严重，死亡、倒伏、枝叶对人身、居住和其他设施构成危害的；

3．受条件限制而无法迁移的。

除以上情形外的绿化调整，可以采取修剪、补种等多种形式，尽可能地保留原有绿化，并在调整中补种地被、花灌木。

第七条 调整程序

绿化调整按照下列程序执行：

（一）符合第六条第一款第一项情形的，由业主向业主委员会提出要求，业主委员会（或业主委员会委托物业管理企业）可直接向绿化管理部门申请进行绿化调整,办理审批手续，并在小区内予以公告。

（二）除以上情形外的绿化调整

1．拟订绿化调整方案

业主委员会可在区（县）绿化、房地管理部门的指导下拟订或委托物业企业、有关专业部门、中介机构等拟订小区绿化调整方案。

2．讨论公示

根据绿化调整的范围，由业主委员会决定征求绿化调整方案意见的对象，可以采取集体讨论的形式，也可以采取书面征求意见的形式。必要时应当通知相关的街道办事处、居民委员会、区绿化、房地管理部门有关同志参加业主代表会，听取意见、建议。绿化调整方案经征求意见范围的三分之二以上业主同意后，应在小区内予以公示，公示时间不少于七天。

（三）树木迁移、砍伐的审批

居住区绿化调整方案经公示后，可按照《上海市植树造林绿化管理条例》有关规定，办理树木迁移、砍伐审批手续。迁移和砍伐下列树木，必须报市绿化（林业）管理部门审批：胸径在二十五厘米以上的；每处（指小区或街坊为单位）每次超过五十株树木的。迁移、砍伐以上规定以外的其他树木的，报区（县）绿化（林业）管理部门审批。

（四）绿化调整方案的执行

绿化管理部门审批同意后，由业主委员会或委托物业管理企业通过招投标程序或委托选择施工单位，签定施工合同。移植、补植树木等应在种植季节进行实施，同时接受区（县）绿化和房地产部门的指导、监督。

第八条 紧急情况处置

受台风等不可抗力影响时，物业管理企业应及时对树木采取保护性措施，对影响居民生命、房屋及设施安全等紧急情况的，物业管理企业经业主委员会同意可采取紧急处置措施，同时由业主委员会或委托的物业管理企业向所在区（县）绿化管理部门报告。

第九条：施行日期

本办法自颁布之日起施行。

上海市绿化管理局
上海市房屋土地资源管理局
二OO六年五月十五日